U0885777

4.2 制作旅游书籍封面

4.2.5 制作茶鉴赏书籍封面

4.3 制作药膳书籍封面

3.3.5 制作城市印象海报

5.1 制作美食杂志封面

5.1.5 制作新娘杂志封面

5.2 制作美食杂志内页 1

5.2.5 制作美食杂志内页 2

5.4 制作美食杂志内页 4

6.1.5 制作儿童摄影宣传单

6.2.5 制作糕点宣传单

6.3 制作时尚鞋宣传单

7.2 制作艺术设计展海报

7.2.5 制作节日促销海报

7.3 制作舞蹈大赛海报

7.4 制作演唱会宣传海报

8.1.5 制作汽车广告

8.2 制作开业庆典广告

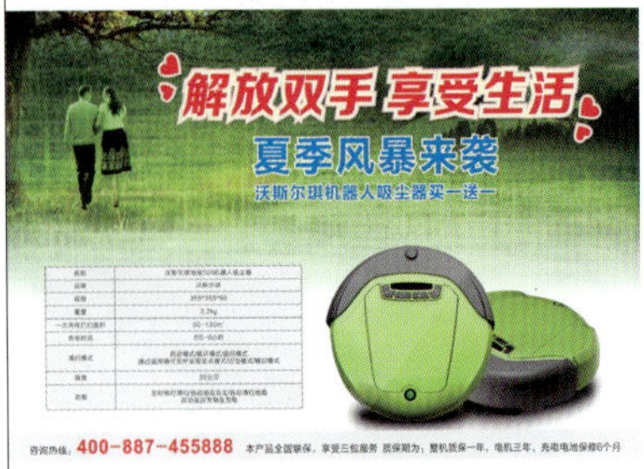

8.2.5 制作吸尘器广告

8.3 制作啤酒广告

8.4 制作 POP 广告

9.1.5 制作打印机包装

9.2 制作茶叶包装

9.4 制作红豆包装

“十二五”职业教育国家规划教材
经全国职业教育教材审定委员会审定

边做边学 CorelDRAW X6 图形设计案例教程

朱宏 魏怀明 彭薇 ◎ 主编
倪欢欢 李慧 ◎ 副主编

人民邮电出版社
北京

图书在版编目（CIP）数据

边做边学. CorelDRAW X6图形设计案例教程 / 朱宏，魏怀明，彭薇主编. -- 北京 : 人民邮电出版社，2015.8
“十二五”职业教育国家规划教材
ISBN 978-7-115-39231-2

Ⅰ. ①边… Ⅱ. ①朱… ②魏… ③彭… Ⅲ. ①图形软件－高等职业教育－教材 Ⅳ. ①TP391.41

中国版本图书馆CIP数据核字(2015)第130761号

内 容 提 要

本书全面系统地介绍了 CorelDRAW X6 的基本操作方法和图形图像处理技术，并对其在平面设计领域的应用进行了深入的介绍，包括初识 CorelDRAW X6、实物绘制、插画设计、书籍装帧设计、杂志设计、宣传单设计、海报设计、广告设计、包装设计、综合设计实训等内容。

本书均以课堂实训案例为主线，通过案例的操作，学生可以快速熟悉案例设计理念。书中有关软件相关功能的解析，可使学生深入学习软件功能；课堂实战演练和课后综合演练，可以拓展学生的实际应用能力。在本书的最后一章，精心安排了专业设计公司的多个综合设计实训，力求通过这些案例的制作，使学生提高艺术设计创新能力。本书配套光盘中包含了书中所有案例的素材及效果文件，以利于教师授课，学生练习。

本书可作为职业院校数字艺术类专业“平面设计”课程的教材，也可供相关人员学习参考。

◆ 主　　编　朱　宏　魏怀明　彭　薇
　副 主 编　倪欢欢　李　慧
　责任编辑　王　平
　责任印制　杨林杰

◆ 人民邮电出版社出版发行　　北京市丰台区成寿寺路 11 号
　邮编　100164　　电子邮件　315@ptpress.com.cn
　网址　http://www.ptpress.com.cn
　大厂聚鑫印刷有限责任公司印刷

◆ 开本：787×1092　1/16　　彩插：1
　印张：14　　2015 年 8 月第 1 版
　字数：363 千字　　2015 年 8 月河北第 1 次印刷

定价：42.00 元（附光盘）

读者服务热线：(010) 81055256　印装质量热线：(010) 81055316
反盗版热线：(010) 81055315
广告经营许可证：京崇工商广字第 0021 号

前　言

CorelDRAW 是由 Corel 公司开发的矢量图形处理和编辑软件，它功能强大、易学易用，深受图形图像处理爱好者和平面设计人员的喜爱，已经成为这一领域最流行的软件之一。本书根据教育部最新教学大纲要求编写，邀请行业、企业专家和一线课程负责人一起，从人才培养目标、专业方案等方面做好顶层设计，明确专业课程标准，强化专业技能培养，安排教材内容；根据岗位技能要求，引入了企业真实案例，力求达到“十二五”职业教育国家规划教材的要求，提高职业院校专业技能课的教学质量。

根据现代职业院校的教学方向和教学特色，我们对本书的编写体系做了精心的设计。全书根据 CorelDRAW 在设计领域的应用方向来布置分章，每章按照“课堂实训案例－软件相关功能－课堂实战演练－课后综合演练”这一思路进行编排，力求通过课堂实训案例，使学生快速熟悉艺术设计理念和软件功能；通过软件相关功能解析，使学生深入学习软件功能和制作特色；通过课堂实战演练和课后综合演练，提高学生的实际应用能力。

在内容编写方面，我们力求细致全面、重点突出；在文字叙述方面，我们注意言简意赅、通俗易懂；在案例选取方面，我们强调案例的针对性和实用性。

本书配套光盘中包含了书中所有案例的素材及效果文件。另外，为方便教师教学，本书还配备了详尽的课堂实战演练和课后综合演练的操作步骤文稿、PPT 课件、教学大纲、商业实训案例文件等丰富的教学资源，任课教师可登录人民邮电出版社教学服务与资源网（www.ptpedu.com.cn）免费下载使用。本书的参考学时为 50 学时，各章的参考学时参见下面的学时分配表。

章　节	课 程 内 容	讲 授 课 时
第 1 章	初识 CorelDRAW X6	2
第 2 章	实物绘制	5
第 3 章	插画设计	6
第 4 章	书籍装帧设计	5
第 5 章	杂志设计	6
第 6 章	宣传单设计	5
第 7 章	海报设计	5
第 8 章	广告设计	4
第 9 章	包装设计	6
第 10 章	综合设计实训	6
课 时 总 计		50

本书由朱宏、魏怀明和彭薇任主编，倪欢欢和李慧任副主编。由于编者水平有限，书中难免存在疏漏和不妥之处，敬请广大读者批评指正。

编　者

2014 年 11 月

CorelDRAW 教学辅助资源及配套教辅

素材类型	名称或数量	素材类型	名称或数量
教学大纲	1 套	课堂实例	24 个
电子教案	10 章	课后实例	35 个
PPT 课件	10 个	课后答案	34 个
第 2 章 实物绘制	绘制简易标识	第 6 章 宣传单设计	制作小家电宣传单
	绘制卡通手表		制作儿童摄影宣传单
	绘制和平鸽		制作房地产宣传单
	绘制蜗居标志		制作糕点宣传单
	制作扇子		制作时尚鞋宣传单
	绘制茶壶		制作旅游宣传单
	制作饮品标志	第 7 章 海报设计	制作夕阳百货海报
	绘制星星		制作瓷器鉴赏会海报
	绘制卡通锁		制作艺术设计展海报
	绘制急救箱		制作节日促销海报
第 3 章 插画设计	绘制卡通丛林画		制作街舞大赛海报
	绘制小天使		制作演唱会宣传海报
	绘制简易插画	第 8 章 广告设计	制作情人节广告
	绘制卡通绵羊		制作汽车广告
	绘制布纹图案		制作开业庆典广告
	制作城市印象海报		制作吸尘器广告
	绘制蝴蝶插画		制作啤酒广告
	制作生日贺卡		制作 POP 广告
第 4 章 书籍装帧设计	制作艺术品鉴赏书籍封面	第 9 章 包装设计	制作橙汁包装盒
	制作文学书籍封面		制作打印机包装
	制作旅游书籍封面		制作茶叶包装
	制作茶鉴赏书籍封面		制作牙膏包装
	制作药膳书籍封面		制作饮料包装
	制作影随心生书籍封面		制作红豆包装
第 5 章 杂志设计	制作美食杂志封面	第 10 章 综合设计实训	制作创意家居书籍封面
	制作新娘杂志封面		制作摄影杂志封面
	制作美食杂志内文 1		制作食品宣传单
	制作美食杂志内文 2		制作剃须刀广告
	制作美食杂志内页 3		制作干果包装
	制作美食杂志内页 4		

目　录

第1章 初识 CorelDRAW X6

CorelDRAW 是目前最流行的矢量图形设计软件之一，是由全球知名的专业化图形设计与桌面出版软件开发商——加拿大的 Corel 公司于 1989 年推出的。本章通过对案例的讲解，使读者对 CorelDRAW X6 有初步的认识和了解，并掌握该软件的基础知识和基本操作方法，为以后的学习打下一个坚实的基础。

课堂学习目标

- 掌握工作界面的基本操作
- 掌握设置文件的基本方法
- 掌握图像的基本操作方法

1.1 界面操作

1.1.1 【操作目的】

通过打开文件命令，熟悉菜单栏的操作；通过选取图像、移动图像和缩放图像，掌握工具箱中工具的使用方法。

1.1.2 【操作步骤】

步骤 1 打开 CorelDRAW X6 软件，选择“文件 > 打开”命令，弹出“打开绘图”对话框。选择光盘中的“Ch01 > 01”文件，如图 1-1 所示。单击“打开”按钮，打开文件，如图 1-2 所示，显示 CorelDRAW X6 的软件界面。

图 1-1

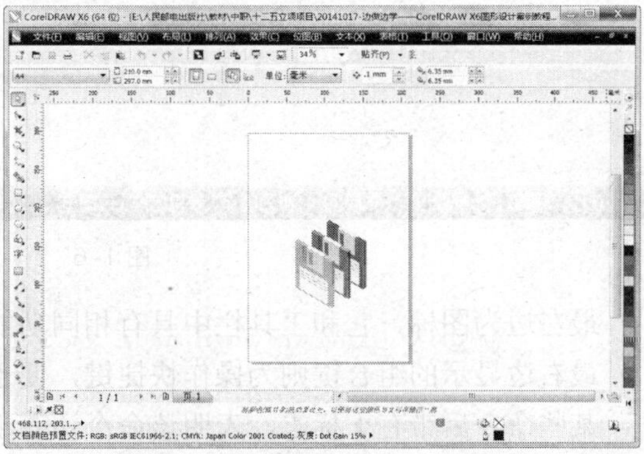

图 1-2

步骤 2 选择窗口左侧工具箱中的“选择”工具，单击选取页面中的磁盘图像，如图 1-3 所示。拖曳图像到页面的左上角，移动磁盘图像，如图 1-4 所示。

步骤 3 将鼠标指针放置在磁盘图像对角线的控制手柄上，拖曳对角线上的控制手柄，放大磁盘图像，如图 1-5 所示。

步骤 4 选择“文件 > 另存为”命令，弹出“另存为”对话框，设置保存文件的名称、路径和类型，单击“保存”按钮保存文件。

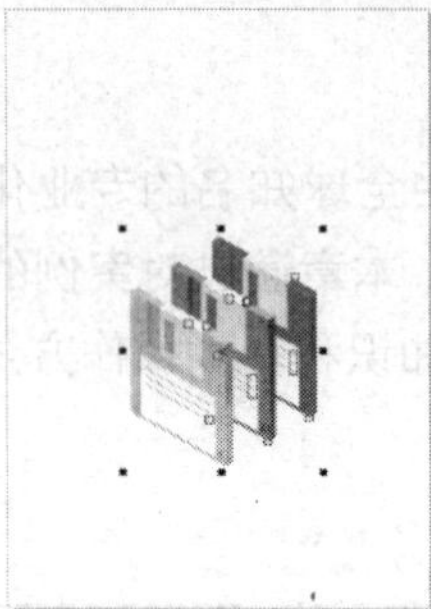

图 1-3

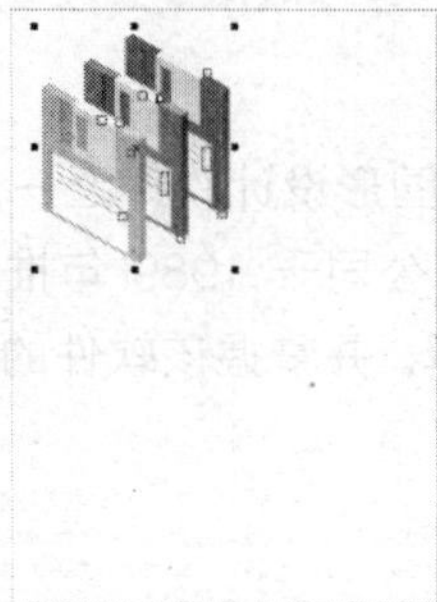

图 1-4

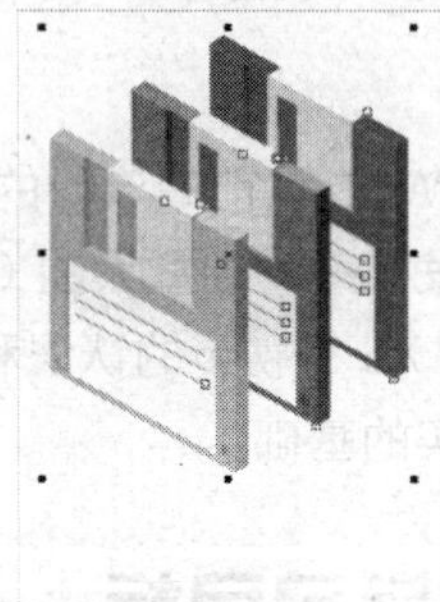

图 1-5

1.1.3 【相关工具】

1. 菜单栏

CorelDRAW X6 中文版的菜单栏包含文件、编辑、视图、布局、排列、效果、位图、文本、表格、工具、窗口、帮助等几个大类，如图 1-6 所示。单击每一类的按钮都将弹出其下拉菜单，如单击“编辑”按钮，系统将弹出图 1-7 所示的下拉菜单。

图 1-6

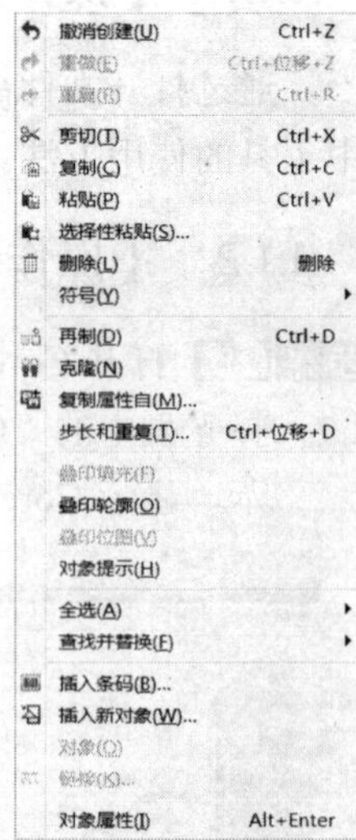

图 1-7

最左边为图标，它和工具栏中具有相同功能的图标一致，以便于用户记忆和使用。

最右边显示的组合键则为操作快捷键，便于用户提高工作效率。

某些命令后带有▸标志，表明该命令还有下一级菜单，将光标停放其上即可弹出下拉菜单。

某些命令后带有…标志，单击该命令可弹出对话框，允许用户进一步对其进行设置。

此外，“编辑”下拉菜单中的有些命令呈灰色状，表明该命令当前还不可使用，需要进行一些相关的操作后方可使用。

2. 工具栏

在菜单栏的下方通常是工具栏，但实际上，它摆放的位置可由用户决定。不止是工具栏如此，在 CorelDRAW X6 中文版中，只要在各栏前端出现控制柄的，均可按照用户自己的习惯进行拖曳摆放。

CorelDRAW X6 中文版的“标准”工具栏如图 1-8 所示。

图 1–8

这里存放了几种常用的命令按钮，如“新建”“打开”“保存”“打印”“剪切”“复制”“粘贴”“撤销”“重做”“搜索内容”“导入”“导出”“应用程序启动器”“欢迎屏幕”“缩放级别”“贴齐”“选项”等。它们可以使用户便捷地完成以上这些基本的操作动作。

此外，CorelDRAW X6 中文版还提供了其他一些工具栏，用户可以在“选项”对话框中选择它们。选择“工具 > 选项”命令，弹出如图 1-9 所示的对话框，选取所要显示的工具栏，单击“确定”按钮即可显示。图 1-10 所示为选择“文本”后显示的工具栏。

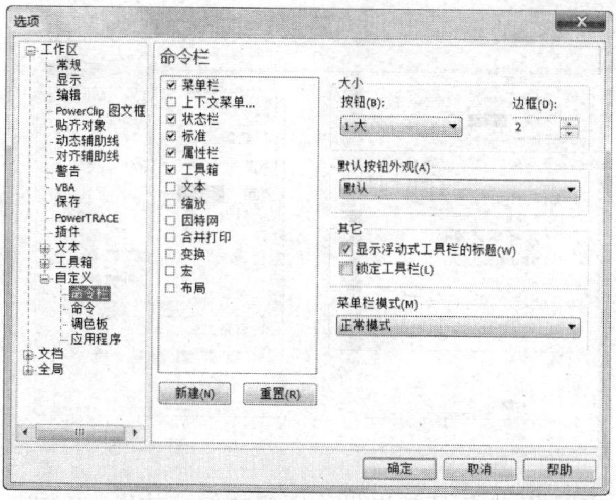

图 1–9

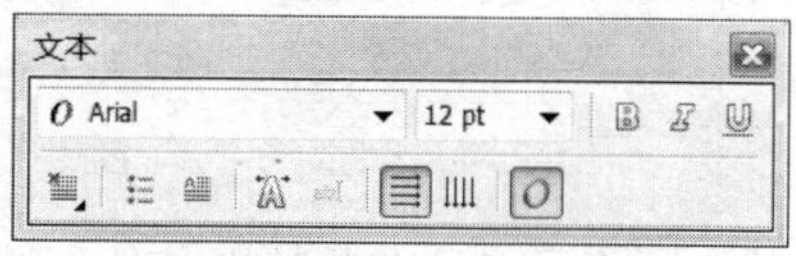

图 1–10

在菜单栏空白处单击鼠标右键，在弹出的快捷菜单中选择“变换”命令，可显示“变换”工具栏，如图 1-11 所示。选择“窗口 > 工具栏 > 变换”命令，也可显示“变换”工具栏。

图 1–11

3. 工具箱

CorelDRAW X6 中文版的工具箱中放置着在绘制图形时的常用工具，这些工具是每一个软件使用者必须掌握的。CorelDRAW X6 中文版的工具箱如图 1-12 所示。

在工具箱中，依次分类排放着“选择”工具、“形状”工具、“裁剪”工具、“缩放”工具、“手绘”工具、“智能填充”工具、“矩形”工具、“椭圆形”工具、“多边形”工具、“基本形状”工具、“文本”工具、“表格”工具、“平行度量”工具、“直线连接器”工具、“调和”工具、“颜色滴管”工具、“轮廓笔”工具、“填充”工具、“交互式填充”工具等几大类工具。

其中，有些带有小三角标记◢的工具按钮，表明其还有展开的工具栏，将光标停放其上即可展开。例如，光标停放在“填充”工具上，将展开工具栏。此外，也可将其拖曳出来，变成固定工具栏，如图 1-13 所示。

图 1-12

图 1-13

4. 泊坞窗

CorelDRAW X6 中文版的泊坞窗，是一个十分有特色的窗口。当打开这一窗口时，它会停靠在绘图窗口的边缘，因此被称为“泊坞窗”。选择“窗口 > 泊坞窗 > 对象属性”命令，弹出如图 1-14 所示的“对象属性”泊坞窗。还可将泊坞窗拖曳出来，放在任意的位置，如图 1-15 所示。

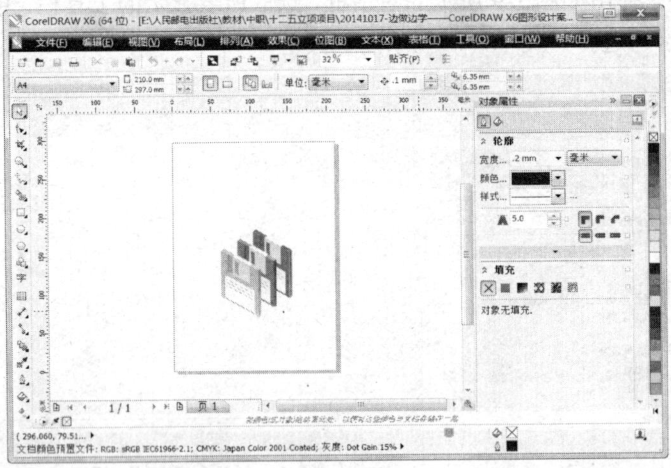

图 1-14

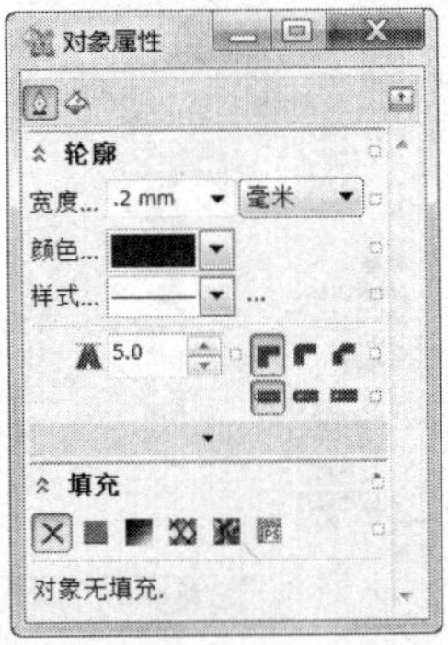

图 1-15

其实，除了名称有些特别之外，泊坞窗更大的特色是其提供给用户的便捷的操作方式。通常情况下，每个应用软件都会给用户提供许多用于设置参数、调节功能的对话框。用户在使用时，必须先打开它们，然后进行设置，再关闭它们。而一旦需要重新设置，则又要重复上述动作，十分不便。CorelDRAW X6 中文版的泊坞窗彻底解决了这一问题，它通过这些交互式对话框，使用户无须重复打开、关闭对话框就可查看到所做的改动，极大地方便了广大的用户。

CorelDRAW X6 泊坞窗的列表，位于“窗口 > 泊坞窗”子菜单中。用户可以选择“泊坞窗”下的各个命令，来打开相应的泊坞窗。当几个泊坞窗都打开时，除了活动的泊坞窗之外，其余的泊坞窗将沿着泊坞窗的边缘以标签形式显示，效果如图 1-16 所示。

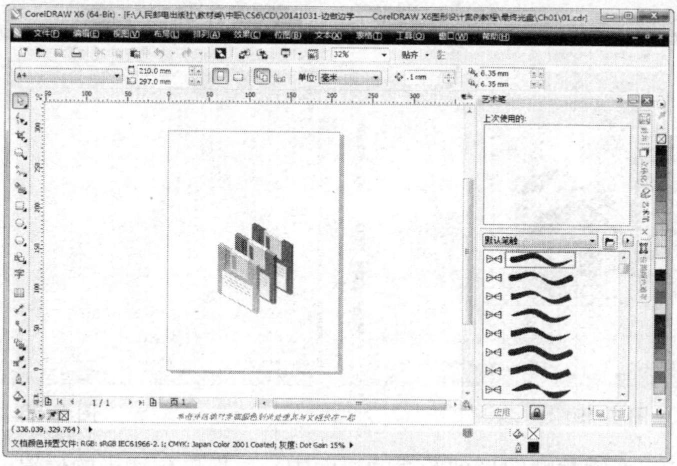

图 1–16

1.2 文件设置

1.2.1 【操作目的】

通过打开文件，熟练掌握“打开”命令；通过复制图像到新建的文件中，熟练掌握“新建”命令；通过关闭新建的文件，熟练掌握“保存”和“关闭”命令。

1.2.2 【操作步骤】

步骤 1 打开 CorelDRAW X6 软件，选择“文件 > 打开”命令，弹出“打开绘图”对话框，如图 1-17 所示。选择光盘中的“Ch01 > 02”文件，单击“打开”按钮打开文件，如图 1-18 所示。

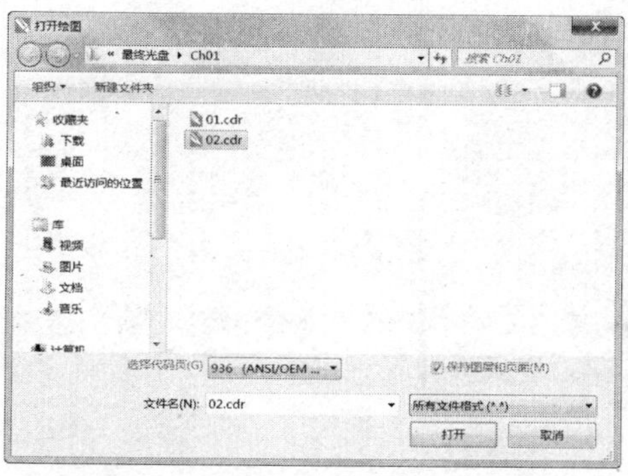

图 1–17

图 1–18

步骤 2 按 Ctrl+A 组合键全选图形，如图 1-19 所示。按 Ctrl+C 组合键复制图形。选择“文件 > 新建”命令，新建一个页面，如图 1-20 所示。

图 1-19

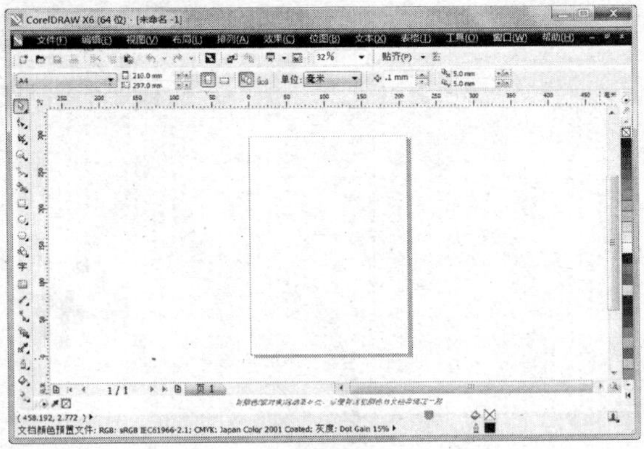

图 1-20

步骤 3 按 Ctrl+V 组合键粘贴图形到新建的页面中，并拖曳到适当的位置，如图 1-21 所示。单击绘图窗口右上角的按钮，弹出提示对话框，如图 1-22 所示，单击“是”按钮，弹出“保存绘图”对话框，选项的设置如图 1-23 所示，单击“保存”按钮保存文件。

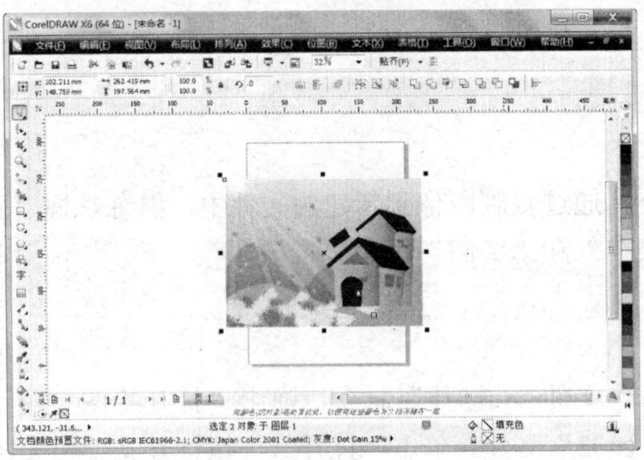

图 1-21

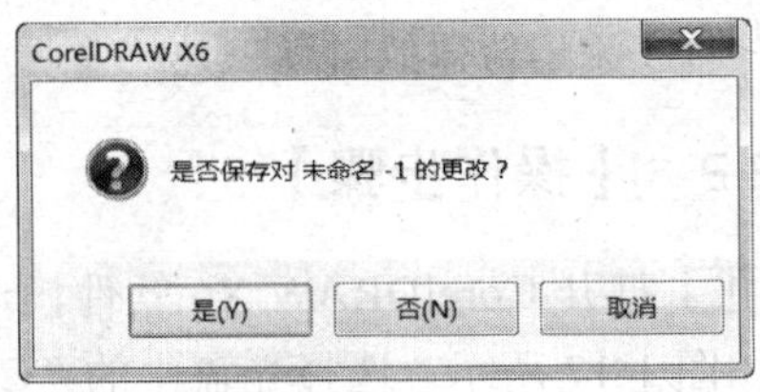

图 1-22

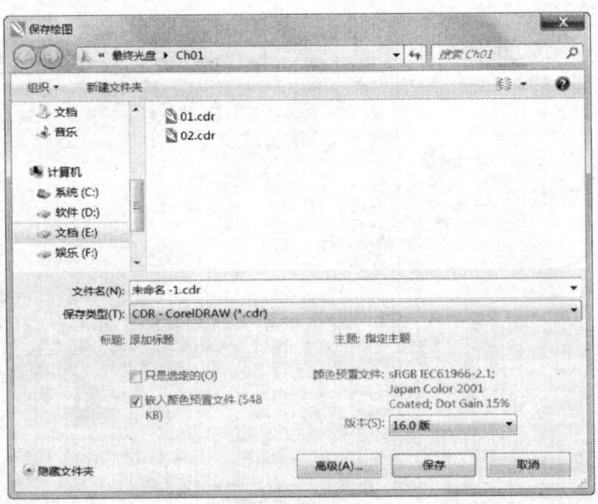

图 1-23

步骤 4 再次单击绘图窗口右上角的按钮，关闭打开的“02”文件。单击标题栏右侧的“关闭”按钮，可关闭软件。

1.2.3 【相关工具】

1. 新建和打开文件

新建和打开一个文件是使用 CorelDRAW X6 进行设计时的第一步。下面介绍新建和打开文件的各种方法。

（1）使用 CorelDRAW X6 启动时的欢迎窗口新建和打开文件。启动时的欢迎窗口如图 1-24 所示。单击“新建空白文档”图标，可以建立一个新的文档；单击“打开最近用过的文档”下方的图标，可以打开前几次编辑过的图形文件；单击“打开其他文档”图标，弹出如图 1-25 所示的“打开绘图”对话框，可以从中选择要打开的图形文件。

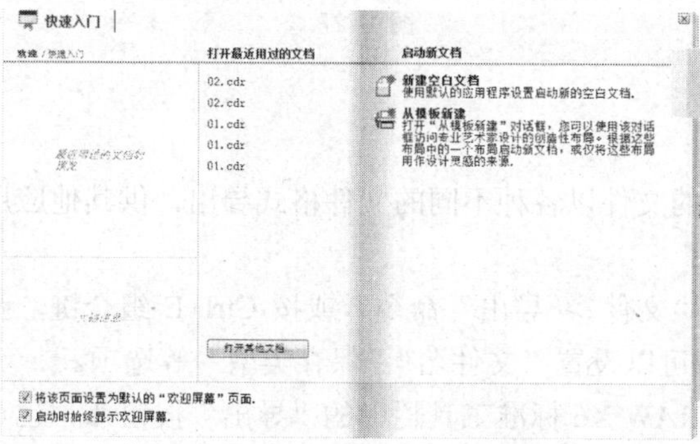

图 1-24

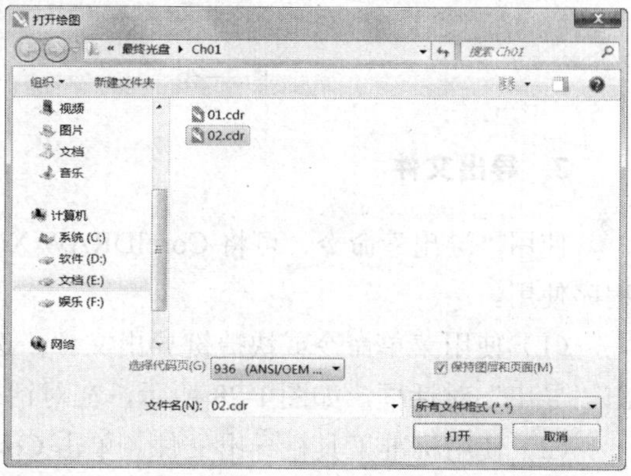

图 1-25

（2）使用菜单命令或快捷键新建和打开文件。选择“文件 > 新建”命令，或按 Ctrl+N 组合键可以新建文件。选择“文件 > 打开”命令，或按 Ctrl+O 组合键可以打开文件。

（3）使用标准工具栏新建和打开文件。单击 CorelDRAW X6 标准工具栏中的“新建”按钮或“打开”按钮，也可以新建和打开文件。

2. 保存和关闭文件

当我们完成某一作品时，就要对其进行保存并关闭文件。下面介绍保存和关闭文件的各种方法。

（1）使用菜单命令或快捷键保存文件。选择“文件 > 保存”命令，或按 Ctrl+S 组合键可以保存文件。选择“文件 > 另存为”命令，或按 Ctrl+Shift+S 组合键可以更名保存文件。

（2）如果是第一次保存文件，将弹出如图 1-26 所示的“保存绘图”对话框。在对话框中，可以设置“文件名”“保存类型”“版本”等保存选项。

（3）使用标准工具栏保存文件。单击 CorelDRAW X6 标准工具栏中的“保存”按钮，也可以保存文件。

（4）使用菜单命令或快捷按钮关闭文件。选择“文件 > 关闭”命令，或单击绘图窗口右上方的“关闭”按钮可以关闭文件。

此时，如果文件没有保存，将弹出如图 1-27 所示的提示框，询问用户是否保存文件。如果单击“是”按钮，则保存文件；单击“否”按钮，则不保存文件；单击“取消”按钮，则取消关闭文件的操作。

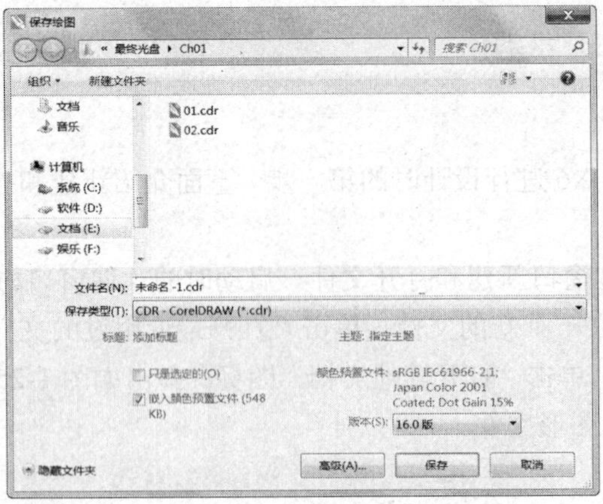

图 1-26

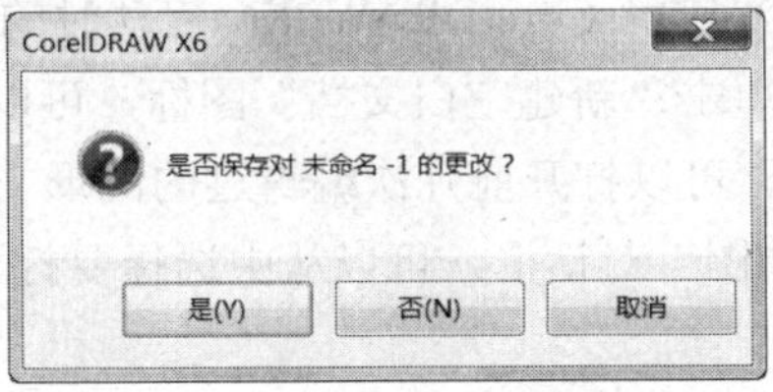

图 1-27

3. 导出文件

使用“导出”命令，可将 CorelDRAW X6 中的文件以各种不同的文件格式导出，供其他应用程序使用。

（1）使用菜单命令或快捷键导出文件。选择“文件 > 导出”命令，或按 Ctrl+E 组合键，弹出“导出”对话框，如图 1-28 所示，在对话框中可以设置“文件名”“保存类型”等选项。

（2）使用标准工具栏导出文件。单击 CorelDRAW X6 标准工具栏中的“导出”按钮，也可以将文件导出。

图 1-28

第2章 实物绘制

绘制效果逼真并经过艺术化处理的实物可以应用到书籍设计、杂志设计、海报设计、宣传单设计、广告设计、包装设计、网页设计等多个设计领域。本章以多个实物对象为例，讲解绘制实物的方法和技巧。

课堂学习目标

- 掌握实物的绘制思路和过程
- 掌握实物的绘制方法和技巧

2.1 绘制简易标识

2.1.1 【案例分析】

标识的本质在于它的功用性。虽然它具有观赏价值，但主要是为了标明或显示事物特征。本案例是为公司制作小标识，要求其简洁大方，能体现出时尚的外观和特殊的性能。

2.1.2 【设计理念】

在设计制作过程中，标识的底色使用鲜明的红黄搭配，能瞬间抓住人们的视线。点线面结合形成层次感，使人产生美观精致的印象。整体设计简洁大方、醒目直观，让人印象深刻。（最终效果参看光盘中的“Ch02 > 效果 > 绘制简易标识”，见图 2-1。）

图 2-1

2.1.3 【操作步骤】

步骤 1 按 Ctrl+N 组合键，新建一个 A4 页面。选择“椭圆形”工具，按住 Ctrl 键的同时，在页面中适当的位置拖曳光标绘制一个圆形，如图 2-2 所示。在“CMYK 调色板”中的“黄”色块上单击鼠标，如图 2-3 所示，填充圆形；在“无填充”按钮☒上单击鼠标右键，去除圆形的轮廓线，效果如图 2-4 所示。

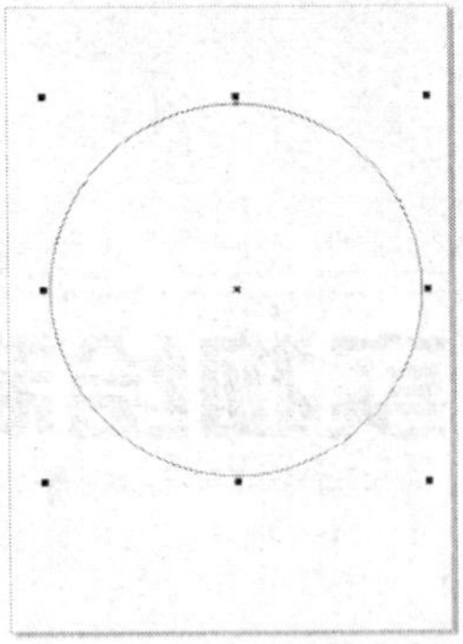

图 2-2

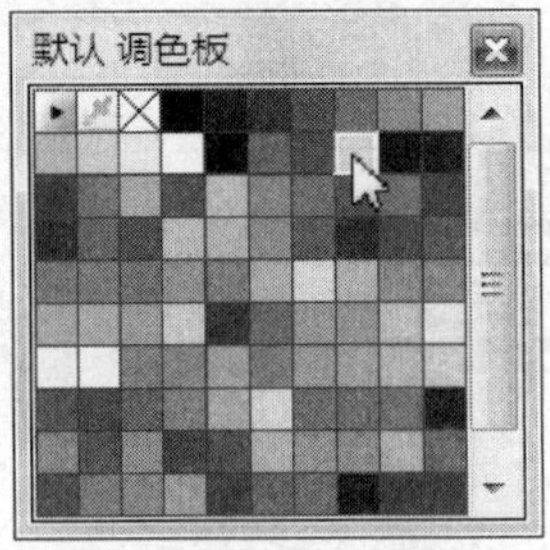

图 2-3

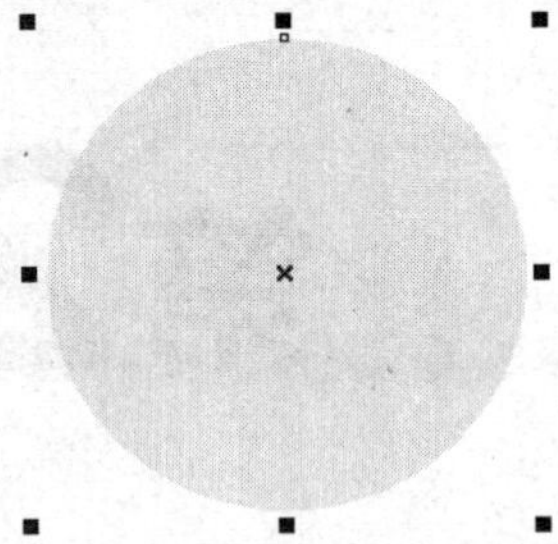

图 2-4

步骤 2 选择“选择”工具，按数字键盘上的+键，复制一个圆形。按住 Shift 键的同时，向内拖曳圆形右上角的控制手柄到适当的位置，等比例缩小圆形。在“CMYK 调色板”中的“红”色块上单击鼠标，如图 2-5 所示，填充圆形，效果如图 2-6 所示。

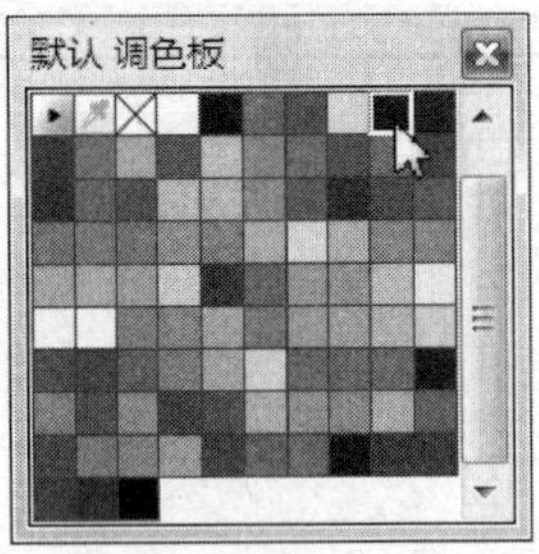

图 2-5

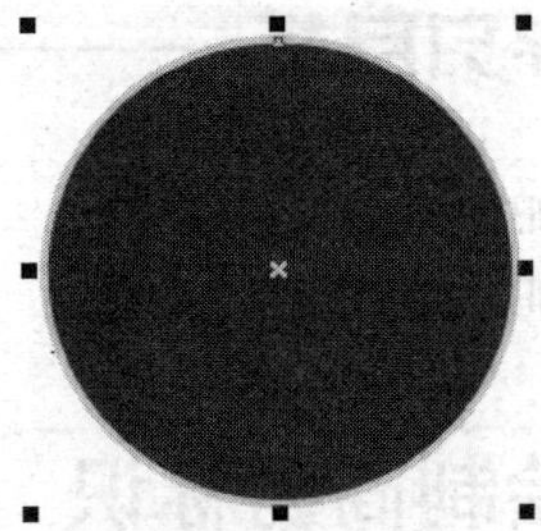

图 2-6

步骤 3 选择“选择”工具，按数字键盘上的+键，复制一个圆形。按住 Shift 键的同时，向内拖曳圆形右上角的控制手柄到适当的位置，等比例缩小圆形。按 F12 键，弹出“轮廓笔”对话框，在“颜色”选项中设置轮廓线颜色的 CMYK 值为 0、20、100、0，其他选项的设置如图 2-7 所示，单击“确定”按钮。在“无填充”按钮☒上单击鼠标，去除圆形的填充，效果如图 2-8 所示。

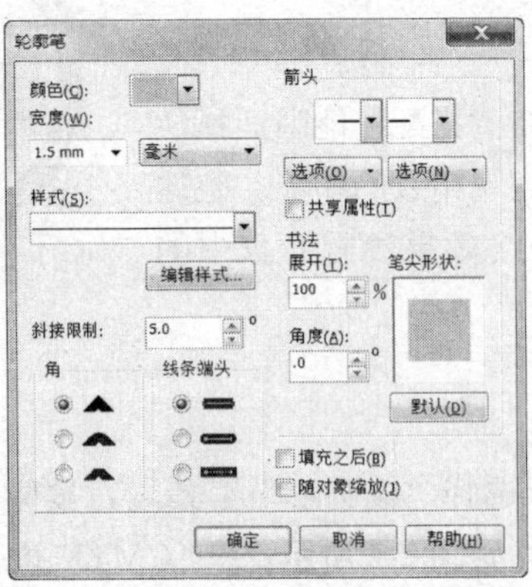

图 2-7

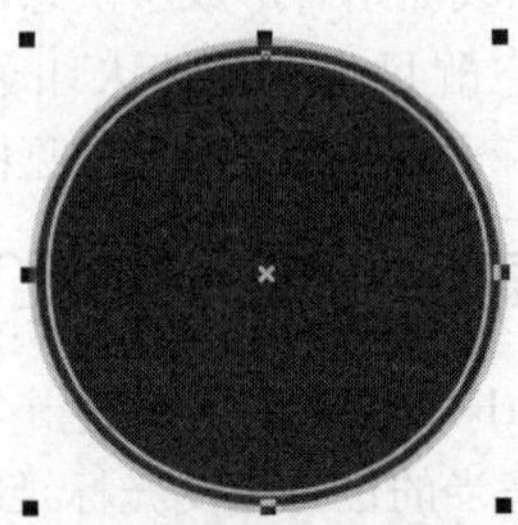

图 2-8

步骤 4 选择“选择”工具，按数字键盘上的+键，复制一个圆形。按住 Shift 键的同时，向内拖曳圆形右上角的控制手柄到适当的位置，等比例缩小圆形。按 F12 键，弹出“轮廓笔”对话框，选项的设置如图 2-9 所示，单击“确定”按钮，效果如图 2-10 所示。

步骤 5 选择“选择”工具，按数字键盘上的+键，复制一个圆形。按住 Shift 键的同时，向内拖曳圆形右上角的控制手柄到适当的位置，等比例缩小圆形。在“CMYK 调色板”中的“深黄”色块上单击鼠标，填充圆形，并去除图形的轮廓线，效果如图 2-11 所示。单击属性栏中的“饼图”按钮，效果如图 2-12 所示。

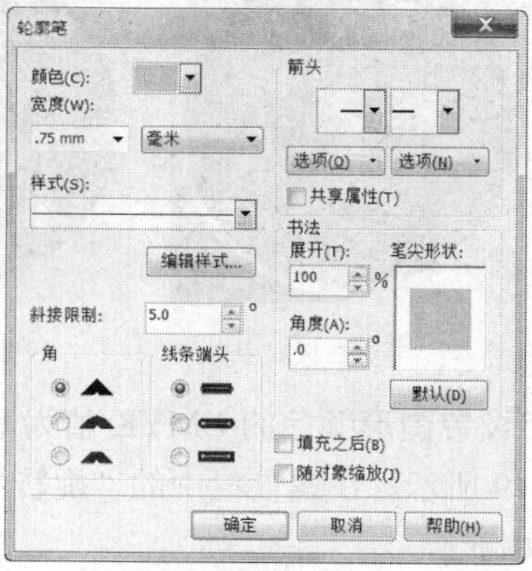

图 2-9

图 2-10

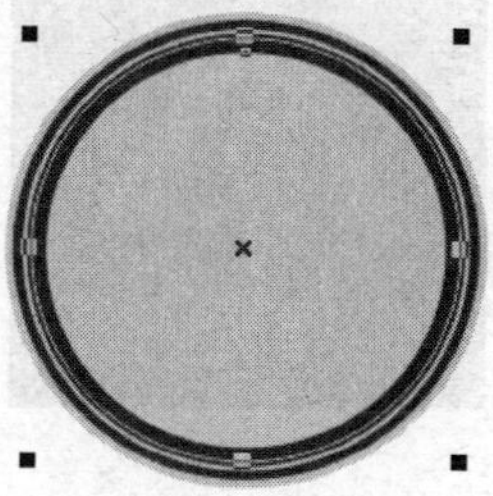

图 2-11

图 2-12

步骤 6 选择“椭圆形”工具，按住 Ctrl 键的同时，在页面中适当的位置拖曳光标绘制一个圆形，设置图形颜色的 CMYK 值为 100、86、45、5，填充圆形。按 F12 键，弹出“轮廓笔”对话框，在“颜色”选项中设置轮廓线颜色的 CMYK 值为 0、20、100、0，其他选项的设置如图 2-13 所示，单击“确定”按钮，效果如图 2-14 所示。

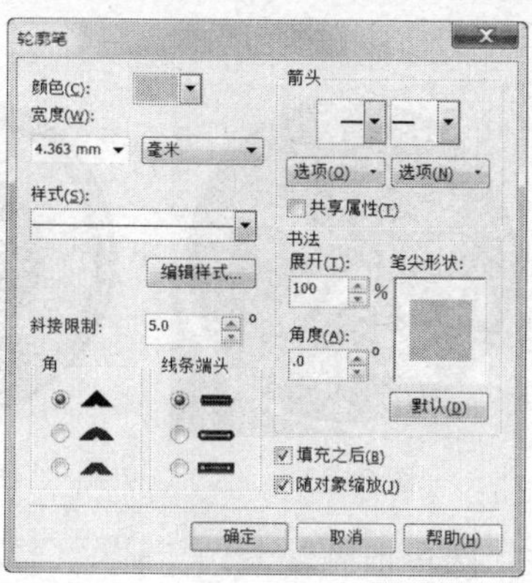

图 2-13

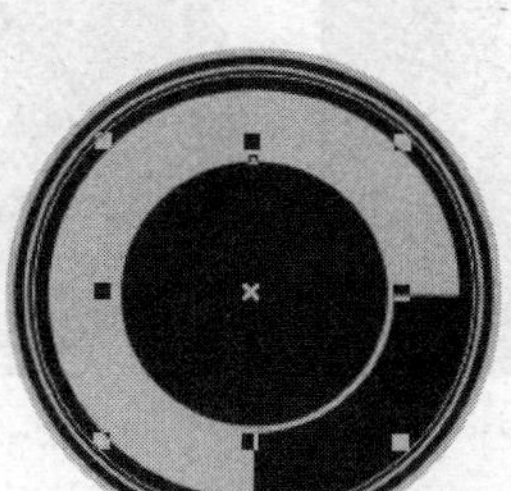

图 2-14

步骤 7 选择“多边形”工具，在属性栏中的“点数或边数”框中设置数值为 3，在页面中的适当位置绘制一个三角形，如图 2-15 所示。设置图形颜色的 CMYK 值为 0、60、100、0，填充图形，并去除图形的轮廓线，效果如图 2-16 所示。

步骤 8 选择“椭圆形”工具 ，绘制一个椭圆形，设置图形颜色的 CMYK 值为 68、100、100、50，填充图形，并去除图形的轮廓线，效果如图 2-17 所示。用相同的方法再绘制一个椭圆形，并填充相同的颜色，效果如图 2-18 所示。

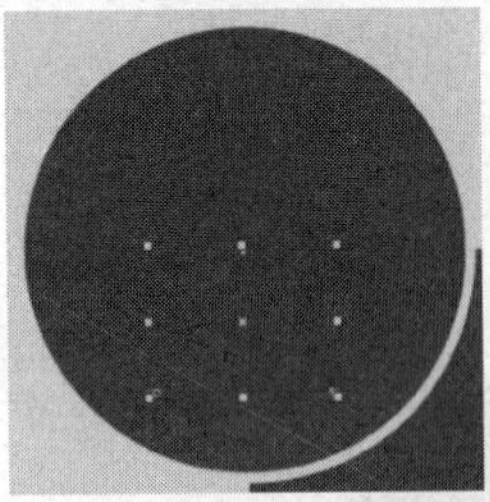

图 2-15

图 2-16

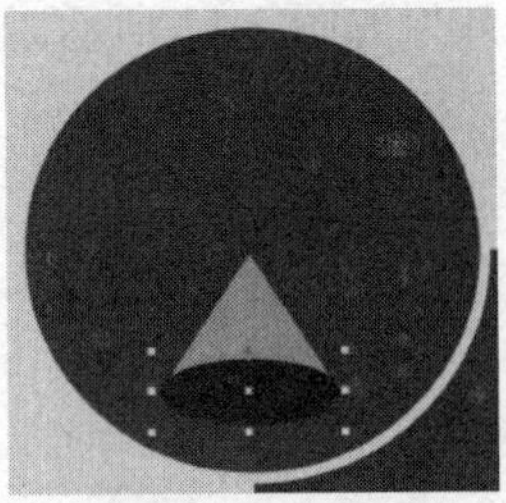

图 2-17

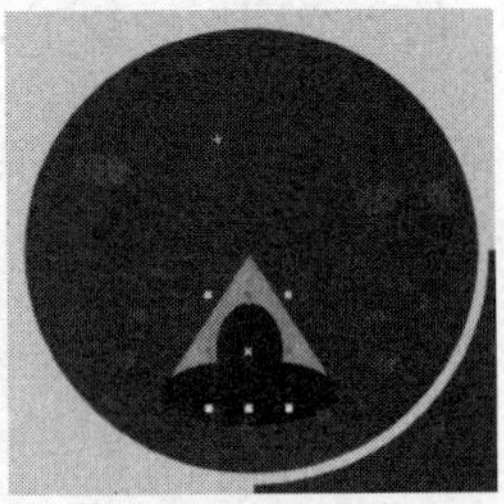

图 2-18

步骤 9 选择“矩形”工具 ，绘制一个矩形。设置图形颜色的 CMYK 值为 0、60、100、0，填充图形并去除图形的轮廓线，效果如图 2-19 所示。在属性栏中的“旋转角度” 框中设置数值为 257，按 Enter 键，效果如图 2-20 所示。

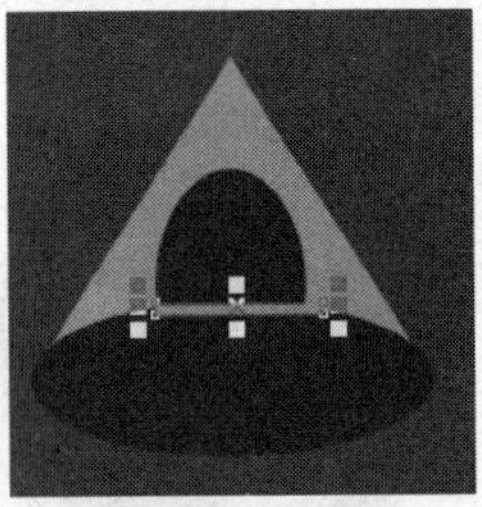

图 2-19

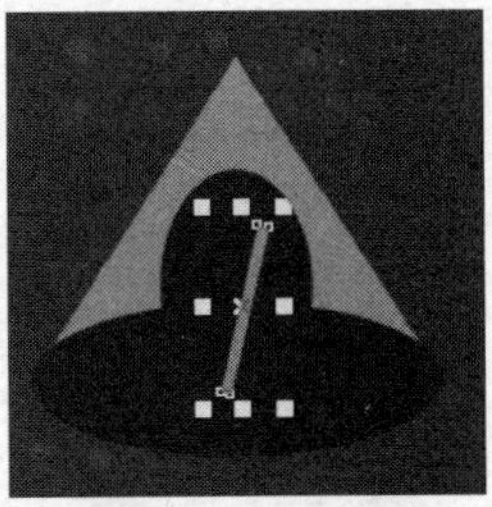

图 2-20

步骤 10 选择“选择”工具 ，用圈选的方法选取需要的图形，如图 2-21 所示。按 Ctrl+G 组合键，将其群组。再次单击图形，使其处于旋转状态，按数字键盘上的+键，复制一个图形。将旋转中心拖曳到适当的位置；拖曳右下角的控制手柄，将图形旋转到需要的角度，如图 2-22 所示。按住 Ctrl 键的同时，再连续点按 D 键绘制出多个图形，效果如图 2-23 所示。

步骤 11 选择“矩形”工具 ，绘制一个矩形。设置矩形颜色的 CMYK 值为 68、100、100、50，填充图形，并去除图形的轮廓线，效果如图 2-24 所示。

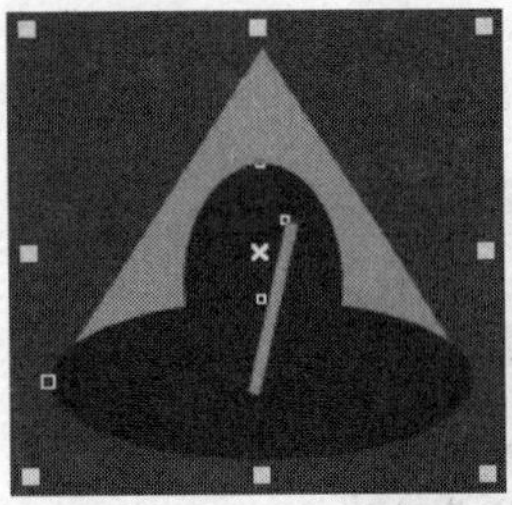

图 2-21

图 2-22

图 2-23

图 2-24

步骤 12 单击属性栏中的“扇形角”按钮 ，在“圆角半径” 框中设置数值为 17.1mm，如图 2-25 所示，按 Enter 键，效果如图 2-26 所示。用相同的方法绘制其他图形，并填充相同的颜色，效果如图 2-27 所示。简易标识绘制完成。

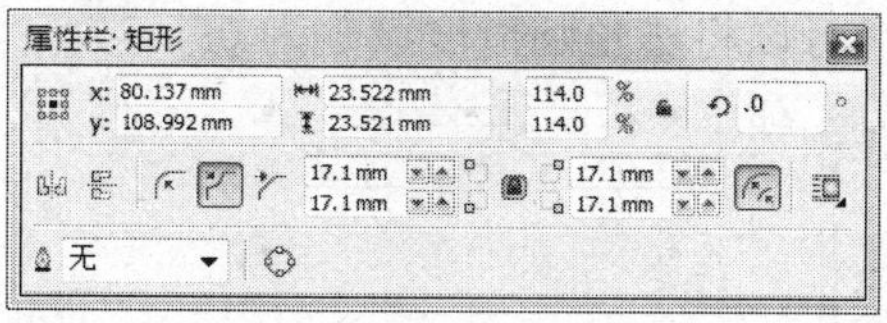

图 2-25

图 2-26

图 2-27

2.1.4 【相关工具】

1. 矩形工具

◎ 绘制矩形

单击工具箱中的“矩形”工具，在绘图页面中按住鼠标左键不放，拖曳鼠标到需要的位置，松开鼠标左键完成矩形绘制，如图 2-28 所示。矩形的属性栏如图 2-29 所示。

按 Esc 键，取消矩形的编辑状态，矩形效果如图 2-30 所示。选择“选择”工具，在矩形上单击可以选择刚绘制好的矩形。

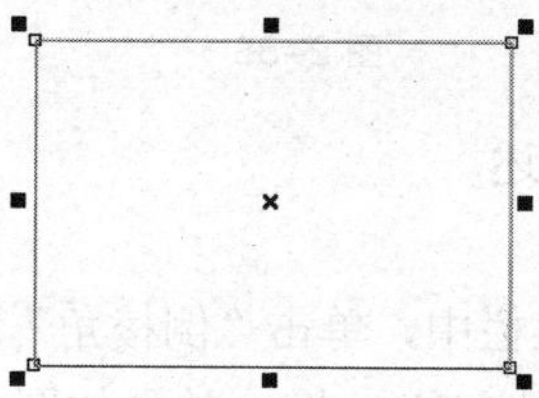

图 2-28

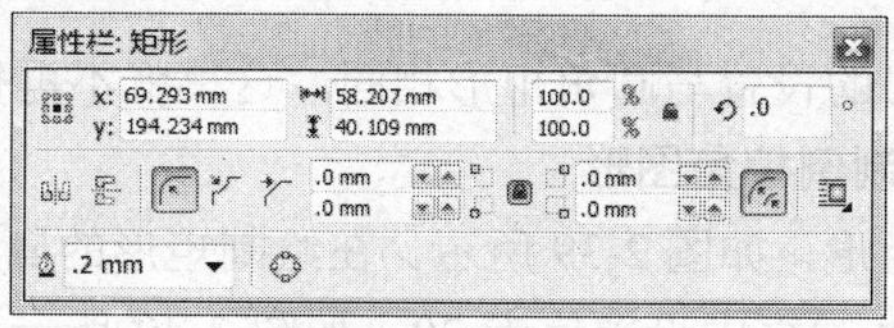

图 2-29

图 2-30

按 F6 键快速选择“矩形”工具，在绘图页面中适当的位置绘制矩形。按住 Ctrl 键的同时，可以在绘图页面中绘制正方形。按住 Shift 键的同时，在绘图页面中会以当前点为中心绘制矩形。按住 Shift+Ctrl 组合键，在绘图页面中会以当前点为中心绘制正方形。

提 示 双击工具箱中的“矩形”工具，可以绘制出一个和绘图页面大小一样的矩形。

◎ 绘制圆角矩形

在绘图页面中绘制一个矩形，如图 2-31 所示。在绘制矩形的属性栏中，如果将“圆角半径”后的小锁图标选定，则改变“圆角半径”时，4 个角的边角圆滑度数值将相同。在属性栏中的“圆角半径”选项中进行设置，如图 2-32 所示。按 Enter 键，圆角矩形效果如图 2-33 所示。

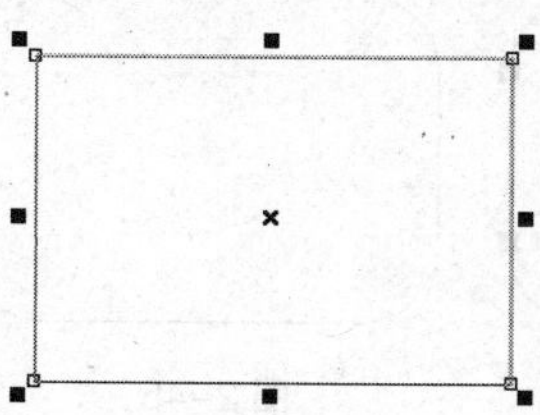

图 2-31

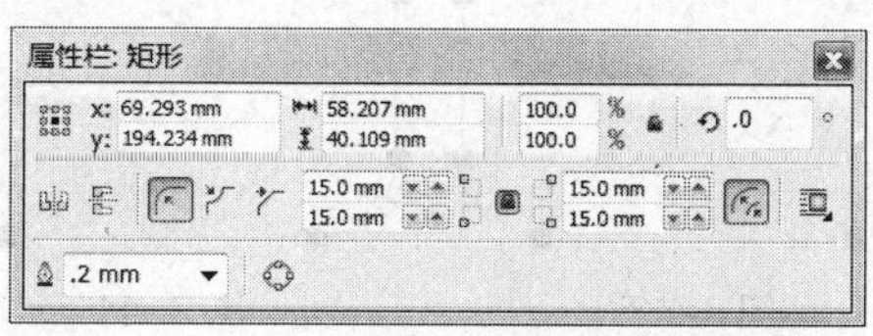

图 2-32

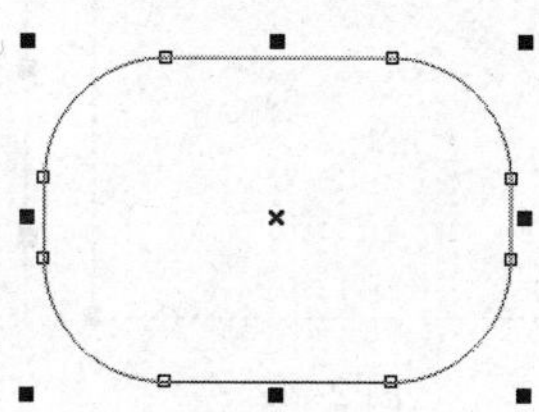

图 2-33

如果不选定小锁图标，则可以单独改变一个角的圆滑度数值。在绘制矩形的属性栏中，分别在属性栏中的“圆角半径”选项中进行设置，如图 2-34 所示。按 Enter 键，效果如图 2-35 所示。如果要将圆角矩形还原为直角矩形，可以将边角圆滑度设定为 0。

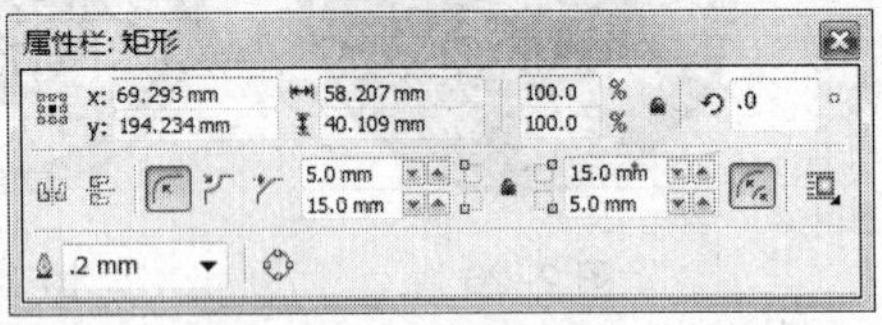

图 2-34

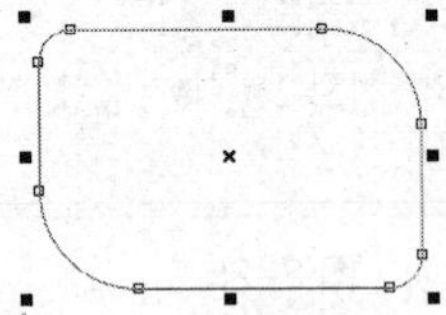

图 2-35

◎ **使用“矩形”工具绘制扇形角图形**

在绘图页面中绘制一个矩形，如图 2-36 所示。在绘制矩形的属性栏中，单击“扇形角”按钮，在“圆角半径”框中设置值为 20，如图 2-37 所示。按 Enter 键，效果如图 2-38 所示。

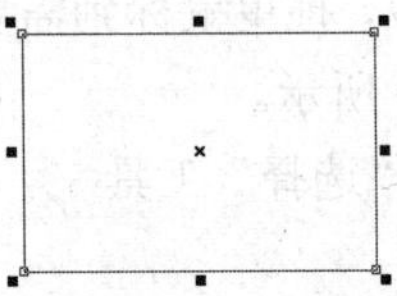

图 2-36

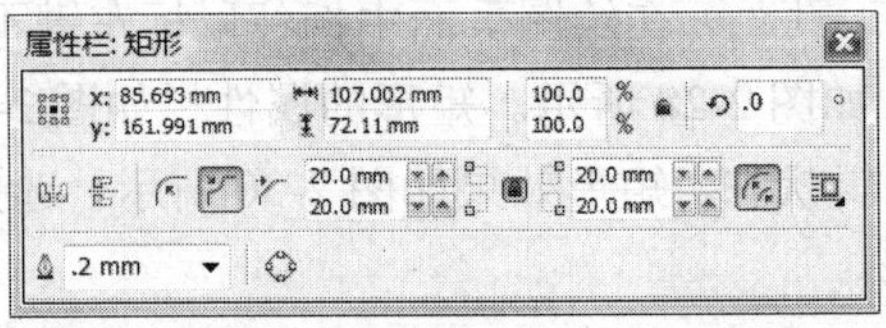

图 2-37

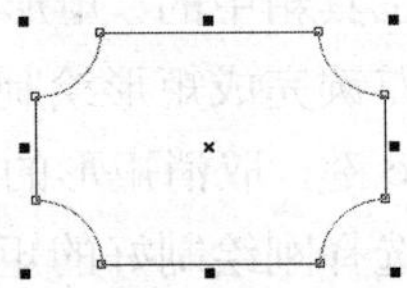

图 2-38

扇形角图形“圆角半径”的设置与圆角矩形相同，这里就不再赘述。

◎ **使用“矩形”工具绘制倒棱角图形**

在绘图页面中绘制一个矩形，如图 2-39 所示。在绘制矩形的属性栏中，单击“倒棱角”按钮，在“圆角半径”框中设置值为 20，如图 2-40 所示。按 Enter 键，效果如图 2-41 所示。

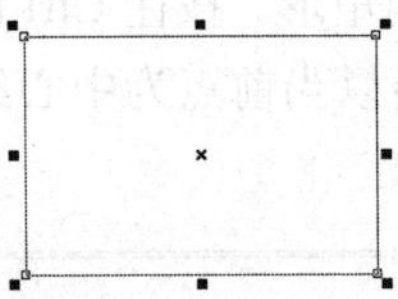

图 2-39

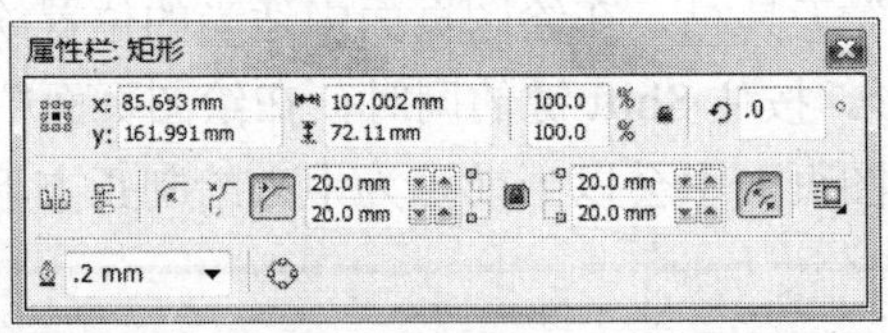

图 2-40

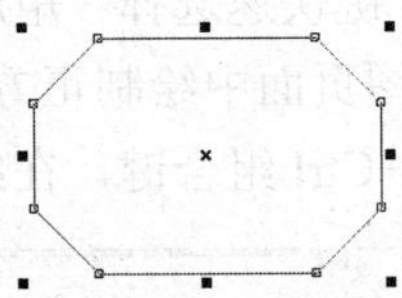

图 2-41

倒棱角图形“圆角半径”的设置与圆角矩形相同，这里不再赘述。

◎ **拖曳矩形的节点来绘制圆角矩形**

绘制一个矩形。选择“形状”工具，单击矩形左上角的节点，如图 2-42 所示。按住鼠标左键拖曳节点，可以改变边角的圆角程度，如图 2-43 所示。松开鼠标左键，效果如图 2-44 所示。按 Esc 键取消矩形的编辑状态，圆角矩形的效果如图 2-45 所示。

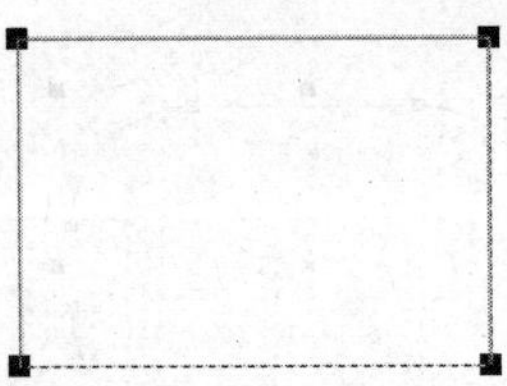

图 2-42

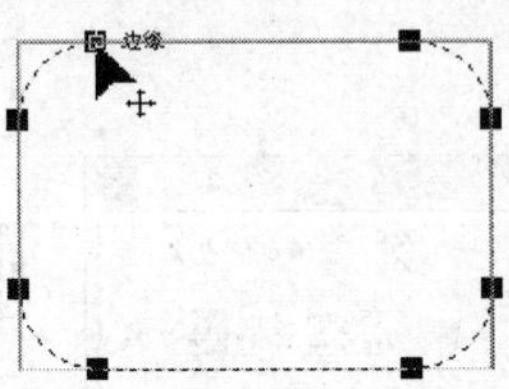

图 2-43

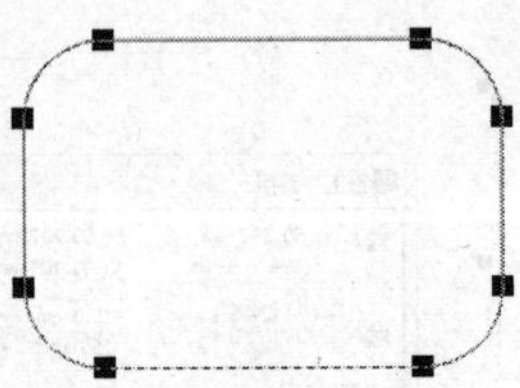

图 2-44

图 2-45

◎ **绘制任何角度的矩形**

选择“3 点矩形”工具，在绘图页面中按住鼠标左键不放，拖曳鼠标到需要的位置，可以拖出一条任意方向的线段作为矩形的一条边，如图 2-46 所示。

松开鼠标左键，再拖曳鼠标到需要的位置，即可确定矩形的另一条边，如图 2-47 所示。单击鼠标左键，有角度的矩形绘制完成，效果如图 2-48 所示。

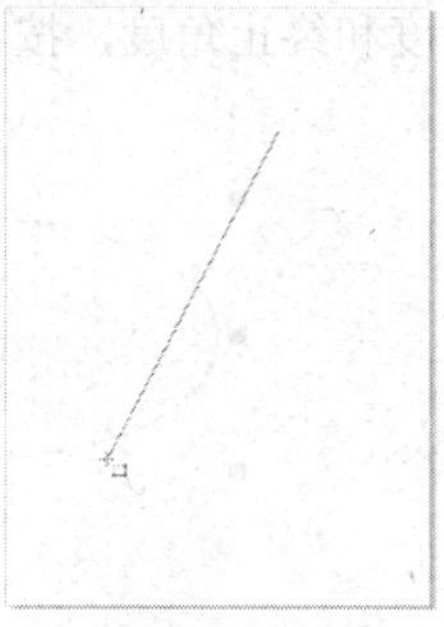

图 2–46

图 2–47

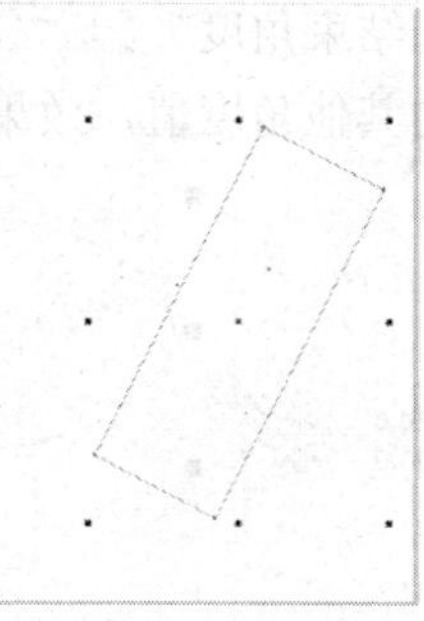

图 2–48

2. 椭圆形工具

◎ **绘制椭圆形**

单击工具箱中的“椭圆形”工具，在绘图页面中按住鼠标左键不放，拖曳鼠标到需要的位置，松开鼠标左键，椭圆形绘制完成，如图 2-49 所示。椭圆形的属性栏如图 2-50 所示。

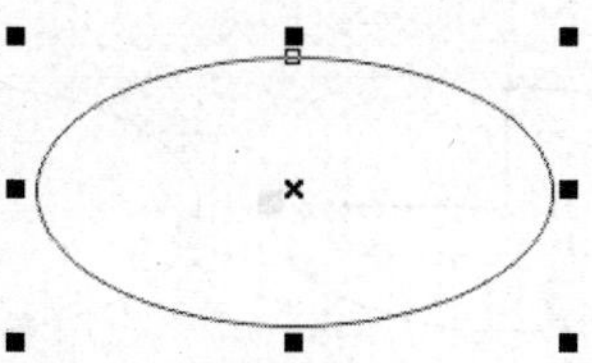

图 2–49

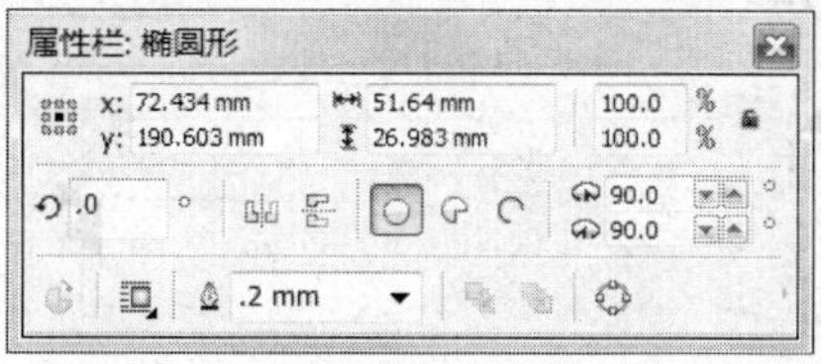

图 2–50

按 F7 键快速选择“椭圆形”工具，在绘图页面中适当的位置绘制椭圆形。按住 Ctrl 键，可以在绘图页面中绘制圆形。按住 Shift 键，在绘图页面中以当前点为中心绘制椭圆形。按住 Shift+Ctrl 组合键，在绘图页面中以当前点为中心绘制圆形。

◎ **使用“椭圆形”工具绘制饼形和弧形**

先绘制一个椭圆形，如图 2-51 所示。单击椭圆形属性栏中的“饼图”按钮，如图 2-52 所示，将椭圆形转换为饼图，效果如图 2-53 所示。

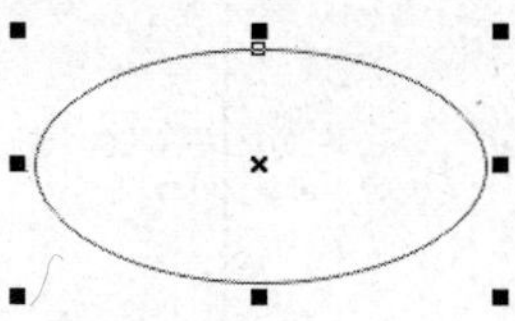

图 2–51

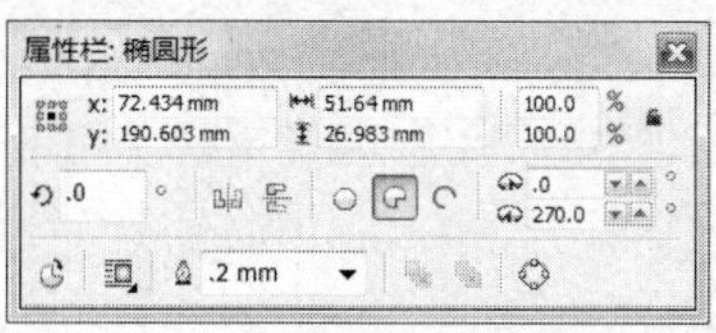

图 2–52

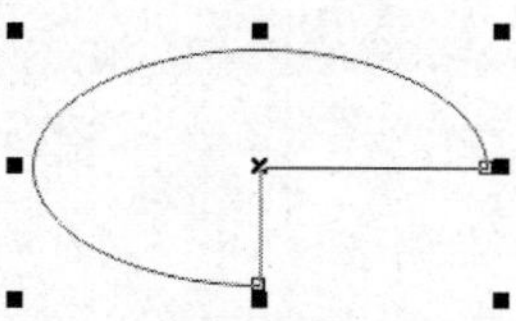

图 2–53

单击椭圆形属性栏中的“弧”按钮，如图 2-54 所示，将椭圆形转换为弧，效果如图 2-55 所示。

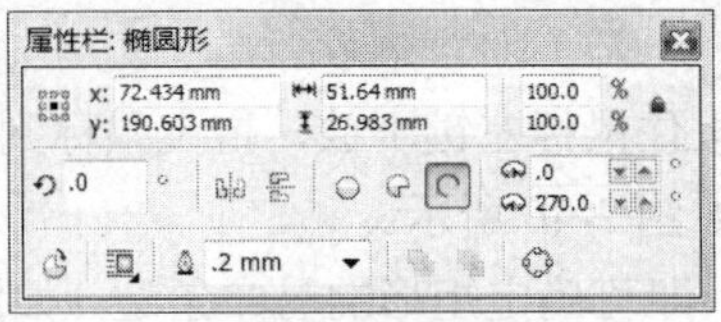

图 2-54

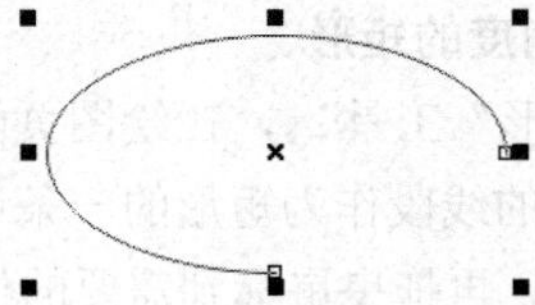

图 2-55

在“起始和结束角度”框中设置饼图和弧的起始角度和终止角度，按 Enter 键，可以得到饼图和弧的其他角度值，效果如图 2-56 所示。

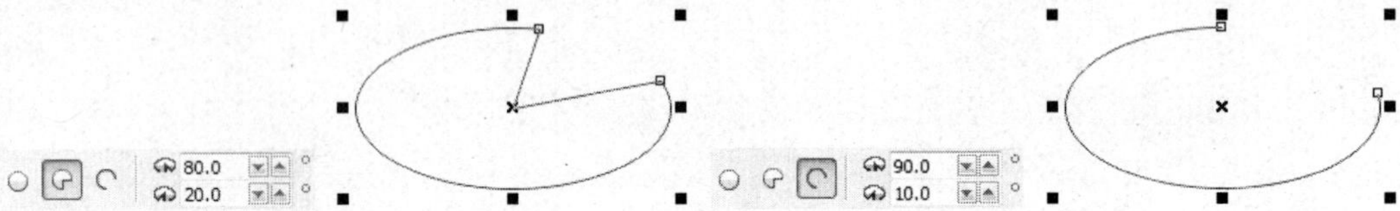

图 2-56

椭圆形在选取状态下，在属性栏中单击“饼图”按钮或“弧”按钮，可以使图形在饼图和弧之间转换。单击属性栏中的按钮，可以将饼图或弧进行 180° 的镜像变换。

◎ **拖曳椭圆形的节点来绘制饼图和弧**

绘制一个椭圆形。选择“形状”工具，单击轮廓线上的节点，如图 2-57 所示。按住鼠标左键不放向椭圆内拖曳节点，如图 2-58 所示。松开鼠标左键，效果如图 2-59 所示。按 Esc 键，取消椭圆形的编辑状态，椭圆变成饼图，效果如图 2-60 所示。向椭圆外拖曳轮廓线上的节点时，可将椭圆形变为弧。

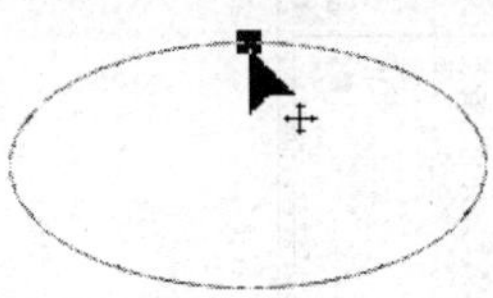

图 2-57

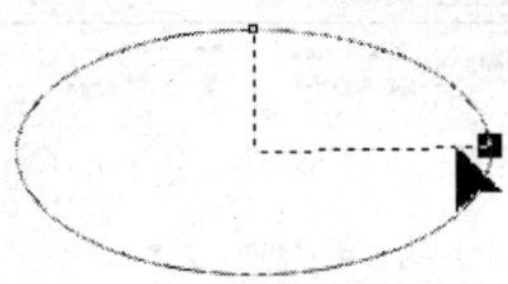

图 2-58

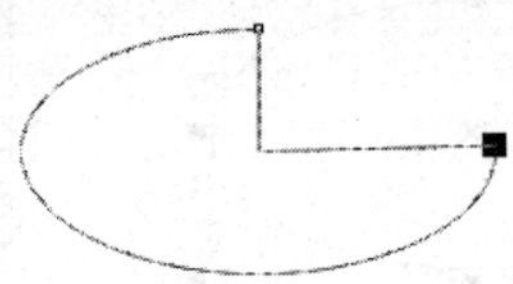

图 2-59

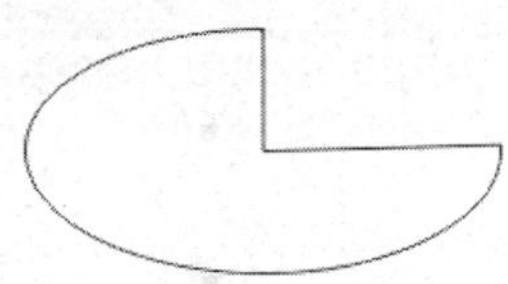

图 2-60

◎ **绘制任何角度的椭圆形**

选择“3 点椭圆形”工具，在绘图页面中按住鼠标左键不放，拖曳鼠标到需要的位置，可以拖出一条任意方向的线段作为椭圆形的一个轴，如图 2-61 所示。

松开鼠标左键，再拖曳鼠标到需要的位置，即可确定椭圆形的形状，如图 2-62 所示。单击鼠标左键，有角度的椭圆形绘制完成，如图 2-63 所示。

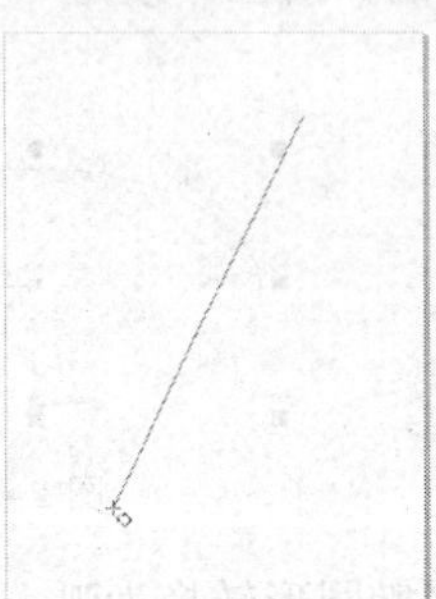

图 2-61

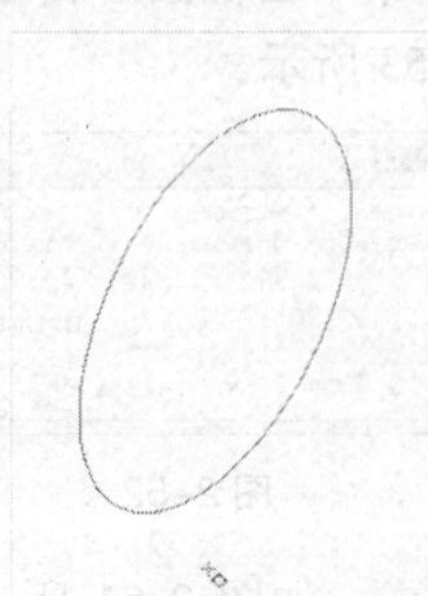

图 2-62

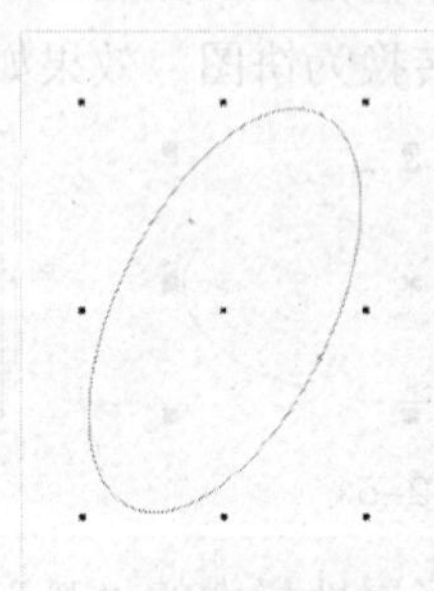

图 2-63

3. 基本形状工具

◎ 绘制基本形状

选择“基本形状”工具，在属性栏中的“完美形状”按钮下选择需要的基本图形，如图2-64所示。在绘图页面中按住鼠标左键不放，从左上角向右下角拖曳鼠标到需要的位置，松开鼠标左键，基本图形绘制完成，效果如图2-65所示。

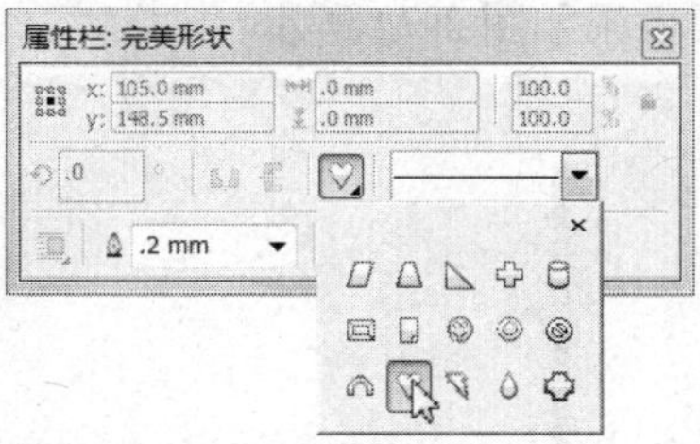

图2-64

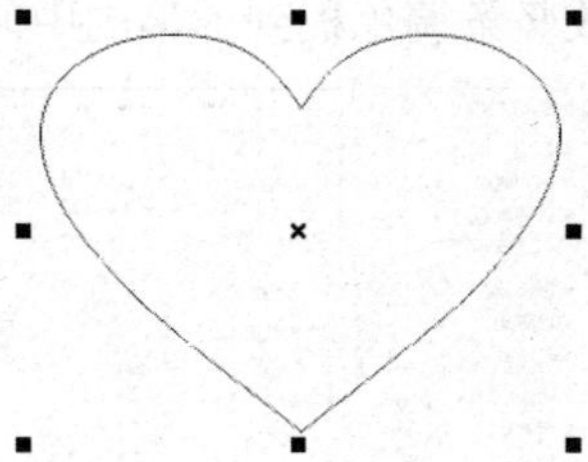

图2-65

◎ 绘制其他形状

除了基本形状外，CorelDRAW X6还提供了“箭头形状”工具、“流程图形状”工具、“标题形状”工具和“标注形状”工具，在其相应的属性栏中的“完美形状”按钮下可选择需要的基本图形，如图2-66所示，绘制的方法与绘制基本形状的方法相同。

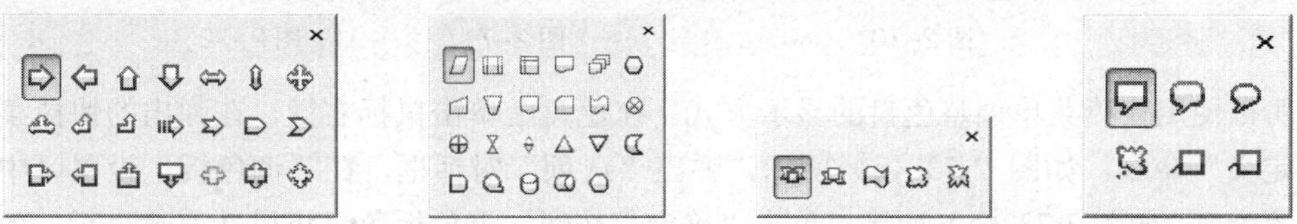

（a）箭头形状　（b）流程图形状　（c）标题形状　（d）标注形状

图2-66

◎ 调整基本形状

绘制一个基本形状，如图2-67所示。单击要调整的基本形状的红色菱形符号并按下鼠标左键不放，拖曳到适当的位置，如图2-68所示。得到需要的形状后，松开鼠标左键，效果如图2-69所示。

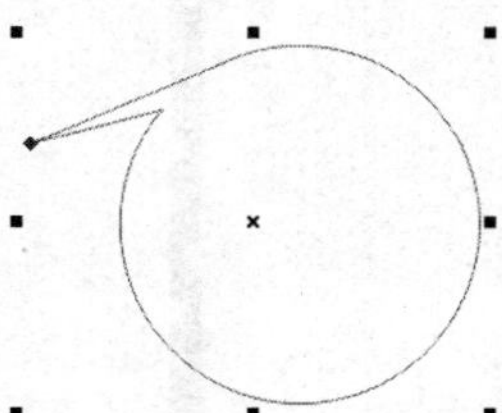

图2-67

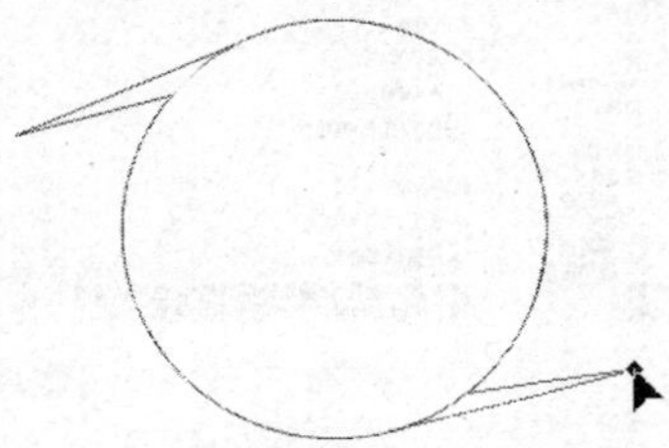

图2-68

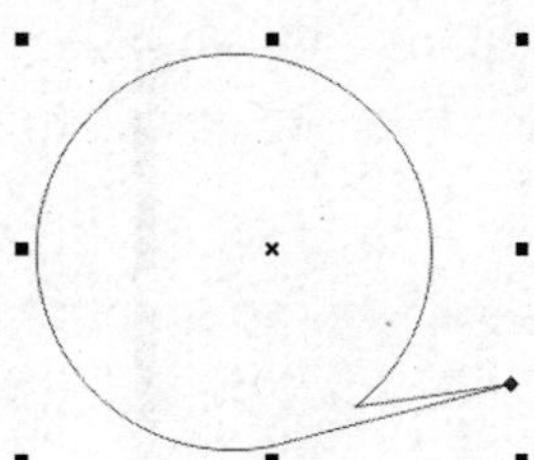

图2-69

提　示　在流程图形状中没有红色菱形符号，所以不能对它进行调整。

4. 标准填充

◎ 选取颜色

在 CorelDRAW X6 中提供了多种调色板，选择“窗口 > 调色板”命令，弹出可供选择的多种颜色板，如图 2-70 所示。CorelDRAW X6 在默认状态下使用 CMYK 调色板。CorelDRAW X6 中的调色板一般在屏幕的右侧，使用“选择”工具选取屏幕右侧的竖条调色板，如图 2-71 所示。用鼠标左键拖放竖条调色板到屏幕的中间，调色板效果如图 2-72 所示。

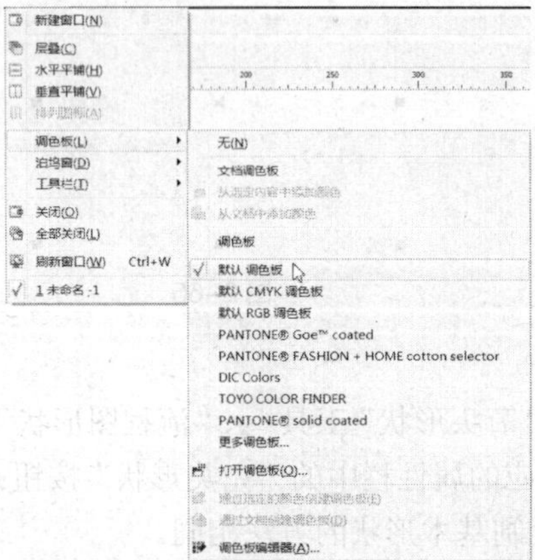

图 2-70

图 2-71

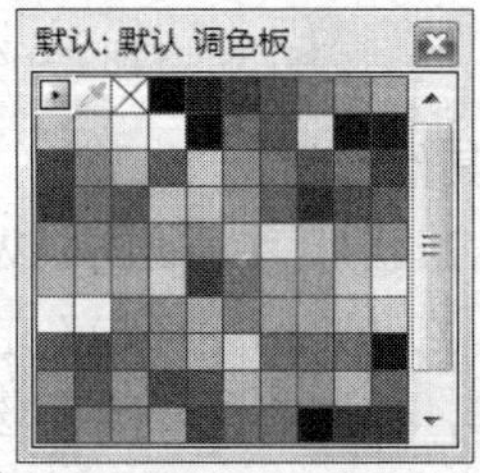

图 2-72

还可以使用快捷菜单调整色盘的显示方式。在色盘上单击鼠标右键，在弹出的快捷菜单中选择“自定义”命令，如图 2-73（a）所示，弹出“选项”对话框，在“调色板”设置区中将最大行数设置为 3，如图 2-73（b）所示，单击“确定”按钮，调色板色盘将以新方式显示，效果如图 2-73（c）所示。

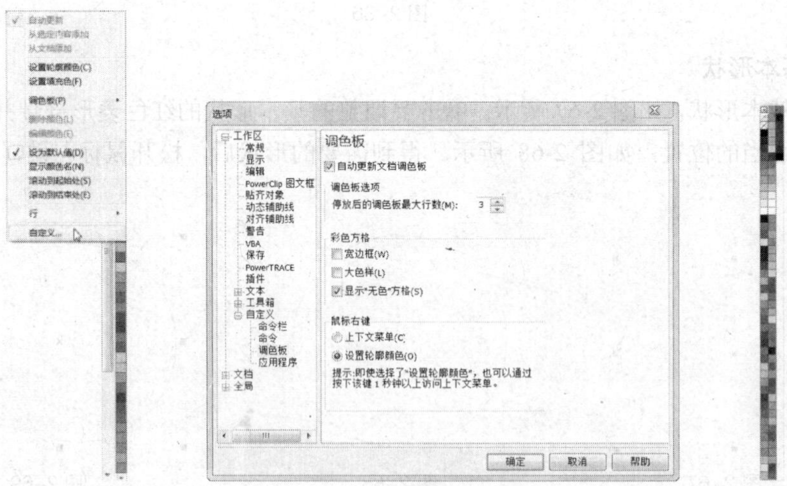

（a）　（b）　（c）

图 2-73

绘制一个要填充的图形对象，如图 2-74 所示。使用“选择”工具选取图形对象，如图 2-75 所示。

在调色板中需要的颜色上单击鼠标左键，如图 2-76 所示，图形对象的内部被选取的颜色填充，如图 2-77 所示。单击调色板中的“无填充”按钮☒，可取消对图形对象内部的颜色填充。

图 2-74

图 2-75

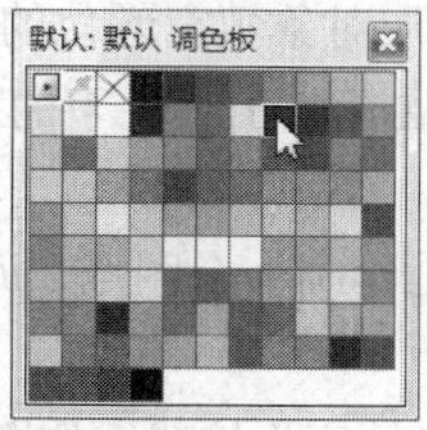

图 2-76

图 2-77

在调色板中需要的颜色上单击鼠标右键，如图 2-78 所示，图形对象的轮廓线被选取的颜色填充，如图 2-79 所示。用鼠标右键单击调色板中的“无填充”按钮☒，可取消对图形对象轮廓线的填充。

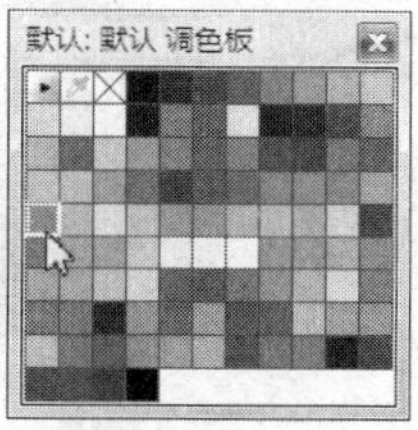

图 2-78

图 2-79

◎ **使用“均匀填充”对话框**

选择“填充”工具展开式工具栏中的“均匀填充”工具，弹出“均匀填充”对话框，可以在对话框中设置需要的颜色。

在对话框中提供了 3 种设置颜色的方式，分别是模型、混合器和调色板。选择其中的任何一种方式都可以设置需要的颜色。

“模型”设置框如图 2-80 所示，在设置框中提供了完整的色谱。通过操作颜色关联控件可以更改颜色，也可以通过在颜色模式下的各参数数值框中输入数值来设定需要的颜色。在设置框中还可以选择不同的颜色模式，“模型”设置框默认的是 CMYK 模式，如图 2-81 所示。

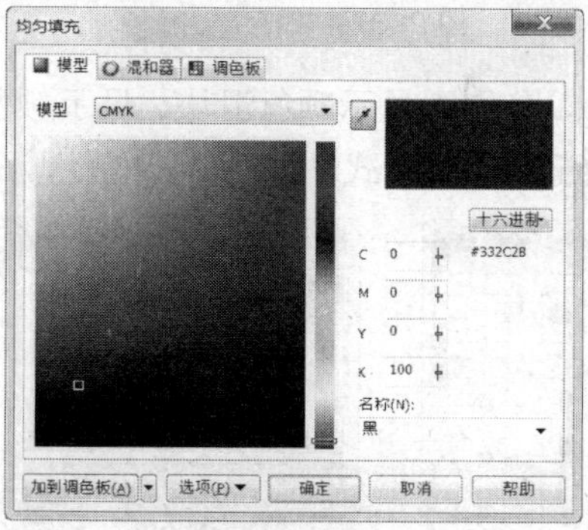

图 2-80

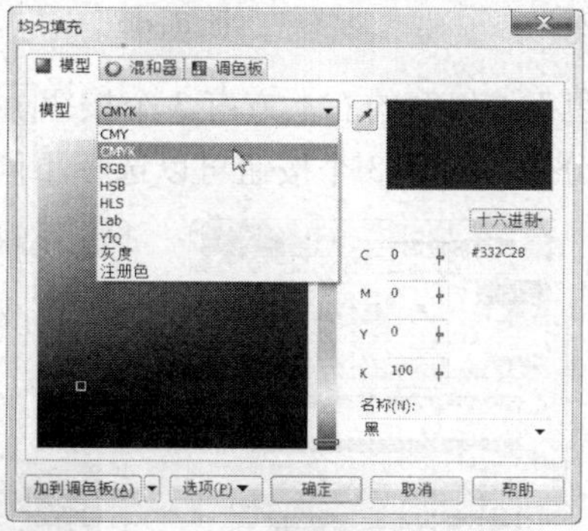

图 2-81

调配好需要的颜色后，单击“确定”按钮，可以将需要的颜色填充到图形对象中。

提　示　如果有经常需要使用的颜色，调配好需要的颜色后，单击对话框中的“加到调色板”按钮可以将颜色添加到调色板中。在下一次使用这种颜色时就不需要再调配了，直接在调色板中调用就可以。

◎ **使用“颜色”泊坞窗**

“颜色”泊坞窗是为图形对象填充颜色的辅助工具，特别适合在实际工作中应用。

选择“填充”工具展开式工具栏下的“彩色”按钮，弹出“颜色”泊坞窗，如图 2-82 所示。

使用“贝塞尔”工具绘制一个图形，如图 2-83 所示。在“颜色”泊坞窗中调配颜色，如图 2-84 所示。

调配好颜色后，单击“填充”按钮，如图 2-85 所示，颜色填充到心形的内部，效果如图 2-86 所示。调配好新的颜色后，单击“轮廓”按钮，如图 2-87 所示，填充颜色到心形的轮廓线，效果如图 2-88 所示。

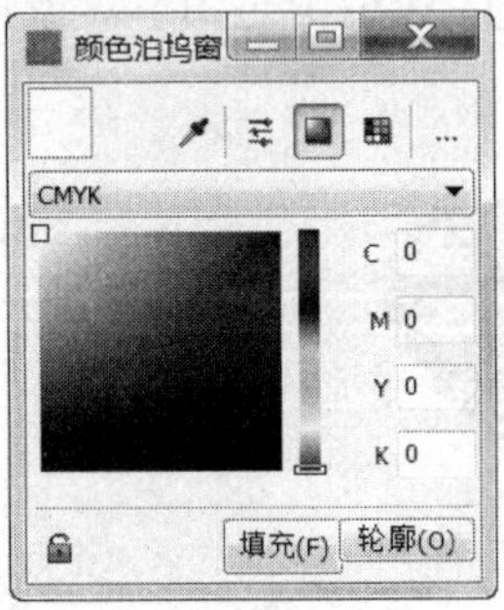

图 2-82

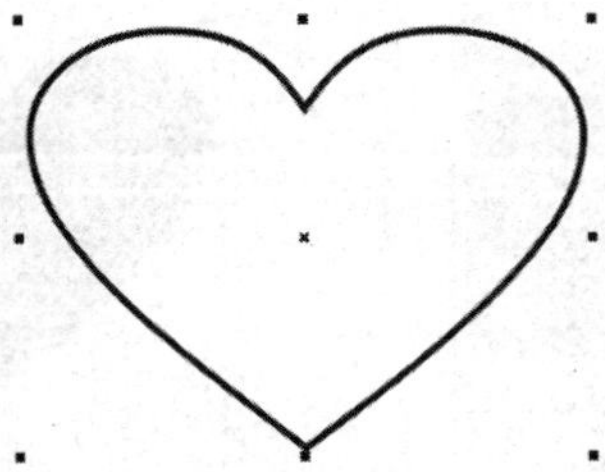

图 2-83

图 2-84

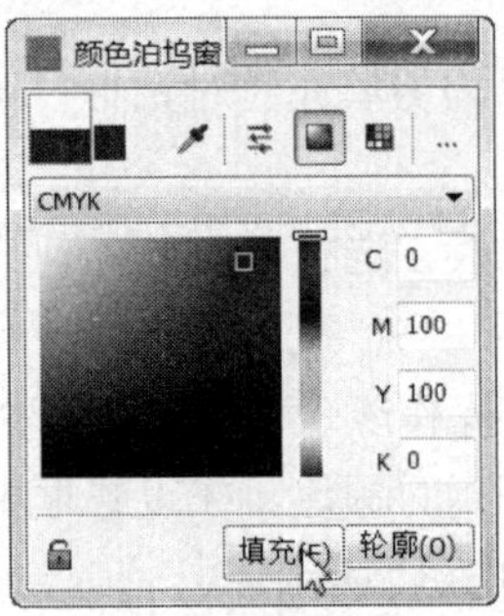

图 2-85

图 2-86

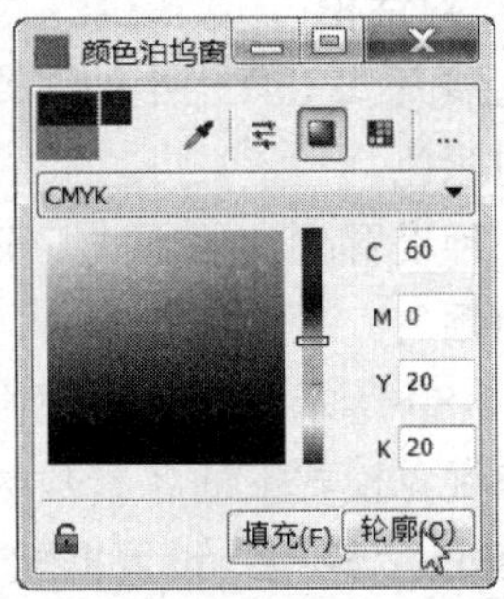

图 2-87

图 2-88

在“颜色”泊坞窗的右上方有 3 个按钮，分别为显示颜色滑块、显示颜色查看器和显示调色板。分别单击这 3 个按钮可以选择不同的调配颜色的方式，如图 2-89 所示。

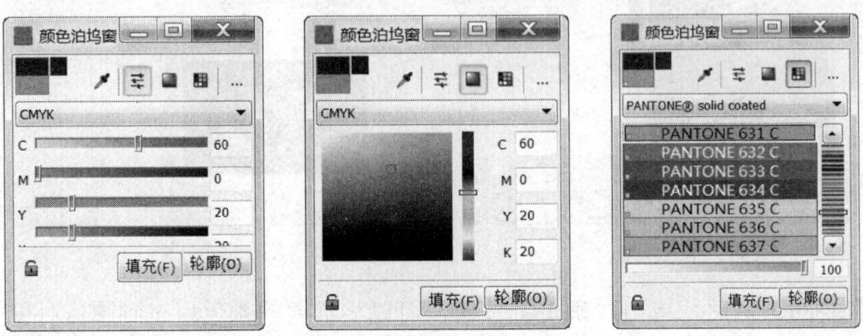

图 2-89

◎ **使用“颜色样式”泊坞窗**

使用“颜色样式”泊坞窗可以编辑图形对象的颜色，下面将介绍编辑对象颜色的具体方法和技巧。

打开一个绘制好的图形对象，如图 2-90 所示。选择“窗口 > 泊坞窗 > 颜色样式”命令，弹出“颜色样式”泊坞窗。在“颜色样式”泊坞窗中，单击“新建颜色样式”按钮，在弹出的下拉列表中，选择“从选定项新建”选项，如图 2-91 所示。弹出“创建颜色样式”对话框，显示出选定对象的颜色，如图 2-92 所示，设置好后，单击“确定”按钮。

选择图片，按住鼠标左键不放拖到“拖动至此处以添加颜色样式”中，展开图形对象的所有颜色样式，如图 2-93 所示。

在“颜色样式”泊坞窗中单击要编辑的颜色，如图 2-94 所示。在下面的“颜色编辑器”中调配好颜色，如图 2-95 所示。

图 2-90

图 2-91

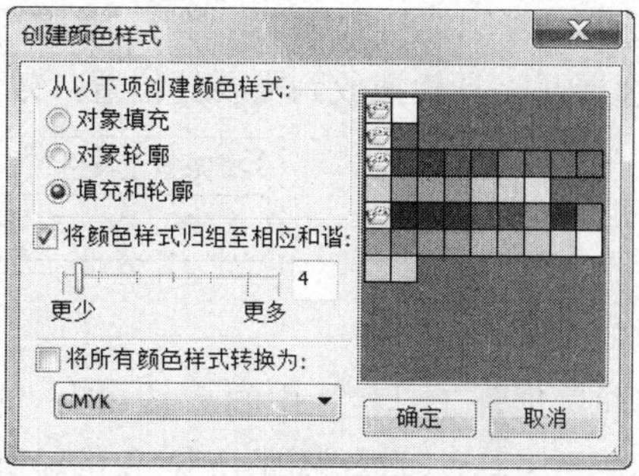

图 2-92

图 2-93

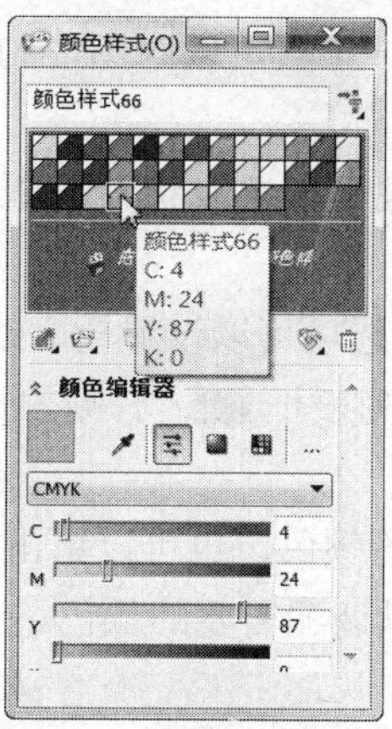

图 2-94

图 2-95

在“颜色编辑器”中调配好颜色后，图形中的颜色被新调配的颜色替换，如图 2-96 所示，图形效果如图 2-97 所示。

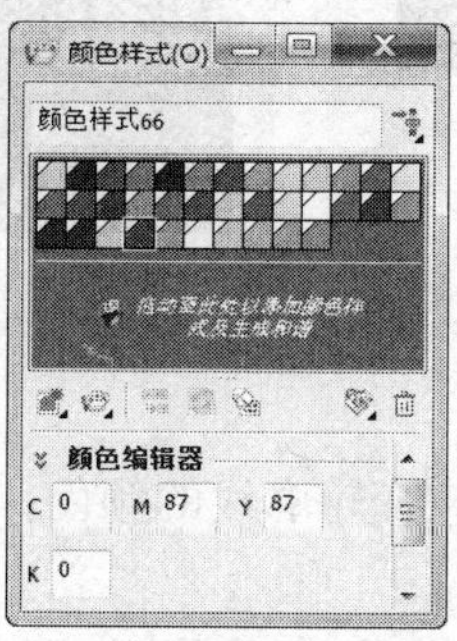

图 2-96

图 2-97

在“颜色样式”泊坞窗中，单击选取要删除的颜色，单击右下角的“删除”按钮，可以删除图形对象中的颜色样式。

提 示 经过特殊效果（如渐变、立体化、透明和滤镜等效果）处理后，图形对象产生的颜色不能被纳入颜色样式中。位图对象也不能进行编辑颜色样式的操作。

5. 轮廓工具

◎ 使用轮廓工具

选择“轮廓笔”工具，弹出“轮廓”工具的展开工具栏，拖曳展开工具栏上的两条灰色线，将轮廓展开工具栏拖放到需要的位置，效果如图 2-98 所示。

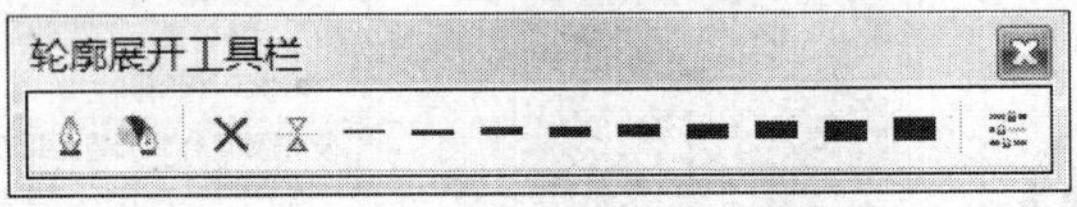

图 2-98

“轮廓展开工具栏”中的按钮为“轮廓笔”工具，可以编辑图形对象的轮廓线；按钮为“轮廓色”工具，可以编辑图形对象的轮廓线颜色；× ⧗ — — — — — — — — — 11 个按钮都是设置图形对象的轮廓宽度的，分别是无轮廓、细线轮廓、0.1mm、0.2mm、0.25mm、0.5mm、0.75mm、1mm、1.5mm、2mm、2.5mm；“彩色”工具可以对图形的轮廓线颜色进行编辑。

◎ 设置轮廓线的颜色

绘制一个图形对象，并使图形对象处于选取状态，单击“轮廓笔”按钮，弹出“轮廓笔”对话框，如图 2-99 所示。

在“轮廓笔”对话框中，“颜色”选项可以设置轮廓线的颜色，在 CorelDRAW X6 的默认状态下，轮廓线被设置为黑色。在颜色列表框右侧的按钮上单击，弹出颜色下拉列表，如图 2-100 所示。

在颜色下拉列表中可以选择需要的颜色，也可以单击“更多”按钮，弹出“选择颜色”对话框，如图 2-101 所示，在对话框中可以调配需要的颜色。

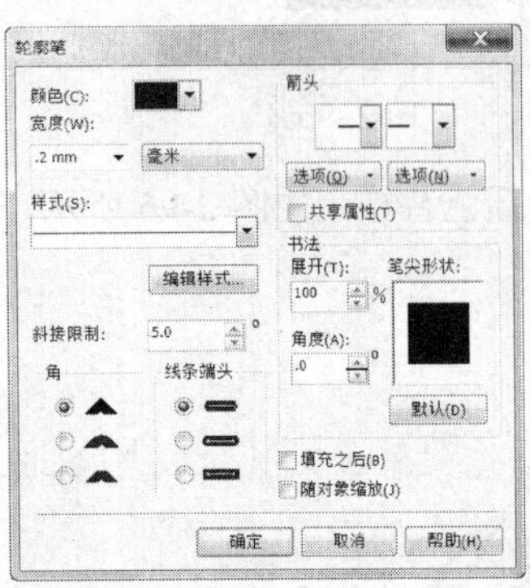

图 2-99

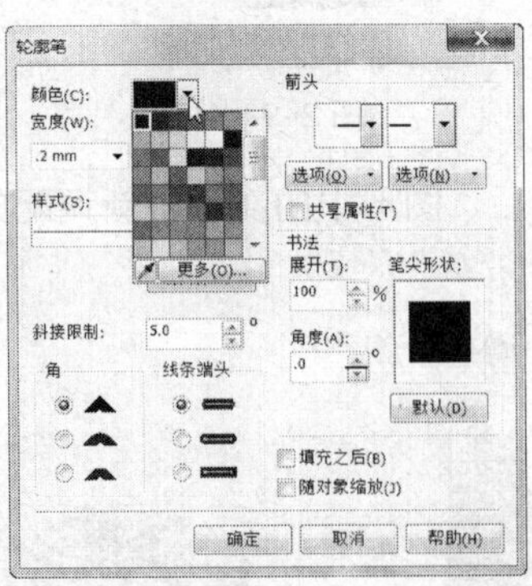

图 2-100

图 2-101

设置好需要的颜色后，单击“确定”按钮，可以改变轮廓线的颜色。改变轮廓线颜色的前后效果如图 2-102 所示。

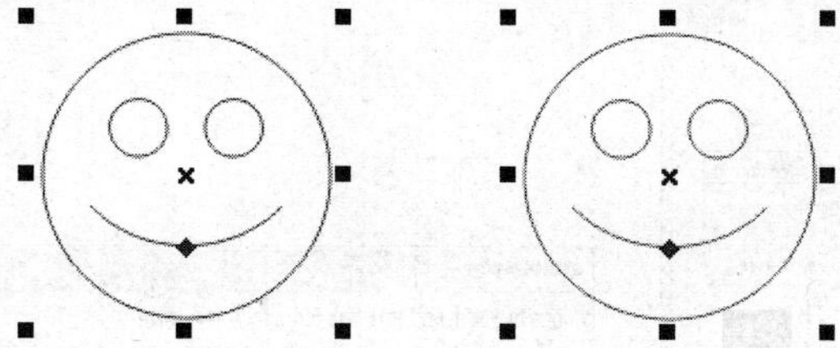

图 2-102

提　示　图形对象在选取状态下，直接在调色板中需要的颜色上单击鼠标右键，可以快速填充轮廓线颜色。

◎ **设置轮廓线的粗细**

在“轮廓笔”对话框中，“宽度”选项可以设置轮廓线的宽度值和宽度的度量单位。在“宽度”三角按钮上单击，弹出下拉列表，可以选择宽度数值，也可以在数值框中直接输入宽度数值，如图 2-103 所示。在“宽度”右侧的按钮上单击，弹出下拉列表，可以选择宽度的度量单位，如图 2-104 所示。

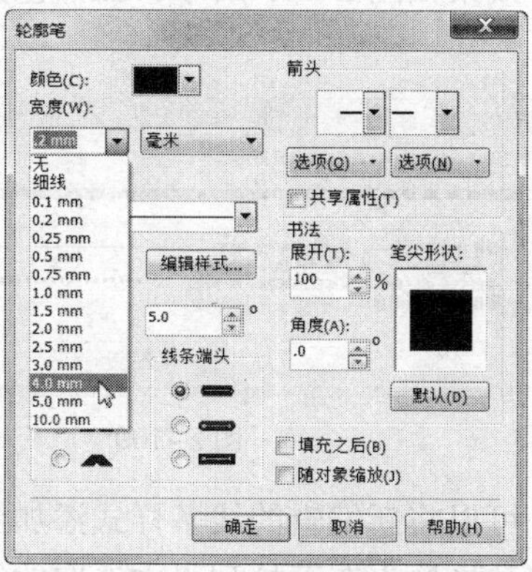

图 2-103

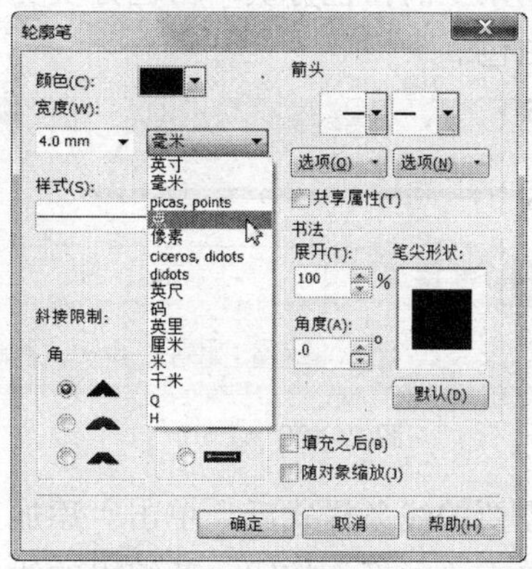

图 2-104

设置好需要的宽度后，单击“确定”按钮，可以改变轮廓线的宽度。改变轮廓线宽度的前后效果如图 2-105 所示。

图 2-105

◎ **设置轮廓线的样式**

在“轮廓笔”对话框中，“样式”选项可以设置轮廓线的样式，单击“样式”右侧的按钮，弹出下拉列表，可以选择轮廓线的样式，如图 2-106 所示。

单击“编辑样式”按钮，弹出“编辑线条样式”对话框，如图 2-107 所示。在对话框上方的是编辑条，右下方的是编辑线条样式的预览框。

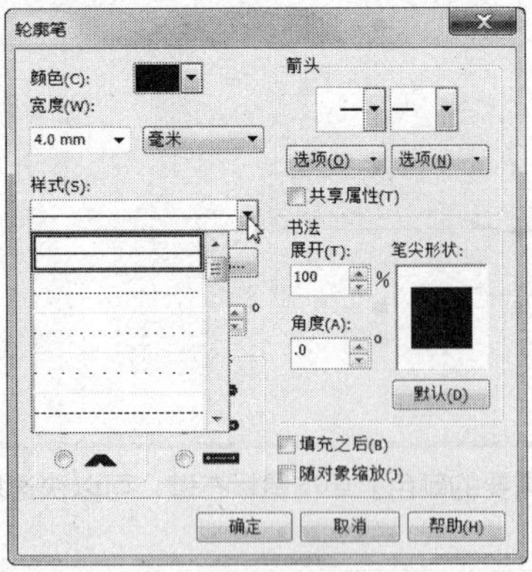

图 2-106

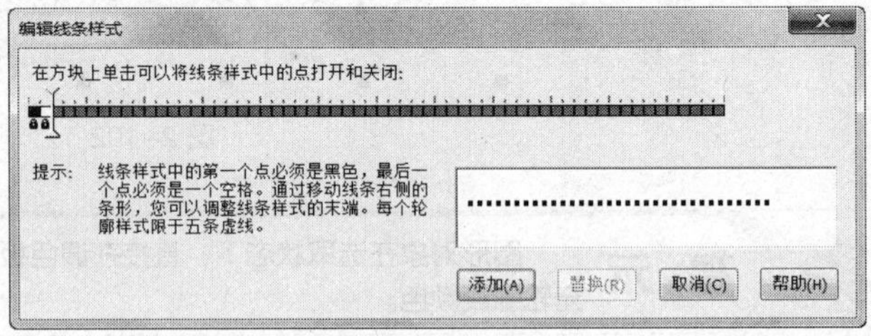

图 2-107

在编辑条上单击或拖曳可以编辑出新的线条样式，下面的两个锁形图标🔒🔒分别表示起点循环位置和终点循环位置。线条样式的第一个点必须是黑色，最后一个点必须是一个空格。线条右侧的是滑动标记，是线条样式的结尾。当编辑好线条样式后，右下方的预览框将生成线条应用样式，就是将编辑好的线条样式不断地重复。拖动滑动标记，效果如图 2-108 所示。

单击编辑条上的白色方块，白色方块变为黑色，效果如图 2-109 所示。在黑色方块上单击可以将其变为白色。

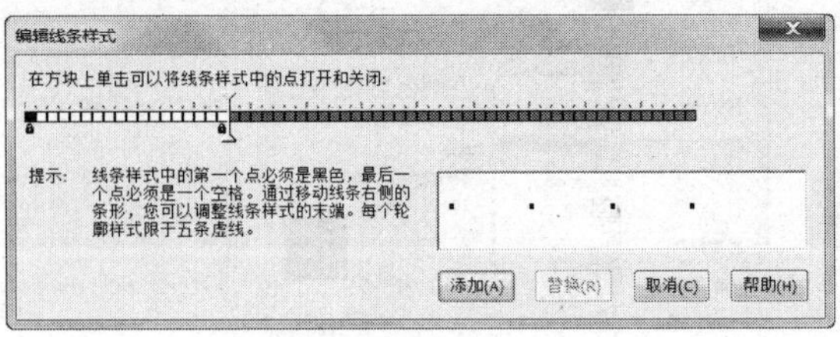

图 2-108

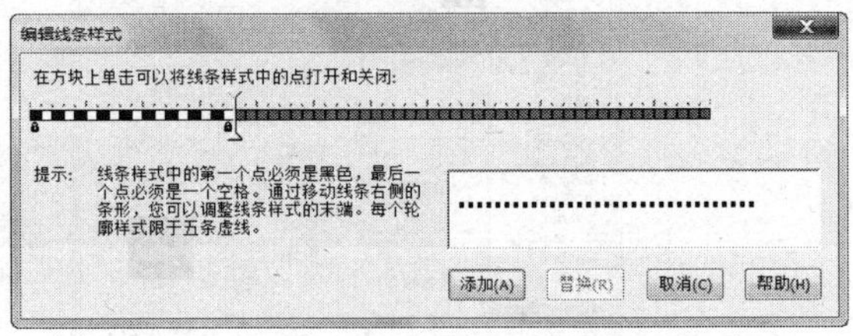

图 2-109

编辑好需要的线条样式后，单击“添加”按钮，可以将新编辑的线条样式添加到“样式”下拉列表中；单击“替换”按钮，新编辑的线条样式将替换原来在下拉列表中选取的线条样式。

在“样式”下拉列表中选择需要的线条样式，可以改变轮廓线的样式，效果如图 2-110 所示。

图 2-110

◎ **设置轮廓线角的样式**

在“轮廓笔”对话框中，“角”设置区可以设置轮廓线角的样式，如图 2-111 所示。“角”设置区提供了 3 种拐角方式，分别是尖角、圆角和平角。

设置拐角时需将轮廓线的宽度增加，因为较细的轮廓线在设置拐角后效果不明显。3 种拐角的效果如图 2-112 所示。

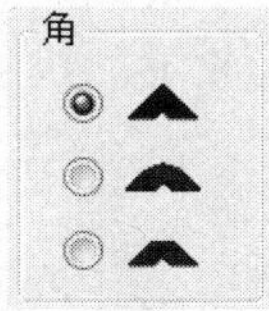

图 2-111

图 2-112

◎ **编辑线条的端头样式**

在“轮廓笔”对话框中，“线条端头”设置区可以设置线条端头的样式，如图 2-113 所示。3 种样式分别是削平两端点、两端点延伸成半圆形和削平两端点并延伸。

使用“贝塞尔”工具绘制一条直线，使用“选择”工具选取直线，在属性栏中的“轮廓宽度”框中将直线的宽度设置得宽一些，直线的效果如图 2-114 所示。分别选择 3 种端头样式，单击“确定”按钮，3 种端头样式效果如图 2-115 所示。

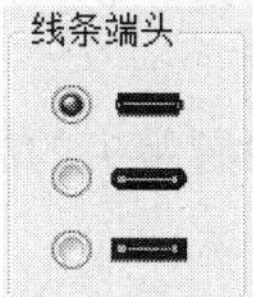

图 2-113

图 2-114

图 2-115

在“轮廓笔”对话框中，“箭头”设置区可以设置线条两端的箭头样式，如图 2-116 所示。“箭头”设置区中提供了两个样式框，左侧的样式框用来设置箭头样式，单击样式框右侧的按钮，弹出“箭头样式”列表，如图 2-117 所示。右侧的样式框用来设置箭尾样式，单击样式框右侧的按钮，弹出“箭尾样式”列表，如图 2-118 所示。

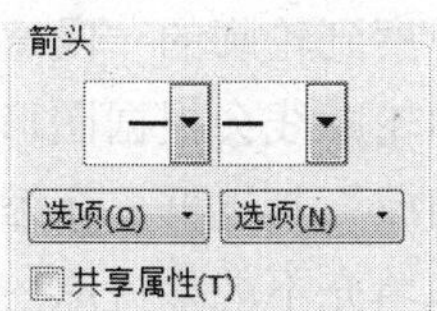

图 2-116

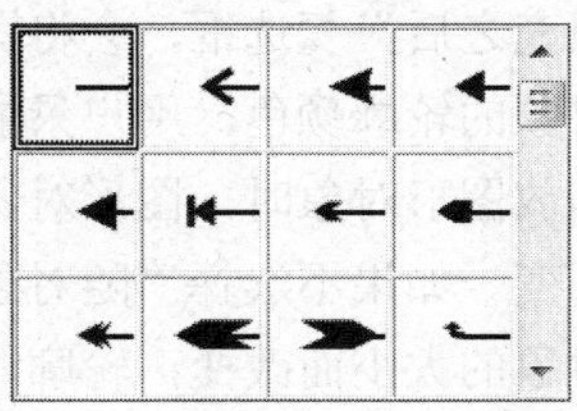

图 2-117

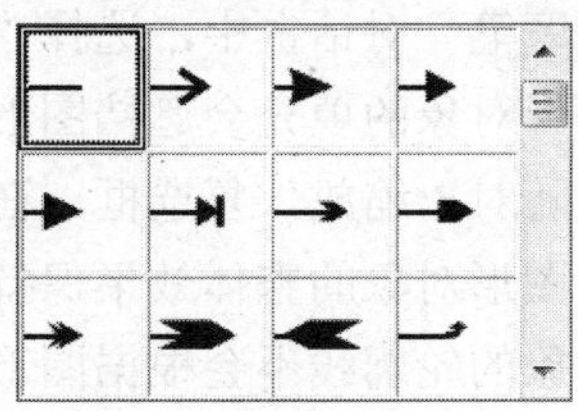

图 2-118

在“箭头样式”列表和“箭尾样式”列表中需要的箭头样式上单击鼠标左键，可以选择需要的箭头样式。选择好箭头样式后，单击“选项”按钮，弹出如图 2-119 所示的下拉菜单。

选择“无”选项，将不设置箭头的样式。选择“对换”选项，可将箭头和箭尾样式对换。

选择“新建”命令，弹出“箭头属性”对话框，如图 2-120 所示。编辑好箭头样式后单击“确定”按钮，就可以将一个新的箭头样式添加到“箭头样式”列表中。

选择“编辑”命令，弹出“箭头属性”对话框。在对话框中可以对原来选择的箭头样式进行编辑，编辑好后，单击“确定”按钮，新编辑的箭头样式会覆盖原来选取的“箭头样式”列表中的箭头样式。

使用“贝塞尔”工具绘制一条曲线，使用“选择”工具选取曲线，在属性栏中的“轮廓宽度”框中将曲线的宽度设置得宽一些，如图 2-121 所示。分别在“箭头样式”列表和“箭尾样式”列表中选择需要的样式，单击“确定”按钮，效果如图 2-122 所示。

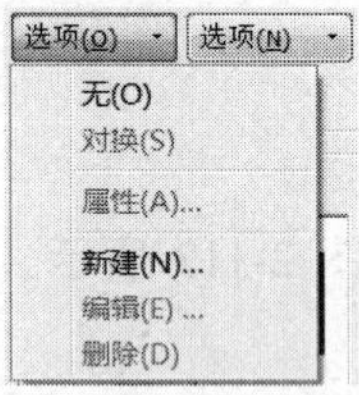

图 2-119

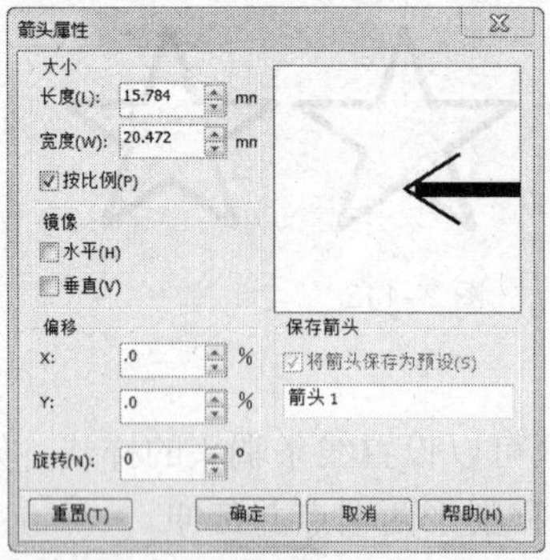

图 2-120

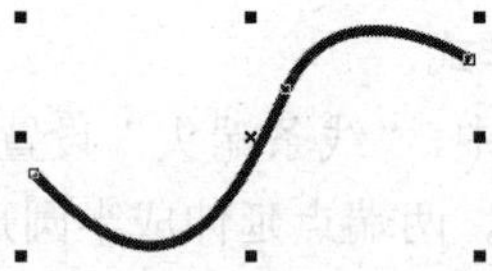

图 2-121

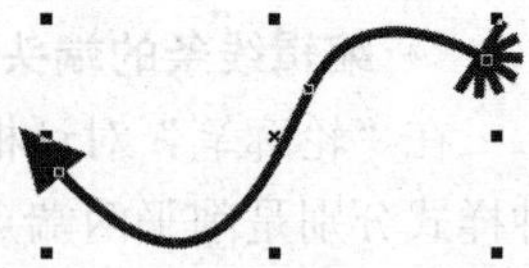

图 2-122

在“轮廓笔”对话框中，“书法”设置区如图 2-123 所示。在“书法”设置区的“笔尖形状”预览框中，拖曳鼠标指针，可以直接设置笔尖的展开和角度，通过在“展开”和“角度”选项中输入数值也可以设置笔尖的效果。

选择刚编辑好的线条效果，如图 2-124 所示。在“书法”设置区中设置笔尖的展开和角度，设置好后，单击“确定”按钮，线条的书法效果如图 2-125 所示。

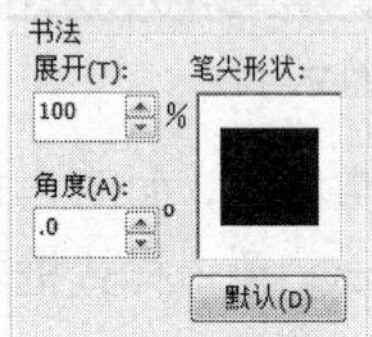

图 2-123

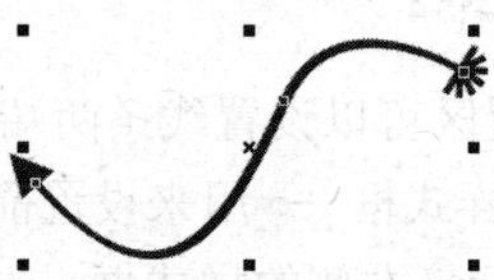

图 2-124

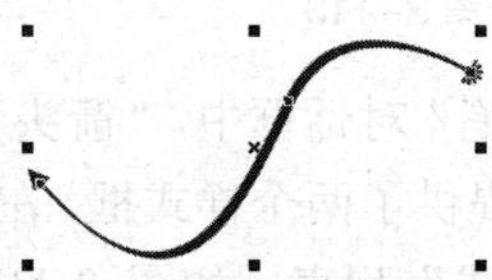

图 2-125

在“轮廓笔”对话框中，选择“填充之后”复选框，会将图形对象的轮廓置于图形对象的填充之后。图形对象的填充会遮挡图形对象的轮廓颜色，用户只能观察到轮廓的一段宽度的颜色。

选择“随对象缩放”复选框，在缩放图形对象时，图形对象的轮廓线会根据图形对象的大小而改变，使图形对象的整体效果保持不变。如果不选择“随对象缩放”复选框，在缩放图形对象时，图形对象的轮廓线不会根据图形对象的大小而改变，轮廓线和填充不能保持原图形对象的效果，图形对象的整体效果就会被破坏。

◎ **复制轮廓属性**

当设置好一个图形对象的轮廓属性后，可以将它的轮廓属性复制给其他的图形对象。下面介绍具体的操作方法和技巧。

绘制两个图形对象，效果如图 2-126 所示。设置左侧图形对象的轮廓属性，效果如图 2-127 所示。

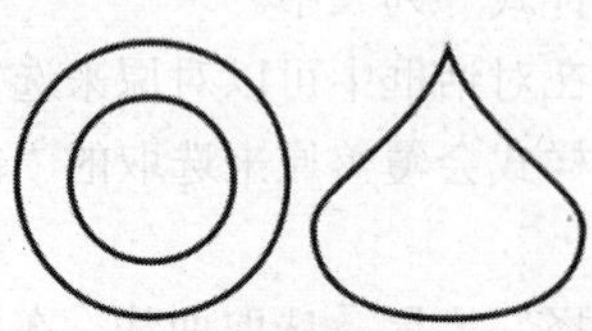

图 2-126

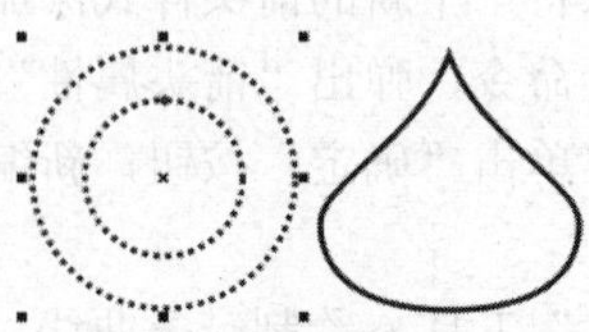

图 2-127

用鼠标右键将左侧的图形对象拖放到右侧的图形对象上，当鼠标指针变为靶形图标后，松开鼠标右键，弹出如图 2-128 所示的快捷菜单，在快捷菜单中选择“复制轮廓”命令，左侧图形对象的轮廓属性就复制到了右侧的图形对象上，效果如图 2-129 所示。

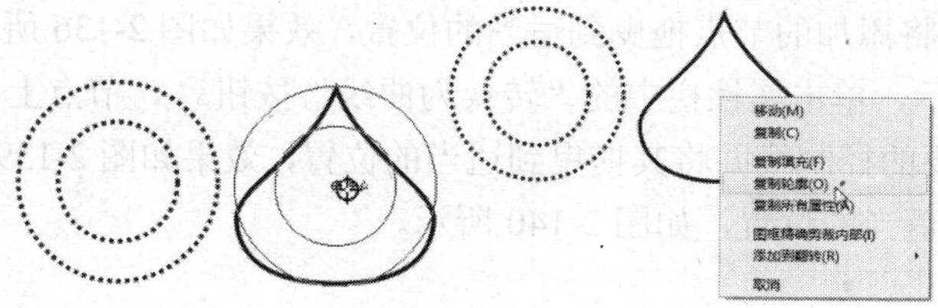

图 2-128

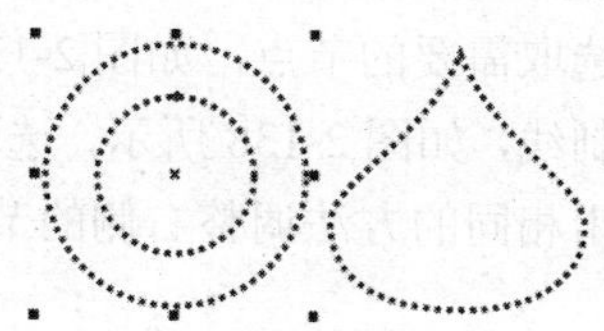

图 2-129

2.1.5 【实战演练】绘制卡通手表

使用椭圆形工具和矩形工具绘制表盘和表带；使用矩形工具和简化命令制作表扣。（最终效果参看光盘中的“Ch02 > 效果 > 绘制卡通手表”，见图 2-130。）

图 2-130

2.2 绘制和平鸽

2.2.1 【案例分析】

装饰画是一种并不强调很高的艺术性，但非常讲究协调和美化效果的特殊艺术类型作品。本例是为某儿童读物绘制的一幅和平鸽装饰画，要求设计简洁大方、精致形象。

2.2.2 【设计理念】

在设计制作过程中，蓝绿色的底色搭配淡黄色的图案，使和平鸽色彩对比强烈，大胆的形象及用色，使图形极具特色，散发出童真、活泼的气息。整体造型设计形象生动，富有创新，符合儿童的抽象思维及审美特征，达到了装饰的效果。（最终效果参看光盘中的“Ch02 > 效果 > 绘制和平鸽”，见图 2-131。）

图 2-131

2.2.3 【操作步骤】

步骤 1 按 Ctrl+N 组合键，新建一个 A4 页面。单击属性栏中的“横向”按钮，页面显示为横向页面。选择“贝塞尔”工具，在页面中绘制一个不规则闭合图形，如图 2-132 所示。选择“钢笔”工具，将光标移动到需要的线段上，光标变为添加节点图标，如图 2-133 所示。单击鼠标左键添加节点，如图 2-134 所示。用相同的方法再添加多个节点，如图 2-135 所示。

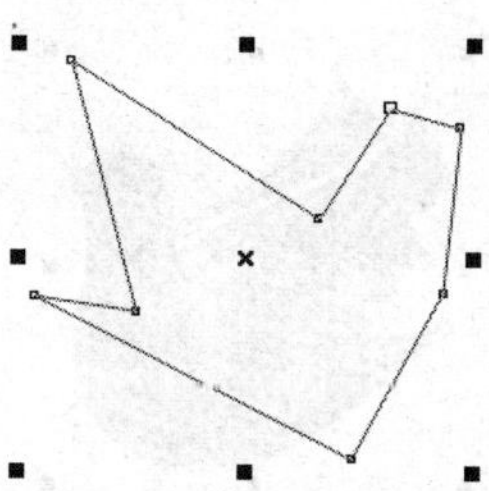

图 2-132

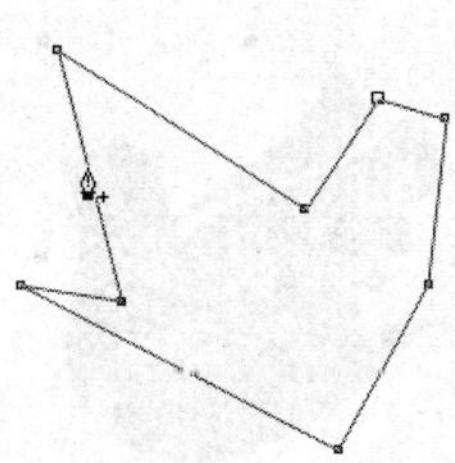

图 2-133

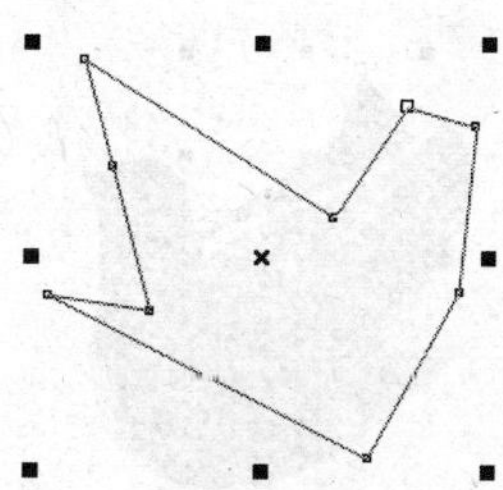

图 2-134

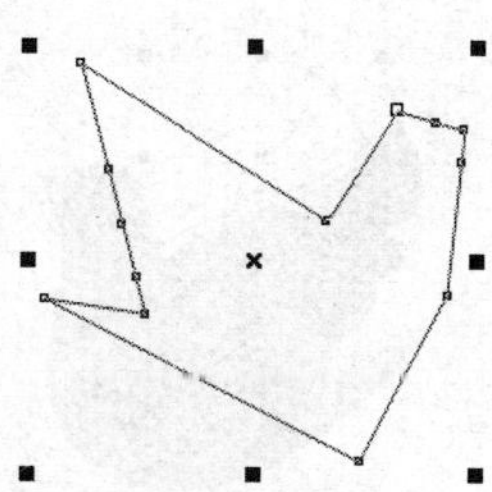

图 2-135

步骤 2 选择“形状”工具，分别将添加的节点拖曳到适当的位置，效果如图 2-136 所示。再选取需要的节点，如图 2-137 所示，单击属性栏中的“转换为曲线”按钮，节点上出现控制线，如图 2-138 所示，选取需要的控制线并将其拖曳到适当的位置，效果如图 2-139 所示。用相同的方法调整右侧的节点到适当的位置，如图 2-140 所示。

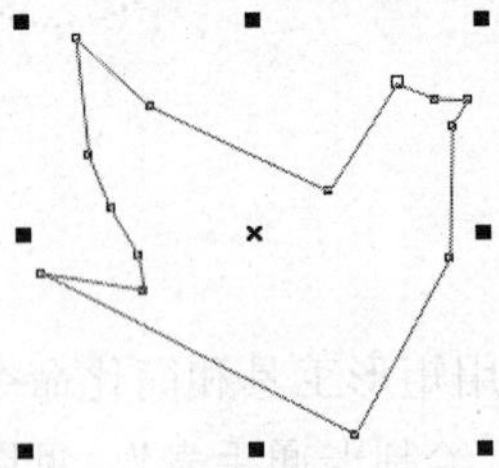

图 2-136

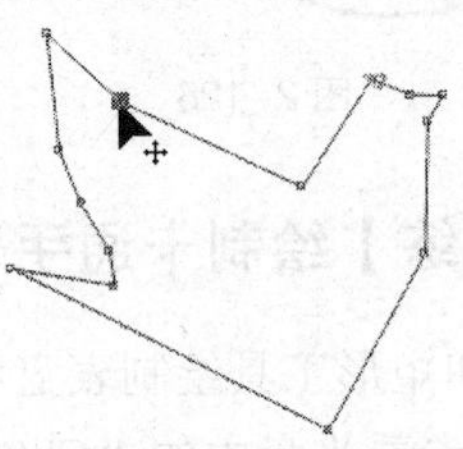

图 2-137

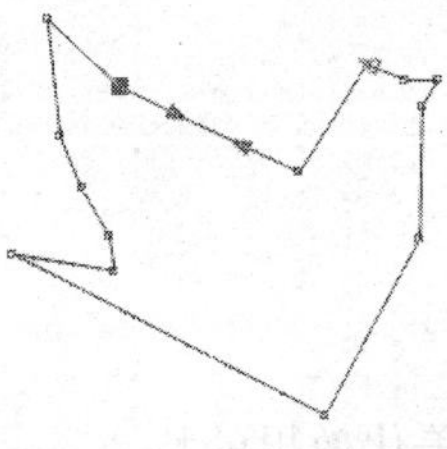

图 2-138

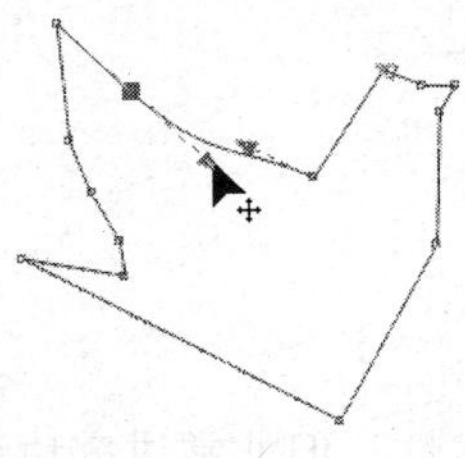

图 2-139

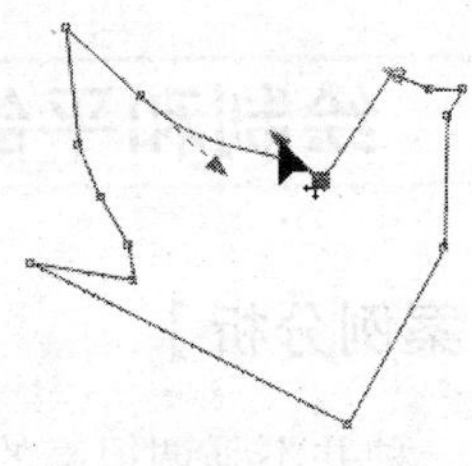

图 2-140

步骤 3 用相同的方法将其他节点转换为曲线，并分别调整其位置和弧度，效果如图 2-141 所示。设置图形颜色的 CMYK 值为 76、0、42、0，填充图形，并去除图形的轮廓线，效果如图 2-142 所示。

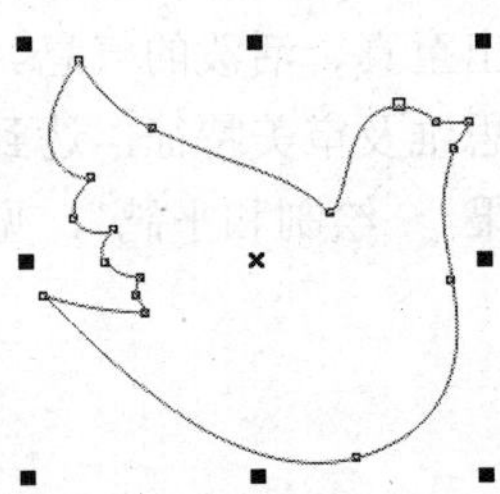

图 2-141

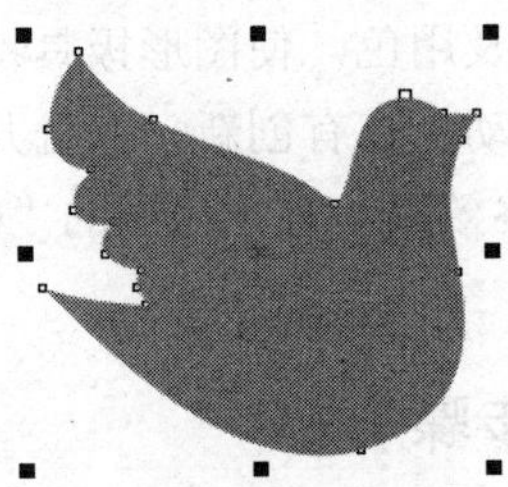

图 2-142

步骤 4 选择“贝塞尔”工具，在适当的位置绘制一个图形，如图 2-143 所示。设置图形颜色的 CMYK 值为 76、0、42、0，填充图形，并去除图形的轮廓线，效果如图 2-144 所示。

步骤 5 选择“选择”工具，用圈选的方法将图形同时选取，如图 2-145 所示。单击属性栏中的“合并”按钮，合并为一个图形，效果如图 2-146 所示。

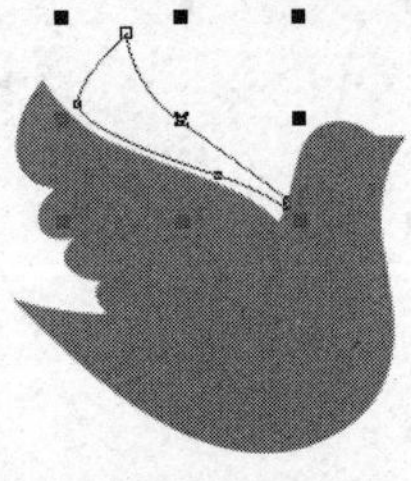

图 2-143

图 2-144

图 2-145

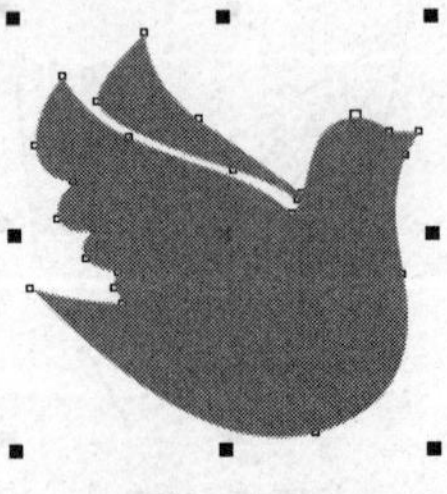

图 2-146

步骤 6 选择“椭圆形”工具，在适当的位置绘制一个圆形，如图 2-147 所示。设置图形颜色的 CMYK 值为 0、0、40、0，填充图形，并去除图形的轮廓线，效果如图 2-148 所示。

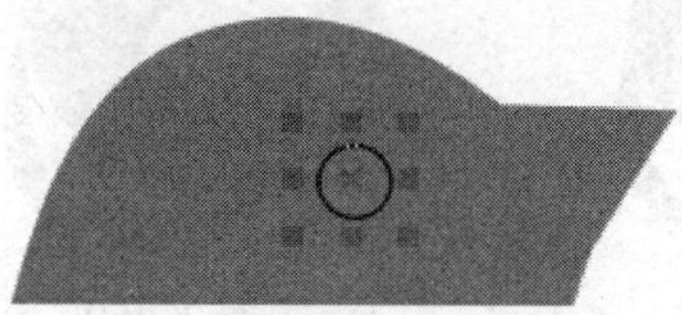
图 2-147

图 2-148

步骤 7 选择“贝塞尔”工具，在适当的位置绘制一个图形，如图 2-149 所示，设置填充色的 CMYK 值为 0、0、40、0，填充图形，并去除图形的轮廓线，效果如图 2-150 所示。用相同的方法绘制其他图形，并填充相同的颜色，效果如图 2-151 所示。

图 2-149

图 2-150

图 2-151

步骤 8 选择“艺术笔”工具，单击属性栏中的“喷涂”按钮，在“类别”选项中选择“植物”，在“喷射图样”选项的下拉列表中选择需要的图样，其他选项的设置如图 2-152 所示。在适当的位置拖曳鼠标绘制图形，效果如图 2-153 所示。

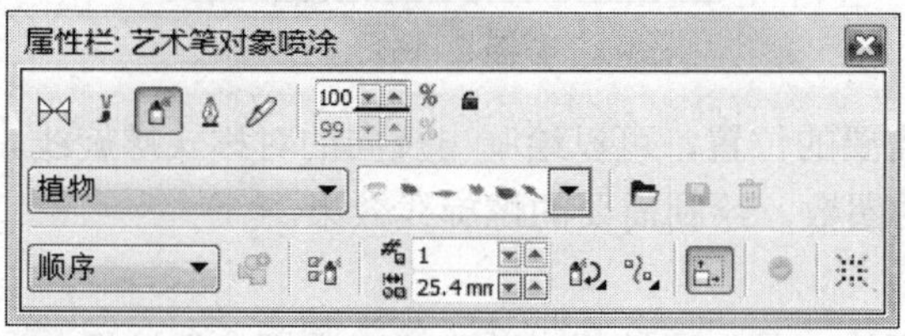

图 2-152

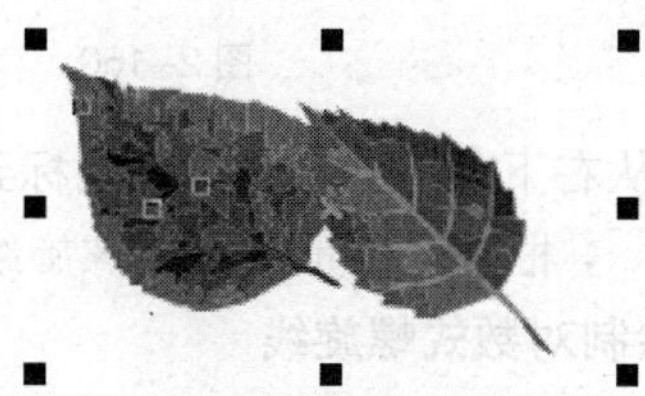
图 2-153

步骤 9 按 Ctrl+K 组合键，拆分图形，如图 2-154 所示。选择“选择”工具，选择黑色线段，按 Delete 键，删除线段，如图 2-155 所示。选取绘制的图形，按 Ctrl+U 组合键，取消群组。按住 Shift 键的同时，选取不需要的图形，按 Delete 键，将其删除，如图 2-156 所示。

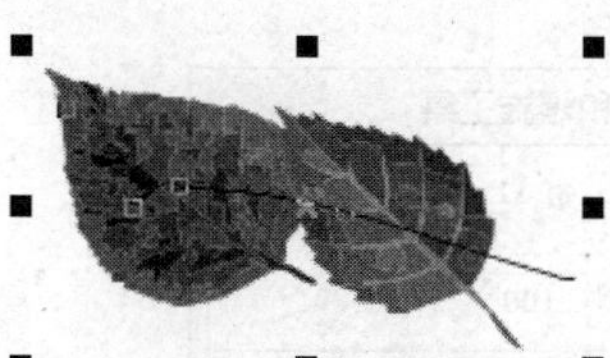
图 2-154

图 2-155

图 2-156

步骤 10 选择“选择”工具，将剩余图形拖曳到适当的位置，效果如图 2-157 所示。在属性栏中的“旋转角度”框中设置数值为 325°，按 Enter 键，效果如图 2-158 所示。按 Shift+PageDown 组合键，将其移动到最后一层，效果如图 2-159 所示。和平鸽绘制完成。

图 2-157

图 2-158

图 2-159

2.2.4 【相关工具】

1. 螺纹工具

◎ 绘制对称式螺旋线

选择“多边形”工具展开式工具栏中的“螺纹”工具，在绘图页面中按住鼠标左键不放，从左上角向右下角拖曳鼠标到需要的位置，松开鼠标左键，对称式螺旋线绘制完成，如图 2-160 所示。“图纸和螺旋工具”属性栏如图 2-161 所示。

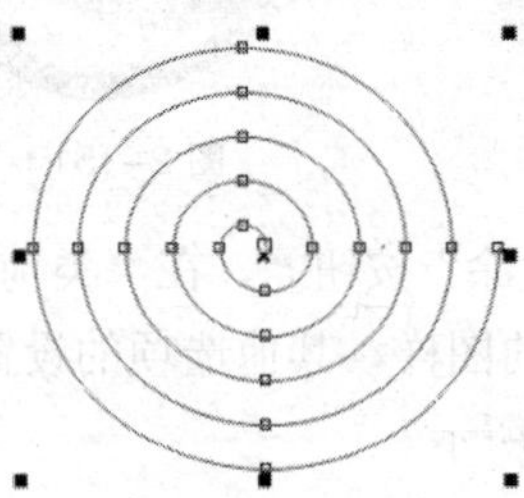

图 2-160

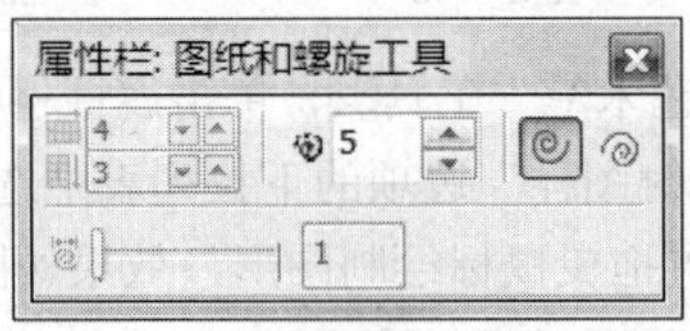

图 2-161

如果从右下角向左上角拖曳鼠标到需要的位置，可以绘制出反向的对称式螺旋线。在“螺纹回圈”框中可以重新设定螺旋线的圈数，绘制需要的螺旋线效果。

◎ 绘制对数式螺旋线

选择“螺纹”工具，在“图纸和螺旋工具”属性栏中单击“对数螺纹”按钮，在绘图页面中按住鼠标左键不放，从左上角向右下角拖曳鼠标到需要的位置，松开鼠标左键，对数式螺旋线绘制完成，如图 2-162 所示。“图纸和螺旋工具”属性栏如图 2-163 所示。

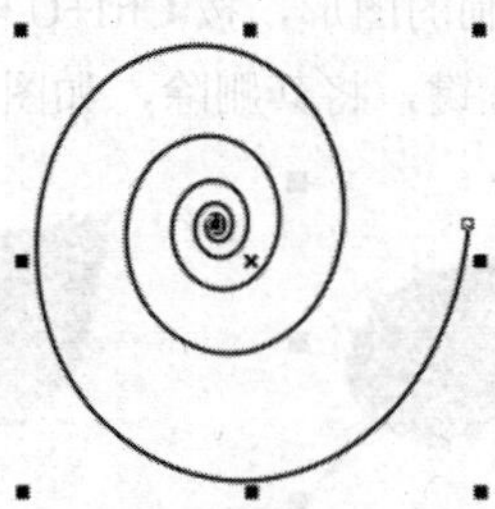

图 2-162

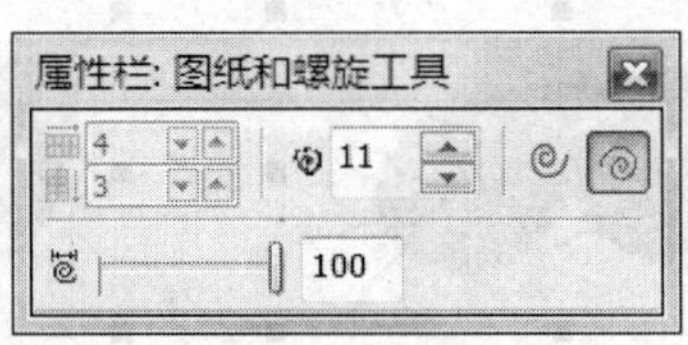

图 2-163

在框中可以重新设定螺旋线的扩展参数，将数值分别设置为 80 和 20 时，“螺旋线”向外扩展的幅度会逐渐变小，如图 2-164 所示。当数值为 1 时，将绘制出对称式螺旋线。

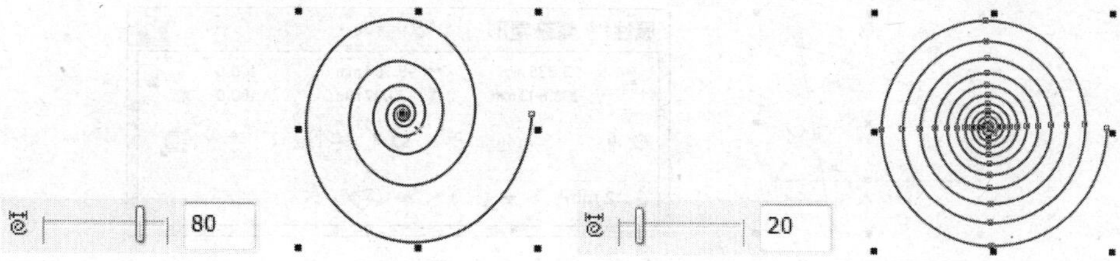

图 2-164

按 A 键，选择“螺纹”工具，在绘图页面中适当的位置绘制螺旋线。按住 Ctrl 键的同时，可以在绘图页面中绘制正圆螺旋线。按住 Shift 键，在绘图页面中会以当前点为中心绘制螺旋线。同时按下 Shift+Ctrl 组合键，在绘图页面中会以当前点为中心绘制正圆螺旋线。

2. 多边形工具

◎ 绘制对称多边形

选择“多边形”工具，在绘图页面中按住鼠标左键不放，拖曳鼠标到需要的位置，松开鼠标左键，对称多边形绘制完成，如图 2-165 所示。“多边形”属性栏如图 2-166 所示。

设置“多边形”属性栏中的“点数或边数” 5 数值为 9，如图 2-167 所示。按 Enter 键，多边形效果如图 2-168 所示。

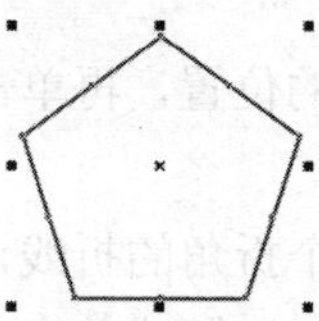

图 2-165

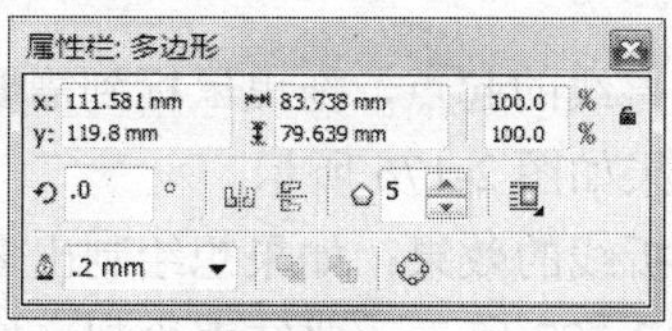

图 2-166

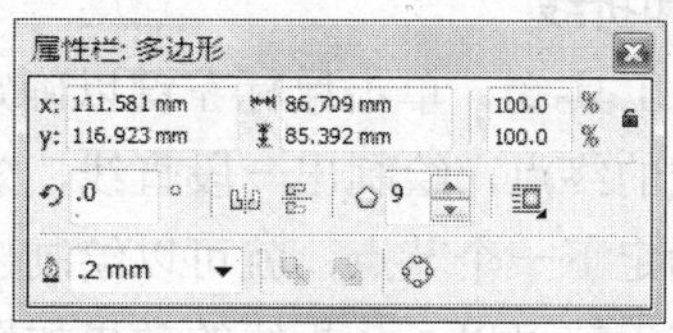

图 2-167

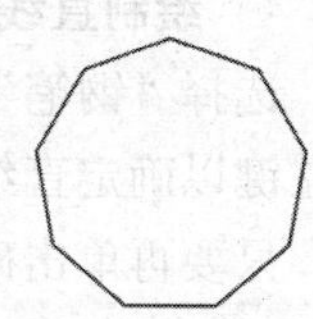

图 2-168

◎ 绘制星形

选择“多边形”工具展开式工具栏中的“星形”工具，在绘图页面中按住鼠标左键不放，拖曳鼠标到需要的位置，松开鼠标左键，星形绘制完成，如图 2-169 所示。“星形”属性栏如图 2-170 所示。

设置“星形”属性栏中的“点数或边数” 5 数值为 8，按 Enter 键，星形效果如图 2-171 所示。

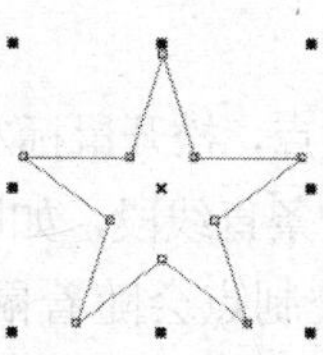

图 2-169

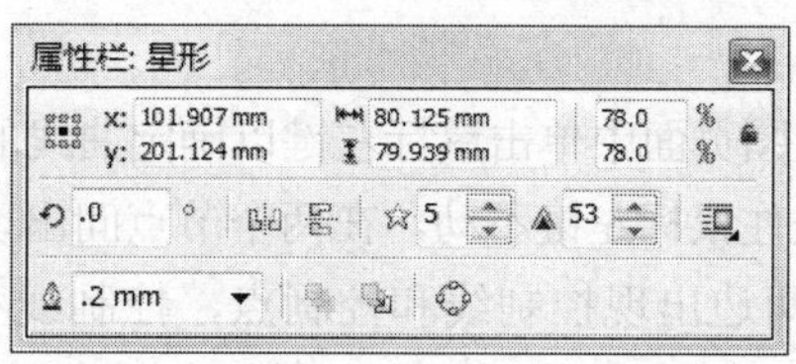

图 2-170

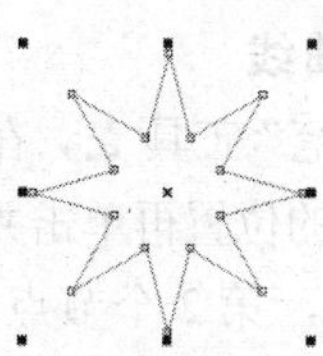

图 2-171

◎ 绘制复杂星形

选择“多边形”工具展开式工具栏中的“复杂星形”工具，在绘图页面中按住鼠标左键不放，拖曳鼠标到需要的位置，松开鼠标左键，复杂星形绘制完成，如图 2-172 所示。“复杂星形”属性栏如图 2-173 所示。

设置“复杂星形”属性栏中的“点数或边数” 12 数值为 12，“锐度” 4 数值为 4，如图 2-174 所示。按 Enter 键，复杂星形效果如图 2-175 所示。

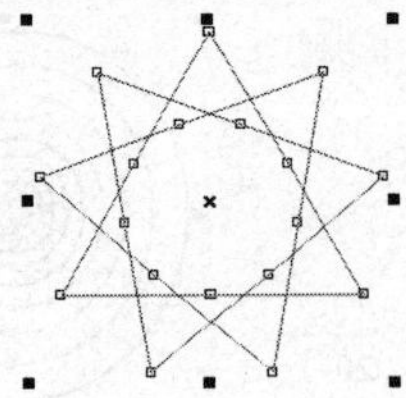

图 2-172

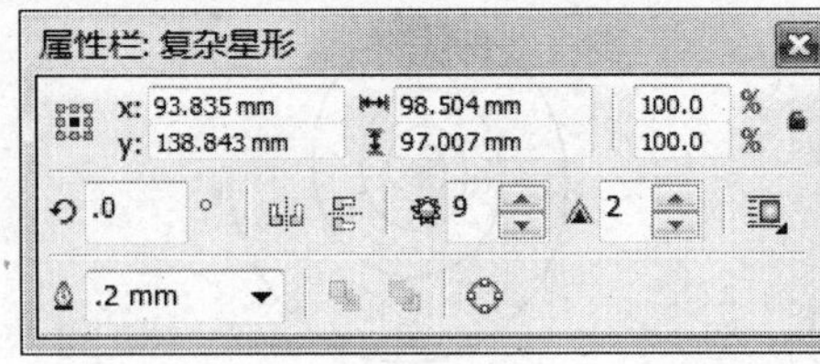

图 2-173

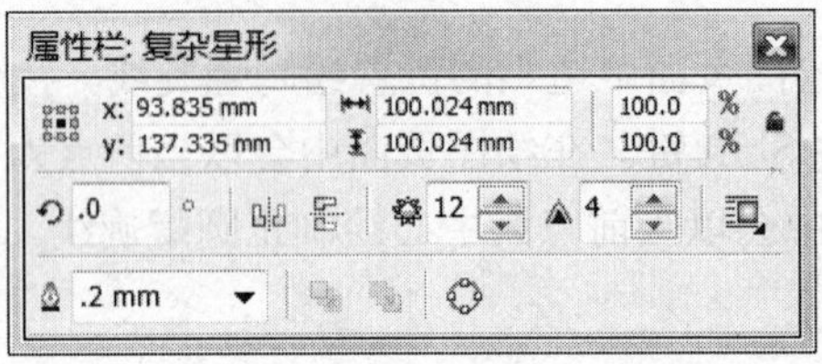

图 2-174

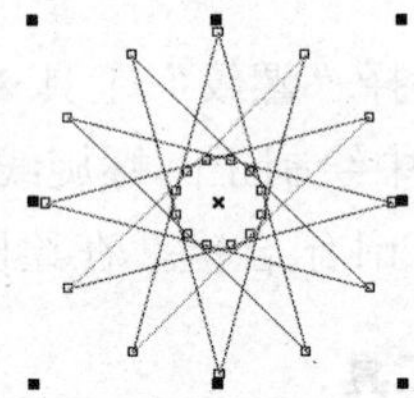

图 2-175

3. 钢笔工具

使用“钢笔”工具可以绘制出多种精美的曲线和图形，还可以对已绘制的曲线和图形进行编辑和修改。在 CorelDRAW X6 中绘制的各种复杂图形都可以通过“钢笔”工具来完成。

◎ **绘制直线和折线**

选择“钢笔”工具，单击鼠标左键以确定直线的起点，拖曳鼠标到需要的位置，再单击鼠标左键以确定直线的终点，绘制出一段直线，效果如图 2-176 所示。

只要再单击确定下一个节点，就可以绘制出折线的效果；如果想绘制出多个折角的折线，只要继续单击确定节点就可以了，折线的效果如图 2-177 所示。要结束绘制，按 Esc 键或单击“钢笔”工具即可。

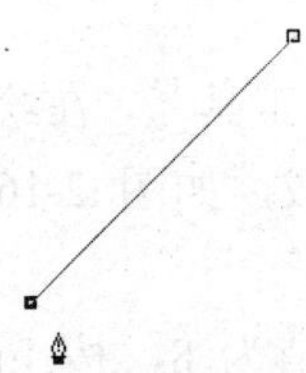

图 2-176

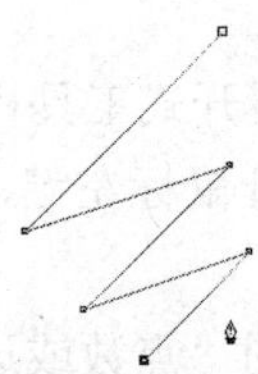

图 2-177

◎ **绘制曲线**

选择“钢笔”工具，在绘图页面中单击鼠标左键以确定曲线的起点，松开鼠标左键，将鼠标指针移动到需要的位置再单击并按住鼠标左键不动，在两个节点间出现一条直线段，如图 2-178 所示。

拖曳鼠标，第 2 个节点的两边出现控制线和控制点，控制线和控制点会随着鼠标的移动而发生变化，直线段变为曲线的形状，如图 2-179 所示。调整到需要的效果后松开鼠标左键，曲线的效果如图 2-180 所示。

图 2-178

图 2-179

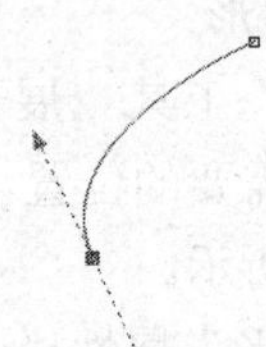

图 2-180

使用相同的方法可以对曲线继续绘制，效果如图 2-181、图 2-182 所示。绘制完成的曲线效果如图 2-183 所示。

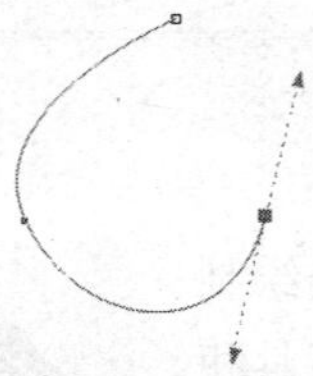

图 2–181

图 2–182

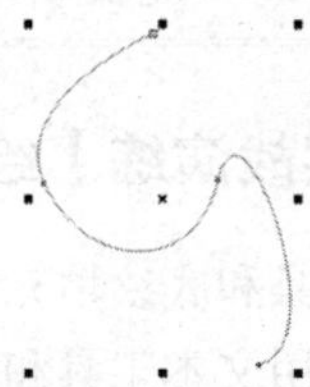

图 2–183

如果想在曲线后绘制出直线，按住 C 键，在要继续绘制出直线的节点上按下鼠标左键并拖曳鼠标，这时出现节点的控制点。松开 C 键，将控制点拖动到下一个节点的位置，如图 2-184 所示。松开鼠标左键，再单击鼠标左键，可以绘制出一段直线，效果如图 2-185 所示。

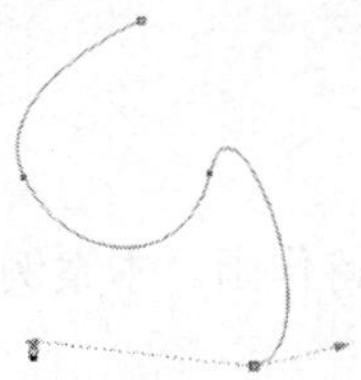

图 2–184

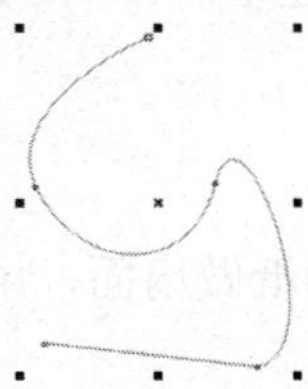

图 2–185

◎ **编辑曲线**

在“钢笔”工具属性栏中单击“自动添加或删除节点”按钮，曲线绘制的过程变为自动添加/删除节点模式。

将“钢笔”工具的鼠标移动到节点上，鼠标变为删除节点图标，如图 2-186 所示。单击可以删除节点，效果如图 2-187 所示。

将“钢笔”工具的鼠标移动到曲线上，鼠标变为添加节点图标，如图 2-188 所示。单击可以添加节点，效果如图 2-189 所示。

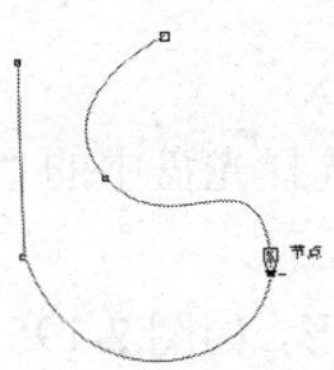

图 2–186

图 2–187

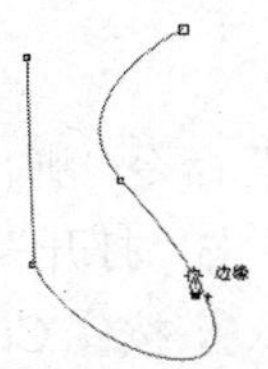

图 2–188

图 2–189

将“钢笔”工具的鼠标移动到曲线的起始点，鼠标指针变为闭合曲线图标，如图 2-190 所示。单击可以闭合曲线，效果如图 2-191 所示。

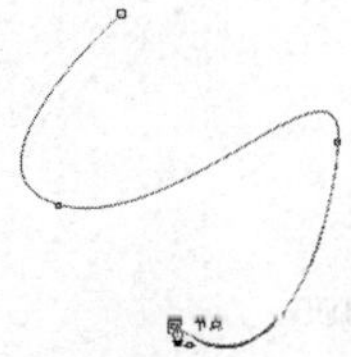

图 2–190

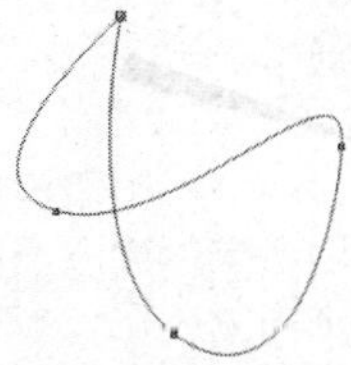

图 2–191

提 示 绘制曲线的过程中，按住 Alt 键可编辑曲线段，可以进行节点的转换、移动和调整等操作，松开 Alt 键可继续进行绘制。

2.2.5 【实战演练】绘制蜗居标志

使用矩形工具和底纹填充工具制作背景效果，使用贝塞尔工具绘制不规则图形，使用文本工具和阴影工具制作文字效果，使用螺纹工具和透镜命令制作装饰图形。（最终效果参看光盘中的“Ch02 > 效果 > 绘制蜗居标志”，见图 2-192。）

图 2-192

2.3 制作扇子

2.3.1 【案例分析】

折扇以竹木做扇骨，韧纸做扇面，扇面上还要题诗作画。本案例制作折扇扇面，要求形式简洁形象、符合折扇的特色。

2.3.2 【设计理念】

在设计制作过程中，扇面使用纯白色做底，配以中国传统的水墨画形式，使扇面看起来古色古香，具有中国传统文化的特色，风格独特，让人印象深刻。（最终效果参看光盘中的“Ch02 > 效果 > 制作扇子”，见图 2-193。）

图 2-193

2.3.3 【操作步骤】

1. 制作扇面图形

步骤 1 选择“文件 > 打开”命令，弹出“打开绘图”对话框。选择光盘中的“Ch02 > 素材 > 制作扇子 > 01”文件，单击“打开”按钮，效果如图 2-194 所示。

步骤 2 选择“椭圆形”工具，按住 Ctrl 键的同时，绘制一个圆形，如图 2-195 所示。选择“贝塞尔”工具，绘制一个不规则图形，如图 2-196 所示。

图 2-194

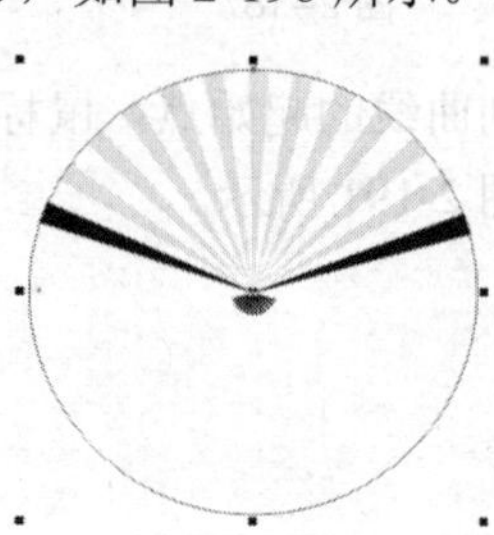

图 2-195

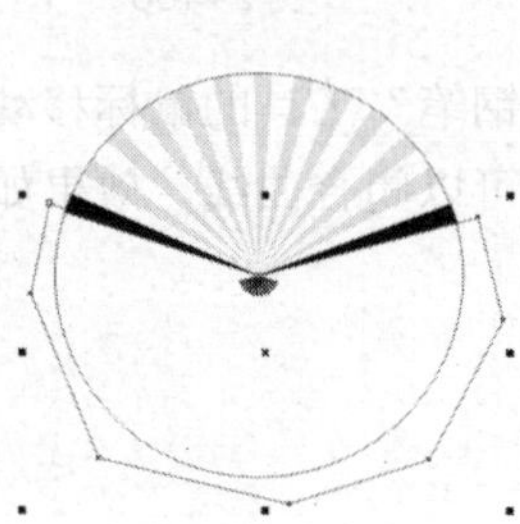

图 2-196

步骤 3 选择“选择”工具，用圈选的方法，同时选中圆形和不规则图形，单击属性栏中的“移除前面对象”按钮，将图形剪切为扇形，效果如图 2-197 所示。

步骤 4 选择“椭圆形”工具，按住 Ctrl 键的同时，绘制一个圆形，如图 2-198 所示。选择“选择”工具，按住 Shift 键的同时，将圆形和扇形同时选取，单击属性栏中的“移除前面对象”按钮，将两个图形剪切为一个图形，效果如图 2-199 所示。

图 2-197

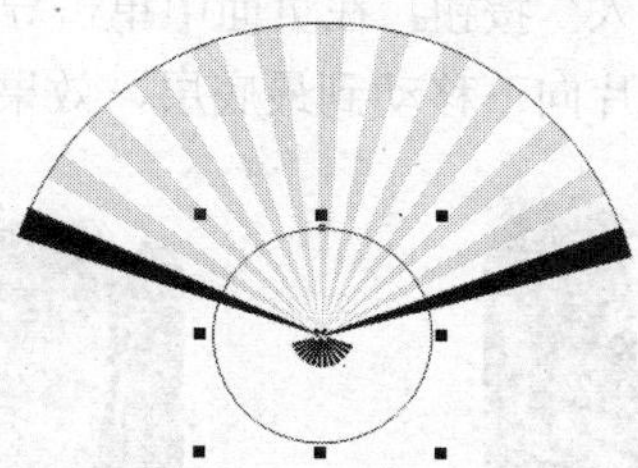

图 2-198

图 2-199

步骤 5 选择“选择”工具，设置图形填充颜色的 CMYK 值为 10、10、30、0，填充图形。在“CMYK 调色板”中的“60%黑”色块上单击鼠标右键，填充图形的轮廓线，效果如图 2-200 所示。选择“排列 > 顺序 > 到页面后面”命令，将扇形图形放置在其他图形的后面，如图 2-201 所示。

图 2-200

图 2-201

步骤 6 选择“形状”工具，在扇面转折处双击鼠标，添加新的节点，效果如图 2-202 所示。用相同的方法，在扇面其他转折处添加节点，如图 2-203 所示。用圈选的方法同时选中所有添加的节点，单击属性栏中的“转换曲线为直线”按钮，将曲线节点转换为直线节点，效果如图 2-204 所示。

图 2-202

图 2-203

图 2-204

步骤 7 选择“形状”工具，单击选中一个节点，将其向外拖曳到适当的位置，如图 2-205 所示。用相同的方法调整其他节点，如图 2-206 所示。选择“形状”工具，单击选中扇骨图形的节点，使之与扇面形状相符合，效果如图 2-207 所示。

图 2-205

图 2-206

图 2-207

2. 导入图片并编辑

步骤 1 选择“文件 > 导入”命令，弹出“导入”对话框。选择光盘中的“Ch02 > 素材 > 制作扇子 > 02”文件，单击“导入”按钮，在页面中单击导入图片，效果如图 2-208 所示。按 Shift+PageDown 组合键，将图片向下移动到最底层，效果如图 2-209 所示。

图 2-208

图 2-209

步骤 2 选择“效果 > 图框精确剪裁 > 置于图文框内部”命令，鼠标的光标变为黑色箭头形状，在图形上单击，如图 2-210 所示。将图片置入到背景中，效果如图 2-211 所示。扇子制作完成，效果如图 2-212 所示。

图 2-210

图 2-211

图 2-212

2.3.4 【相关工具】

◎ 合并

合并会将几个图形结合成一个图形，新的图形轮廓由被合并的图形边界组成，被合并图形的交叉线都将消失。

绘制要合并的图形，如图 2-213 所示。使用“选择”工具选中要合并的图形，如图 2-214 所示。

图 2-213

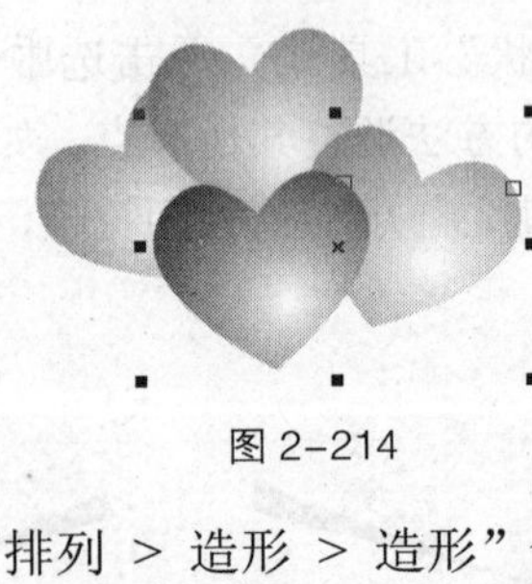

图 2-214

选择“窗口 > 泊坞窗 > 造形”命令，或选择“排列 > 造形 > 造形”命令，都可以弹出如图 2-215 所示的“造形”泊坞窗。在“造形”泊坞窗中选择“焊接”选项，再单击“焊接到”按钮，将鼠标指针放到目标对象上并单击鼠标左键，如图 2-216 所示。焊接后的效果如图 2-217 所示，新生成的图形对象的边框和颜色填充与目标对象完全相同。

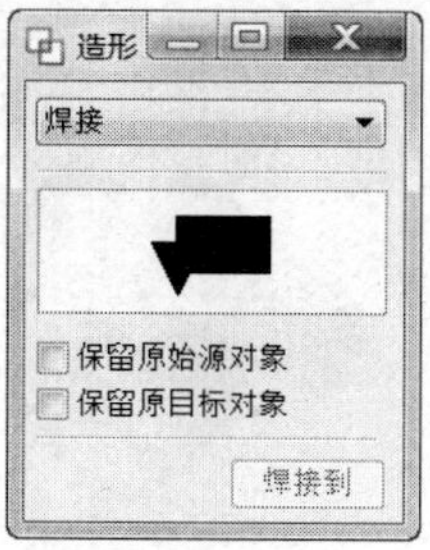

图 2-215

图 2-216

图 2-217

在进行焊接操作之前可以在“造形”泊坞窗中设置是否保留“原始源对象”和“原目标对象”。勾选“保留原始源对象”和“保留原目标对象”复选框，如图 2-218 所示。再焊接图形对象，来源对象和目标对象都被保留，如图 2-219 所示。保留来源对象和目标对象对“修剪”和“相交”功能也适用。

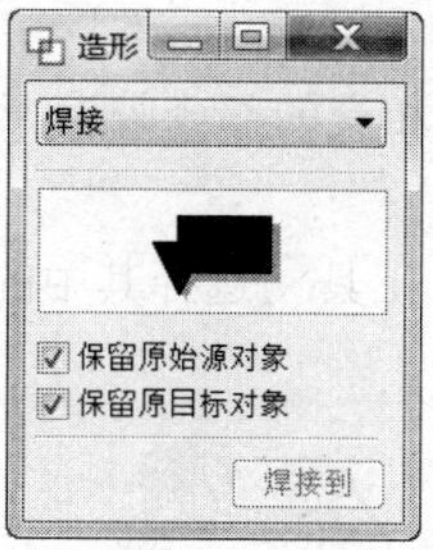

图 2-218

图 2-219

选择几个要合并的图形后，选择“排列 > 造形 > 合并”命令，或单击属性栏中的“合并”按钮，都可以完成多个对象的合并。合并前圈选多个图形时，在最底层的图形就是“目标对象”。按住 Shift 键的同时选择多个图形时，最后选中的图形就是“目标对象”。

◎ 修剪

修剪会将目标对象与来源对象的相交部分裁掉，使目标对象的形状被更改。修剪后的目标对象保留其填充和轮廓属性。

绘制要修剪的图形，如图 2-220 所示。使用“选择”工具选择其中的来源对象，如图 2-221 所示。

图 2-220

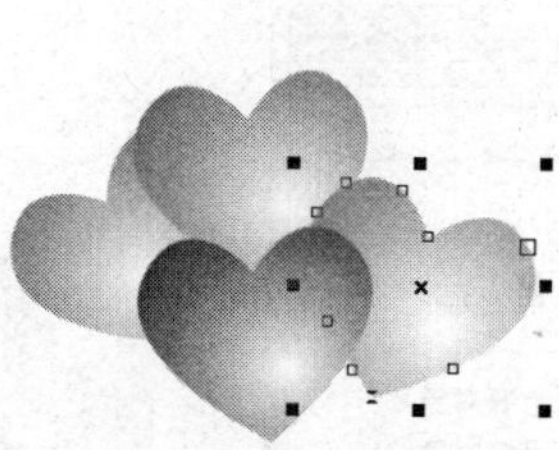

图 2-221

选择“窗口 > 泊坞窗 > 造形”命令，弹出如图 2-222 所示的“造形”泊坞窗。在“造形”泊坞窗中选择“修剪”选项，单击“修剪”按钮，将鼠标指针放到目标对象上并单击鼠标左键，如图 2-223 所示，修剪后的效果如图 2-224 所示。

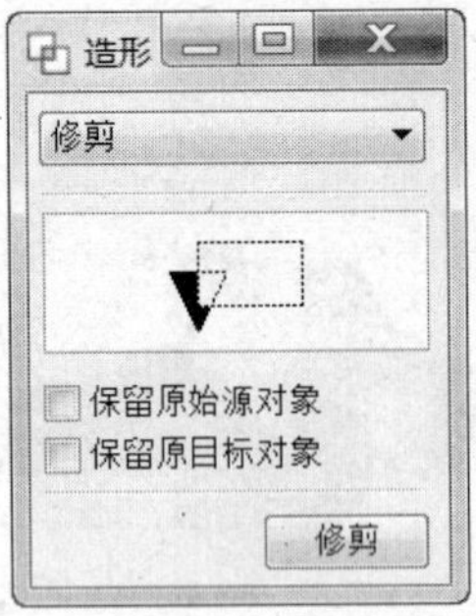

图 2-222

图 2-223

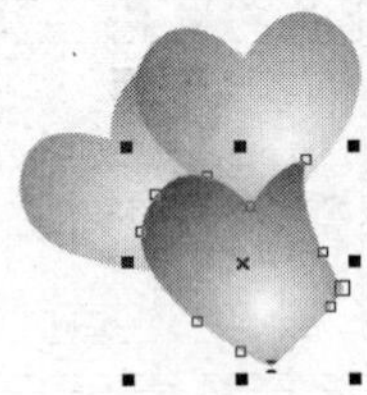
图 2-224

选择“排列 > 造形 > 修剪”命令，或单击属性栏中的“修剪”按钮，也可以完成修剪，来源对象和被修剪的目标对象会同时存在于绘图页面中。

提　示　圈选多个图形时，在最底层的图形对象就是目标对象。按住 Shift 键选择多个图形时，最后选中的图形就是目标对象。

◎ **相交**

相交会将两个或两个以上对象的相交部分保留，使相交的部分成为一个新的图形对象。新创建图形对象的填充和轮廓属性将与目标对象相同。

绘制相交的图形，如图 2-225 所示。使用“选择”工具选择其中的来源对象，如图 2-226 所示。

图 2-225

图 2-226

选择“窗口 > 泊坞窗 > 造形”命令，弹出如图 2-227 所示的“造形”泊坞窗。在“造形”泊坞窗中选择“相交”选项，单击“相交对象”按钮，将鼠标指针放到目标对象上并单击鼠标左键，如图 2-228 所示，相交后的效果如图 2-229 所示，相交后图形对象将保留目标对象的填充和轮廓属性。

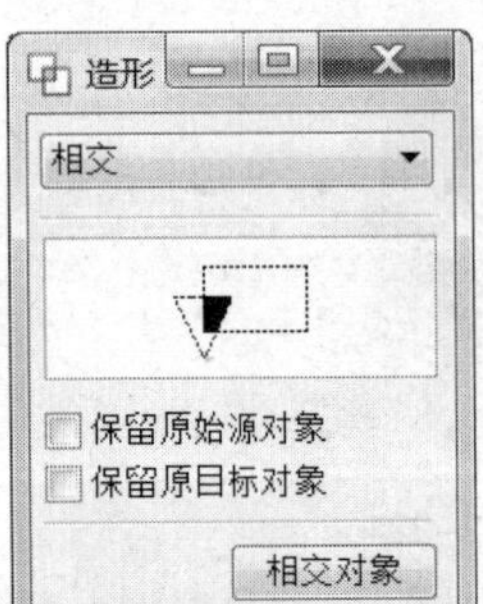

图 2-227

图 2-228

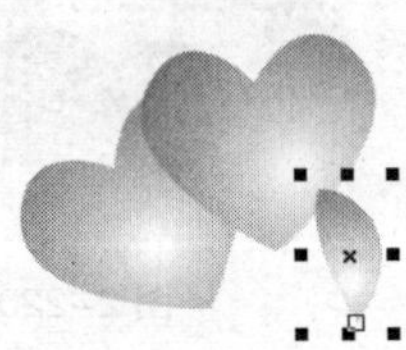
图 2-229

选择“排列 > 造形 > 相交”命令，或单击属性栏中的“相交”按钮，也可以完成相交裁切。原始源对象和原目标对象以及相交后的新图形对象会同时存在于绘图页面中。

◎ **简化**

简化会减去后面图形中和前面图形的重叠部分，并保留前面图形和后面图形的状态。

绘制相交的图形对象，如图 2-230 所示。使用“选择”工具选中两个相交的图形对象，如图 2-231 所示。

选择“窗口 > 泊坞窗 > 造形”命令，弹出如图 2-232 所示的“造形”泊坞窗。在“造形”泊坞窗中选择“简化”选项，单击“应用”按钮，图形的简化效果如图 2-233 所示。

图 2-230

图 2-231

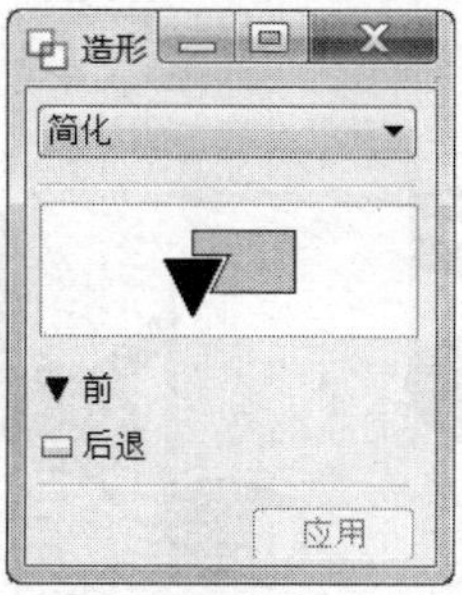

图 2-232

图 2-233

选择“排列 > 造形 > 简化”命令，或单击属性栏中的“简化”按钮，也可以完成图形的简化。

◎ **移除后面对象**

移除后面对象会减去后面图形，减去前后图形的重叠部分，并保留前面图形的剩余部分。

绘制相交的图形，如图 2-234 所示。使用“选择”工具选中两个相交的图形对象，如图 2-235 所示。

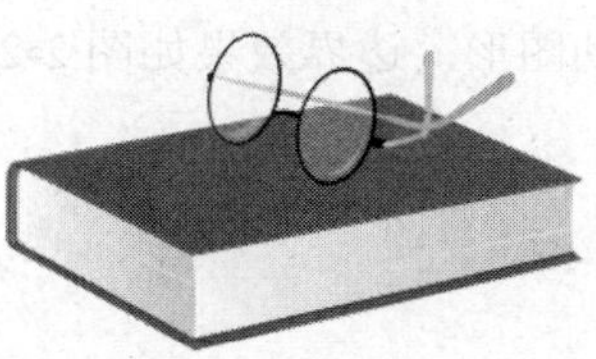

图 2-234

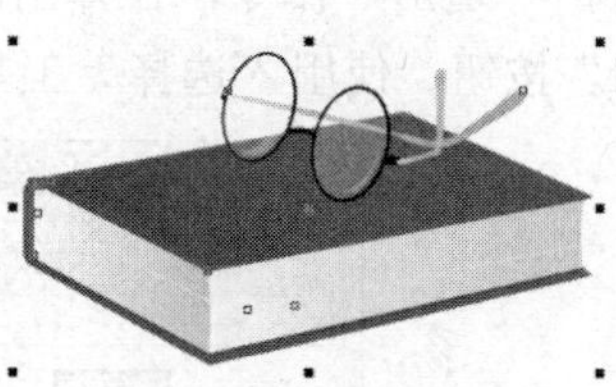

图 2-235

选择“窗口 > 泊坞窗 > 造形”命令，弹出如图 2-236 所示的“造形”泊坞窗。在“造形”泊坞窗中选择“移除后面对象”选项，单击“应用”按钮，效果如图 2-237 所示。

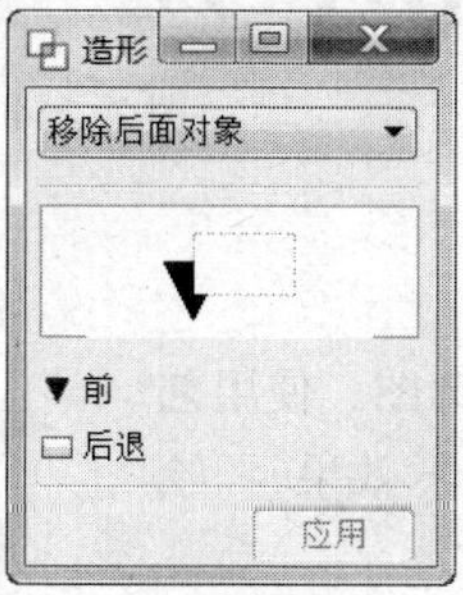

图 2-236

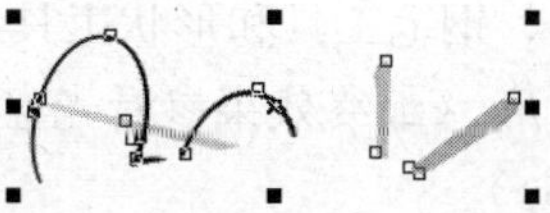

图 2-237

选择“排列 > 造形 > 移除后面对象”命令，或单击属性栏中的“移除后面对象”按钮，也可以移除后面的图形对象。

◎ **移除前面对象**

移除前面对象会减去前面图形，减去前后图形的重叠部分，并保留后面图形的剩余部分。

绘制两个相交的图形对象，如图 2-238 所示。使用“选择”工具选中两个相交的图形对象，如图 2-239 所示。

选择“窗口 > 泊坞窗 > 造形”命令，弹出如图 2-240 所示的“造形”泊坞窗。在“造形”泊坞窗中选择“移除前面对象”选项，单击“应用”按钮，效果如图 2-241 所示。

图 2-238

图 2-239

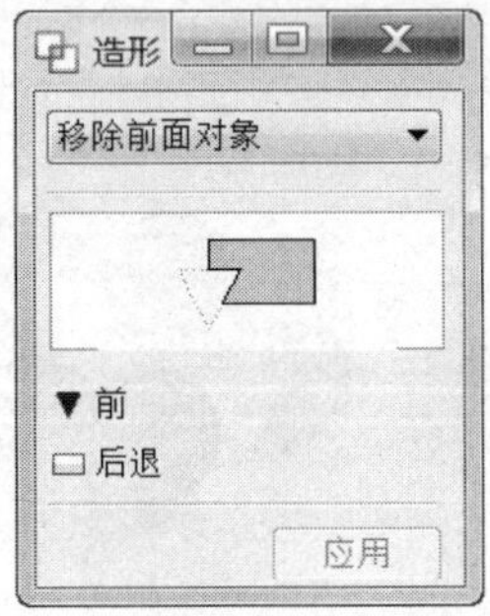

图 2-240

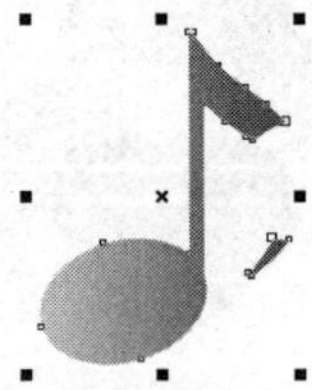

图 2-241

选择“排列 > 造形 > 移除前面对象”命令，或单击属性栏中的“移除前面对象”按钮，也可以移除前面的图形对象。

◎ **创建选择对象边界**

通过应用“创建边界”按钮，可以快速创建一个所选图形的共同边界。

绘制要创建选择边界的图形对象，使用“选择”工具选中图形对象，如图 2-242 所示。选择“窗口 > 泊坞窗 > 造形”命令，在弹出的“造形”泊坞窗中选择“边界”选项，如图 2-243 所示。单击“应用”按钮，使用“选择”工具移动图形，边界效果如图 2-244 所示。

图 2-242

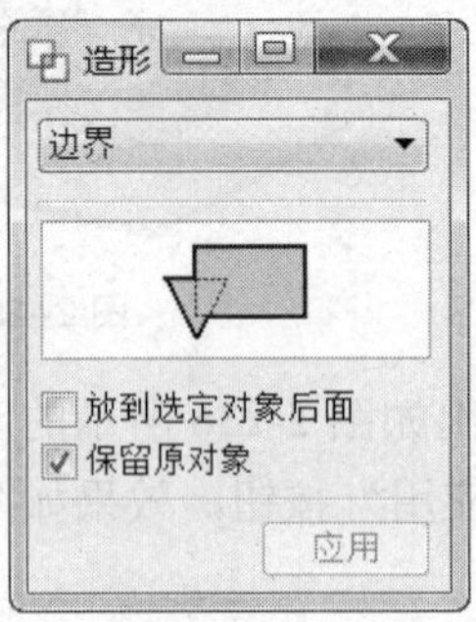

图 2-243

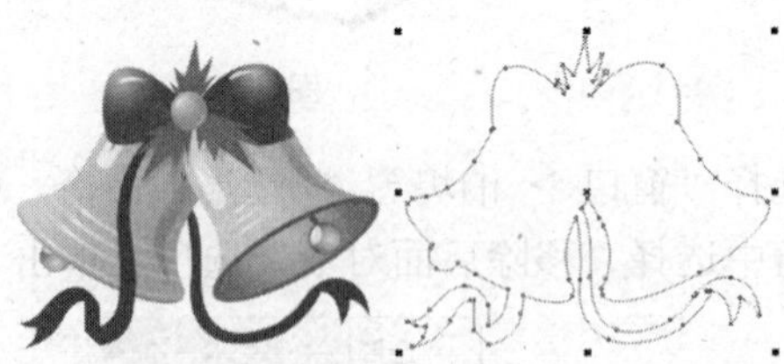

图 2-244

2.3.5 【实战演练】绘制茶壶

使用贝塞尔工具、钢笔工具和形状工具绘制茶壶轮廓图。使用艺术笔工具添加花纹图形。（最终效果参看光盘中的“Ch02 > 效果 > 绘制茶壶”，见图 2-245。）

图 2-245

2.4 制作饮品标志

2.4.1 【案例分析】

本案例是为某饮品店制作一款标志，饮品店目前已经成为年轻人追求和喜爱的休闲娱乐场所，所以在设计中要求绘制的图形形象生动，符合年轻人的喜好。

2.4.2 【设计理念】

在设计制作过程中，使用棕色作为标志的背景，深色的背景很好地衬托了前方的图案。运用简单的几何图形制作出饮品的形象，给人以可爱的印象。色彩运用丰富明亮，能够吸引年轻人注意。（最终效果参看光盘中的“Ch02 > 效果 > 制作饮品标志”，见图 2-246。）

图 2-246

2.4.3 【操作步骤】

步骤 1 按 Ctrl+N 组合键，新建一个 A4 页面。选择“矩形”工具，在页面适当的位置绘制一个矩形，如图 2-247 所示。在“CMYK 调色板”中的“宝石红”色块上单击鼠标左键，填充图形，并去除图形的轮廓线，效果如图 2-248 所示。

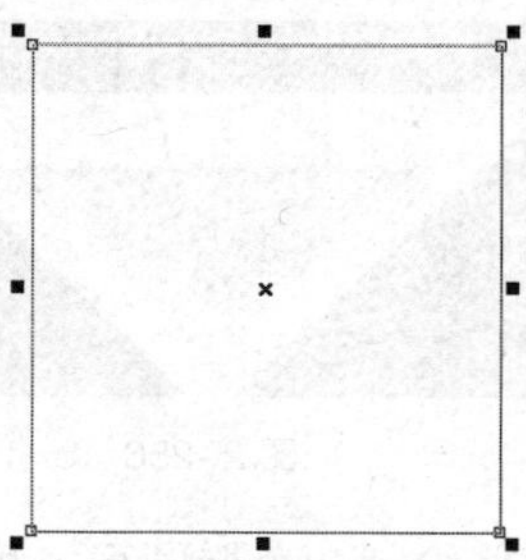

图 2-247

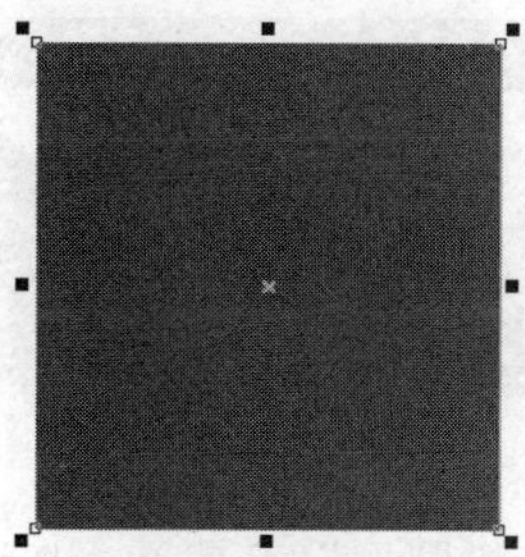

图 2-248

步骤 2 选择“星形”工具，其属性栏的设置如图 2-249 所示，在适当的位置绘制一个三角形，填充图形为白色，并去除图形的轮廓线，效果如图 2-250 所示。按数字键盘上的+键，复制三角形。选择“选择”工具，按住 Shift 键的同时，拖曳右上角的控制手柄到适当的位置，松开鼠标左键，向中心等比例缩小图形。在“CMYK 调色板”中的“深黄”色块上单击鼠标左键，填充图形，并微调到适当的位置，效果如图 2-251 所示。

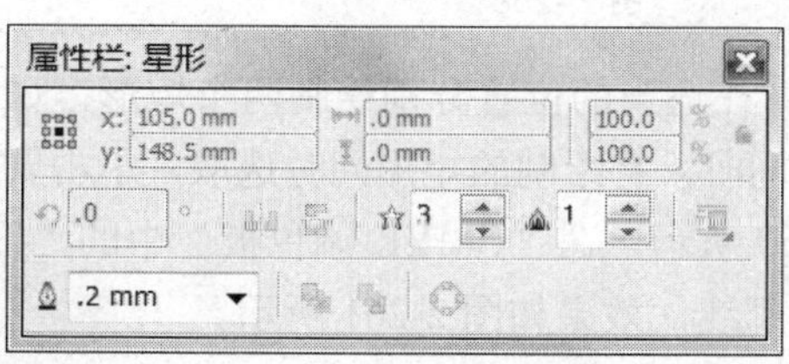

图 2-249

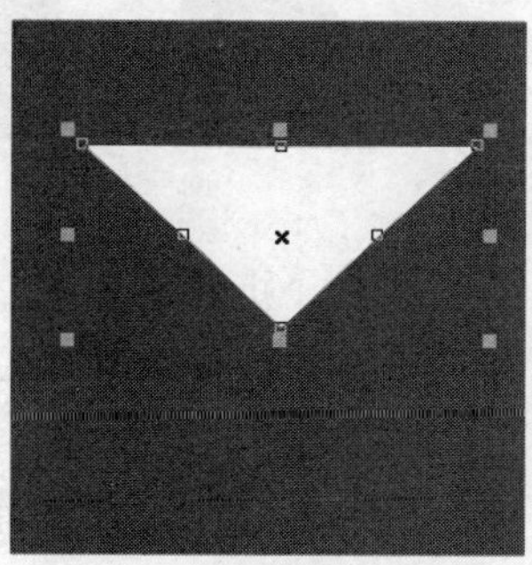

图 2-250

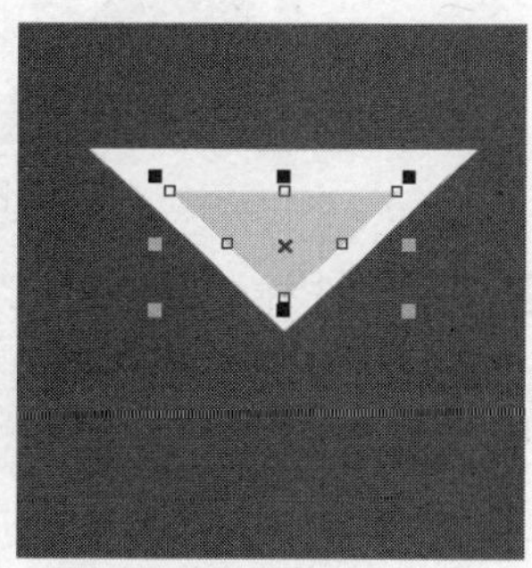

图 2-251

步骤 3 选择“矩形”工具，在适当的位置绘制一个矩形，填充图形为白色，并去除图形的轮廓线，效果如图 2-252 所示。选择“星形”工具，在适当的位置再绘制一个三角形，填充图形为白色，并去除图形的轮廓线，效果如图 2-253 所示。

步骤 4 选择“椭圆形”工具，按住 Ctrl 键的同时，在适当的位置分别绘制多个圆形。选择“选择”工具，使用圈选的方法将刚绘制的圆形同时选中，填充图形为白色，并去除图形的轮廓线，效果如图 2-254 所示。

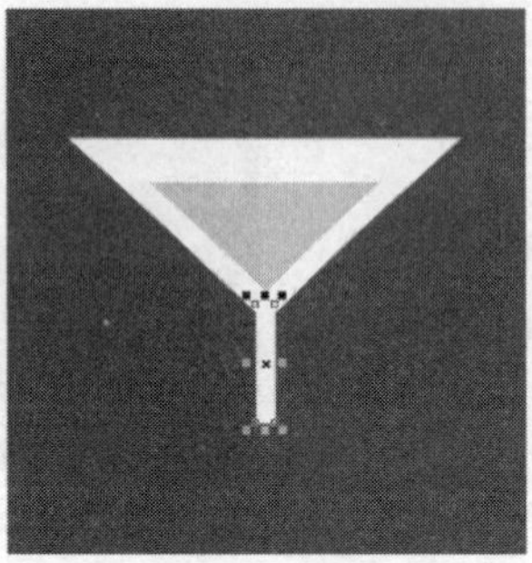
图 2-252

图 2-253

图 2-254

步骤 5 选择“三点矩形”工具，在适当的位置绘制一个矩形，如图 2-255 所示，在“CMYK 调色板”中的“60%黑”色块上单击鼠标左键，填充图形，并去除图形的轮廓线，效果如图 2-256 所示。

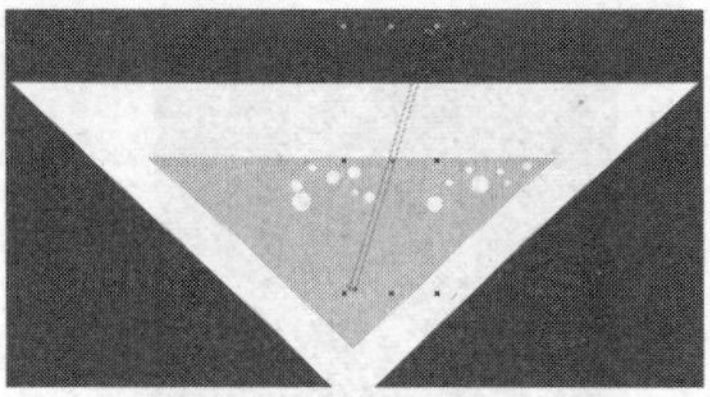
图 2-255

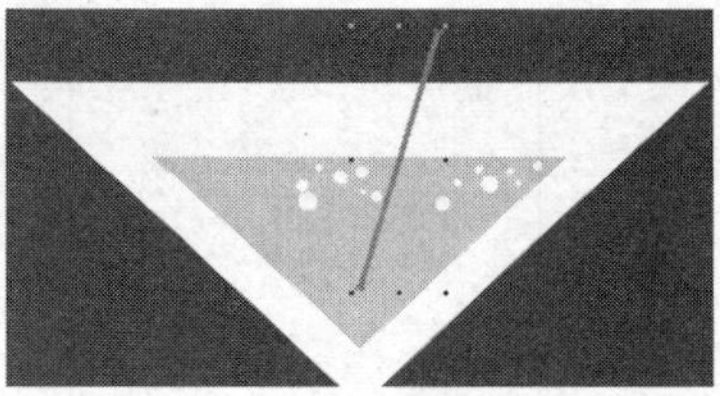
图 2-256

步骤 6 选择“三点椭圆形”工具，在适当的位置绘制一个椭圆形，填充图形为黑色，并去除图形的轮廓线，效果如图 2-257 所示。选择“三点椭圆形”工具，再绘制一个椭圆形，在“CMYK 调色板”中的“20%黑”色块上单击鼠标左键，填充图形，并去除图形的轮廓线，效果如图 2-258 所示。

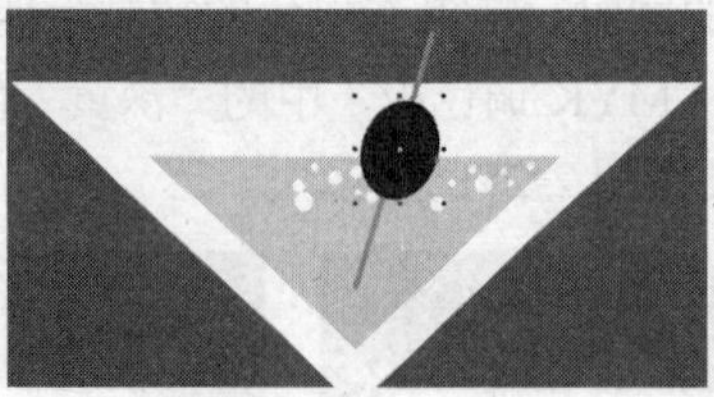
图 2-257

图 2-258

步骤 7 选择“三点矩形”工具和“矩形”工具，在适当的位置分别绘制两个矩形，如图 2-259 所示。选择“选择”工具，按住 Shift 键的同时，将绘制的矩形同时选取，单击属性栏中的“合并”按钮，合并图形，效果如图 2-260 所示。在“CMYK 调色板”中的“红”色块上单击鼠标左键，填充图形，并去除图形的轮廓线，效果如图 2-261 所示。

图 2-259

图 2-260

图 2-261

步骤 8 选择“椭圆形”工具，在属性栏中单击“饼图”按钮，其他选项的设置如图 2-262 所示，按住 Ctrl 键的同时，在适当的位置绘制一个饼图，如图 2-263 所示。在“CMYK 调色板”中的“金”色块上单击鼠标左键，填充图形，并去除图形的轮廓线，效果如图 2-264 所示。

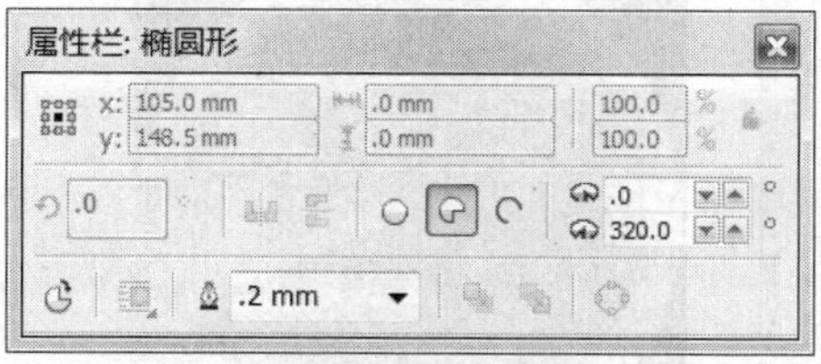

图 2-262

图 2-263

图 2-264

步骤 9 按数字键盘上的+键，复制饼图。选择“选择”工具，按住 Shift 键的同时，向内拖曳右上角的控制手柄到适当的位置，等比例缩小图形。在“CMYK 调色板”中的“浅橘红”色块上单击鼠标左键，填充图形，效果如图 2-265 所示。在属性栏中的“旋转角度”框中设置数值为 11.5°，按 Enter 键，效果如图 2-266 所示。

图 2-265

图 2-266

步骤 10 按数字键盘上的+键，再复制饼图。在“CMYK 调色板”中的“橘红”色块上单击鼠标左键，填充图形。在属性栏中的“旋转角度”框中设置数值为 36°，按 Enter 键，效果如图 2-267 所示。选择“椭圆形”工具，在属性栏中单击“椭圆形”按钮，按住 Ctrl 键的同时，在适当的位置绘制一个圆形，效果如图 2-268 所示。

步骤 11 选择“星形”工具，在页面外拖曳鼠标绘制一个三角形，效果如图 2-269 所示。选择“选择”工具，拖曳图形到页面中适当的位置并旋转其角度，效果如图 2-270 所示。

图 2-267

图 2-268

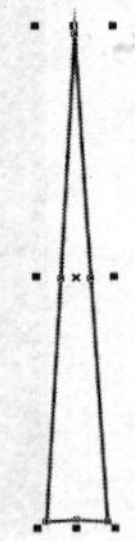

图 2-269

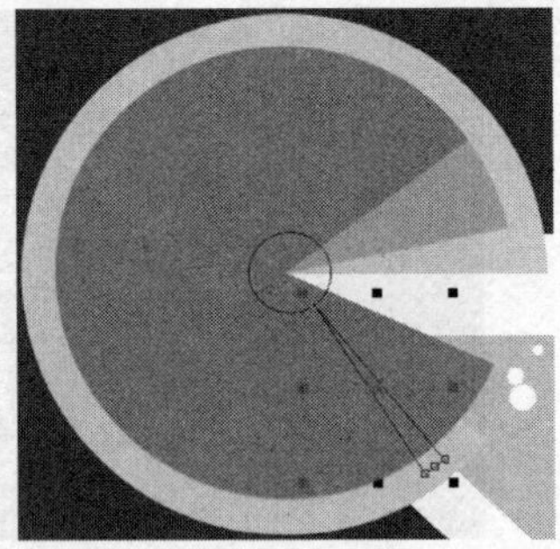

图 2-270

步骤 12 保持图形选取状态，再次单击图形，使其处于旋转状态，将旋转中心拖曳到适当的位置，如图 2-271 所示。选择“排列 > 变换 > 旋转”命令，弹出“变换”泊坞窗，将“旋转角度”选项设置为-30°，其他选项设置如图 2-272 所示，单击“应用”按钮，效果如图 2-273 所示。

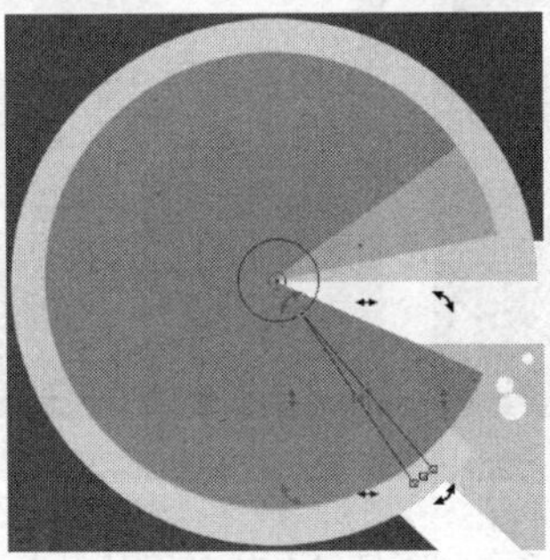

图 2-271

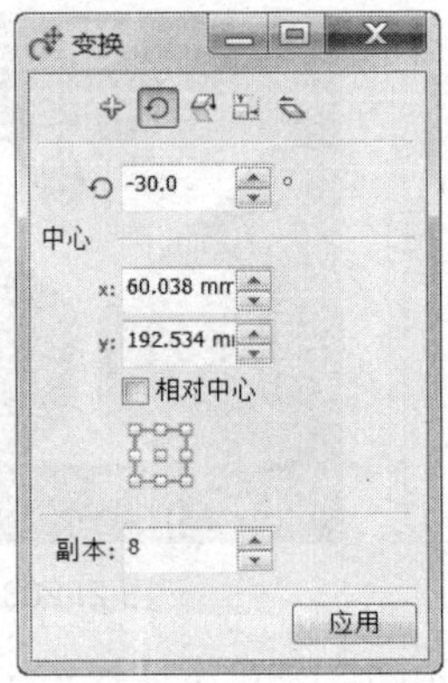

图 2-272

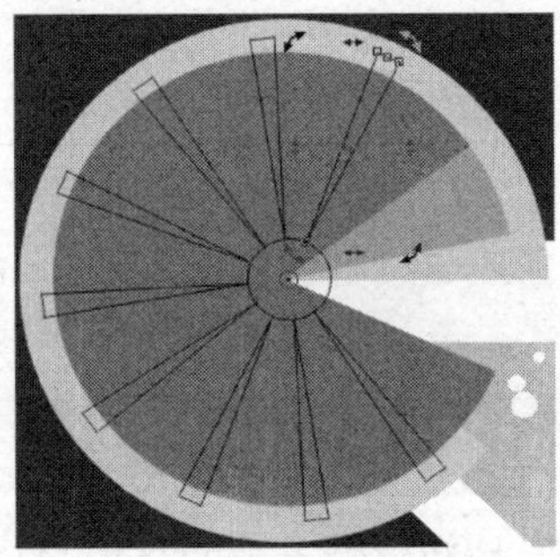

图 2-273

步骤 13 选择“选择”工具，按住 Shift 键的同时，将绘制的橘红色饼图、圆形和三角形同时选取，如图 2-274 所示。单击属性栏中的“移除前面对象”按钮，移除前面的图形对象，效果如图 2-275 所示。

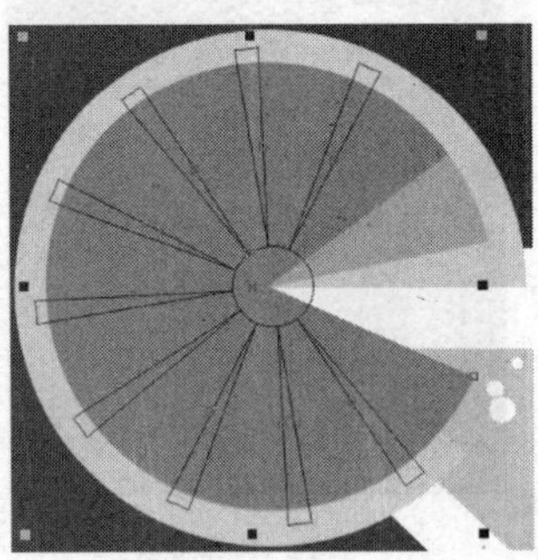

图 2-274

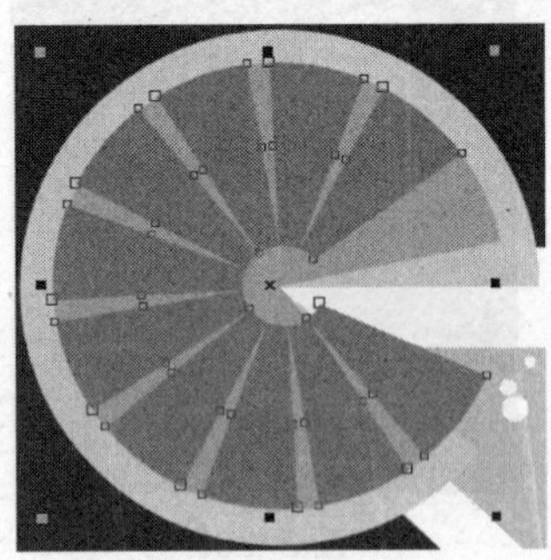

图 2-275

步骤 14 选择“文本”工具字，在页面输入需要的文字。选择“选择”工具，在属性栏中选取适当的字体并设置文字大小，填充文字为白色，效果如图 2-276 所示。在属性栏中的“旋转角度”框中设置数值为 7.7°，按 Enter 键，效果如图 2-277 所示。饮品标志制作完成。

图 2-276

图 2-277

2.4.4 【相关工具】

1. 图纸工具

选择“图纸”工具，在绘图页面中按住鼠标左键不放，从左上角向右下角拖曳鼠标到需要的位置，松开鼠标左键，网格状的图形绘制完成，如图 2-278 所示，图纸属性栏如图 2-279 所示。在框中可以重新设定图纸的列和行，绘制出需要的网格状图形效果。

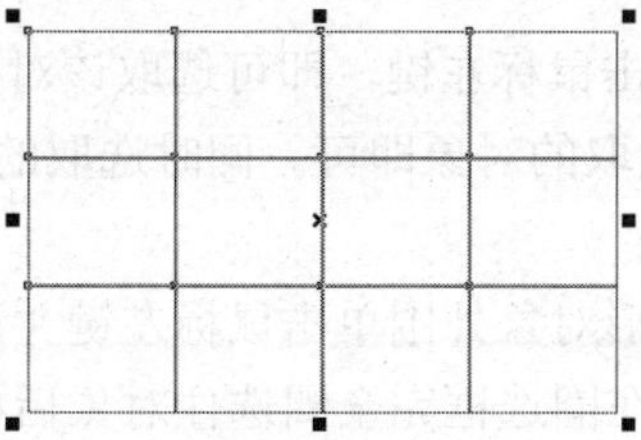

图 2-278

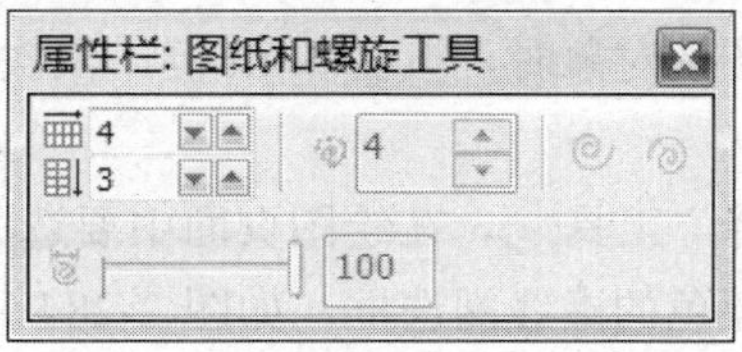

图 2-279

按住 Ctrl 键，在绘图页面中可以绘制正网格状的图形。

按住 Shift 键，在绘图页面中会以当前点为中心绘制网格状的图形。

同时按下 Shift+Ctrl 组合键，在绘图页面中会以当前点为中心绘制正网格状的图形。

使用“选择”工具选中网格状图形，如图 2-280 所示。选择“排列 > 取消群组”命令或按 Ctrl+U 组合键，可将绘制出的网格状图形取消群组。取消网格图形的选取状态，再使用“选择”工具可以单选其中的各个图形，如图 2-281 所示。

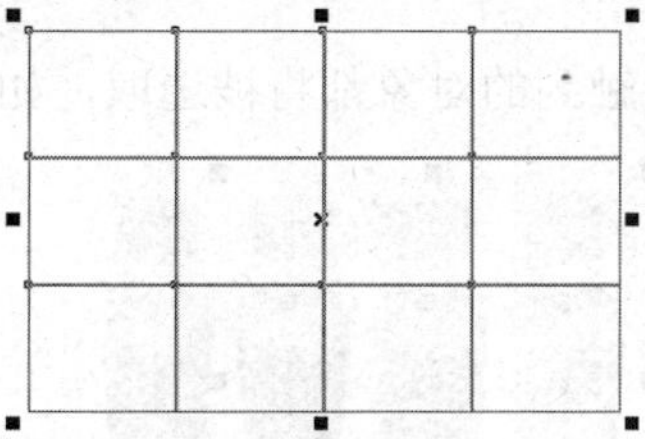

图 2-280

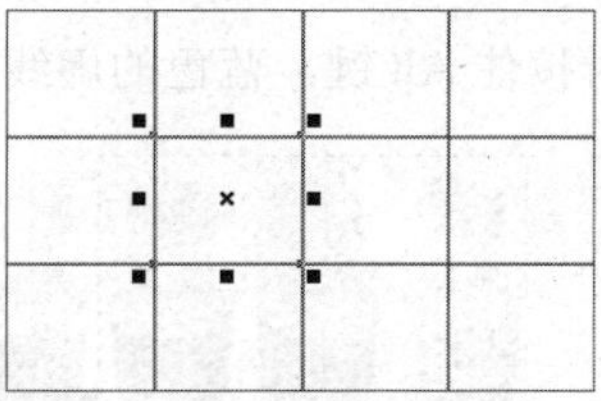

图 2-281

2. 编辑命令

在 CorelDRAW X6 中，可以使用强大的编辑功能对图形对象进行编辑，其中包括对象的多种选取方式，对象的缩放、移动、镜像、旋转、复制、删除，以及对象的倾斜变换。下面将讲解多种编辑图形对象的方法和技巧。

◎ 对象的选取

在 CorelDRAW X6 中，新建一个图形对象时，一般图形对象呈选取状态，在对象的周围出现圈选框，圈选框是由 8 个控制手柄组成的。对象的中心有一个"X"形的中心标记，对象的选取状态如图 2-282 所示。

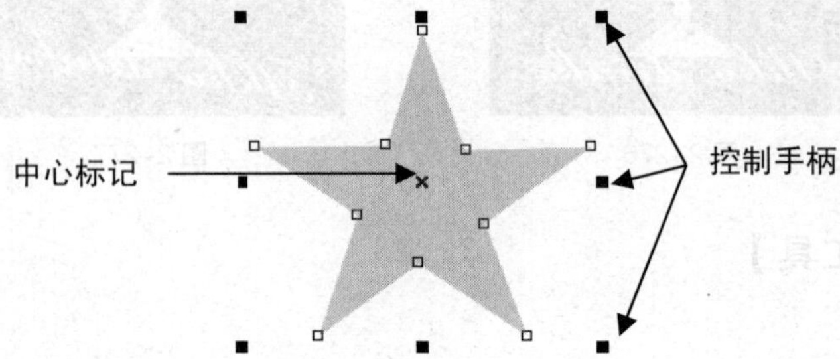

图 2-282

提 示 在 CorelDRAW X6 中，如果要编辑一个对象，首先要选取这个对象。当选取多个图形对象时，多个图形对象共有一个圈选框。要取消对象的选取状态，只要在绘图页面中的其他位置单击鼠标左键或按 Esc 键即可。

选择"选择"工具，在要选取的图形对象上单击鼠标左键，即可选取该对象。

选取多个图形对象时，按住 Shift 键，依次单击选取的对象即可。同时选取的效果如图 2-283 所示。

选择"选择"工具，在绘图页面中要选取的图形对象外围单击鼠标左键并拖曳鼠标，拖曳后会出现一个蓝色的虚线圈选框，如图 2-284 所示。在圈选框完全圈选住对象后松开鼠标左键，被圈选的对象即处于选取状态，如图 2-285 所示。用圈选的方法可以同时选取一个或多个对象。

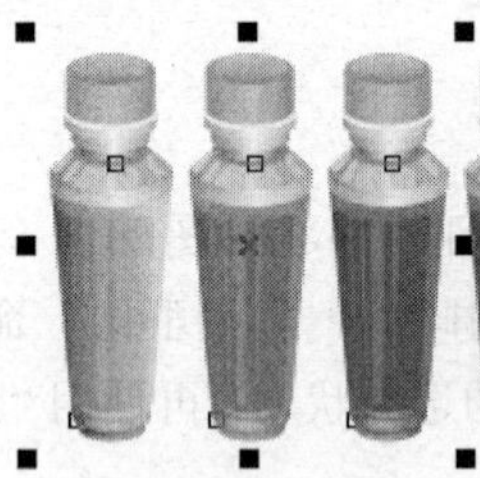

图 2-283

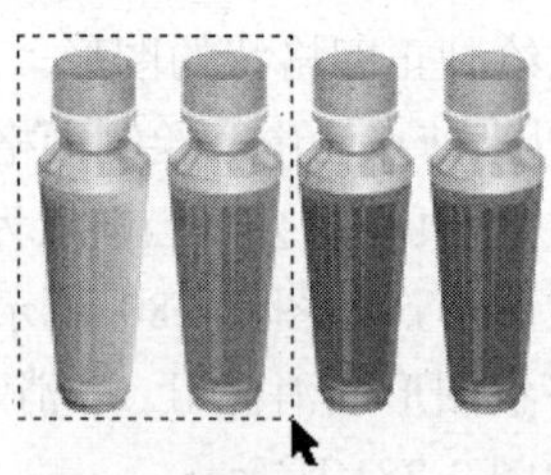

图 2-284

图 2-285

在圈选的同时按住 Alt 键，蓝色的虚线圈选框接触到的对象都将被选取，如图 2-286 所示。

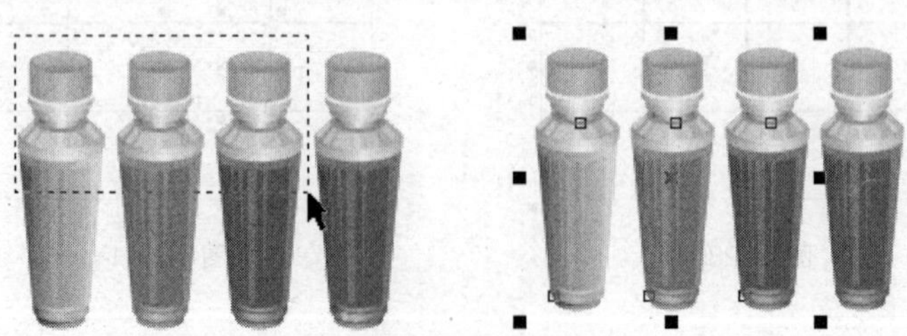

图 2-286

也可以选择"编辑 > 全选"子菜单下的各个命令来选取对象，按 Ctrl+A 组合键可以选取绘图页面中的全部对象。

提　示　当绘图页面中有多个对象时，按空格键，快速选择“选择”工具，连续按 Tab 键，可以依次选择下一个对象。按住 Shift 键，再连续按 Tab 键，可以依次选择上一个对象。按住 Ctrl 键的同时，用光标点选可以选取群组中的单个对象。

◎ 对象的缩放

使用“选择”工具选取要缩放的对象，对象的周围出现控制手柄。

用鼠标拖曳控制手柄可以缩放对象。拖曳对角线上的控制手柄可以按比例缩放对象，如图 2-287 所示。拖曳中间的控制手柄可以不按比例缩放对象，如图 2-288 所示。

拖曳对角线上的控制手柄时，按住 Ctrl 键，对象会以 100%的比例缩放；同时按下 Shift+Ctrl 组合键，对象会以 100%的比例从中心缩放。

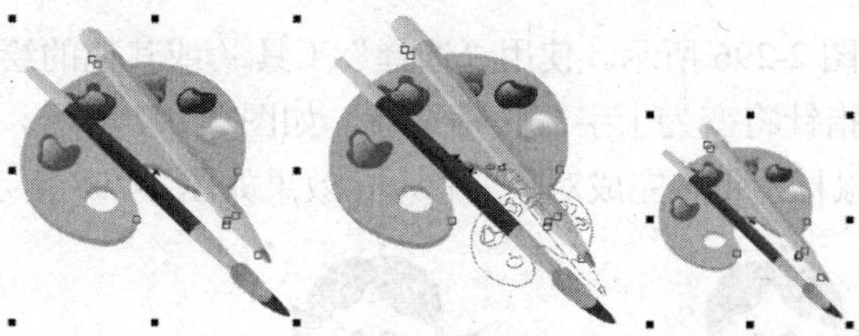
图 2-287

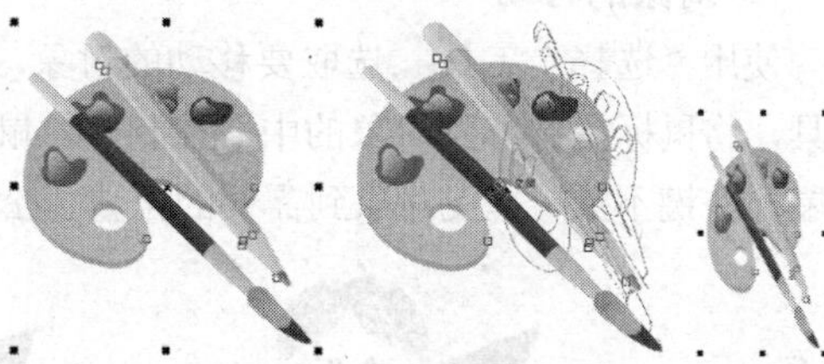
图 2-288

选择“选择”工具并选取要缩放的对象，对象的周围出现控制手柄。选择“形状”工具展开式工具栏中的“自由变换”工具，这时的属性栏如图 2-289 所示。

在“自由变换工具”属性栏中的“对象大小” 98.291 mm 106.811 mm 中，可以输入对象的宽度和高度。如果选择了“缩放因子” 100.0 % 100.0 % 中的锁按钮，则宽度和高度将按比例缩放，只要改变宽度和高度中的一个值，另一个值就会自动按比例调整。

在“自由变换工具”属性栏中调整好宽度和高度后，按 Enter 键完成对象的缩放，缩放的效果如图 2-290 所示。

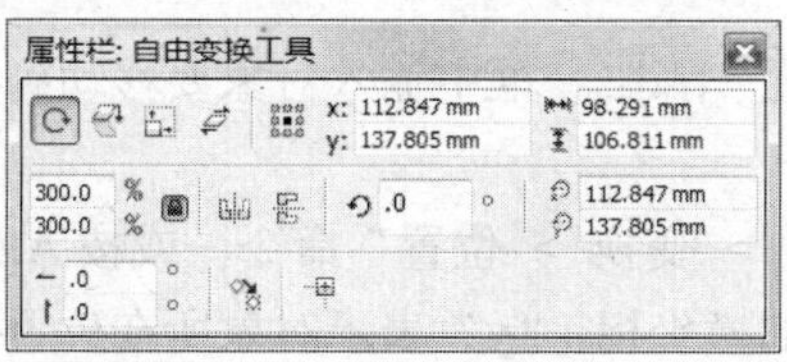

图 2-289

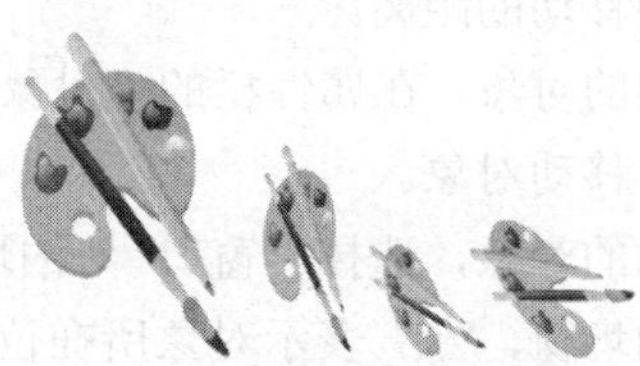
图 2-290

使用“选择”工具选取要缩放的对象，如图 2-291 所示。选择“窗口 > 泊坞窗 > 变换 > 大小”命令，或按 Alt+F10 组合键，弹出“变换”泊坞窗，如图 2-292 所示。其中，“x”表示宽度，“y”表示高度。如不勾选“按比例”复选框，就可以不按比例缩放对象。

在“变换”泊坞窗中，图 2-293 所示的是可供选择的圈选框控制手柄 8 个点的位置，单击一个按钮以定义一个在缩放对象时保持固定不动的点，缩放的对象将基于这个点进行缩放，这个点可以决定缩放后的图形与原图形的相对位置。

设置好需要的数值，如图 2-294 所示。单击“应用”按钮，对象的缩放完成，效果如图 2-295 示。在“副本”选项中输入数值，可以复制生成多个缩放好的对象。

选择“窗口 > 泊坞窗 > 变换 > 缩放和镜像”命令，或按 Alt+F9 组合键，在弹出的“变换”泊坞窗中也可以对对象进行缩放。

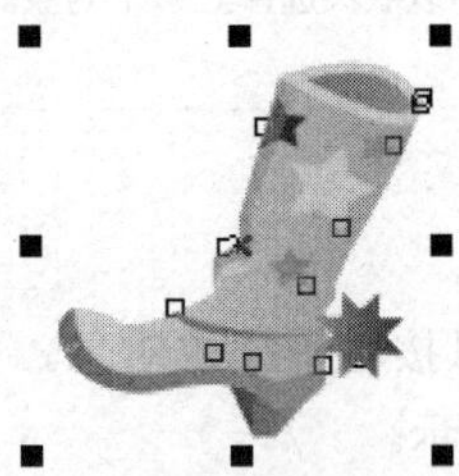
图 2-291

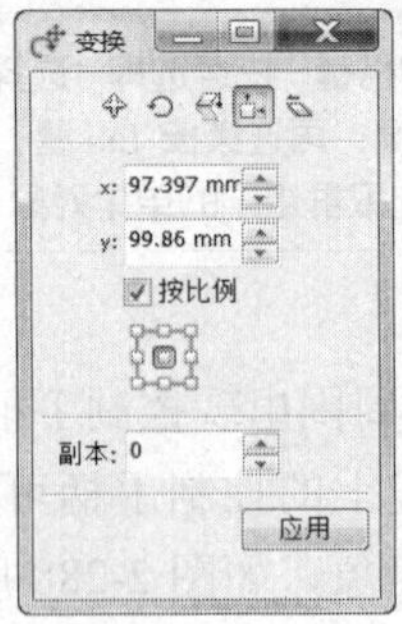

图 2-292

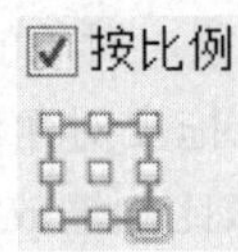

图 2-293

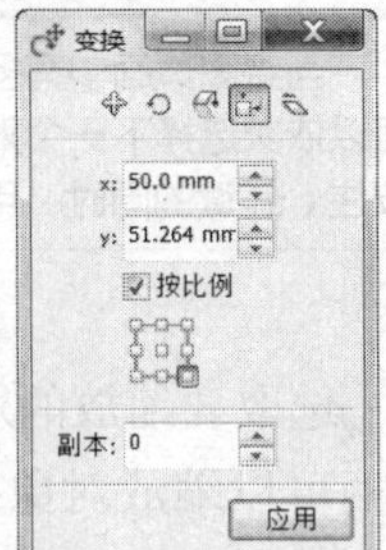

图 2-294

图 2-295

◎ **对象的移动**

使用“选择”工具选取要移动的对象，如图 2-296 所示。使用“选择”工具或其他的绘图工具，将鼠标指针移到对象的中心控制点，鼠标指针将变为十字箭头形状，如图 2-297 所示。按住鼠标左键不放，拖曳对象到需要的位置，松开鼠标左键，完成对象的移动，效果如图 2-298 所示。

图 2-296

图 2-297

图 2-298

选取要移动的对象，用键盘上的方向键可以微调对象的位置，系统使用默认值时，对象将以 0.1 英寸的增量移动。选择“选择”工具后不选取任何对象，在属性栏中的 .1 mm 框中可以重新设定每次微调移动的距离。

选取要移动的对象，在属性栏的“对象位置” x: 105.454 mm y: 170.512 mm 框中输入对象要移动到的新位置的横坐标和纵坐标，可移动对象。

选取要移动的对象，选择“窗口 > 泊坞窗 > 变换 > 位置”命令，或按 Alt+F7 组合键，将弹出“变换”泊坞窗，“x”表示对象所在位置的横坐标，“y”表示对象所在位置的纵坐标。如选中“相对位置”复选框，对象将相对于原位置的中心进行移动。设置好后，单击“应用”按钮或按 Enter 键，完成对象的移动。移动前后的位置如图 2-299 所示。

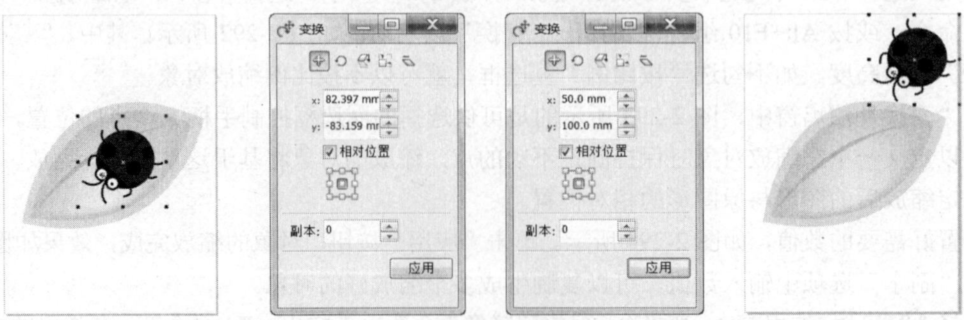

图 2-299

设置好数值后，在“副本”选项中输入数值，可以在移动的新位置复制生成新的对象。

◎ **对象的镜像**

镜像效果经常被应用到设计作品中。在CorelDRAW X6中，可以使用多种方法使对象沿水平、垂直或对角线的方向做镜像翻转。

选取镜像对象，如图2-300所示。按住鼠标左键直接拖曳控制手柄到相对的边，直到显示对象的蓝色虚线框，如图2-301所示。松开鼠标左键就可以得到不规则的镜像对象，如图2-302所示。

图2-300

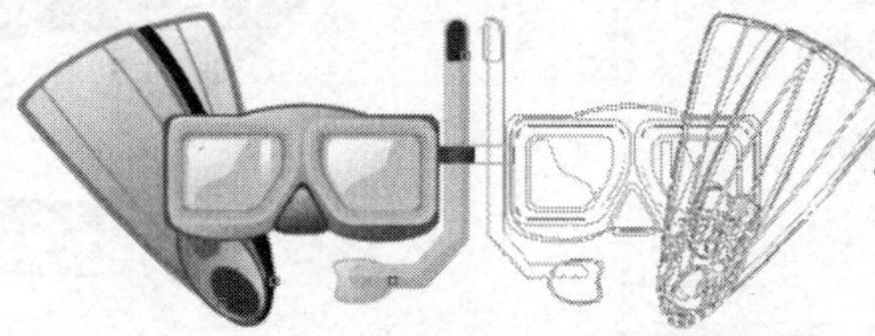
图2-301

图2-302

按住Ctrl键，直接拖曳左边或右边中间的控制手柄到相对的边，可以完成保持原对象比例的水平镜像，如图2-303所示。按住Ctrl键，直接拖曳上边或下边中间的控制手柄到相对的边，可以完成保持原对象比例的垂直镜像，如图2-304所示。按住Ctrl键，直接拖曳边角上的控制手柄到相对的边，可以完成保持原对象比例的沿对角线方向的镜像，如图2-305所示。

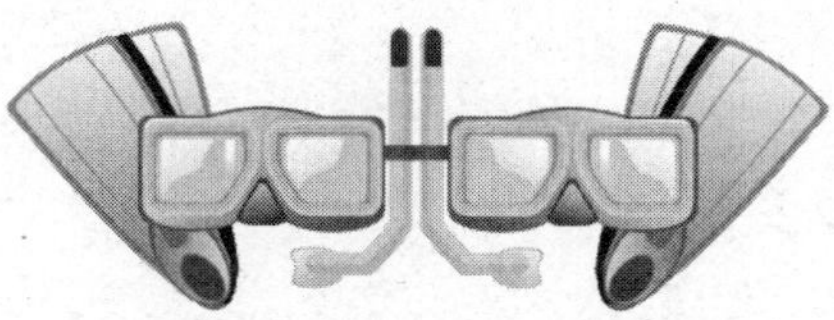
图2-303

图2-304

图2-305

提 示 在镜像的过程中，只能使对象本身产生镜像。如果想产生图2-303、图2-304、图2-305所示的效果，就要在镜像的位置生成一个复制对象。方法很简单，在松开鼠标左键之前按下鼠标右键，就可以在镜像的位置生成一个复制对象。

使用“选择”工具选取要镜像的对象，如图2-306所示，这时的属性栏如图2-307所示。

图2-306

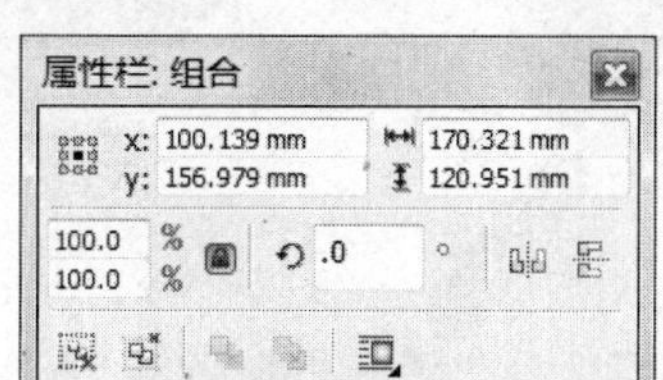

图2-307

单击属性栏中的“水平镜像”按钮，可以使对象沿水平方向做镜像翻转；单击“垂直镜像”按钮，可以使对象沿垂直方向做镜像翻转。

选取要镜像的对象，选择“窗口 > 泊坞窗 > 变换 > 缩放和镜像”命令，或按Alt+F9组合键，弹出“变换”泊坞窗，单击“水平镜像”按钮，可以使对象沿水平方向做镜像翻转；单击“垂直镜像”按钮，可以使对象沿垂直方向做镜像翻转。设置需要的数值，单击“应用”按钮即可看到镜像效果。

还可以设置产生一个变形的镜像对象。“变换”泊坞窗按图 2-308 所示进行参数设定，设置好后，单击“应用”按钮，生成一个变形的镜像对象，效果如图 2-309 所示。

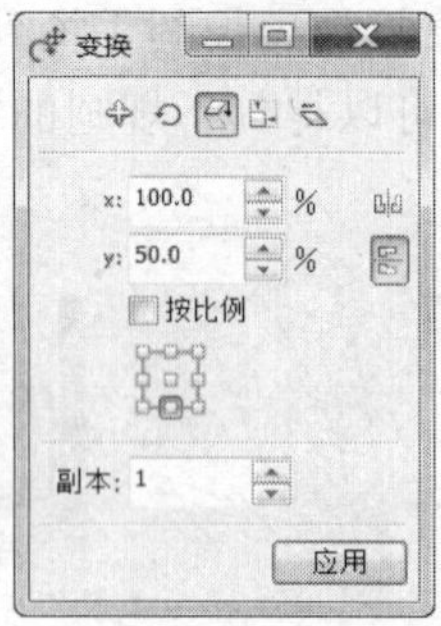

图 2-308

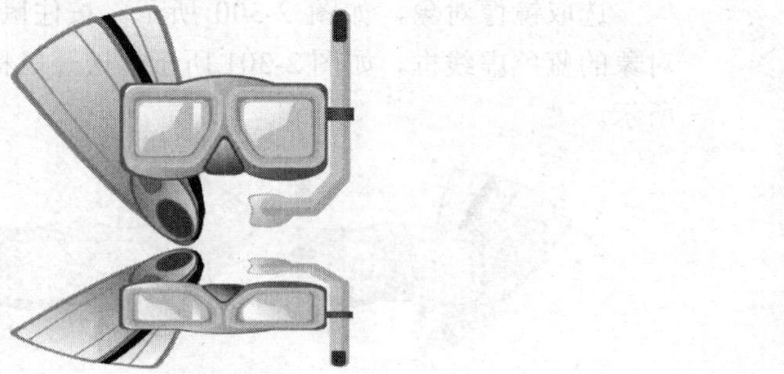
图 2-309

◎ 对象的旋转

使用“选择”工具选取要旋转的对象，对象的周围出现控制手柄。再次单击对象，这时对象的周围出现旋转和倾斜控制手柄，如图 2-310 所示。

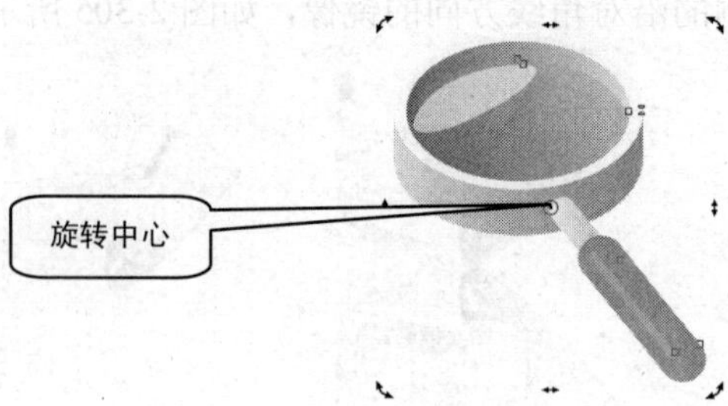

图 2-310

将鼠标指针移动到旋转控制手柄上，这时鼠标指针变为旋转符号，如图 2-311 所示。按住鼠标左键，拖曳鼠标旋转对象，旋转时对象会出现蓝色的虚线框指示旋转方向和角度，如图 2-312 所示。旋转到需要的角度后，松开鼠标左键，完成对象的旋转，效果如图 2-313 所示。

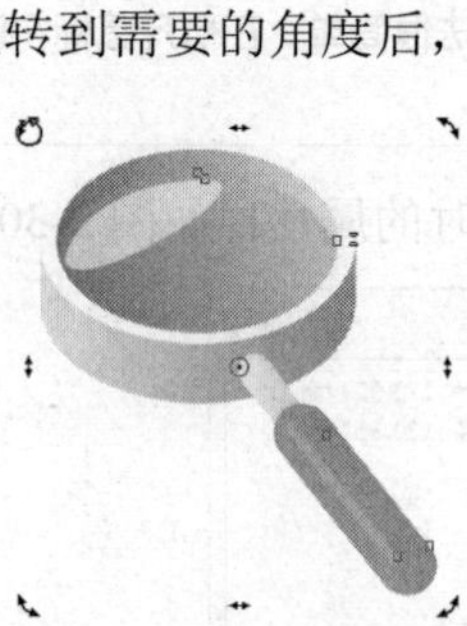
图 2-311

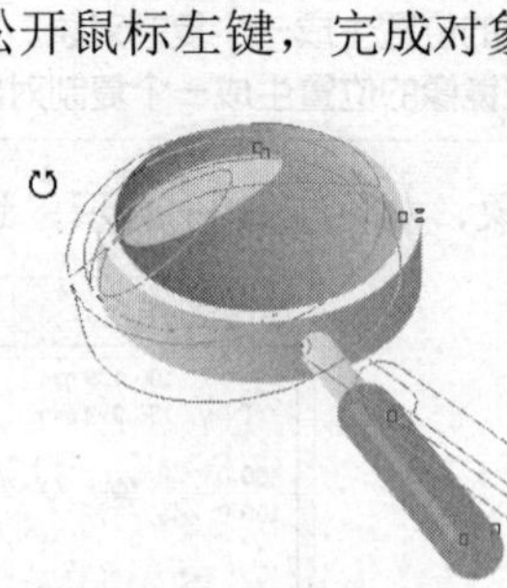
图 2-312

图 2-313

对象是围绕旋转中心⊙旋转的，默认的旋转中心⊙是对象的中心点。将鼠标指针移动到旋转中心上，按住鼠标左键拖曳旋转中心⊙到需要的位置，松开鼠标左键，完成对旋转中心的移动。

选取要旋转的对象，如图 2-314 所示。选择“选择”工具，在属性栏中的“旋转角度”文本框中输入旋转的角度数值 50，如图 2-315 所示。按 Enter 键，效果如图 2-316 所示。

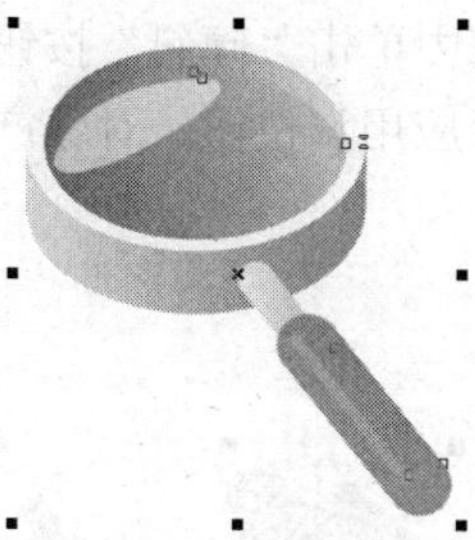

图 2-314

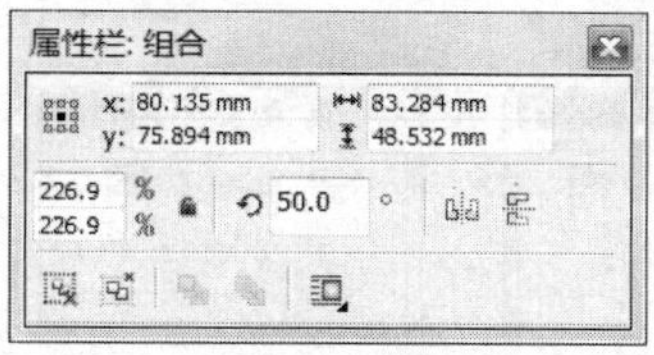

图 2-315

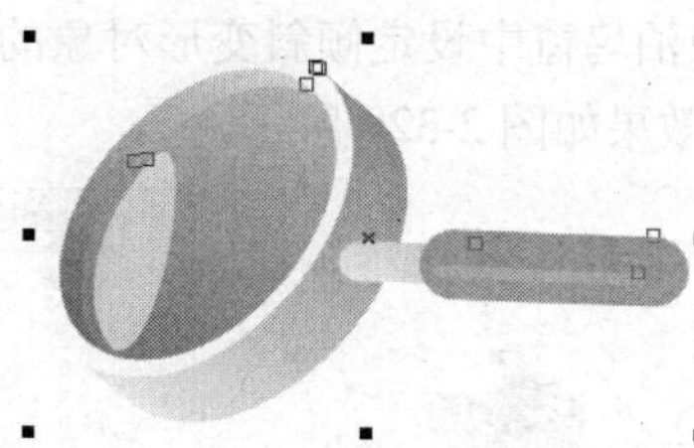

图 2-316

选取要旋转的对象，如图 2-317 所示。选择“窗口 > 泊坞窗 > 变换 > 旋转”命令，或按 Alt+F8 组合键，弹出“变换”泊坞窗，如图 2-318 所示。也可以在已打开的“变换”泊坞窗中单击“旋转”按钮。

在“变换”泊坞窗的“旋转”设置区的“角度”选项框中直接输入旋转的角度数值，旋转角度数值可以是正值也可以是负值。在“中心”选项的设置区中输入旋转中心的坐标位置。勾选“相对中心”复选框，对象的旋转将以选中的旋转中心旋转。“变换”泊坞窗按图 2-319 所示进行设定，设置完成后，单击“应用”按钮，对象旋转的效果如图 2-320 所示。

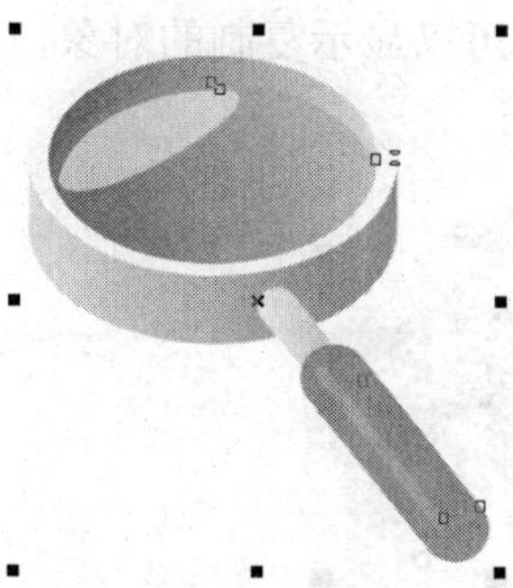

图 2-317

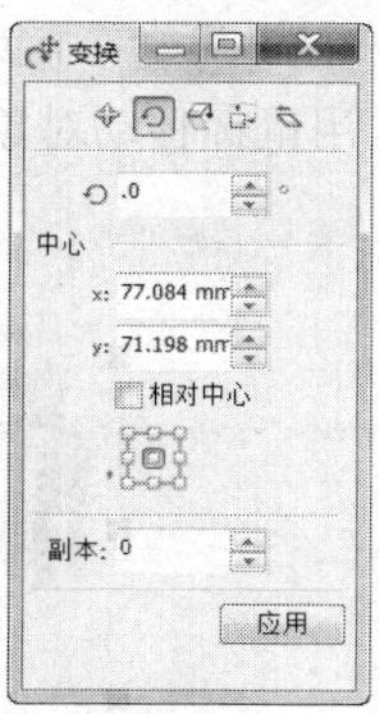

图 2-318

图 2-319

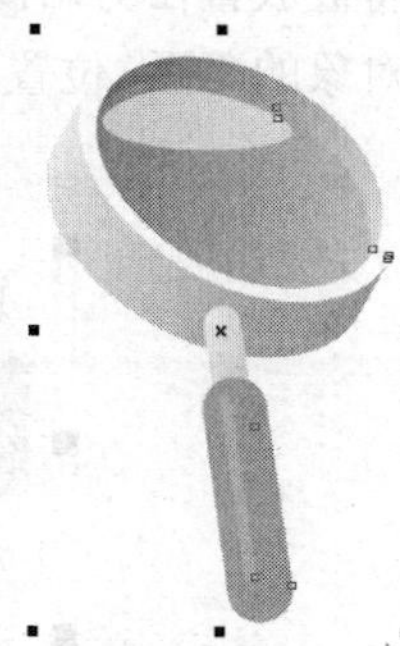

图 2-320

◎ **对象的倾斜变换**

选取要倾斜变形的对象，对象的周围出现控制手柄。再次单击对象，这时对象的周围出现旋转和倾斜控制手柄，如图 2-321 所示。

将鼠标指针移动到倾斜控制手柄上，鼠标指针变为倾斜符号，如图 2-322 所示。按住鼠标左键，拖曳鼠标使对象变形，倾斜变形时对象会出现蓝色的虚线框指示倾斜变形的方向和角度，如图 2-323 所示。倾斜到需要的角度后，松开鼠标左键，对象倾斜变形的效果如图 2-324 所示。

图 2-321

图 2-322

图 2-323

图 2-324

选取倾斜变形对象，如图 2-325 所示。选择“窗口 > 泊坞窗 > 变换 > 倾斜”命令，弹出

“变换”泊坞窗，如图 2-326 所示。也可以在已打开的“变换”泊坞窗中单击“倾斜”按钮，在“变换”泊坞窗中设定倾斜变形对象的数值，如图 2-327 所示。单击“应用”按钮，对象产生倾斜变形，效果如图 2-328 所示。

图 2-325

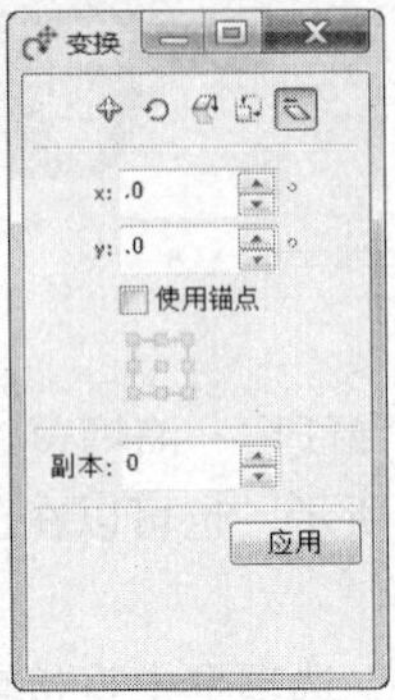

图 2-326

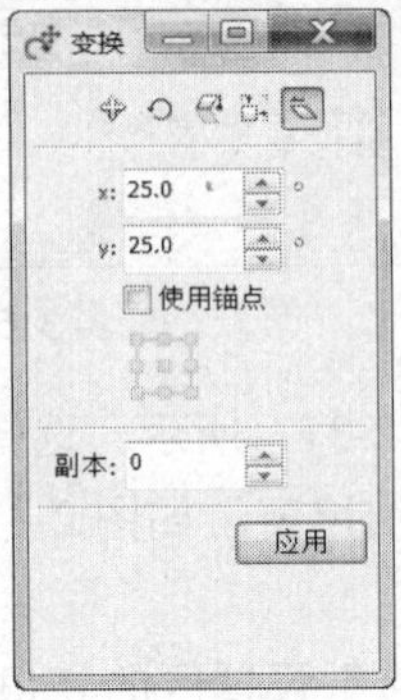

图 2-327

图 2-328

◎ **对象的复制**

选取要复制的对象，如图 2-329 所示。选择“编辑 > 复制”命令，或按 Ctrl+C 组合键，对象的副本将被放置在剪贴板中。选择“编辑 > 粘贴”命令，或按 Ctrl+V 组合键，对象的副本被粘贴到原对象的下面，位置和原对象是相同的。用鼠标移动对象，可以显示复制的对象，如图 2-330 所示。

图 2-329

图 2-330

提 示 选择“编辑 > 剪切”命令，或按 Ctrl+X 组合键，对象将从绘图页面中删除并被放置在剪贴板上。

选取要复制的对象，如图 2-331 所示。将鼠标指针移动到对象的中心点上，鼠标指针变为移动光标✥，如图 2-332 所示。按住鼠标左键拖曳对象到需要的位置，如图 2-333 所示。在位置合适后单击鼠标右键，对象的复制完成，效果如图 2-334 所示。

图 2-331

图 2-332

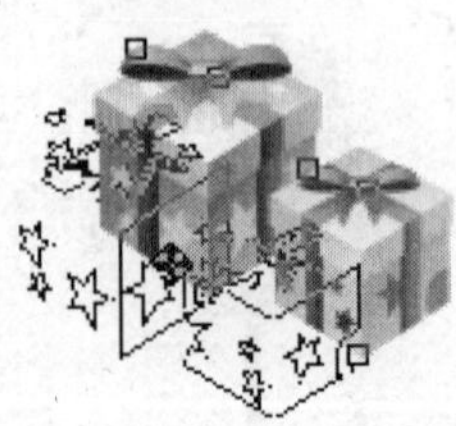
图 2-333

图 2-334

选取要复制的对象，用鼠标右键单击并拖曳对象到需要的位置，松开鼠标右键后弹出如图 2-335 所示的快捷菜单，选择“复制”命令，对象的复制完成，如图 2-336 所示。

使用“选择”工具选取要复制的对象，在数字键盘上按+键可以快速复制对象。

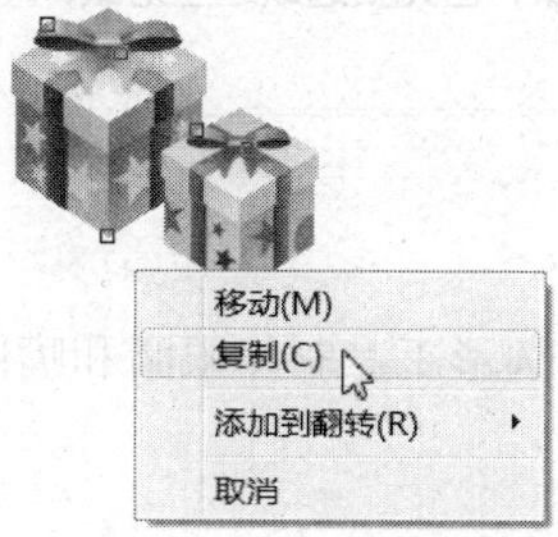

图 2-335

图 2-336

提 示 可以在两个不同的绘图页面中复制对象，使用鼠标左键拖曳其中一个绘图页面中的对象到另一个绘图页面中，在松开鼠标左键前单击鼠标右键即可复制对象。

选取要复制属性的对象，如图 2-337 所示。选择“编辑 > 复制属性自”命令，弹出“复制属性”对话框，在对话框中勾选“填充”复选框，如图 2-338 所示。单击“确定”按钮，鼠标指针显示为黑色箭头，在要复制其属性的对象上单击，如图 2-339 所示。对象的属性复制完成，效果如图 2-340 所示。

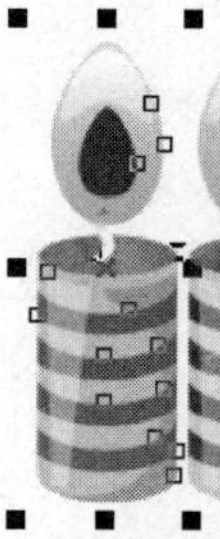

图 2-337

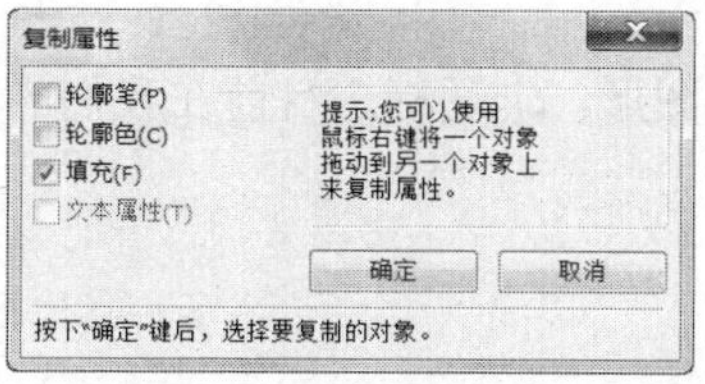

图 2-338

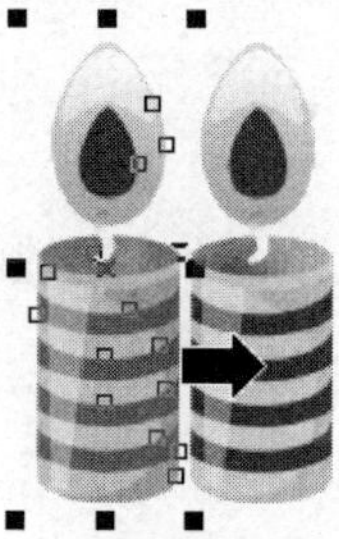

图 2-339

图 2-340

◎ **对象的删除**

在 CorelDRAW X6 中，可以方便快捷地删除对象。

选取要删除的对象，如图 2-341 所示。选择“编辑 > 删除”命令，或按 Delete 键，如图 2-342 所示，可以将选取的对象删除，效果如图 2-343 所示。

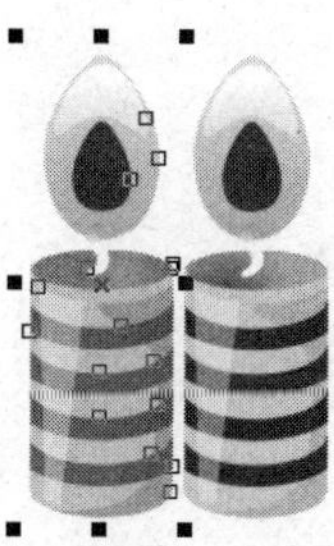

图 2-341

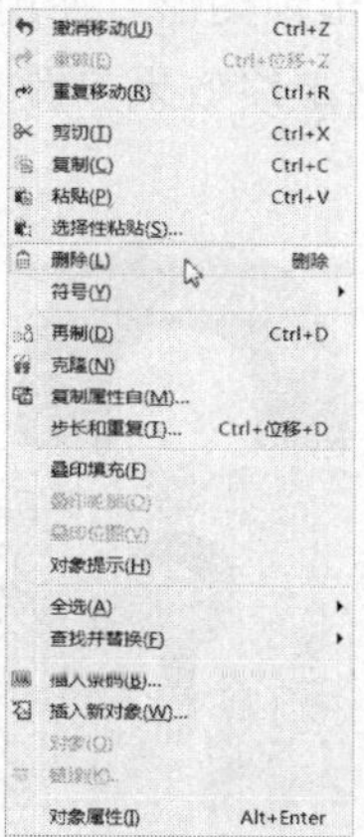

图 2-342

图 2-343

提 示 如果想删除多个或全部的对象，首先要选取这些对象，再执行“删除”命令或按 Delete 键。

2.4.5 【实战演练】绘制星星

使用多边形工具和形状工具绘制星星。使用椭圆形工具制作眼睛和嘴图形。（最终效果参看光盘中的“Ch02 > 效果 > 绘制星星”，见图 2-344。）

图 2–344

2.5 综合演练——绘制卡通锁

2.5.1 【案例分析】

本案例是为某公司设计一个卡通锁的图形。卡通标志目前在我们的生活中随处可见，所以设计要具有特色，能够吸引人们的目光。

2.5.2 【设计理念】

在设计制作过程中，使用灰色与蓝色作为锁的主体，给人简洁、干净、明快的印象；钥匙以黄色为主，横置在锁的前方，搭配合理舒适，令使用者观看起来清晰明了；可爱的造型，符合现代的流行趋势。

2.5.3 【知识要点】

使用矩形工具和椭圆形工具绘制出锁图形。使用透明度工具制作锁图形的高光。使用贝塞尔工具和椭圆形工具绘制出钥匙图形。（最终效果参看光盘中的“Ch02 > 效果 > 绘制卡通锁”，见图 2-345。）

图 2–345

2.6 综合演练——绘制急救箱

2.6.1 【案例分析】

图标是指具有指代意义的图形符号，具有高度浓缩并快捷传达信息、便于记忆的特性。其应用范围很广，在日常生活中随处可见。本案例是设计一个急救箱的图标，要求具有便捷的信息传达功效。

2.6.2 【设计理念】

在设计制作过程中，图标以急救箱的长方形为轮廓，用红白的颜色搭配展现出很强的视觉冲击及识别性；红色象征着情况的紧急，白色的十字架及文字在突出产品功能的同时，让人一目了然。整个图标简洁直观，视觉效果强烈，具有很高的识别性。

2.6.3 【知识要点】

使用矩形工具、倾斜命令、合并命令和移除前面对象命令绘制急救箱图形。使用文本工具添加文字效果。（最终效果参看光盘中的“Ch02 > 效果 > 绘制急救箱”，见图 2-346。）

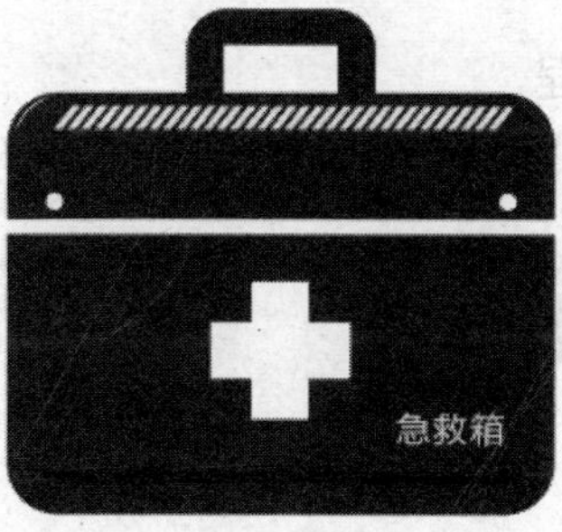

图 2-346

第3章 插画设计

现代插画艺术发展迅速，已经被广泛应用于报刊、广告、包装和纺织品领域。使用 CorelDRAW 绘制的插画简洁明快、独特新颖、形式多样，已经成为最流行的插画表现形式。本章以多个主题插画为例，讲解插画的多种绘制方法和技巧。

课堂学习目标

- 了解插画的概念和应用领域
- 了解插画的分类
- 了解插画的风格特点
- 掌握插画的绘制思路和过程
- 掌握插画的绘制方法和技巧

3.1 绘制卡通丛林画

3.1.1 【案例分析】

本案例是为卡通书籍绘制丛林插画。在插画绘制上以自然为创意点，通过简洁的绘画语言表现出书籍要表达的内容。

3.1.2 【设计理念】

在设计绘制过程中，插画的背景使用淡蓝色，清新舒适的色彩让人心旷神怡，花朵树木造型可爱，画面层次丰富，小狐狸形象生动，凸显出自然的活力，让人印象深刻。（最终效果参看光盘中的“Ch03 > 效果 > 绘制卡通丛林画”，见图 3-1。）

图 3-1

3.1.3 【操作步骤】

步骤 1 选择“文件 > 打开”命令，弹出“打开绘图”对话框。选择光盘中的“Ch03 > 素材 > 绘制卡通丛林画 > 01”文件，单击“打开”按钮，效果如图 3-2 所示。

步骤 2 选择“椭圆形”工具，在页面中适当的位置绘制多个椭圆形，如图 3-3 所示。选择“选择”工具，用圈选的方法将椭圆形同时选取，单击属性栏中的“合并”按钮，将多个图形合并为一个图形，效果如图 3-4 所示。设置图形颜色的 CMYK 值为 40、6、9、0，填充图形，并去除图形的轮廓线，效果如图 3-5 所示。

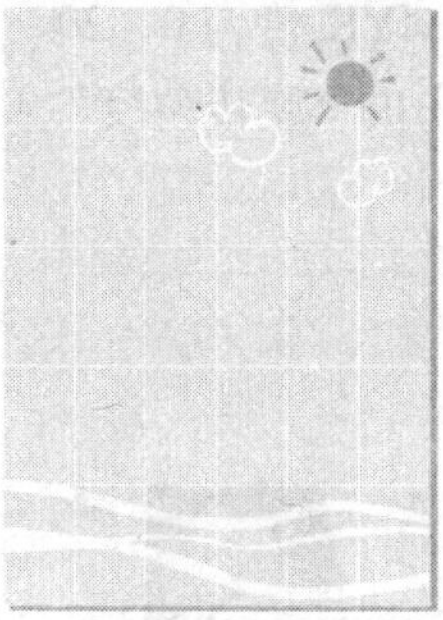

图 3–2

图 3–3

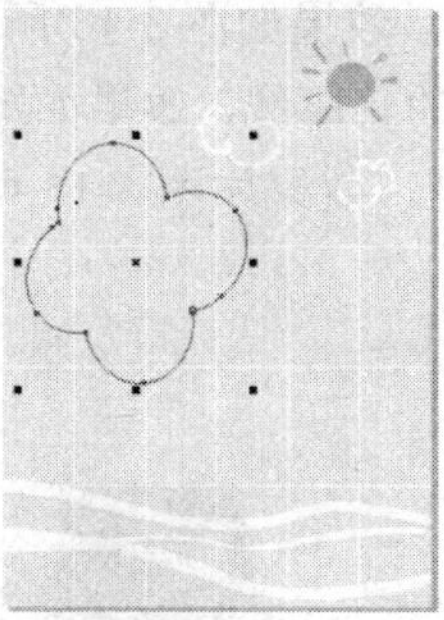

图 3–4

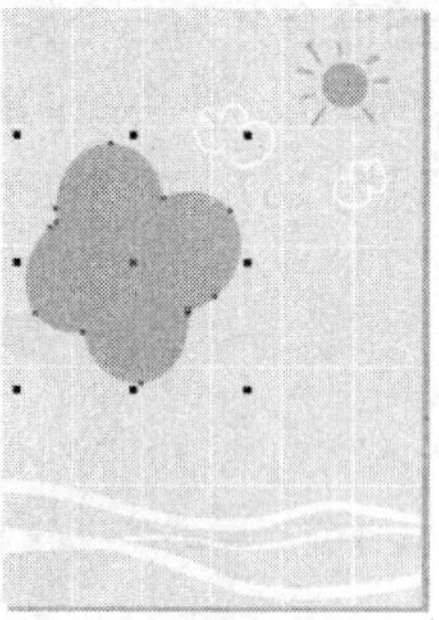

图 3–5

步骤 3 选择“选择”工具，按数字键盘上的+键，复制一个图形。按住 Shift 键的同时，向内拖曳图形右上角的控制手柄到适当的位置，等比例缩小图形，效果如图 3-6 所示。按 F12 键，弹出“轮廓笔”对话框，在“颜色”选项中设置轮廓线颜色为白色，其他选项的设置如图 3-7 所示，单击“确定”按钮。在“无填充”按钮⊠上单击鼠标，去除图形的填充色，效果如图 3-8 所示。

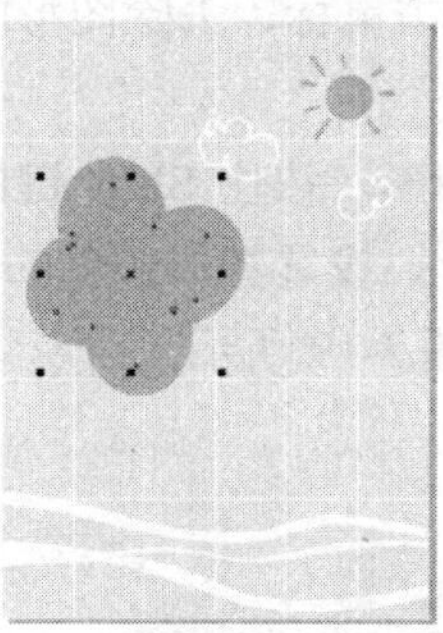

图 3–6

图 3–7

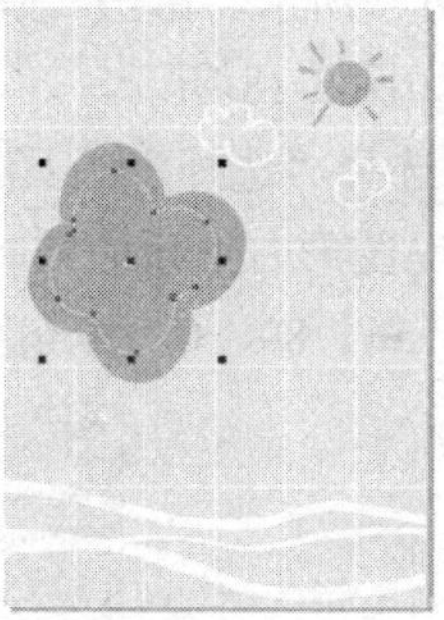

图 3–8

步骤 4 选择“贝塞尔”工具，绘制一个不规则图形。设置图形颜色的 CMYK 值为 58、67、84、20，填充图形，并去除图形的轮廓线，效果如图 3-9 所示。

步骤 5 选择“选择”工具，用圈选的方法选取需要的图形，如图 3-10 所示。按 Ctrl+E 组合键，将图形群组。按数字键盘上的+键，复制图形，拖曳到适当的位置并调整其大小，效果如图 3-11 所示。

图 3–9

图 3–10

图 3–11

步骤 6 选择“椭圆形”工具，在页面中适当的位置绘制多个椭圆形，如图 3-12 所示。选择“选择”工具，用圈选的方法将椭圆形同时选取，单击属性栏中的“合并”按钮，将多个图形合并为一个图形，效果如图 3-13 所示。设置图形颜色的 CMYK 值为 0、20、100、0，填充图形，并去除图形的轮廓线，效果如图 3-14 所示。将属性栏中的“旋转角度” 0.0 °选项设为 167，按 Enter 键，效果如图 3-15 所示。

图 3-12

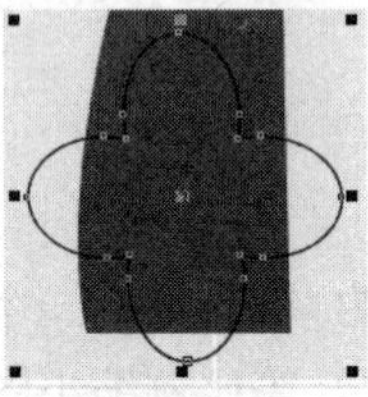

图 3-13

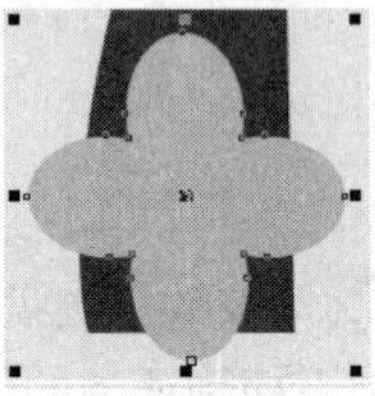

图 3-14

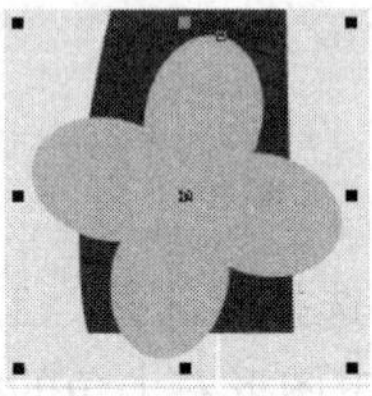

图 3-15

步骤 7 选择“选择”工具，按数字键盘上的+键，复制一个图形。按住 Shift 键的同时，向内拖曳图形右上角的控制手柄到适当的位置，等比例缩小图形，效果如图 3-16 所示。按 F12 键，弹出“轮廓笔”对话框，在“颜色”选项中设置轮廓线颜色为白色，其他选项的设置如图 3-17 所示，单击“确定”按钮。在“无填充”按钮上单击鼠标，去除图形的填充色，效果如图 3-18 所示。

步骤 8 选择“选择”工具，按数字键盘上的+键，复制一个图形。按住 Shift 键的同时，向内拖曳图形右上角的控制手柄到适当的位置，等比例缩小图形。设置图形颜色的 CMYK 值为 0、56、80、0，填充图形，并去除图形的轮廓线，效果如图 3-19 所示。

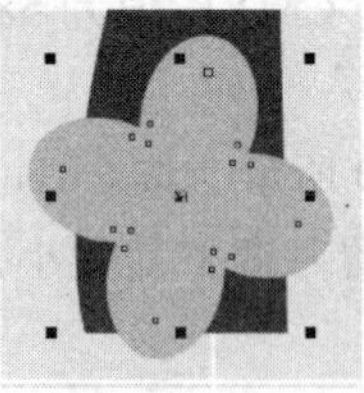

图 3-16

图 3-17

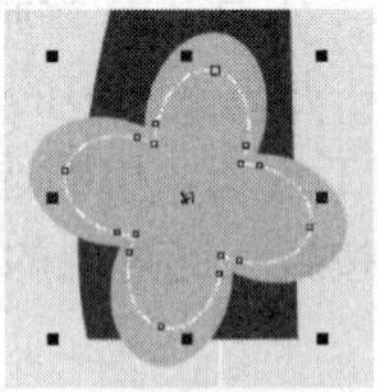

图 3-18

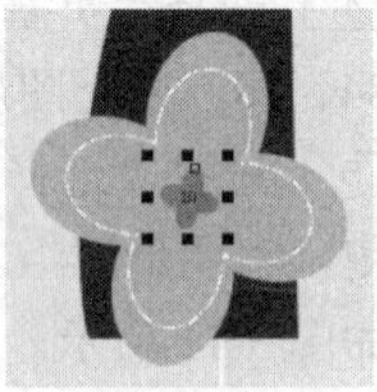

图 3-19

步骤 9 选择“贝塞尔”工具，绘制一个不规则图形，如图 3-20 所示。设置图形颜色的 CMYK 值为 40、6、9、0，填充图形，并去除图形的轮廓线，效果如图 3-21 所示。用相同的方法绘制其他图形，并填充相同的颜色，效果如图 3-22 所示。

步骤 10 选择“选择”工具，用圈选的方法将花朵图形同时选取。按 Ctrl+E 组合键，将图形群组。按两次数字键盘上的+键，复制图形，分别拖曳复制的图形到适当的位置并调整其大小和角度，效果如图 3-23 所示。

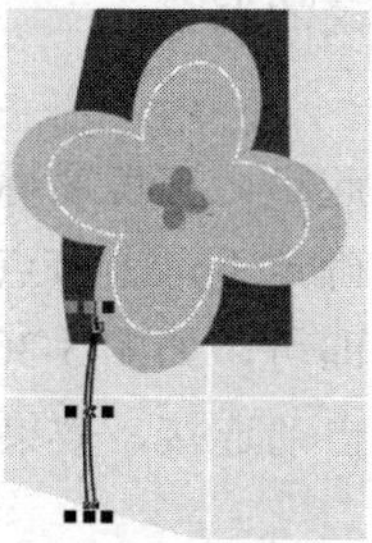

图 3-20

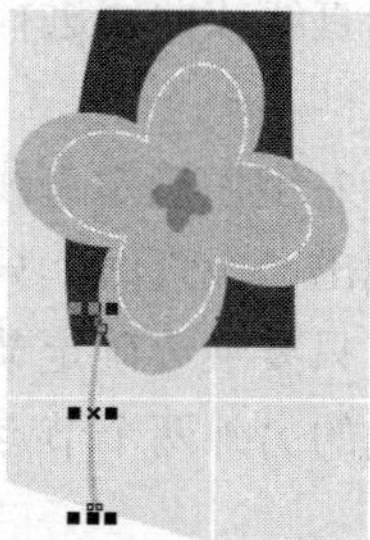

图 3-21

图 3-22

图 3-23

步骤 11 选择“艺术笔”工具，单击属性栏中的“喷涂”按钮，在“类别”选项中选择“其他”选项，在“喷射图样”选项的下拉列表中选择需要的图样，其他选项的设置如图 3-24 所示。在适当的位置拖曳鼠标绘制图形，效果如图 3-25 所示。

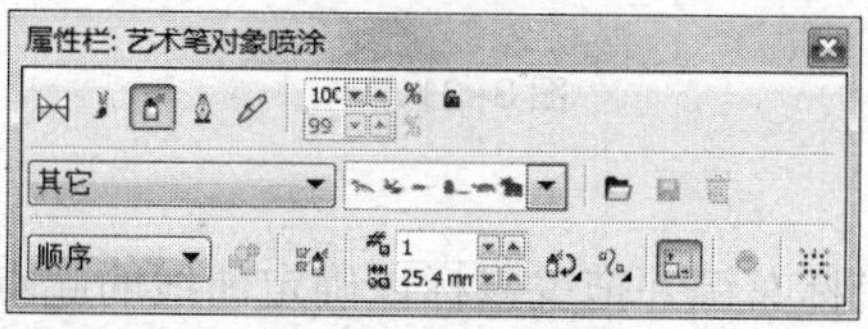

图 3-24

图 3-25

步骤 12 按 Ctrl+K 组合键，拆分图形，如图 3-26 所示。选择“选择”工具，选择黑色线段，按 Delete 键，删除线段，如图 3-27 所示。选取绘制的图形，按 Ctrl+U 组合键，取消群组。按住 Shift 键的同时，选取不需要的图形，按 Delete 键，将其删除，如图 3-28 所示。选取“狐狸”图形，将其拖曳到页面中适当的位置并调整其大小，效果如图 3-29 所示。卡通丛林画制作完成。

图 3-26

图 3-27

图 3-28

图 3-29

3.1.4 【相关工具】

1. 贝塞尔工具

“贝塞尔”工具可以绘制平滑、精确的曲线。可以通过确定节点和改变控制点的位置来控制曲线的弯曲度。可以使用节点和控制点对绘制完的直线或曲线进行精确的调整。

◎ **绘制直线和折线**

选择“贝塞尔”工具，在绘图页面中单击鼠标左键以确定直线的起点，拖曳鼠标指针到需要的位置，再单击鼠标左键以确定直线的终点，绘制出一段直线。只要确定下一个节点，就可以绘制出折线的效果。如果想绘制出多个折角的折线，只要继续确定节点即可，如图 3-30 所示。

如果双击折线上的节点，将删除这个节点，折线的另外两个节点将自动连接，效果如图 3-31 所示。

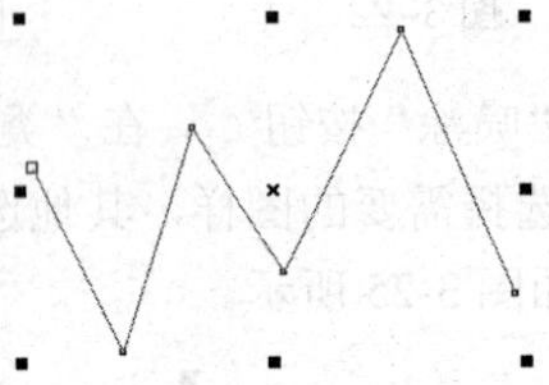

图 3-30

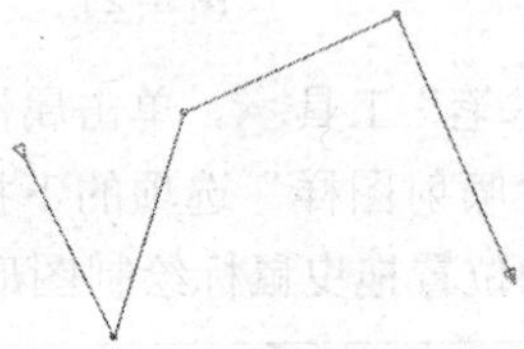

图 3-31

◎ **绘制曲线**

选择“贝塞尔”工具，在绘图页面中按住鼠标左键并拖曳鼠标以确定曲线的起点，松开鼠标左键，这时该节点的两边出现控制线和控制点，如图 3-32 所示。

将鼠标指针移动到需要的位置单击并按住鼠标左键不动，在两个节点间出现一条曲线段，拖曳鼠标，第 2 个节点的两边出现控制线和控制点，控制线和控制点会随着指针的移动而发生变化，曲线的形状也会随之发生变化，调整到需要的效果后松开鼠标左键，如图 3-33 所示。

在下一个需要的位置单击鼠标左键后，将出现一条连续的平滑曲线，如图 3-34 所示。用“形状”工具在第 2 个节点处单击鼠标左键，出现控制线和控制点，效果如图 3-35 所示。

图 3-32

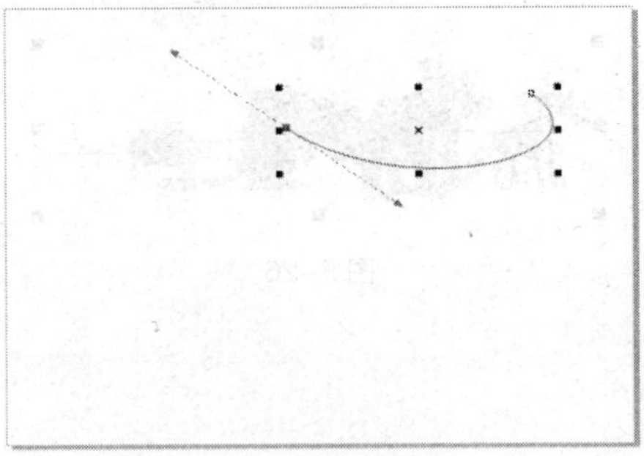

图 3-33

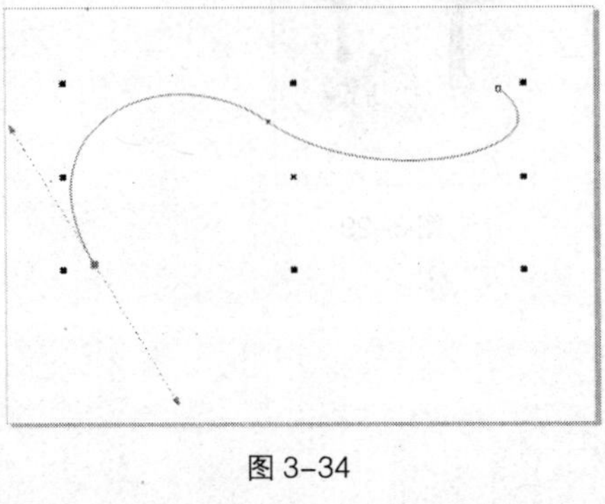

图 3-34

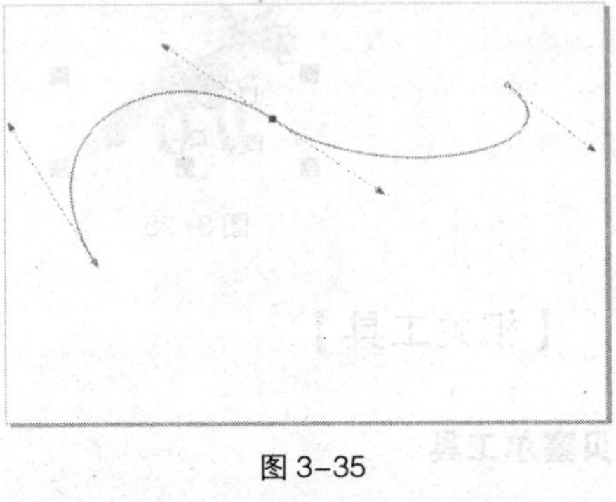

图 3-35

提 示 当确定一个节点后，在这个节点上双击，再单击确定下一个节点后出现直线。当确定一个节点后，在这个节点上双击，再单击确定下一个节点并拖曳这个节点后出现曲线。

2. 艺术笔工具

在 CorelDRAW X6 中，使用“艺术笔”工具可以绘制出多种精美的线条和图形，可以模仿画笔的真实效果，在画面中产生丰富的变化。通过使用“艺术笔”工具可以绘制出不同风格的设计作品。

选择“艺术笔”工具，属性栏如图 3-36 所示，其中包含的 5 种模式分别是“预设”模式、“笔刷”模式、“喷涂”模式、“书法”模式和“压力”模式。下面具体介绍这 5 种模式。

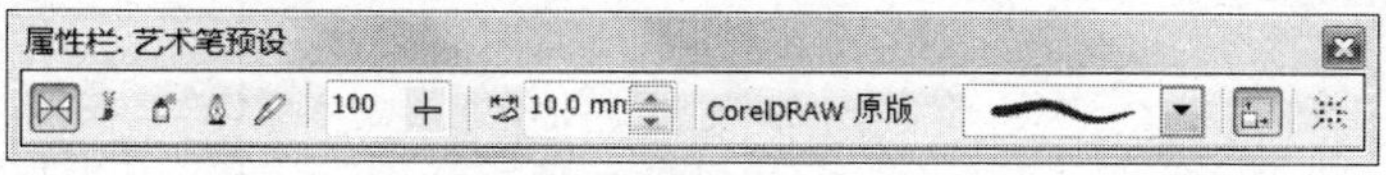

图 3–36

◎ 预设模式

预设模式提供了多种线条类型，并且可以改变曲线的宽度。单击属性栏中“预设笔触列表”右侧的按钮，弹出其下拉列表，如图 3-37 所示。在线条列表框中单击选择需要的线条类型。

单击属性栏中的“手绘平滑”设置区，弹出滑动条，拖曳滑动条或输入数值可以调节绘图时线条的平滑程度。在“艺术笔工具宽度”10.0 mm中输入数值可以设置曲线的宽度。选择“预设”模式和线条类型后，鼠标指针变为形状，在绘图页面中按住鼠标左键并拖曳鼠标，可以绘制出封闭的线条图形。

◎ 笔刷模式

笔刷模式提供了多种颜色样式的笔刷，将笔刷运用在曲线上，可以绘制出漂亮的效果。

在属性栏中单击“笔刷”模式按钮，单击属性栏中“笔触列表”右侧的按钮，弹出其下拉列表，如图 3-38 所示。在列表框中单击选择需要的笔刷类型，在页面中按住鼠标左键并拖曳鼠标，可以绘制出需要的图形。

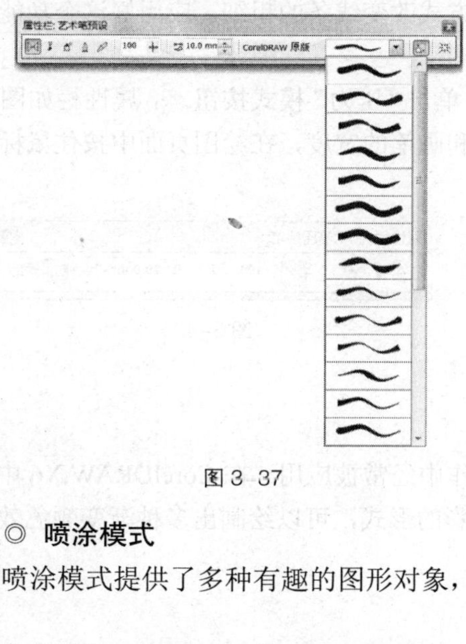

图 3–37

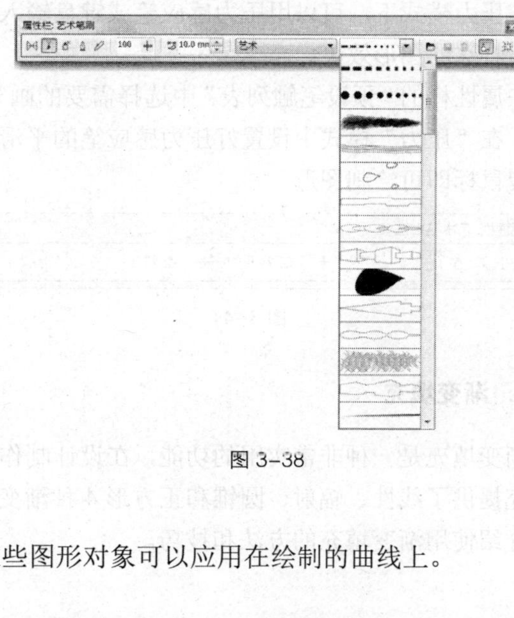

图 3–38

◎ 喷涂模式

喷涂模式提供了多种有趣的图形对象，这些图形对象可以应用在绘制的曲线上。

在属性栏中单击“喷涂”模式按钮，属性栏如图 3-39 所示。单击属性栏中“喷射图样”右侧的按钮，弹出其下拉列表，如图 3-40 所示，在列表框中可以选择需要的喷涂类型。单击属性栏中“选择喷涂顺序”选项，弹出下拉列表，可以选择喷出图形的顺序。选择“随机”选项，喷出的图形将会随机分布。选择“顺序”选项，喷出的图形将会以方形区域分布。选择“按方向”选项，喷出的图形将会随光标拖曳的路径分布。在页面中按住鼠标左键并拖曳鼠标，可以绘制出需要的图形。

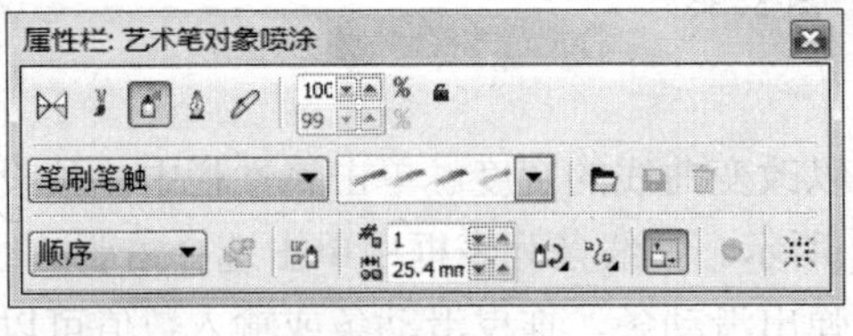

图 3-39

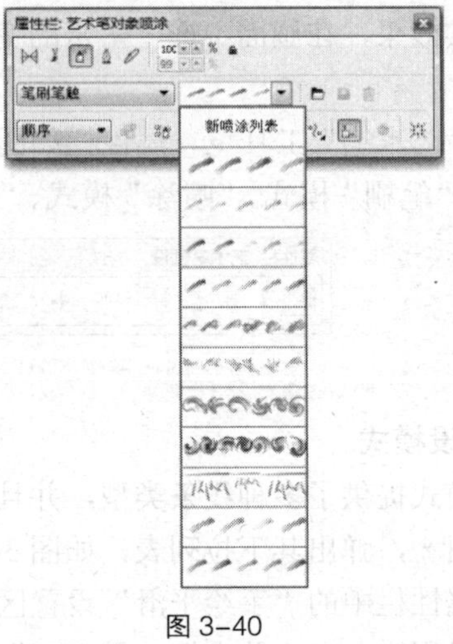

图 3-40

◎ **书法模式**

在书法模式下，可以绘制出类似书法笔的效果，可以改变曲线的粗细。

在属性栏中单击“书法”模式按钮，属性栏如图 3-41 所示。在属性栏的“书法角度”45.0 °选项中，可以设置“笔触”和“笔尖”的角度。如果角度值设为 0°，书法笔垂直方向画出的线条最粗，笔尖是水平的；如果角度值设置为 90°，书法笔水平方向画出的线条最粗，笔尖是垂直的。在绘图页面中按住鼠标左键并拖曳鼠标即可绘制图形。

◎ **压力模式**

在压力模式下，可以用压力感应笔或键盘输入的方式改变线条的粗细，应用好这个功能可以绘制出特殊的图形效果。

在属性栏的“预设笔触列表”中选择需要的画笔，单击“压力”模式按钮，属性栏如图 3-42 所示。在“压力”模式中设置好压力感应笔的平滑度和画笔的宽度，在绘图页面中按住鼠标左键并拖曳鼠标即可绘制图形。

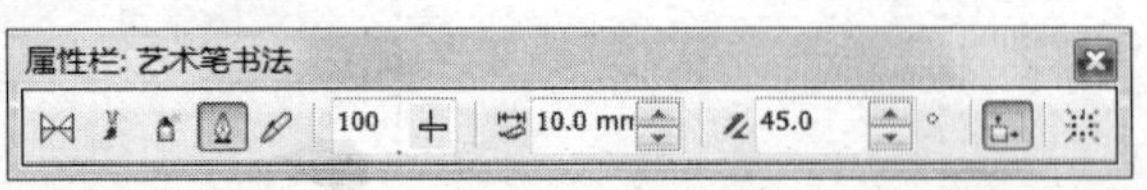

图 3-41

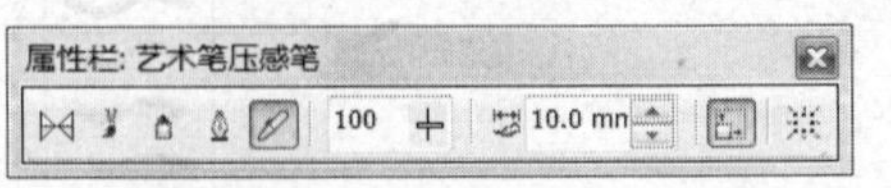

图 3-42

3. 渐变填充

渐变填充是一种非常实用的功能，在设计制作工作中经常被应用。在 CorelDRAW X6 中，渐变填充提供了线性、辐射、圆锥和正方形 4 种渐变色彩的形式，可以绘制出多种渐变颜色效果。下面介绍使用渐变填充的方法和技巧。

◎ **使用属性栏和工具栏进行填充**

绘制一个图形，如图 3-43 所示。单击“交互式填充”工具，在属性栏中进行设置，如图 3-44 所示。按 Enter 键，效果如图 3-45 所示。

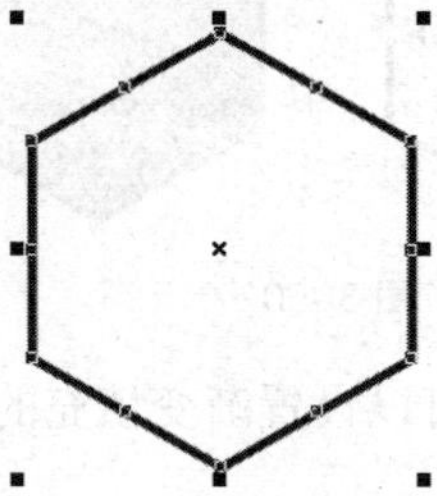

图 3-43

图 3-44

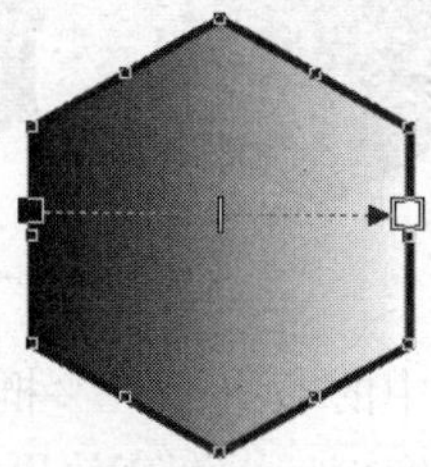

图 3-45

单击类型线性框，弹出其下拉列表，可以选择渐变的类型，辐射、圆锥和正方形的效果如图 3-46 所示。

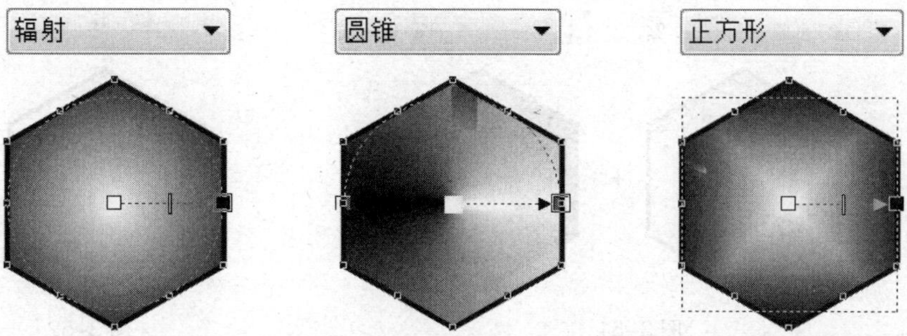

图 3-46

在属性栏中的框用于选择渐变“起点”颜色，框用于选择渐变“终点”颜色。单击右侧的按钮，弹出调色板，如图 3-47 所示，可在其中选择渐变颜色。单击“更多”按钮，弹出“选择颜色”对话框，如图 3-48 所示，可在其中调配所需的渐变颜色。

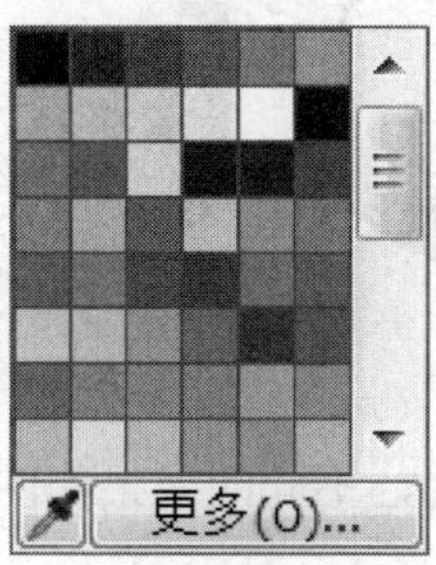

图 3-47

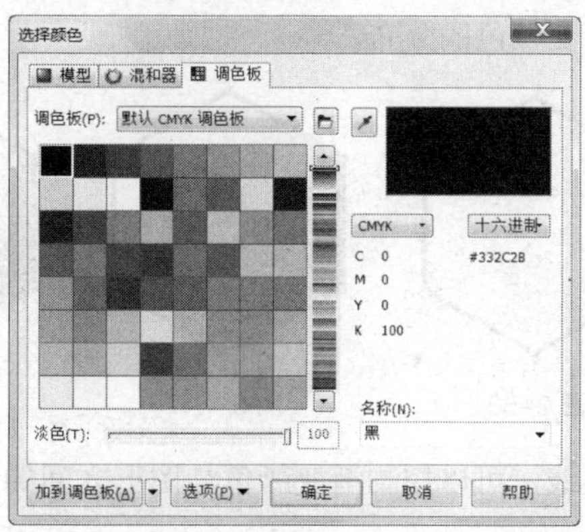

图 3-48

在属性栏中的 50 %框中输入数值后，按 Enter 键，可以更改渐变的中心点。设置不同的中心点后，渐变效果如图 3-49 所示。

在属性栏中的 359.699 °框中输入数值后，按 Enter 键，可以设置渐变填充的角度。设置不同的角度后，渐变效果如图 3-50 所示。

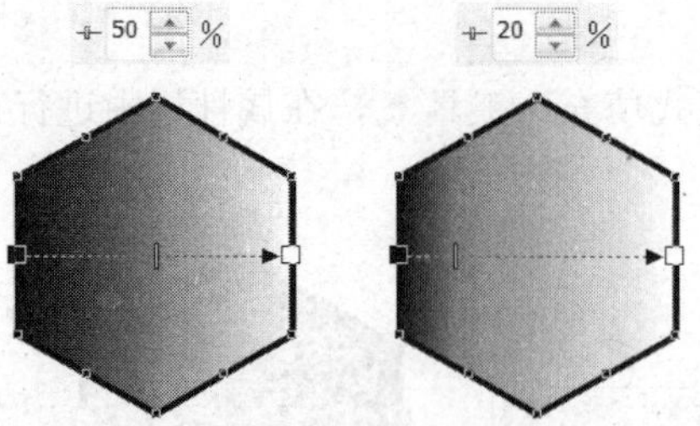

图 3-49

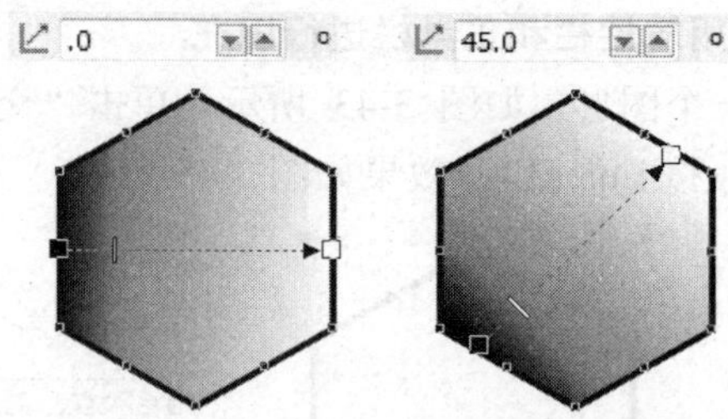

图 3-50

在属性栏中的 %框中输入数值后，按 Enter 键，可以设置渐变填充的边缘宽度。设置不同的边缘宽度后，渐变效果如图 3-51 所示。

在属性栏中的 框中输入数值后，按 Enter 键，可以设置渐变的层次，系统根据可用资源的状况来决定渐变的层次数，最高值为 256。单击 框中的按钮 进行解锁后，就可以设置渐变的层次了，渐变层次的效果如图 3-52 所示。

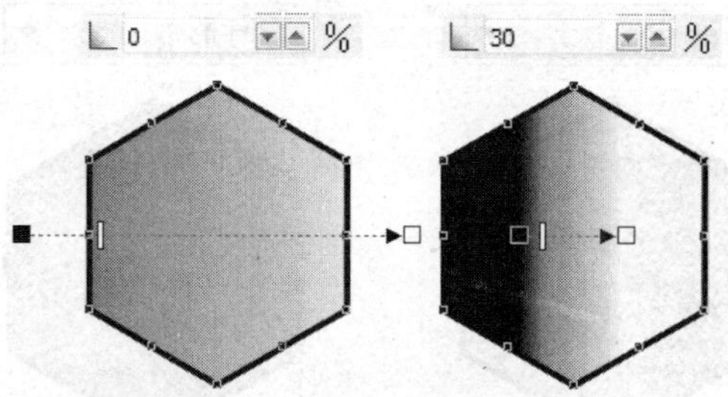

图 3-51

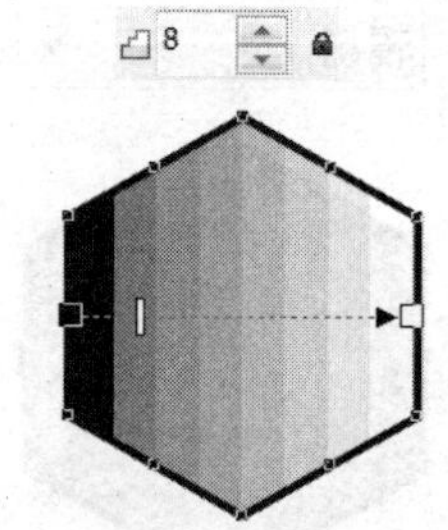

图 3-52

绘制一个图形，如图 3-53 所示。选择“交互式填充”工具，在起点颜色的位置单击并按住鼠标左键拖曳鼠标到适当的位置，松开鼠标左键，图形被填充了预设的颜色，效果如图 3-54 所示。在拖曳的过程中可以控制渐变的角度、渐变的边缘宽度等渐变属性。

拖曳起点颜色和终点颜色可以改变渐变的角度和边缘宽度，如图 3-55、图 3-56 所示。拖曳中间点可以调整渐变颜色的分布。

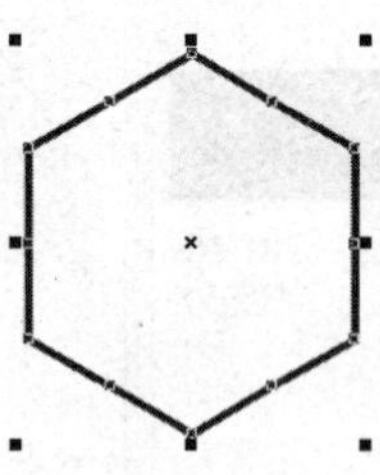

图 3-53

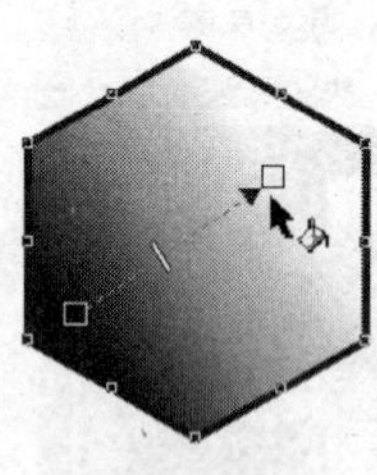

图 3-54

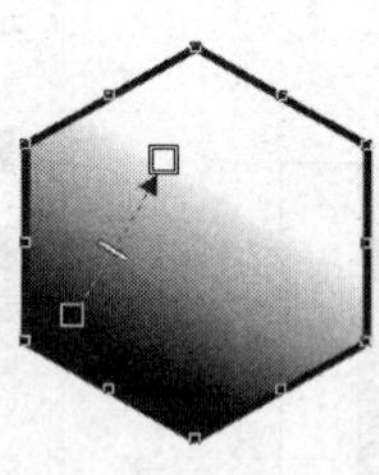

图 3-55

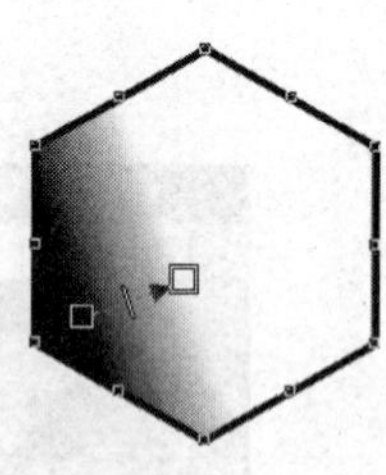

图 3-56

拖曳渐变虚线，可以控制渐变颜色与图形之间的相对位置，不同的效果如图 3-57 所示。

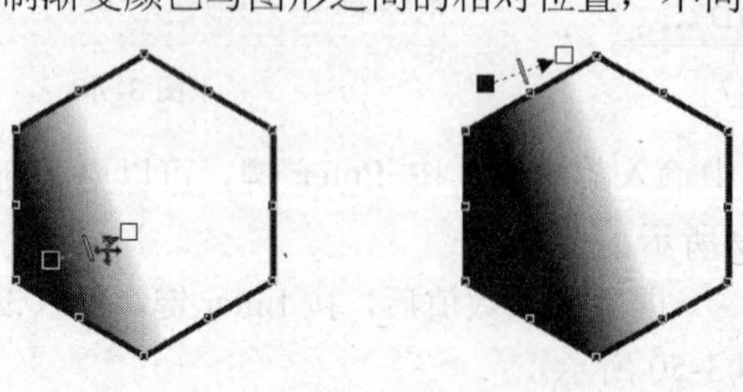

图 3-57

◎ **使用“渐变填充”对话框填充**

选择“填充”工具展开式工具栏中的“渐变填充对话框”工具，弹出“渐变填充”对话框，如图 3-58 所示。在对话框的“颜色调和”设置区中可选择渐变填充的两种类型，即“双色”或“自定义”渐变填充。

“双色”渐变填充的对话框如图 3-58 所示，在对话框中的“预设”选项中包含了 CorelDRAW X6 预设的一些渐变效果。单击“预设”选项右侧的按钮，可以将调配好的渐变效果添加到预设选项中；单击“预设”选项右侧的按钮，可以删除预设选项中的渐变效果。

在“颜色调和”设置区的中部有 3 个按钮，可以用它们来确定颜色在“色轮”中所要遵循的路径。上方的按钮表示由沿直线变化的色相和饱和度来决定中间的填充颜色，中间的按钮表示以“色轮”中沿逆时针路径变化的色相和饱和度决定中间的填充颜色，下面的按钮表示以“色轮”中沿顺时针路径变化的色相和饱和度决定中间的填充颜色。

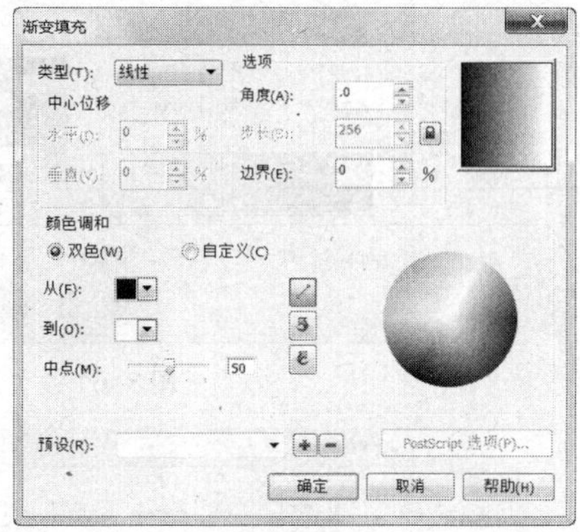

图 3-58

在对话框中设置好渐变颜色后，单击“确定”按钮，完成图形的渐变填充。

单击选择“自定义”选项，如图 3-59 所示。在“颜色调和”设置区中，出现了“预览色带”和“调色板”，在“预览色带”上方的左右两侧各有一个小正方形，分别表示自定义渐变填充的起点和终点颜色。单击终点的小正方形将其选取，小正方形由白色变为黑色，如图 3-60 所示。再单击调色板中的颜色，可改变自定义渐变填充终点的颜色。

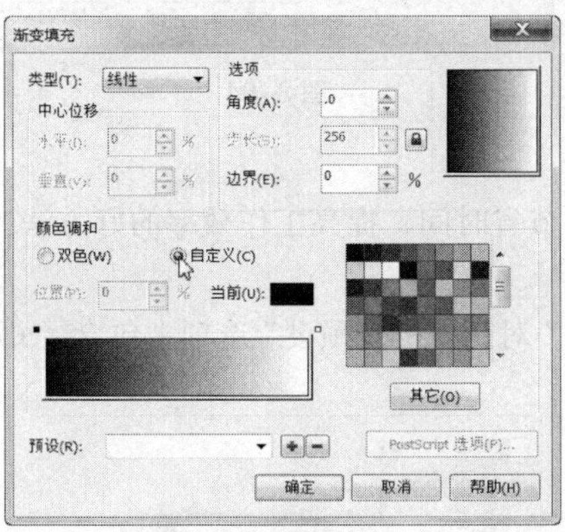

图 3-59

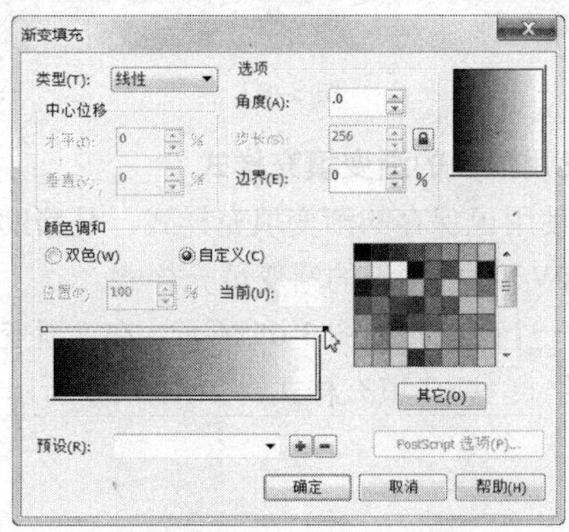

图 3-60

在“预览色带”上的起点和终点颜色之间双击，在预览色带上产生一个黑色倒三角形，也就是新增了一个渐变颜色标记，如图 3-61 所示。“位置”选项中显示的百分数就是当前新增渐变颜色标记的位置。“当前”选项中显示的颜色就是当前新增渐变颜色标记的颜色。

在“调色板”中单击需要的渐变颜色，“预览色带”上新增渐变颜色标记上的颜色将改变为新颜色，“当前”选项中也将显示新选择的渐变颜色，如图 3-62 所示。

在“预览色带”上的新增渐变颜色标记上单击并拖曳鼠标，可以调整新增渐变颜色的位置，“位置”选项中的百分数将随着改变，如图 3-63 所示。直接改变“位置”选项中的百分数也可以调整新增渐变颜色的位置。

使用相同的方法可以在预览色带上新增多个渐变颜色标记，制作出更符合设计需要的渐变效果，如图 3-64 所示。

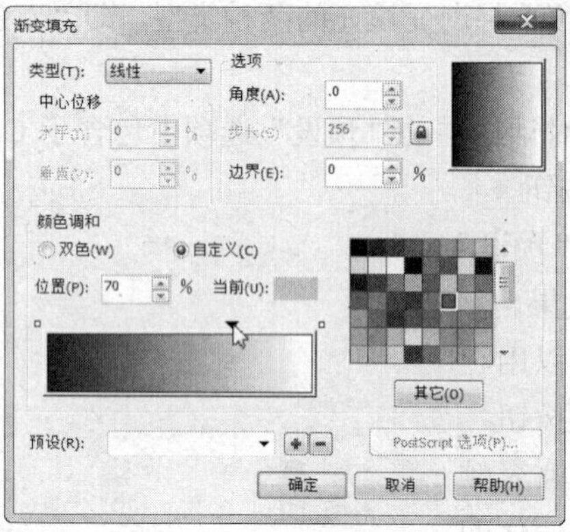

图 3-61

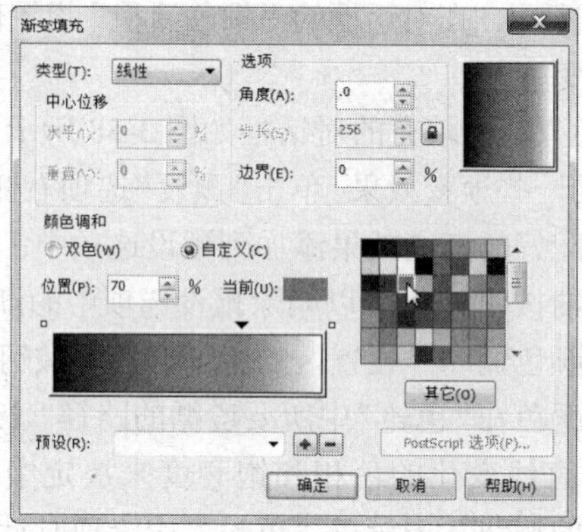

图 3-62

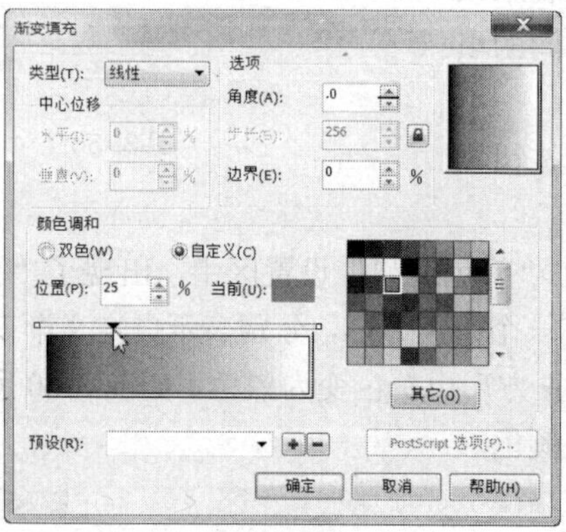

图 3-63

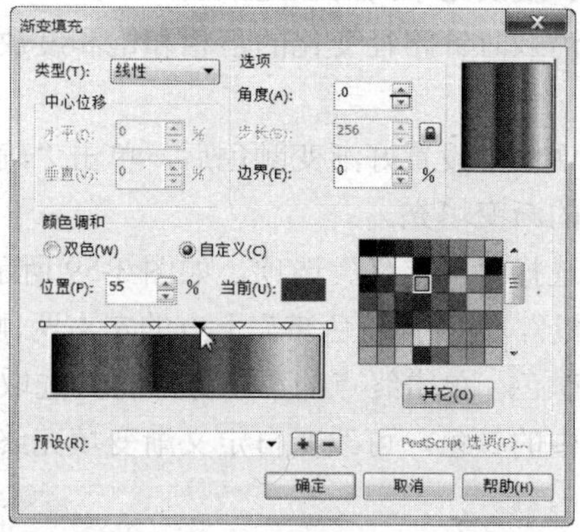

图 3-64

◎ **使用预设的渐变填充样式**

直接使用已保存的渐变填充样式，是帮助用户节省时间、提高工作效率的好方法。下面介绍 CorelDRAW X6 中预设的渐变填充样式。

绘制一个图形，如图 3-65 所示。在“渐变填充”对话框的“预设”选项中包含了 CorelDRAW X6 预设的一些渐变填充样式，如图 3-66 所示。

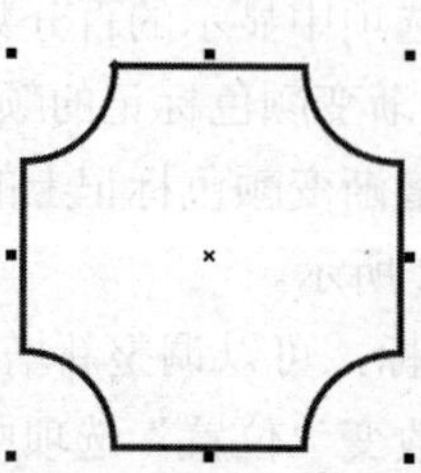

图 3-65

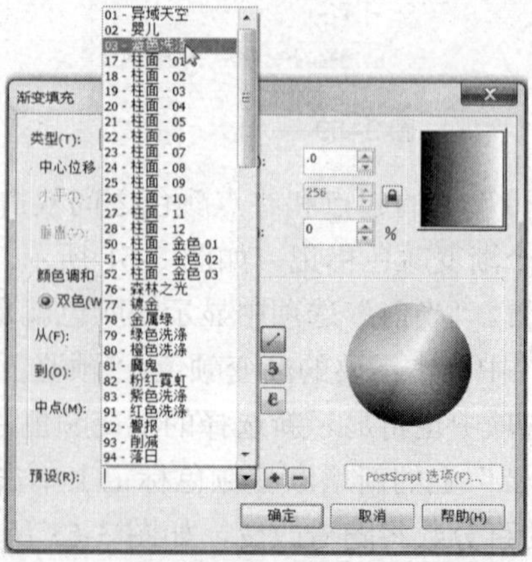

图 3-66

选择好一个预设的渐变填充样式，单击“确定”按钮，即可完成渐变填充。使用预设的渐变填充样式填充的各种渐变效果如图 3-67 所示。

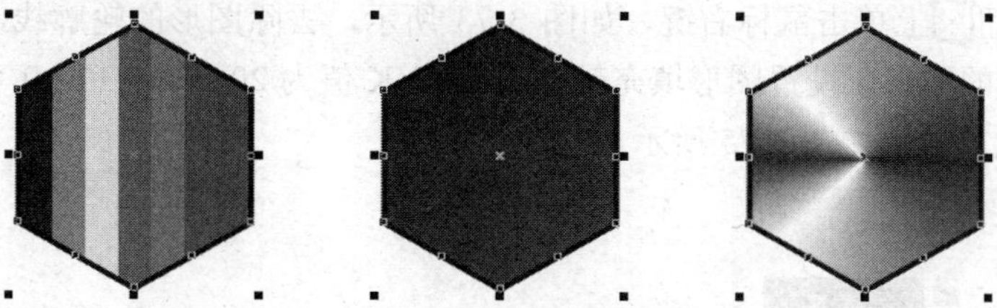

图 3-67

3.1.5 【实战演练】绘制小天使

使用贝塞尔工具、椭圆形工具和填充工具绘制小天使图形，使用贝塞尔工具和轮廓笔命令绘制翅膀图形。（最终效果参看光盘中的“Ch03 > 效果 > 绘制小天使”，见图 3-68。）

图 3-68

3.2 绘制简易插画

3.2.1 【案例分析】

本例是为卡通书籍绘制简易插画，以温馨幸福的未来之家为主题。在插画绘制上要通过简洁的绘画语言突出所要表达的主题。

3.2.2 【设计理念】

在设计绘制过程中，插画以白色为背景，能够衬托出前方的图形，色彩缤纷的小房子以及花草树木丰富了画面，让人感到温馨幸福，红色的文字点明了宣传的主题。插画辨识度强，能吸引人们的视线。（最终效果参看光盘中的“Ch03 > 效果 > 绘制简易插画”，见图 3-69。）

图 3-69

3.2.3 【操作步骤】

步骤 1 选择“文件 > 打开”命令，弹出“打开绘图”对话框。选择光盘中的“Ch03 > 素材 > 绘制简易插画 > 01”文件，单击“打开”按钮，如图 3-70 所示。选择“矩形”工具，在页面中绘制两个矩形，如图 3-71 所示。

图 3-70

图 3-71

步骤 2 选择“选择”工具，选取左侧的矩形。按 Shift+F11 组合键，弹出“均匀填充”对话框，选项的设置如图 3-72 所示，单击“确定”按钮，填充图形。在“CMYK 调色板”中的“无填充”按钮⊠上单击鼠标右键，如图 3-73 所示，去除图形的轮廓线，效果如图 3-74 所示。选取右侧的矩形，设置图形填充颜色的 CMYK 值为 20、18、36、0，填充图形，并去除图形的轮廓线，效果如图 3-75 所示。

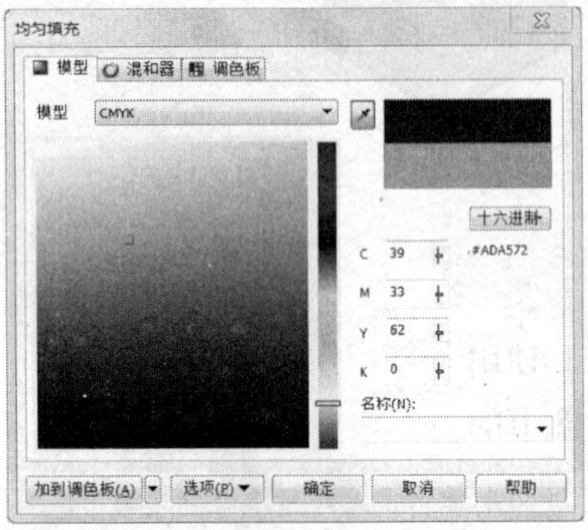

图 3-72

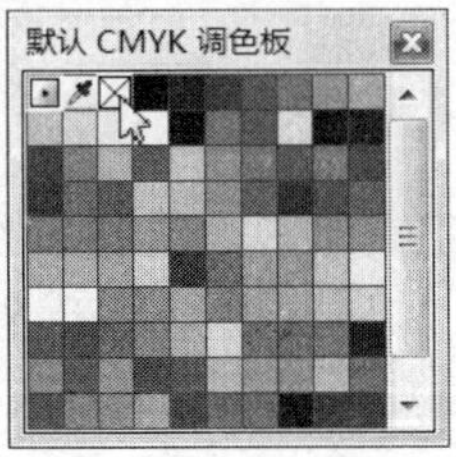

图 3-73

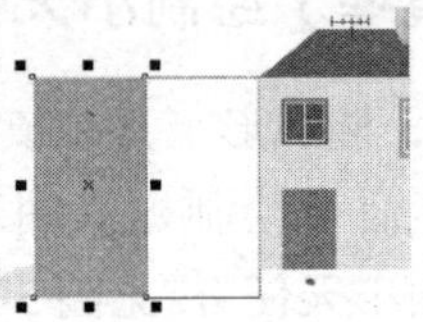

图 3-74

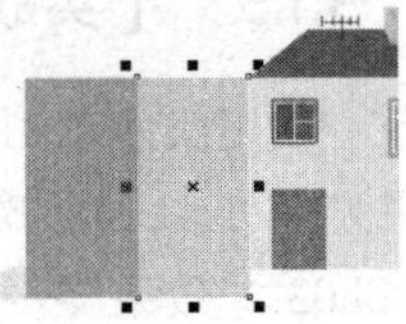

图 3-75

步骤 3 选择“多边形”工具，在属性栏中将“点数或边数”选项设为 3，在页面中从左上方向右下方拖曳鼠标绘制一个三角形，如图 3-76 所示。设置图形填充颜色的 CMYK 值为 54、47、86、1，填充图形，并去除图形的轮廓线，效果如图 3-77 所示。

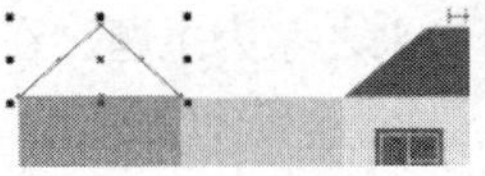

图 3-76

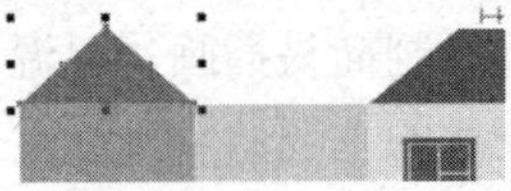

图 3-77

步骤 4 选择“多边形”工具，在页面中从右下方向左上方拖曳鼠标绘制一个倒三角形，如图 3-78 所示。设置图形填充颜色的 CMYK 值为 40、38、85、0，填充图形，并去除图形的轮廓线，效果如图 3-79 所示。用相同的方法再绘制一个三角形，并填充适当的颜色，效果如图 3-80 所示。

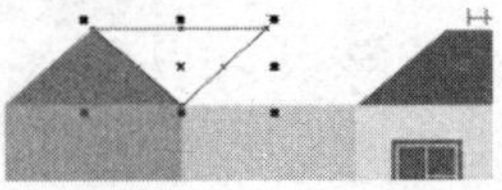

图 3-78

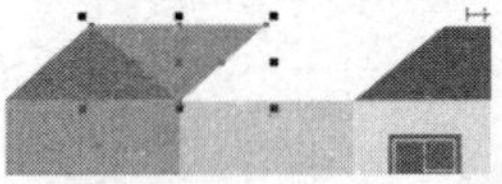

图 3-79

图 3-80

步骤 5 选择“箭头形状”工具，单击属性栏中的“完美形状”按钮，在弹出的下拉列表中选择需要的形状，如图 3-81 所示。在页面中适当的位置拖曳鼠标绘制图形，如图 3-82 所示。选择“形状”工具，选取红色菱角符号并将其拖曳到适当的位置，如图 3-83 所示，松开鼠标，效果如图 3-84 所示。

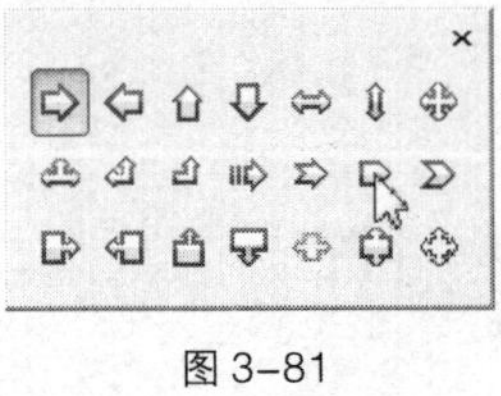

图 3-81

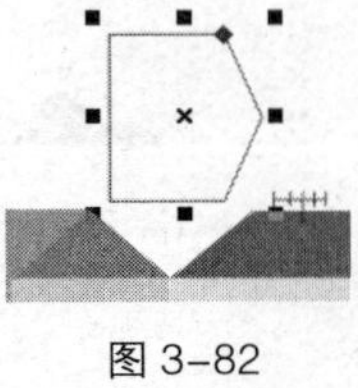

图 3-82

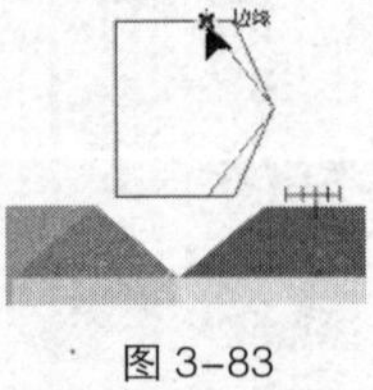

图 3-83

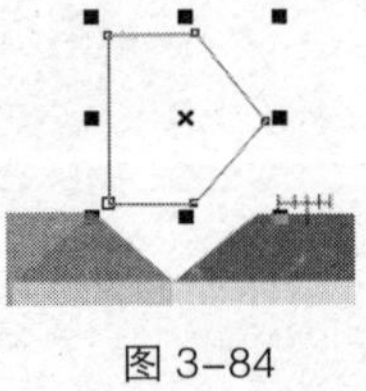

图 3-84

步骤 6 选择“选择”工具，在属性栏中将“旋转角度”选项设为 270，按 Enter 键，效果如图 3-85 所示。拖曳到适当的位置，如图 3-86 所示。设置图形填充颜色的 CMYK 值为 0、24、78、0，填充图形，并去除图形的轮廓线，效果如图 3-87 所示。

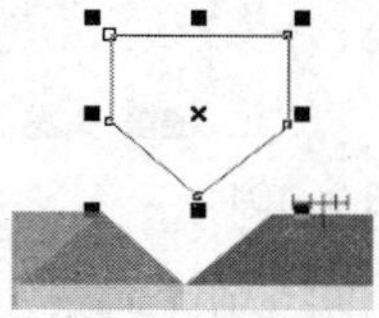
图 3-85

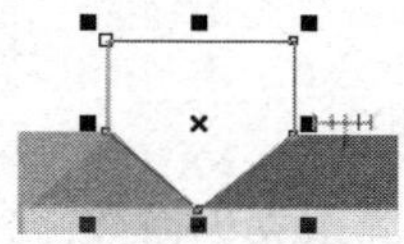
图 3-86

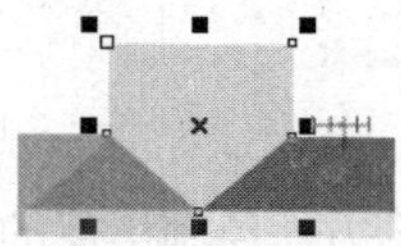
图 3-87

步骤 7 选择“多边形”工具，在页面中绘制一个三角形，如图 3-88 所示。在“CMYK 调色板”中的“黑”色块上单击鼠标，填充图形，并去除图形的轮廓线，效果如图 3-89 所示。用相同的方法再绘制一个三角形，并填充相同的颜色，去除图形的轮廓线后，效果如图 3-90 所示。

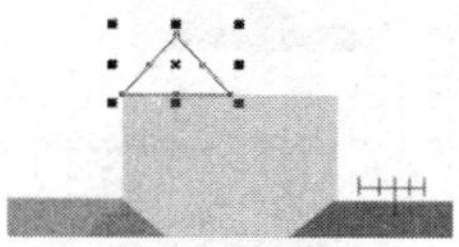
图 3-88

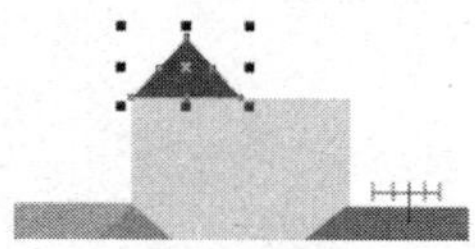
图 3-89

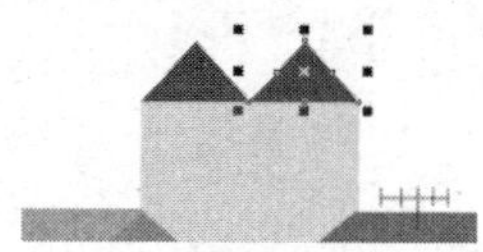
图 3-90

步骤 8 选择“矩形”工具，在页面中绘制一个矩形，如图 3-91 所示。设置图形填充颜色的 CMYK 值为 29、78、100、0，填充图形，并去除图形的轮廓线，效果如图 3-92 所示。

步骤 9 选择“图纸”工具，在属性栏中进行设置，如图 3-93 所示。在页面中的适当位置拖曳鼠标绘制图纸，在“CMYK 调色板”中的“白”色块上单击鼠标右键，填充图纸轮廓线，效果如图 3-94 所示。

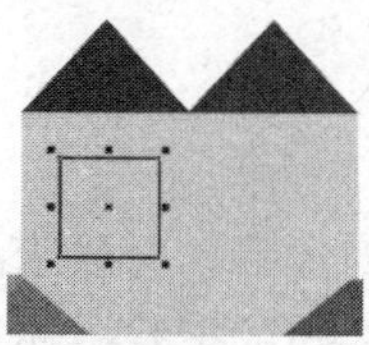
图 3-91

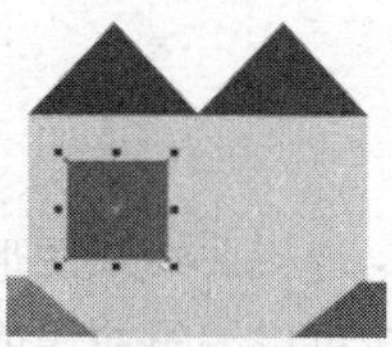
图 3-92

图 3-93

图 3-94

步骤 10 用相同的方法绘制另一扇窗户，并填充轮廓线为白色，效果如图 3-95 所示。选择“矩形”工具，在页面中绘制一个矩形，如图 3-96 所示。在“CMYK 调色板”中的“白”色块上单击鼠标，填充图形，并去除图形的轮廓线，效果如图 3-97 所示。用相同的方法再绘制三个矩形，并填充相同的颜色，去除图形的轮廓线后，效果如图 3-98 所示。

图 3-95

图 3-96

图 3-97

图 3-98

步骤 11 选择“矩形”工具，绘制一个矩形，如图 3-99 所示。在属性栏中单击“圆角”按钮，其他选项的设置如图 3-100 所示。按 Enter 键，效果如图 3-101 所示。设置图形填充颜色的

CMYK 值为 13、50、100、0，填充图形，并去除图形的轮廓线，效果如图 3-102 所示。

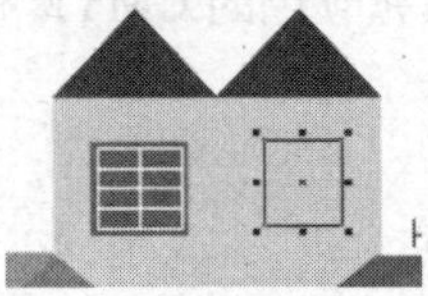

图 3-99

图 3-100

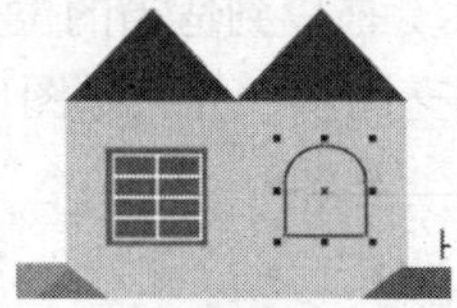

图 3-101

图 3-102

步骤 12 用相同的方法绘制房屋的门，并填充为白色，效果如图 3-103 所示。选择“手绘”工具 ，按住 Shift 键的同时绘制一条直线，效果如图 3-104 所示。选择“文件 > 导入”命令，弹出“导入”对话框。选择光盘中的“Ch03 > 素材 > 制作简易插画 > 02”文件，单击“导入”按钮，在页面中单击导入图片，将其拖曳到适当的位置，效果如图 3-105 所示。简易插画制作完成。

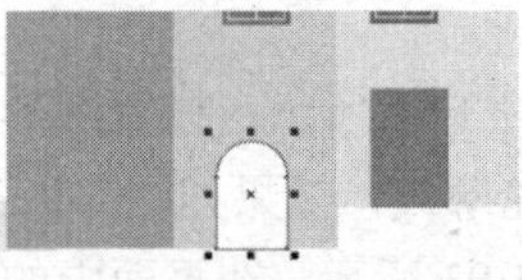

图 3-103

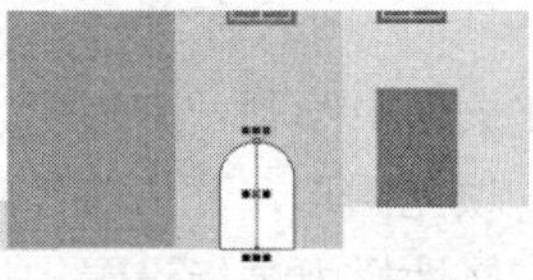

图 3-104

图 3-105

3.2.4 【相关工具】

1. 编辑曲线的节点

节点是构成图形对象的基本要素，用“形状”工具 选择曲线或图形对象后，会显示曲线或图形的全部节点。通过移动节点和节点的控制点、控制线可以编辑曲线或图形的形状，还可以通过增加和删除节点来进一步编辑曲线或图形。

绘制一条曲线，如图 3-106 所示。使用“形状”工具 ，单击选中曲线上的节点，如图 3-107 所示。弹出的属性栏如图 3-108 所示。

在属性栏中有 3 种节点类型：尖突节点、平滑节点和对称节点。节点类型的不同决定了节点控制点的属性也不同，单击属性栏中的按钮可以转换 3 种节点的类型。

尖突节点 ：尖突节点的控制点是独立的，当移动一个控制点时，另外一个控制点并不移动，从而使得通过尖突节点的曲线能够尖突弯曲。

平滑节点 ：平滑节点的控制点之间是相关的，当移动一个控制点时，另外一个控制点也会随之移动，通过平滑节点连接的线段将产生平滑的过渡。

对称节点 ：对称节点的控制点不仅是相关的，而且控制点和控制线的长度是相等的，从而使得对称节点两边曲线的曲率也是相等的。

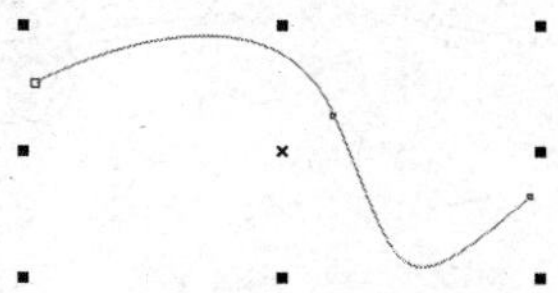

图 3-106

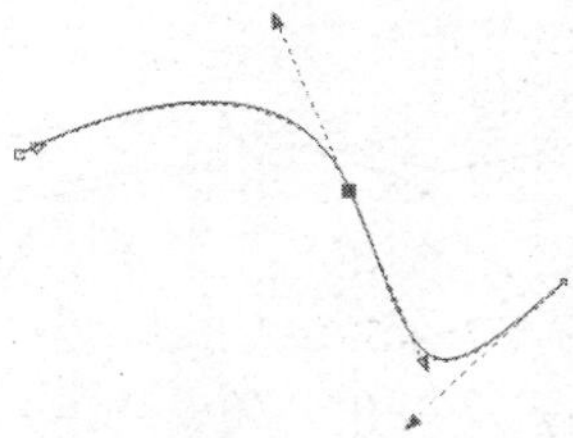

图 3-107

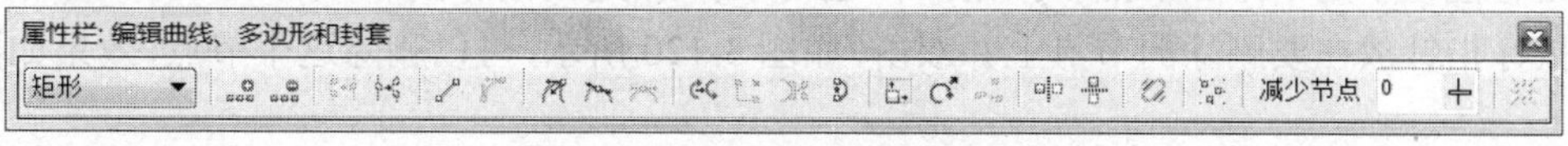

图 3-108

◎ **选取并移动节点**

绘制一个图形，如图 3-109 所示。选择“形状”工具，单击鼠标左键选取节点，如图 3-110 所示。按住鼠标左键拖曳，节点被移动，如图 3-111 所示。松开鼠标左键，图形调整的效果如图 3-112 所示。

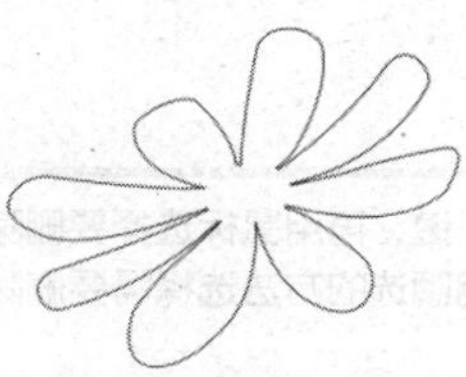

图 3-109

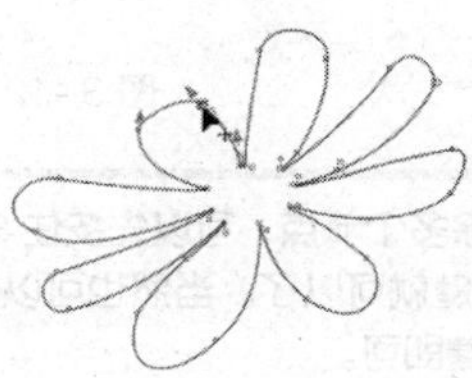

图 3-110

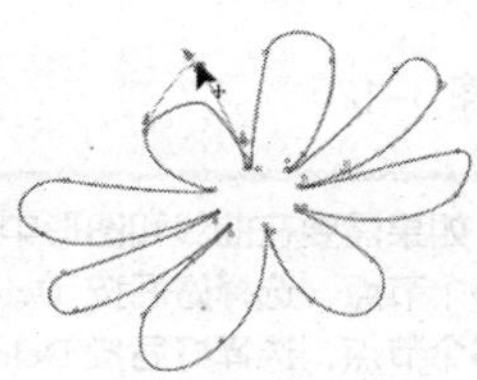

图 3-111

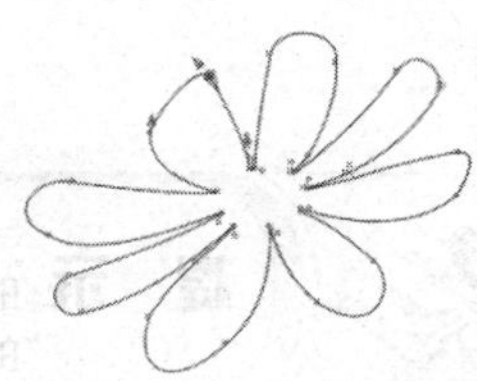

图 3-112

使用“形状”工具选中并拖曳节点上的控制点，如图 3-113 所示。松开鼠标左键，图形调整的效果如图 3-114 所示。

使用“形状”工具圈选图形上的部分节点，如图 3-115 所示。松开鼠标左键，图形被选中的部分节点如图 3-116 所示。拖曳任意一个被选中的节点，其他被选中的节点也会随之移动。

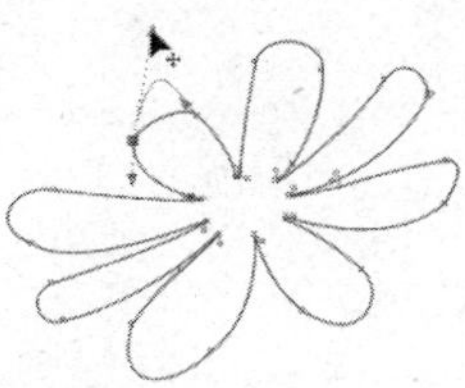

图 3-113

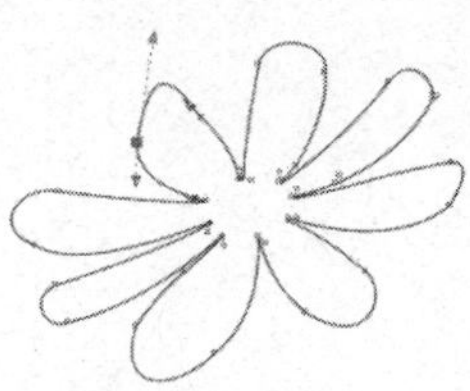

图 3-114

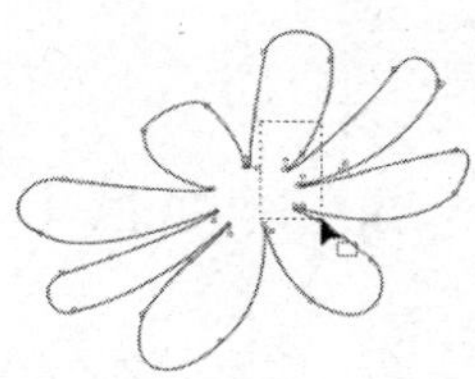

图 3-115

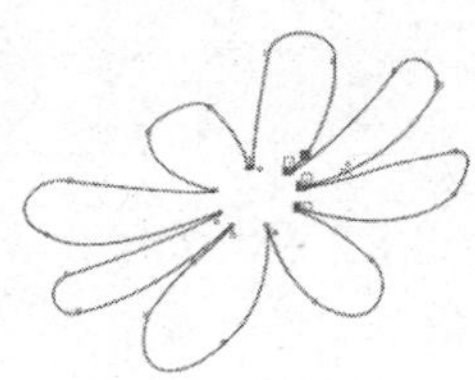

图 3-116

提 示 因为在 CorelDRAW X6 中有 3 种节点类型，所以当移动不同类型节点上的控制点时，图形的形状也会有不同形式的变化。

◎ **增加或删除节点**

绘制一个图形，如图 3-117 所示。使用“形状”工具，选择需要增加和删除节点的曲线，如图 3-118 所示，在曲线上要增加节点的位置双击，可以在这个位置增加一个节点，效果如图 3-119 所示。

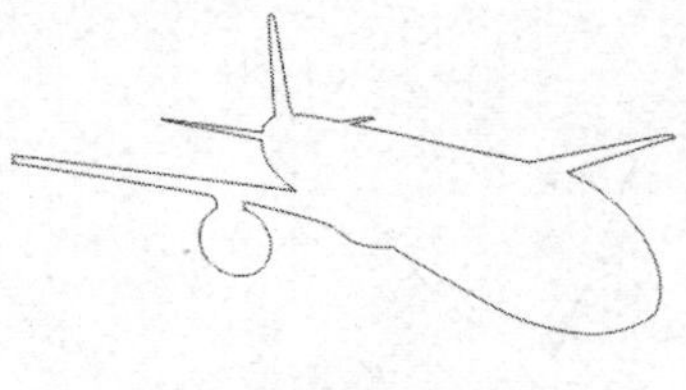

图 3–117

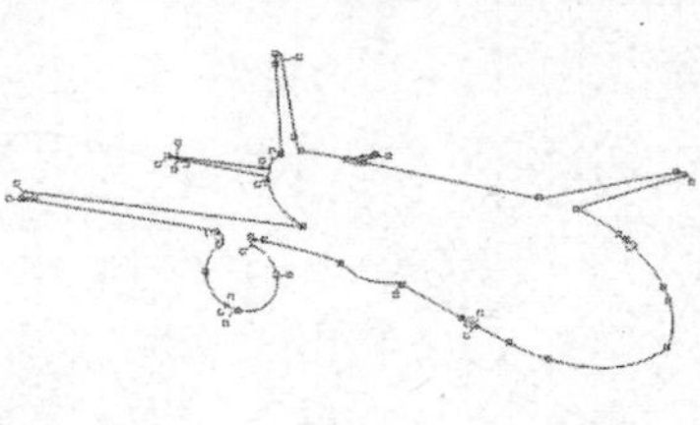

图 3–118

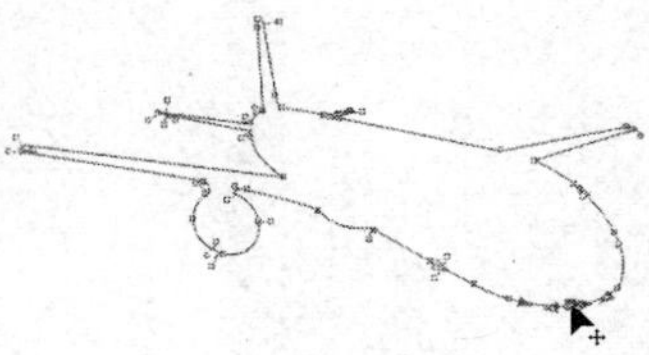

图 3–119

单击属性栏中的“添加节点”按钮，也可以在曲线上增加节点。

将鼠标指针放在要删除的节点上并双击，如图 3-120 所示，可以删除这个节点，效果如图 3-121 所示。

选中要删除的节点，单击属性栏中的“删除节点”按钮，也可以在曲线上删除选中的节点。

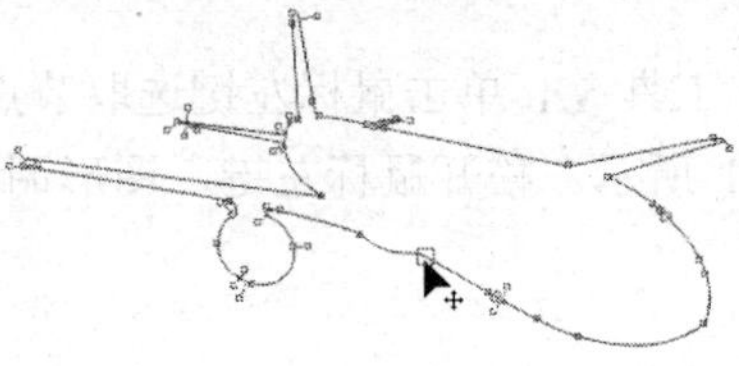

图 3–120

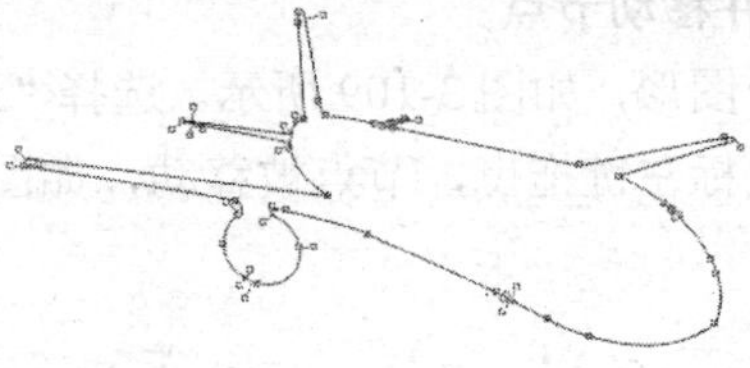

图 3–121

提 示 如果需要在曲线和图形中删除多个节点，可以先按住 Shift 键，再用鼠标选择要删除的多个节点，选择好后按 Delete 键就可以了。当然也可以使用圈选的方法选择需要删除的多个节点，选择好后按 Delete 键即可。

◎ **合并和连接节点**

使用“形状”工具圈选两个需要合并的节点，如图 3-122 所示。两个节点被选中，如图 3-123 所示。单击属性栏中的“连接两个节点”按钮将节点合并，使曲线成为闭合的曲线，如图 3-124 所示。

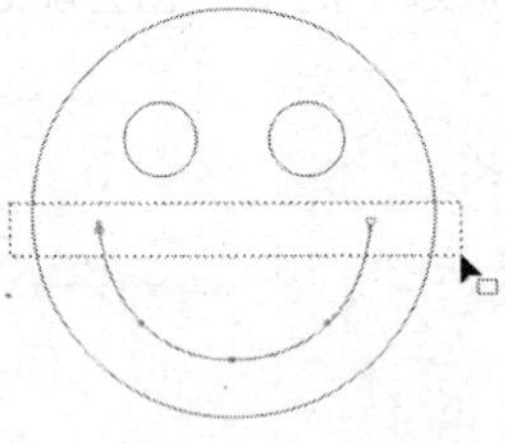

图 3–122

图 3–123

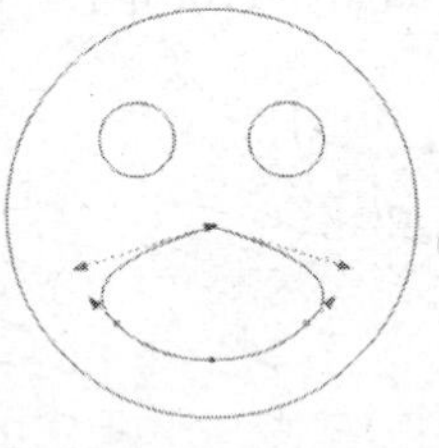

图 3–124

使用“形状”工具圈选两个需要连接的节点，单击属性栏中的“闭合曲线”按钮，可以将两个节点以直线连接，使曲线成为闭合的曲线。

◎ **断开节点**

在曲线中要断开的节点上单击鼠标左键，选中该节点，如图 3-125 所示。单击属性栏中的“断开曲线”按钮，断开节点。选择“选择”工具，曲线效果如图 3-126 所示。选择并移动曲线，曲线的节点被断开，曲线变为两条。

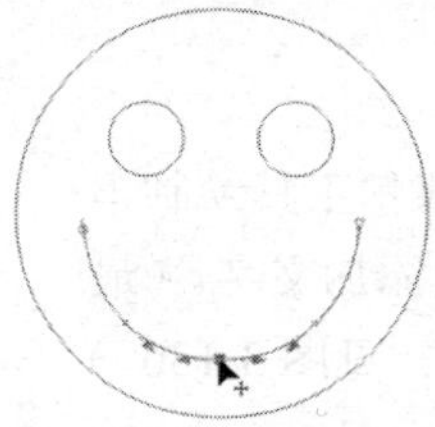

图 3-125

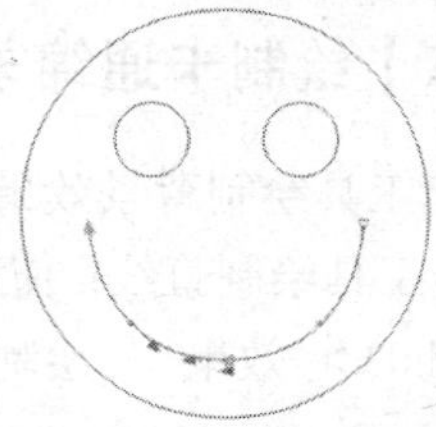

图 3-126

提 示 在绘制图形的过程中有时需要将开放的路径闭合。选择“排列 > 闭合路径”下的各个菜单命令，可以以直线或曲线方式闭合路径。

2. 编辑和修改几何图形

使用矩形、椭圆和多边形工具绘制的图形都是简单的几何图形。这类图形有其特殊的属性，图形上的节点比较少，只能对其进行简单的编辑。如果想对其进行更复杂的编辑，就需要将简单的几何图形转换为曲线。

◎ 使用“转换为曲线”按钮

使用“椭圆形”工具绘制一个椭圆形，效果如图 3-127 所示。在属性栏中单击“转换为曲线”按钮，将椭圆图形转换成曲线图形，在曲线图形上增加了多个节点，如图 3-128 所示。使用“形状”工具拖曳椭圆形上的节点，如图 3-129 所示。松开鼠标左键，调整后的图形效果如图 3-130 所示。

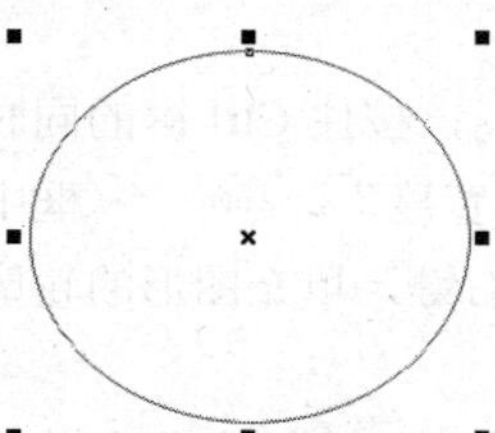

图 3-127

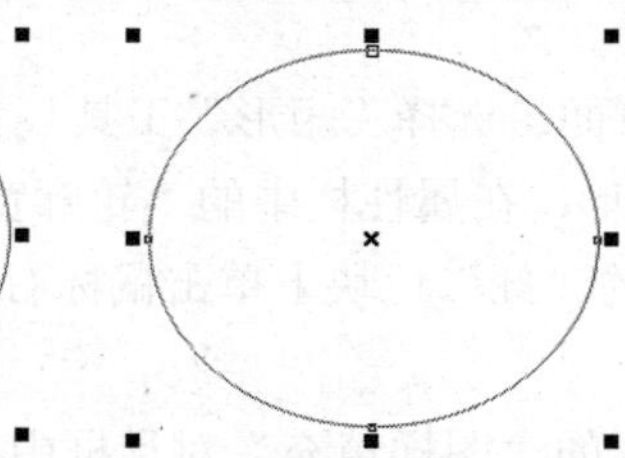

图 3-128

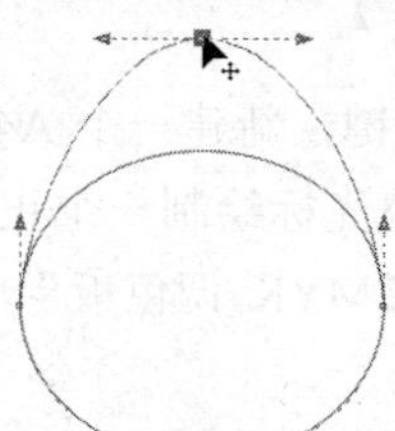

图 3-129

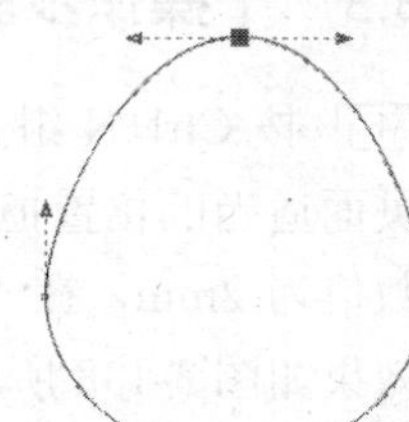

图 3-130

◎ 使用“转换直线为曲线”按钮

使用“多边形”工具绘制一个多边形，如图 3-131 所示。选择“形状”工具，单击需要选中的节点，如图 3-132 所示。单击属性栏中的“转换直线为曲线”按钮，将直线转换为曲线，在曲线上出现节点，图形的对称性被保持，如图 3-133 所示。使用“形状”工具拖曳节点调整图形，如图 3-134 所示。松开鼠标左键，图形效果如图 3-135 所示。

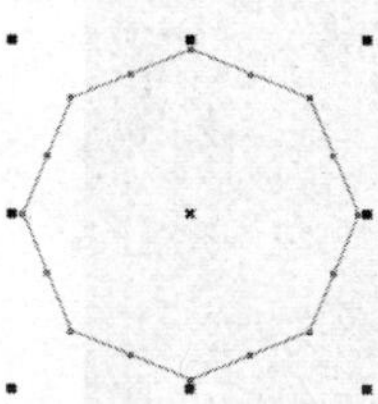

图 3-131

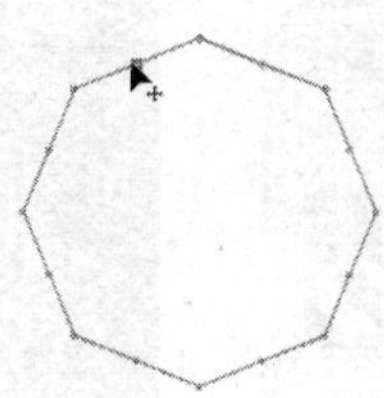

图 3-132

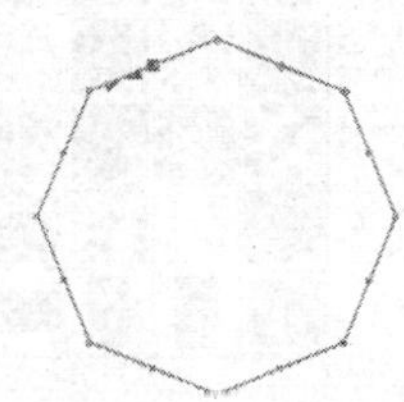

图 3-133

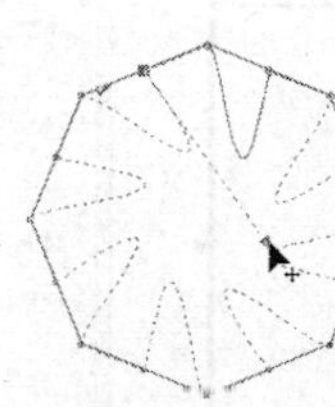

图 3-134

图 3-135

3.2.5 【实战演练】绘制卡通绵羊

使用矩形工具和填充工具绘制背景效果；使用贝塞尔工具绘制羊和降落伞图形；使用直线工具绘制直线；使用文本工具添加文字。（最终效果参看光盘中的“Ch03 > 效果 > 绘制卡通绵羊”，见图 3-136。）

图 3-136

3.3 绘制布纹图案

3.3.1 【案例分析】

本案例需要制作衣服装饰画，装饰画并不强调很高的艺术性，但非常讲究与环境的协调和美化效果。在装饰画的绘制上要通过意象的表现形式进行制作。

3.3.2 【设计理念】

在设计绘制过程中，重复的蝴蝶图案营造出梦幻的气氛，明亮的色彩搭配具有炫丽的视觉效果，橙色的暖色调展现生机盎然的景象，整个画面自然和谐，生动且富有变化。（最终效果参看光盘中的“Ch03 > 效果 > 绘制布纹图案”，见图 3-137。）

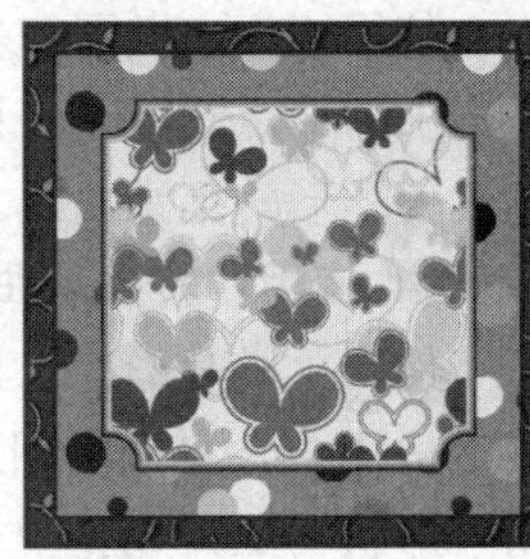

图 3-137

3.3.3 【操作步骤】

步骤 1 按 Ctrl+N 组合键，新建一个 A4 页面。选择“矩形”工具，按住 Ctrl 键的同时，在页面适当的位置拖曳光标绘制一个正方形，在属性栏中的“轮廓宽度” .2 mm 框中设置数值为 2mm，在“CMYK 调色板”中的“红”色块上单击鼠标右键，填充图形的轮廓线，效果如图 3-138 所示。

步骤 2 选择“图样填充”工具，在弹出的“图样填充”对话框中，选中“全色”单选项，单击右侧的按钮，在弹出的面板中选择需要的图标样式，如图 3-139 所示。单击“确定”按钮，填充图形，效果如图 3-140 所示。

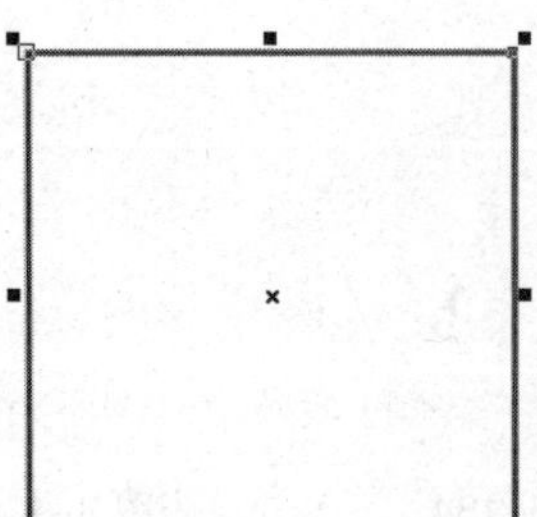

图 3-138

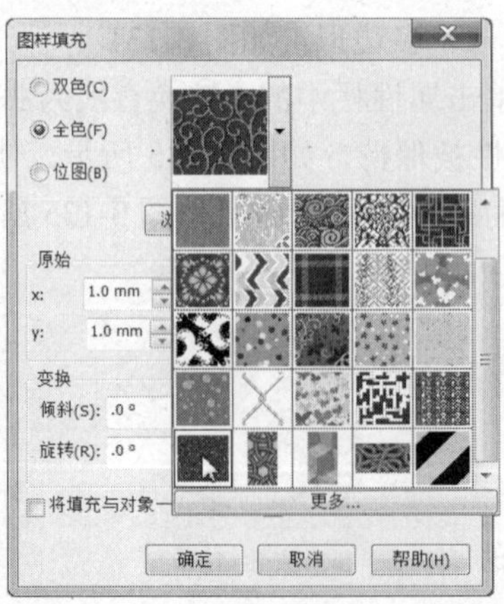

图 3-139

图 3-140

步骤 3 选择“选择”工具，按数字键盘上的+键，复制一个图形。按住 Shift 键的同时，向内拖曳图形右上角的控制手柄到适当的位置，在属性栏中的“轮廓宽度” .2 mm 框中设置数值为 1.5mm，如图 3-141 所示。选择“图样填充”工具，在弹出的“图样填充”对话框中，选中“全色”单选项，单击右侧的按钮，在弹出的面板中选择需要的图标样式，如图 3-142 所示。单击“确定”按钮，填充图形，效果如图 3-143 所示。

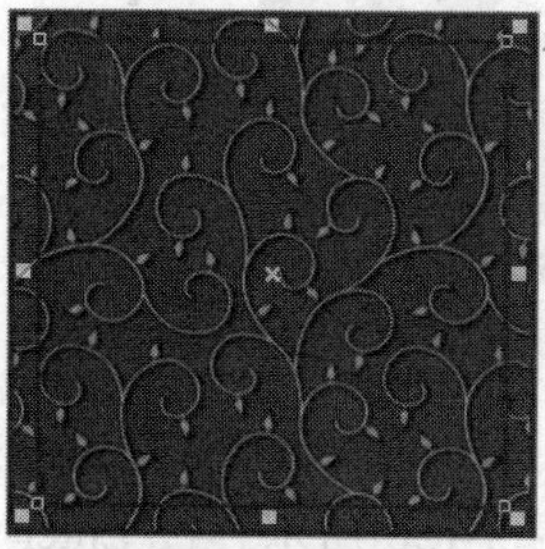

图 3-141

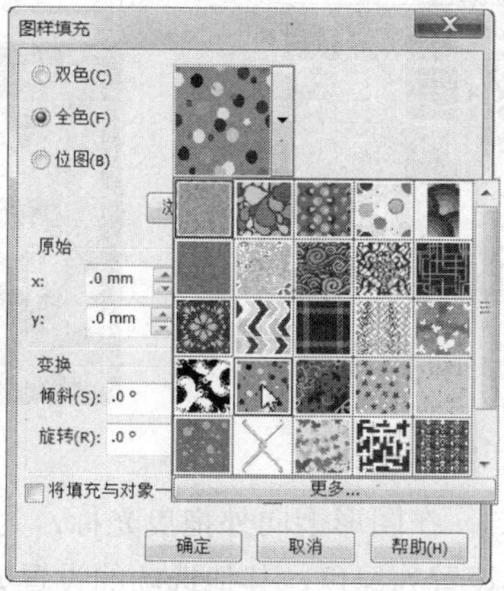

图 3-142

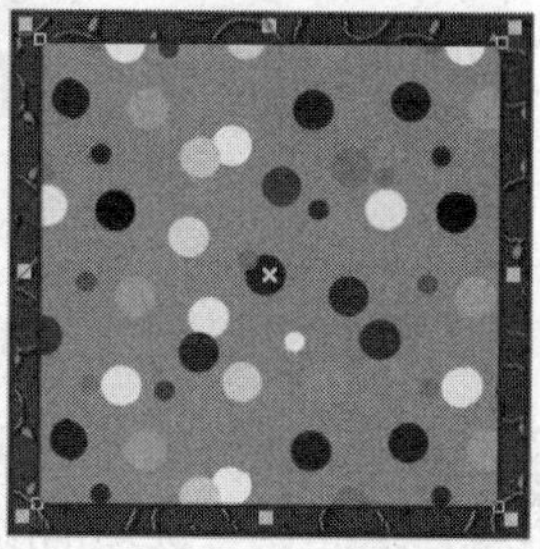

图 3-143

步骤 4 选择“选择”工具，按数字键盘上的+键，复制一个图形。按住 Shift 键的同时，向内拖曳图形右上角的控制手柄到适当的位置，如图 3-144 所示。在属性栏中的“轮廓宽度” .2 mm 框中设置数值为 1mm，在“CMYK 调色板”中的“深黄”色块上单击鼠标右键，填充图形的轮廓线，效果如图 3-145 所示。

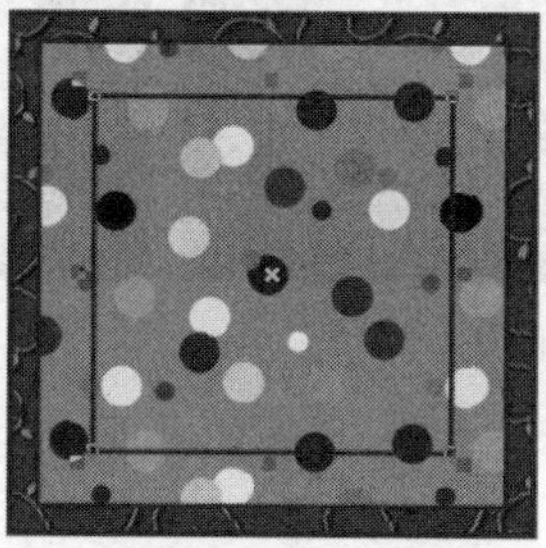

图 3-144

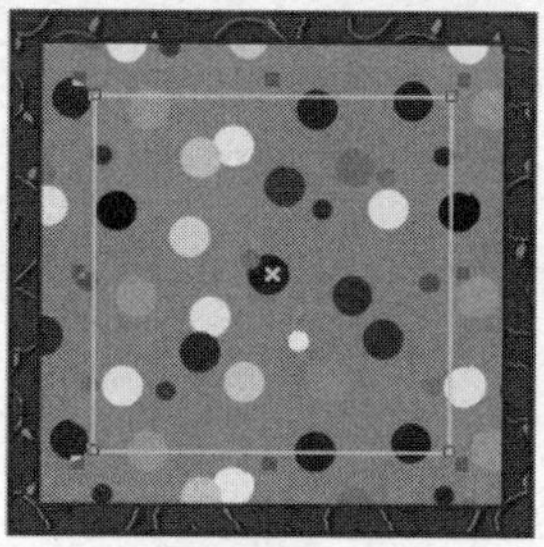

图 3-145

步骤 5 选择“选择”工具，在属性栏中单击“扇形角”按钮，其他选项的设置如图 3-146 所示。按 Enter 键，扇形角效果如图 3-147 所示。

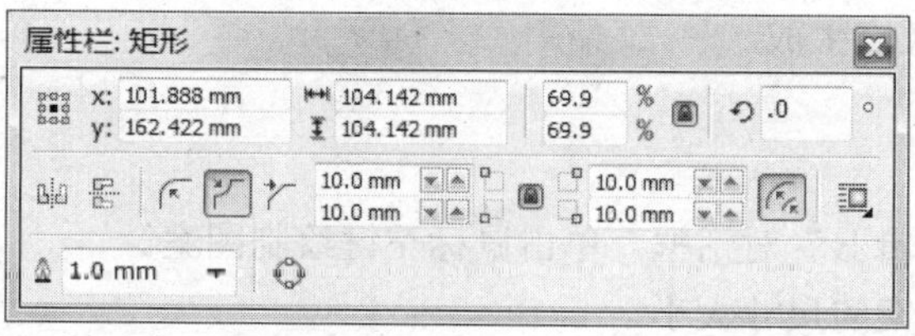

图 3-146

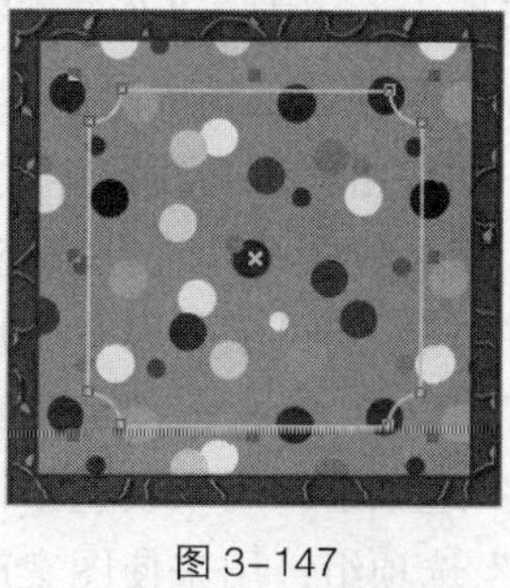

图 3-147

步骤 6 选择“图样填充”工具，弹出“图样填充”对话框，选中“全色”单选项，单击右侧的按钮，在弹出的面板中选择需要的图标样式，如图 3-148 所示。单击“确定”按钮，填充图形，效果如图 3-149 所示。

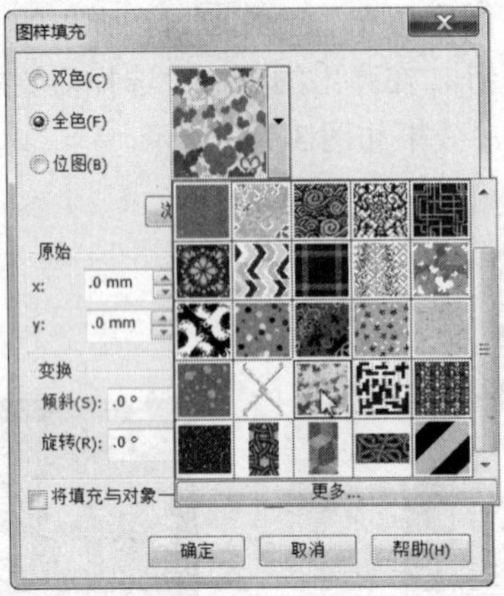

图 3-148

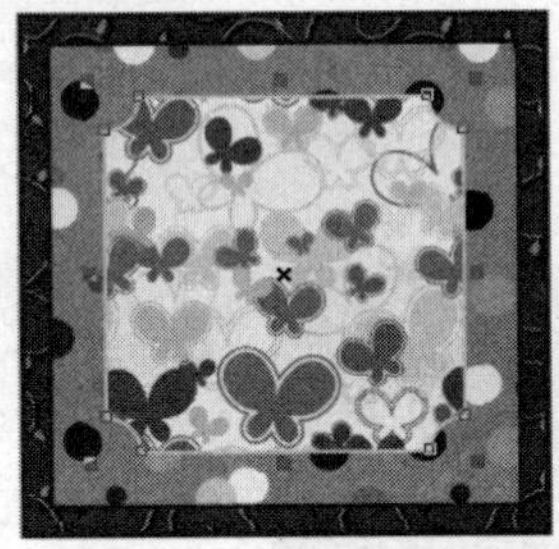

图 3-149

步骤 7 选择“轮廓图”工具，在图形上向外拖曳光标，为图形添加轮廓化效果。在属性栏中将“填充色”选项的颜色设置为绿色，其他选项的设置如图 3-150 所示。按 Enter 键，确认操作，效果如图 3-151 所示。单击页面空白处，取消图形的选取状态。布纹图案绘制完成，效果如图 3-152 所示。

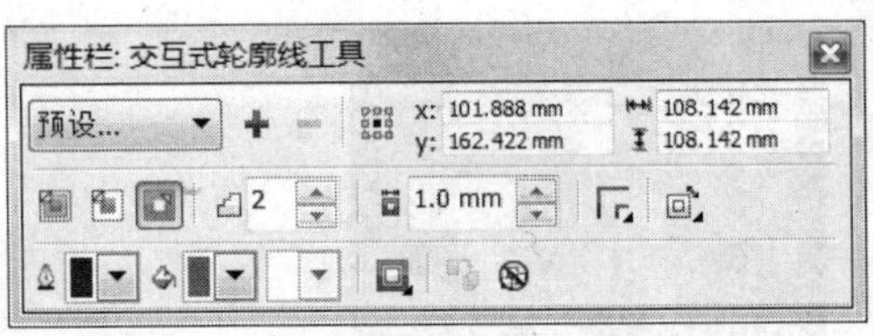

图 3-150

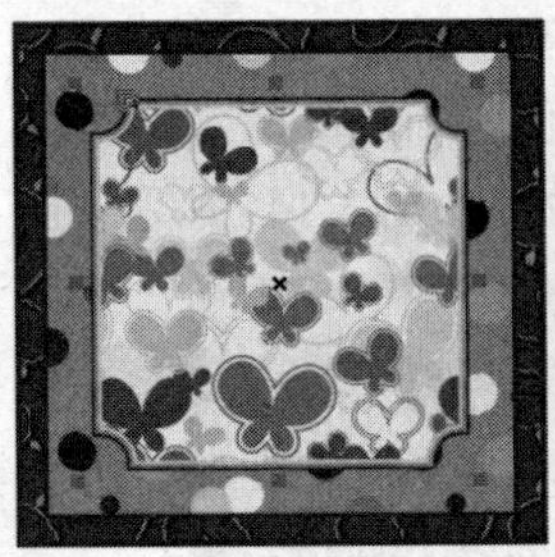

图 3-151

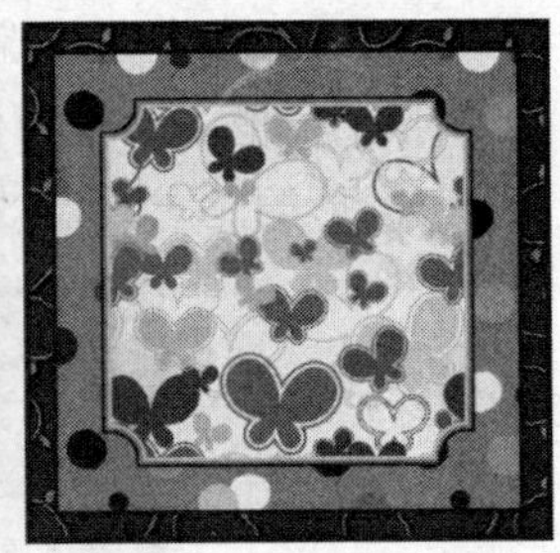

图 3-152

3.3.4 【相关工具】

1. “图样填充”对话框

选择“填充”工具展开式工具栏中的“图样填充对话框”工具，弹出“图样填充”对话框，在对话框中有“双色”“全色”和“位图”3 种图样填充方式的选项，如图 3-153 所示。

双色：用两种颜色构成的图案来填充，也就是通过设置前景色和背景色的颜色来填充。

全色：图案由矢量和线描样式图像来生成。

位图：使用位图图片进行填充。

“浏览”按钮：可载入已有图片。

“创建”按钮：弹出“双色图案编辑器”对话框，单击鼠标左键绘制图案。

“大小”选项组：用来设置平铺图案的尺寸大小。

“变换”选项组：用来使图案产生倾斜或旋转变化。

“行或列位移”选项组：用来使填充图案的行或列产生位移。

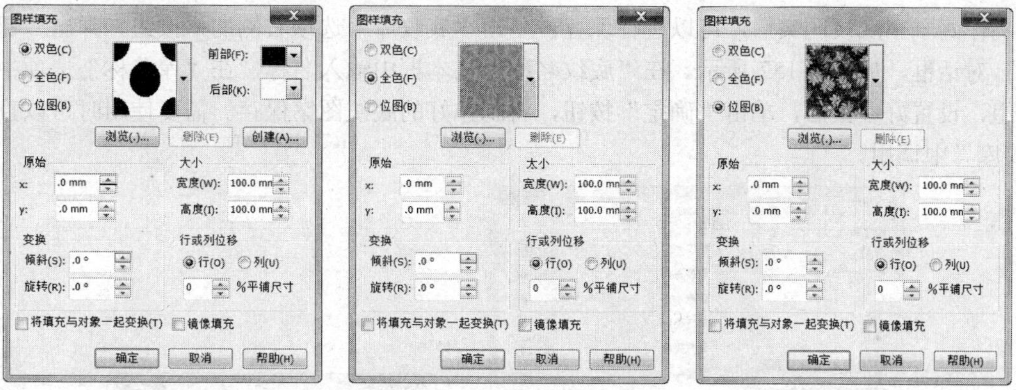

双色　　全色　　位图

图 3-153

2. "底纹填充"对话框

底纹填充是随机产生的填充，它使用小块的位图填充图形，可以给图形一个自然的外观。底纹填充只能使用 RGB 颜色，所以在打印输出时可能会与屏幕显示的颜色有差别。

选择"填充"工具展开式工具栏中的"底纹填充对话框"工具，弹出"底纹填充"对话框。

在对话框中，CorelDRAW X6 的底纹库提供了多个样本组和几百种预设的底纹填充图案，如图 3-154 所示。

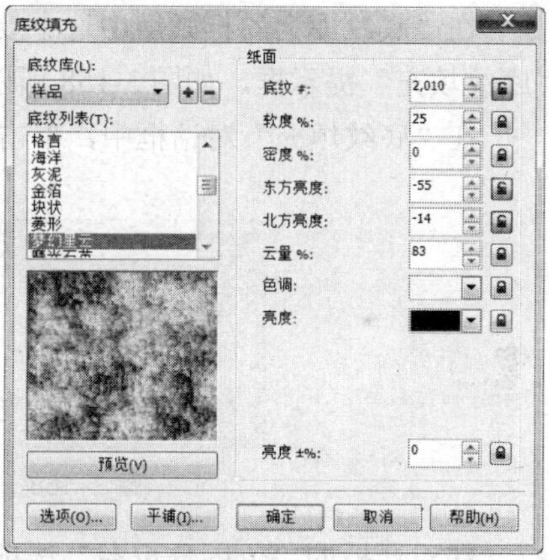

图 3-154

在对话框的"底纹库"下拉列表中可以选择不同的样本组。CorelDRAW X6 底纹库提供了 7 个样本组。选择样本组后，在下面的"底纹列表"中，显示出样本组中的多个底纹的名称，单击选中一个底纹样式，下面的"预览"框中显示出底纹的效果。

绘制一个图形，在"底纹列表"中选择需要的底纹效果，单击"确定"按钮，可以将底纹填充到图形对象中。几个填充不同底纹的图形效果如图 3-155 所示。

图 3-155

在"底纹填充"对话框中更改参数可以制作出新的底纹效果。在选择一个底纹样式名称后，在"纸面"设置区中就包含了对应于当前底纹样式的所有参数。选择不同的底纹样式会有不同的参数内容。在每个参数选项的后面都有一个按钮，单击它可以锁定或解锁每个参数选项。当单击"预览"按钮时，解锁的每个参数选项会随机发生变化，同时会使底纹图案发生变化。每单击一次"预览"按钮，就会产生一个新的底纹图案，效果如图 3-156 所示。

在每个参数选项中输入新的数值，可以产生新的底纹图案。设置好后，可以用按钮锁定参数。

制作好一个底纹图案后，可以进行保存。单击“底纹库”选项右侧的按钮，弹出“保存底纹为”对话框，如图 3-157 所示。在“底纹名称”文本框中输入名称，在“库名称”选项中指定样式组，设置好参数后，单击“确定”按钮，将制作好的底纹图案保存。需要使用时可以直接在“底纹库”中调用。

图 3-156

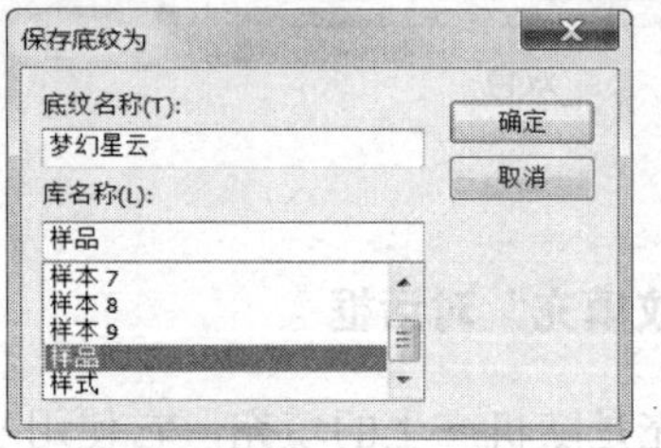

图 3-157

在“底纹库”的样式组中选中要删除的底纹图案，单击“底纹库”选项右侧的按钮，弹出“底纹填充”提示框，如图 3-158 所示，单击“确定”按钮，将选中的底纹图案删除。

在“底纹填充”对话框中，单击“选项”按钮，弹出“底纹选项”对话框，如图 3-159 所示。

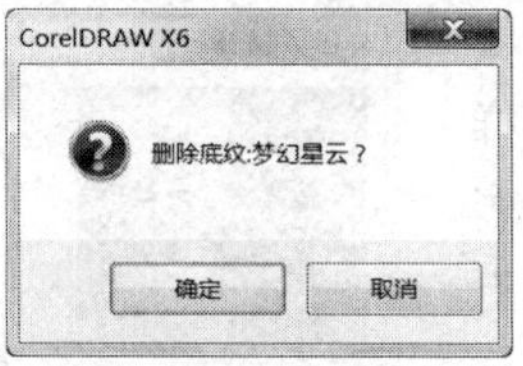

图 3-158

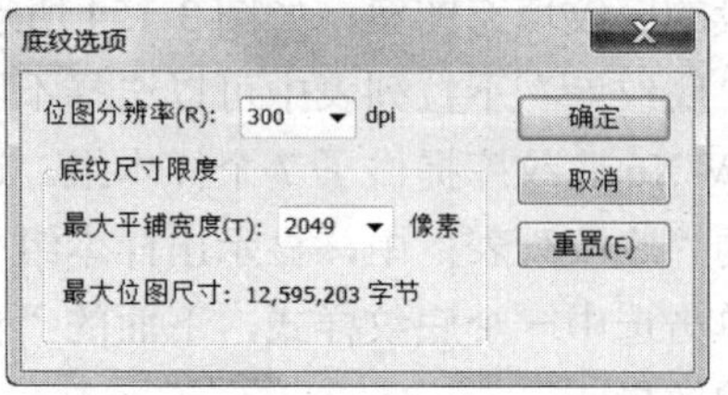

图 3-159

在对话框的“位图分辨率”选项中可以设置位图分辨率的大小。

在“底纹尺寸限度”设置区中可以设置“最大平铺宽度”的大小。“最大位图尺寸”将根据位图分辨率和最大平铺宽度的大小，由软件本身计算出来。

位图分辨率和最大平铺宽度越大，底纹所占用的系统内存就越多，填充的底纹图案就越精细。最大位图尺寸值越大，底纹填充所占用的系统资源就越多。

在“底纹填充”对话框中，单击“平铺”按钮，弹出“平铺”对话框，如图 3-160 所示。在对话框中可以设置底纹的“原始”“大小”“变换”和“行或列位移”选项，也可以选择“将填充与对象一起变换”复选框和“镜像填充”复选框。

选择“交互式填充”工具，弹出其属性栏，选择“底纹填充”选项，单击属性栏中的“填充下拉式”图标，在弹出的“填充底纹”下拉列表中也可以选择底纹填充的样式，如图 3-161 所示。

提 示 底纹填充会增加文件的大小，并使操作的时间增长，在对大型的图形对象使用底纹填充时要慎重。

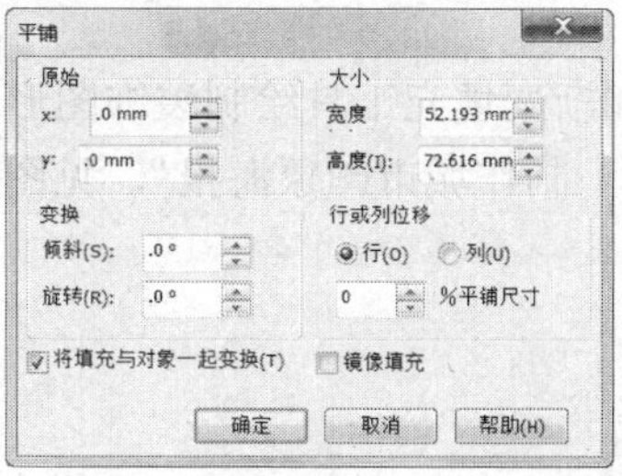

图 3-160

图 3-161

3. PostScript 填充

PostScript 填充是利用 PostScript 语言设计出来的一种特殊的图案填充。PostScript 图案是一种特殊的图案，只有在“增强”视图模式下，PostScript 填充的底纹才能显示出来。下面介绍 PostScript 填充的方法和技巧。

选择“填充”工具展开式工具栏中的“PostScript 填充”工具，弹出“PostScript 底纹”对话框，在对话框中，CorelDRAW X6 提供了多个 PostScript 底纹图案，如图 3-162 所示。

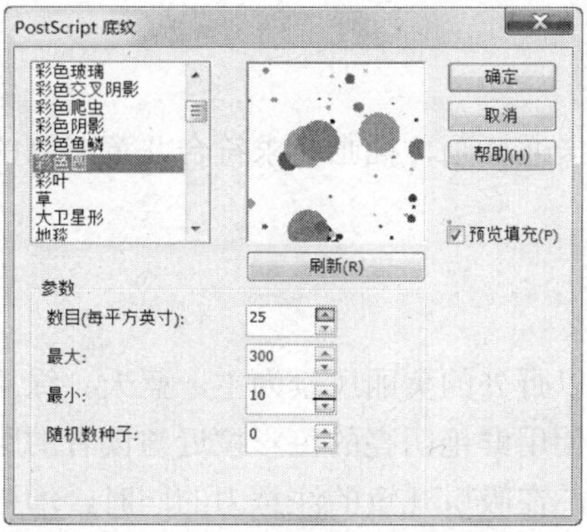

图 3-162

在对话框中，选中“预览填充”复选框，不需要打印就可以看到 PostScript 底纹的效果。在左上方的列表框中提供了多个 PostScript 底纹，选择一个 PostScript 底纹，在下面的“参数”设置区中会出现所选 PostScript 底纹的参数。不同的 PostScript 底纹会有相对应的不同参数。

在“参数”设置区的各个选项中输入需要的数值，可以改变选择的 PostScript 底纹，产生新的 PostScript 底纹效果，如图 3-163 所示。

选择“交互式填充”工具，弹出其属性栏，选择“PostScript 填充”选项，在属性栏中可以选择多种 PostScript 底纹填充的样式对图形对象进行填充，如图 3-164 所示。

图 3-163

图 3-164

3.3.5 【实战演练】制作城市印象海报

使用底纹填充工具制作背景效果；使用贝塞尔工具和渐变填充工具绘制装饰图形；使用文本工具添加文字。（最终效果参看光盘中的“Ch03 > 效果 > 制作城市印象海报”，见图 3-165。）

图 3-165

3.4 综合演练——绘制蝴蝶插画

3.4.1 【案例分析】

本案例是为少儿书籍绘制卡通插画，插画要求符合儿童书籍的定位，适合儿童的审美眼光，有趣味感。

3.4.2 【设计理念】

在设计制作过程中，主要以野外的美丽风景为主，蓝天、绿草、鲜花、树木在画面中清晰可见，展现出春意盎然的景色；使用鲜艳明亮的色彩拉近与读者的距离，给人自然、清新的印象；丰富的用色，鲜明的色彩对比，在吸引儿童的注意力的同时，增强了画面的层次感。

3.4.3 【知识要点】

使用矩形工具和渐变填充工具制作插画背景。使用椭圆形工具和修整命令制作云图形。使用艺术笔工具绘制出草和金鱼图形。使用贝塞尔工具和渐变填充工具制作蝴蝶图形。（最终效果参看光盘中的“Ch03 > 效果 > 绘制蝴蝶插画”，见图 3-166。）

图 3-166

3.5 综合演练——制作生日贺卡

3.5.1 【案例分析】

本案例是在母校建校 5 周年之际，学生为表达对母校的敬意而制作生日贺卡，要求画面温馨，用简单的设计风格表达出朴素的心愿与祝福之情。

3.5.2 【设计理念】

在设计制作过程中，贺卡画面设计简洁，色彩柔和舒适，蛋糕在画面的正中位置，文字在画面中清晰直观，使用插画的形式表现出贺卡的温馨与祝福。

3.5.3 【知识要点】

使用矩形工具、椭圆形工具、合并命令和填充工具绘制蛋糕图形，使用贝塞尔工具、移除前面对象命令和填充工具制作蝴蝶结图形。（最终效果参看光盘中的“Ch03 > 效果 > 制作生日贺卡”，见图 3-167。）

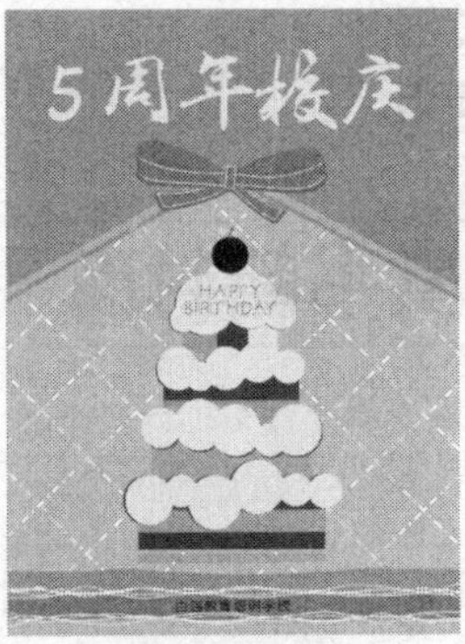

图 3-167

第4章 书籍装帧设计

精美的书籍装帧设计可以使读者享受到阅读的愉悦。书籍装帧整体设计所考虑的项目包括开本设计、封面设计、版本设计、使用材料等内容。本章以多个类别的书籍封面为例，介绍书籍封面的设计方法和制作技巧。

课堂学习目标

- 了解书籍装帧设计的概念
- 了解书籍装帧的主体设计要素
- 掌握书籍封面的设计思路和过程
- 掌握书籍封面的制作方法和技巧

4.1 制作艺术品鉴赏书籍封面

4.1.1 【案例分析】

本案例是一本鉴赏类书籍的封面设计。书中对古代艺术品进行了详细的讲解。在封面设计上要通过对书名的设计和古物图片的编排，彰显出艺术品的独特魅力。

4.1.2 【设计理念】

在设计过程中，背景效果使用传统的花纹图形和古物图片相互呼应，展现出古物独特的魅力。使用简单的文字变化，使读者的视线都集中在书名上，达到宣传的效果；在封底和书脊的设计上使用文字和图形组合的方式，增加读者对古物鉴赏的兴趣，增强读者的购书欲望。（最终效果参看光盘中的“Ch04 > 效果 > 制作艺术品鉴赏书籍封面，见图 4-1。）

图 4–1

4.1.3 【操作步骤】

1. 导入并编辑图片

步骤 1 按 Ctrl+N 组合键，新建一个页面。在属性栏的“页面度量”选项中分别设置宽度为 440mm，高度为 297mm，按 Enter 键，页面尺寸显示为设置的大小。双击“矩形”工具□，绘制一个与页面大小相等的矩形，设置图形颜色的 CMYK 值为 4、4、14、0，填充图形，去除图形的轮廓线，效果如图 4-2 所示。选择“位图 > 转换为位图”命令，弹出“转换为位图”对话框，选项的设置如图 4-3 所示，单击“确定”按钮，效果如图 4-4 所示。

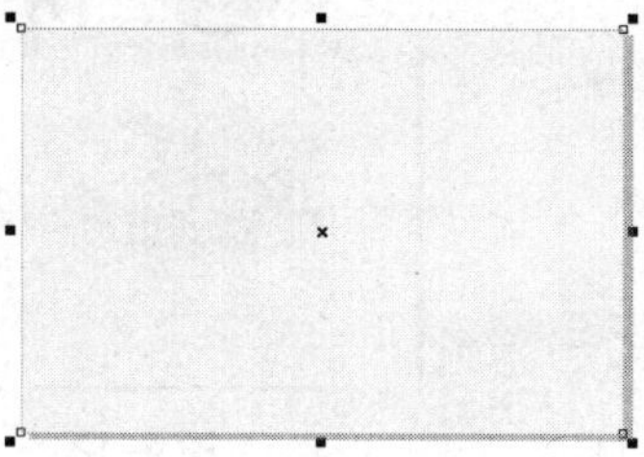

图 4–2

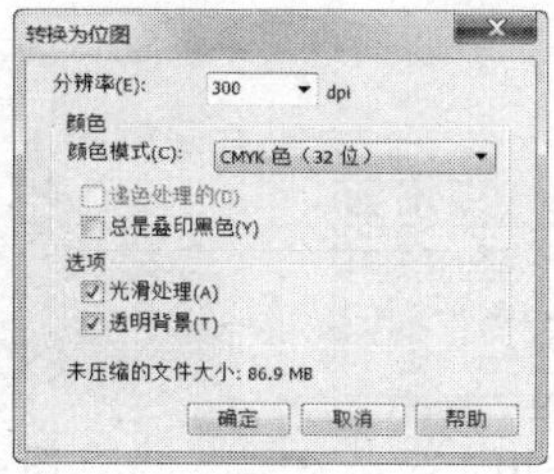

图 4–3

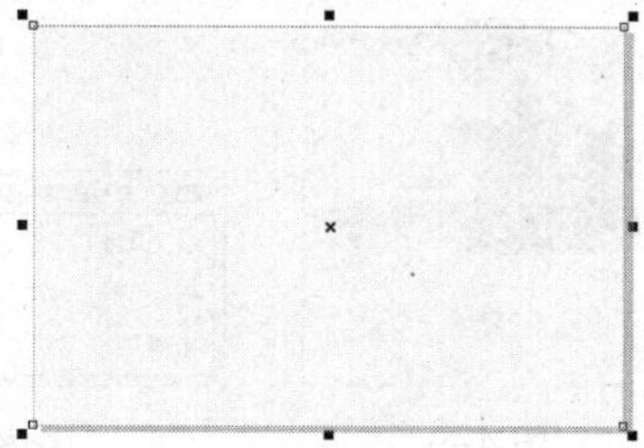

图 4–4

步骤 2 选择“位图 > 杂点 > 添加杂点”命令，弹出“添加杂点”对话框，选项的设置如图 4-5 所示，单击“确定”按钮，效果如图 4-6 所示。

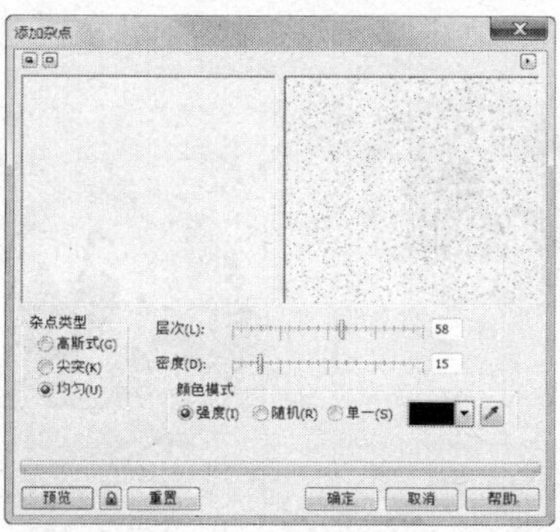

图 4–5

图 4–6

步骤 3 按 Ctrl+J 组合键，弹出“选项”对话框，选择“辅助线 > 垂直”选项，在文字框中设置数值为 210mm，单击“添加”按钮，如图 4-7 所示，在页面中添加一条垂直辅助线。再添加 230mm 的垂直辅助线，单击“确定”按钮，效果如图 4-8 所示。

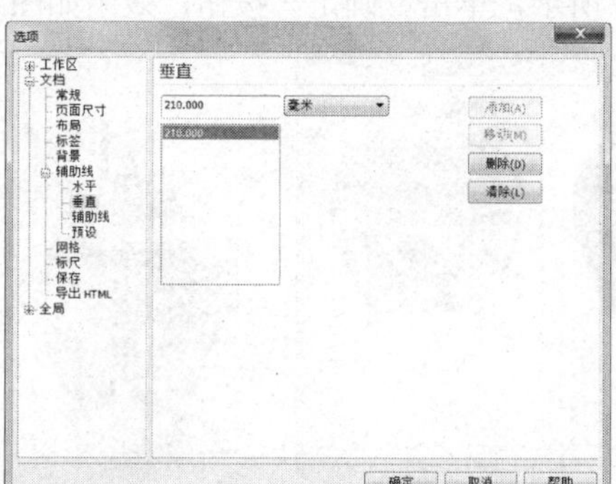

图 4–7

图 4–8

步骤 4 按 Ctrl+I 组合键，弹出“导入”对话框，选择光盘中的“Ch04 > 素材 > 制作艺术品鉴赏书籍封面 > 01”文件，单击“导入”按钮，在页面中单击导入图片，将其拖曳到适当的位置并调整其大小，如图 4-9 所示。选择“透明度”工具，在属性栏中的设置如图 4-10 所示，按 Enter 键，透明效果如图 4-11 所示。

步骤 5 按 Ctrl+I 组合键，弹出“导入”对话框，选择光盘中的“Ch04 > 素材 > 制作艺术品鉴赏书籍封面 > 02、03”文件，单击“导入”按钮，在页面中单击导入图片，将其分别拖曳到适当的位置并调整其大小，效果如图 4-12 所示。

图 4-9

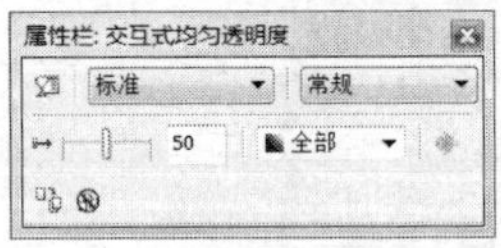

图 4-10

图 4-11

图 4-12

步骤 6 选择“选择”工具，选取需要的图片，如图 4-13 所示。选择“效果 > 调整 > 亮度/对比度/强度”命令，弹出“亮度/对比度/强度”对话框，选项的设置如图 4-14 所示，单击“确定”按钮，效果如图 4-15 所示。

图 4-13

图 4-14

图 4-15

步骤 7 按 Ctrl+I 组合键，弹出“导入”对话框，选择光盘中的“Ch04 > 素材 > 制作艺术品鉴赏书籍封面 > 04”文件，单击“导入”按钮，在页面中单击导入图片，拖曳到适当的位置并调整其大小，效果如图 4-16 所示。选择“效果 > 调整 > 亮度/对比度/强度”命令，弹出“亮度/对比度/强度”对话框，选项的设置如图 4-17 所示，单击“确定”按钮，效果如图 4-18 所示。

图 4-16

图 4-17

图 4-18

步骤 8 选择“矩形”工具，绘制一个与封面大小相等的矩形，如图 4-19 所示。选择“选择”工具，选取置入的图片，选择“效果 > 图框精确剪裁 > 置于图文框内部”命令，鼠标的光标变为黑色箭头形状，在矩形上单击，如图 4-20 所示，将图片置入到矩形中，并去除矩形的轮廓线，效果如图 4-21 所示。

图 4-19

图 4-20

图 4-21

2. 添加并编辑书名

步骤 1 选择“基本形状”工具，在属性栏中单击“完美形状”按钮，在弹出的下拉图形列表中选择需要的图标，如图 4-22 所示。在页面适当的位置绘制出需要的图形，如图 4-23 所示。选取上方的红色图标，将其拖曳到适当的位置，如图 4-24 所示。设置图形颜色的 CMYK 值为 3、3、13、0，填充图形，设置轮廓线颜色的 CMYK 值为 30、100、100、0，填充轮廓线，在属性栏中的“轮廓宽度” .2 mm 框中设置数值为 1mm，按 Enter 键，效果如图 4-25 所示。

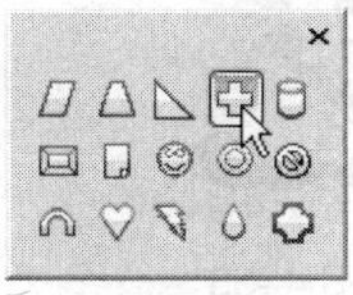
图 4-22

图 4-23

图 4-24

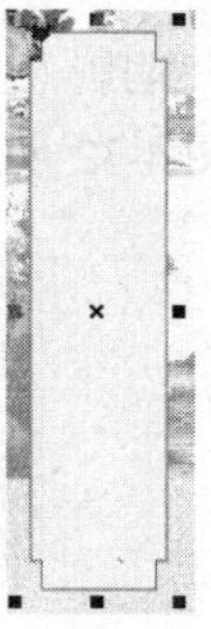
图 4-25

步骤 2 选择“轮廓”工具，单击属性栏中的“轮廓色”按钮，在下拉菜单中单击“更多”按钮，在弹出的对话框中设置轮廓色的 CMYK 值为 50、90、100、0；单击“填充色”按钮，在下拉菜单中单击“更多”按钮，在弹出的对话框中设置填充颜色的 CMYK 值为 3、3、13、0，其他选项的设置如图 4-26 所示，按 Enter 键，效果如图 4-27 所示。

步骤 3 选择“文本”工具，分别在页面输入需要的文字。选择“选择”工具，在属性栏中选择适当的字体并设置文字大小，设置文字颜色的 CMYK 值为 49、98、94、8，填充文字，效果如图 4-28 所示。选取下方的两排文字，单击属性栏中的“将文本更改为垂直方向”按钮，将文本垂直排列，并分别将其拖曳到适当的位置，效果如图 4-29 所示。

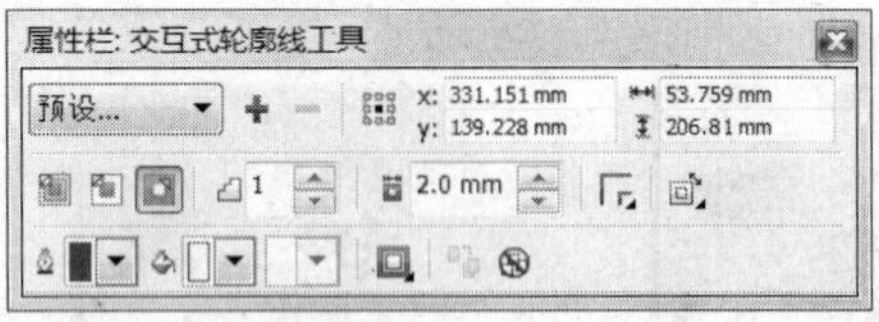

图 4-26

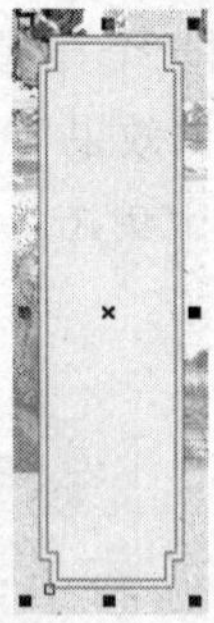

图 4-27

图 4-28

图 4-29

步骤 4 选取文字“艺”，按 F12 键，弹出“轮廓笔”对话框，在“颜色”选项中设置轮廓线颜色为白色，其他选项的设置如图 4-30 所示，单击“确定”按钮，效果如图 4-31 所示。

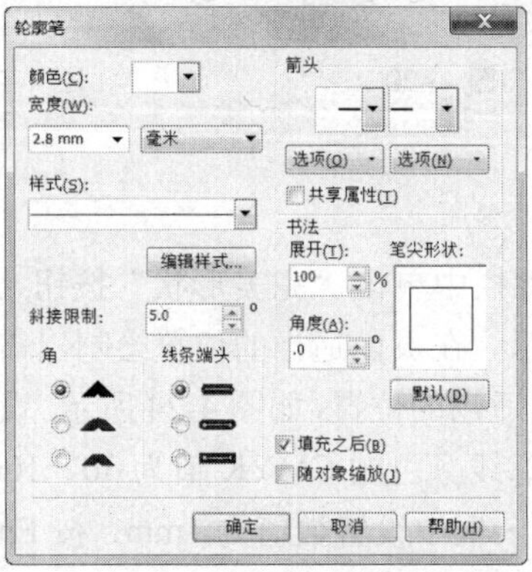

图 4-30

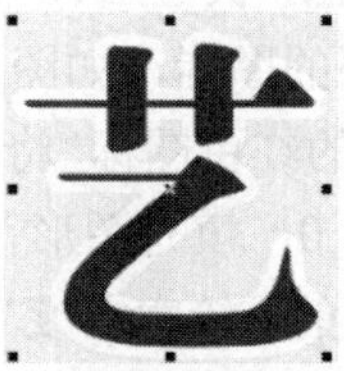

图 4-31

步骤 5 选择“阴影”工具，在文字上由左至右拖曳光标，为图形添加阴影效果，在属性栏中的设置如图 4-32 所示，按 Enter 键，效果如图 4-33 所示。

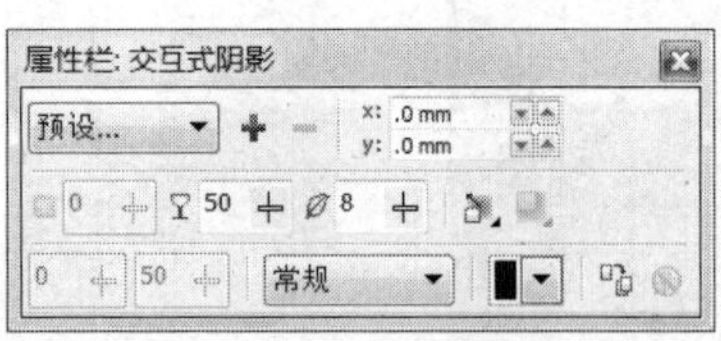

图 4-32

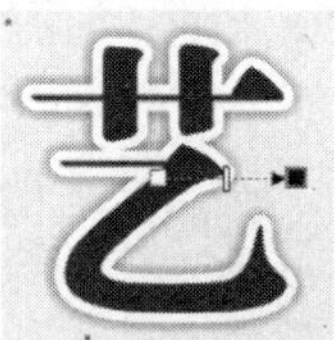

图 4-33

步骤 6 选择“手绘”工具，按住 Ctrl 键，绘制一条直线，设置直线轮廓线颜色的 CMYK 值为 56、89、96、15，填充直线，在属性栏中的“轮廓宽度” .2 mm 框中设置数值为 0.7mm，按 Enter 键，效果如图 4-34 所示。按 Ctrl+I 组合键，弹出“导入”对话框，选择光盘中的“Ch04 > 素材 > 制作艺术品鉴赏书籍封面 > 05”文件，单击“导入”按钮，在页面中单击导入图片，拖曳图片到适当的位置并调整其大小，如图 4-35 所示。

步骤 7 选择“文本”工具，在页面输入需要的文字。选择“选择”工具，在属性栏中选择适当的字体并设置文字大小，设置文字颜色的 CMYK 值为 30、100、100、0，填充文字，效果如图 4-36 所示。单击属性栏中的“将文本更改为垂直方向”按钮，将文本垂直排列，并将其拖曳到适当的位置，效果如图 4-37 所示。

图 4-34

图 4-35

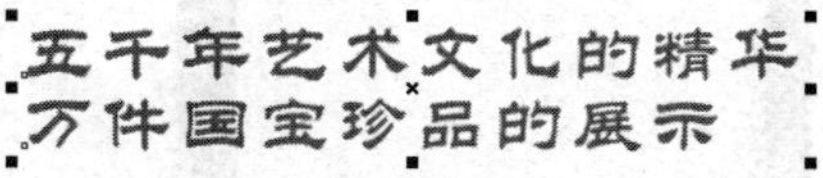

图 4-36

图 4-37

3. 添加并编辑说明性文字

步骤 1 选择“矩形”工具，在适当的位置分别绘制 4 个矩形，设置填充颜色的 CMYK 值为 56、89、96、15，填充图形，并去除矩形的轮廓线，效果如图 4-38 所示。选择“椭圆形”工具，按住 Ctrl 键，绘制 4 个圆形，设置填充颜色的 CMYK 值为 30、100、100、0，填充圆形，并去除图形的轮廓线，效果如图 4-39 所示。

图 4-38

图 4-39

步骤 2 选择“文本”工具，在页面输入需要的文字。选择“选择”工具，在属性栏中选择适当的字体并设置文字大小，效果如图 4-40 所示。选择“文本”工具，分别选取需要的文字，在属性栏中设置适当的文字大小，效果如图 4-41 所示。

图 4-40

图 4-41

步骤 3 选择“选择”工具，选取文字，单击属性栏中的“将文本更改为垂直方向”按钮，将文本垂直排列，并将其拖曳到适当的位置，效果如图 4-42 所示。选择“文本”工具，分别选取需要的文字，填充文字为白色，效果如图 4-43 所示。分别选取需要的文字，设置填充颜色的 CMYK 值为 0、20、40、0，填充文字，效果如图 4-44 所示。

图 4-42

图 4-43

图 4-44

步骤 4 选择“选择”工具，选取文字，向上拖曳下方中间的控制手柄到适当的位置，松开鼠标左键，效果如图 4-45 所示。选择“形状”工具，选取“灿”字下方的节点，如图 4-46 所示，将其拖曳到适当的位置，松开鼠标左键，效果如图 4-47 所示。用相同的方法分别将“今”和“明”的节点拖曳到适当的位置，效果如图 4-48 所示。

图 4-45

图 4-46

图 4-47

图 4-48

步骤 5 选择“文本”工具，在页面输入需要的文字。选择“选择”工具，在属性栏中选择适当的字体并设置文字大小，将文本垂直排列，效果如图 4-49 所示。按 Esc 键，取消选取状态，效果如图 4-50 所示。

图 4-49

图 4-50

4. 制作封底

步骤 1 按 Ctrl+I 组合键，弹出“导入”对话框，选择光盘中的“Ch04 > 素材 > 制作艺术品鉴

赏书籍封面 > 01”文件，单击“导入”按钮，在页面中单击导入图片，将其拖曳到适当的位置并调整其大小，效果如图 4-51 所示。

步骤 2 选择“透明度”工具，在属性栏中的设置如图 4-52 所示，按 Enter 键，透明效果如图 4-53 所示。

图 4–51

图 4–52

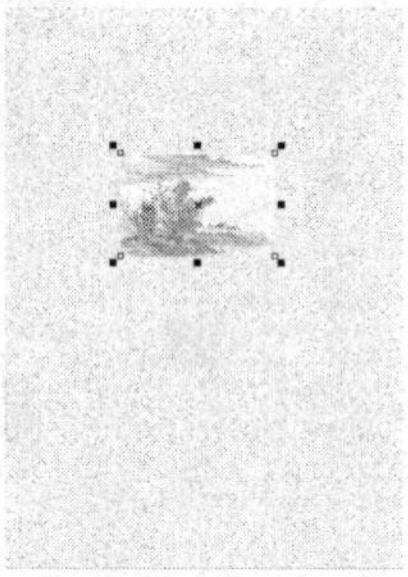

图 4–53

步骤 3 按 Ctrl+I 组合键，弹出“导入”对话框，选择光盘中的“Ch04 > 素材 > 制作艺术品鉴赏书籍封面 > 03”文件，单击“导入”按钮，在页面中单击导入图片，将其拖曳到适当的位置并调整其大小，效果如图 4-54 所示。

步骤 4 选择“文本”工具，在页面中输入需要的文字。选择“选择”工具，在属性栏中选取适当的字体并设置文字大小。设置文字颜色的 CMYK 值为 30、100、100、0，填充文字，效果如图 4-55 所示。选择“选择”工具，单击属性栏中的“文本对齐”按钮，在弹出的下拉菜单中选择“居中”按钮，文本居中对齐，效果如图 4-56 所示。

图 4–54

图 4–55

图 4–56

步骤 5 选择“矩形”工具，在适当的位置绘制一个矩形，填充图形为白色，并去除图形的轮廓线，效果如图 4-57 所示。选择“文本”工具，在白色矩形上输入需要的文字。选择“选择”工具，在属性栏中选取适当的字体并设置文字大小，效果如图 4-58 所示。

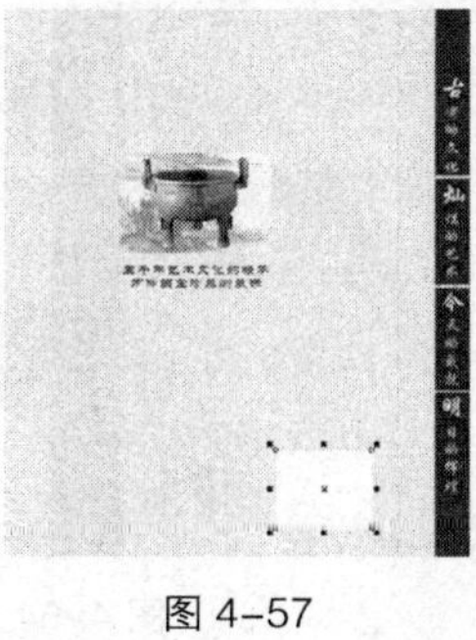

图 4–57

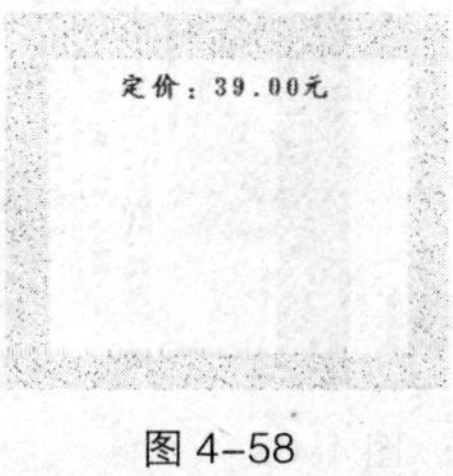

图 4–58

步骤 6 选择“编辑 > 插入条码”命令，在弹出的对话框中进行设置，如图 4-59 所示。单击“下一步”按钮，切换到相应的对话框，设置如图 4-60 所示。单击“下一步”按钮，切换到相应的对话框，设置如图 4-61 所示。单击“完成”按钮，将条码拖曳到适当的位置并调整其大小，效果如图 4-62 所示。

图 4-59

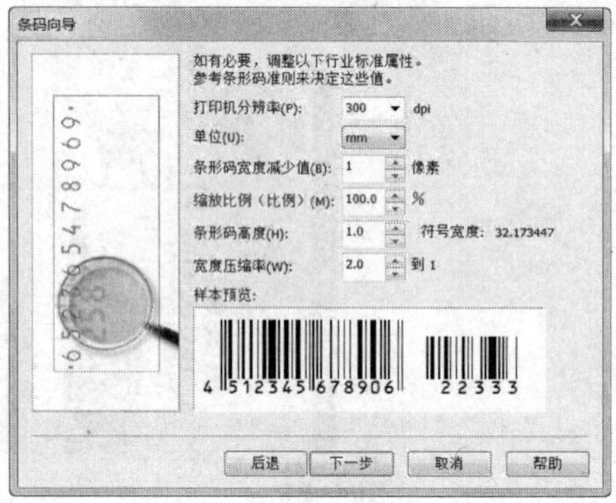

图 4-60

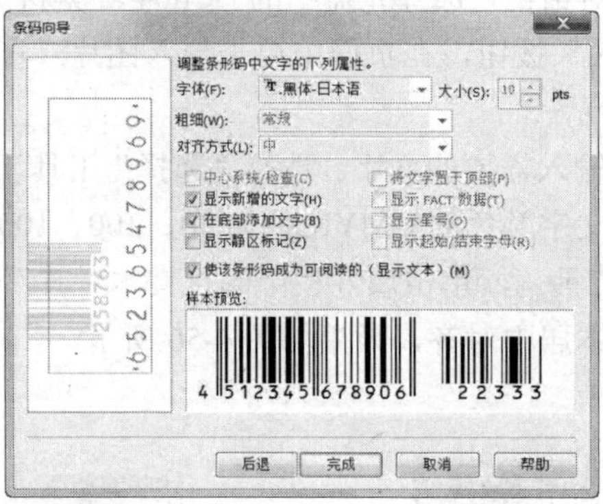

图 4-61

图 4-62

5. 制作书脊

步骤 1 选择“矩形”工具，在页面中绘制一个矩形，设置图形颜色的 CMYK 值为 56、89、96、15，填充图形，并去除图形的轮廓线，效果如图 4-63 所示。

步骤 2 选择“文本”工具，在页面中输入需要的文字。选择“选择”工具，在属性栏中选择合适的字体并设置文字大小，单击“将文本更改为垂直方向”按钮，更改文字方向，拖曳文字到适当的位置，填充文字为白色，效果如图 4-64 所示。

图 4-63

图 4-64

步骤 3 选择“形状”工具，向下拖曳文字下方的图标，调整字距，效果如图 4-65 所示。

选择“选择”工具，在封面选取直线，如图 4-66 所示。按数字键盘上的+键，复制直线，将其拖曳到书脊适当的位置并调整其大小，填充直线为白色，效果如图 4-67 所示。

图 4-65

图 4-66

图 4-67

步骤 4 使用相同的方法分别复制封面中其余需要的图片和文字，并分别调整其位置、大小和颜色，效果如图 4-68 所示。选择“视图 > 辅助线”命令，隐藏辅助线，艺术品鉴赏书籍封面制作完成，效果如图 4-69 所示。

图 4-68

图 4-69

4.1.4 【相关工具】

1. 输入横排文字和竖排文字

选中文本，如图 4-70 所示。在“文本”属性栏中，单击“将文本更改为水平方向”按钮或“将文本更改为垂直方向”按钮，可以水平或垂直排列文本。文本的垂直排列效果如图 4-71 所示。

选择“文本 > 文本属性”命令，弹出“文本属性”泊坞窗，在“图文框”设置区中选择文本的排列方向，如图 4-72 所示，设置好后，按 Enter 键，可以改变文本的排列方向。

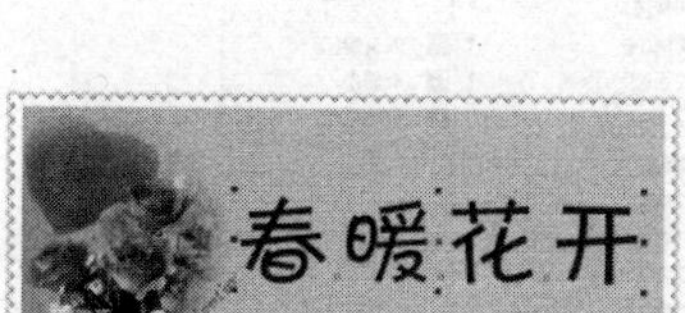

图 4-70

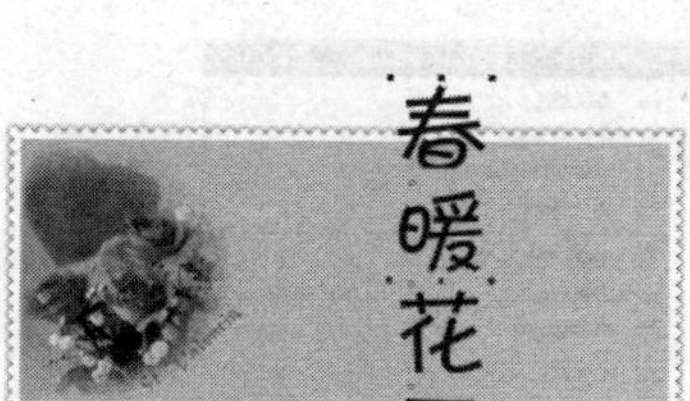

图 4-71

图 4-72

2. 导入位图

选择“文件 > 导入”命令，或按 Ctrl+I 组合键，弹出“导入”对话框。在对话框中的“查找范围”列表框中选择需要的文件夹，在文件夹中选中需要的位图文件，如图 4-73 所示。

选中需要的位图文件后，单击“导入”按钮，鼠标指针变为 形状，如图 4-74 所示。在绘图页面中单击，位图被导入到绘图页面中，如图 4-75 所示。

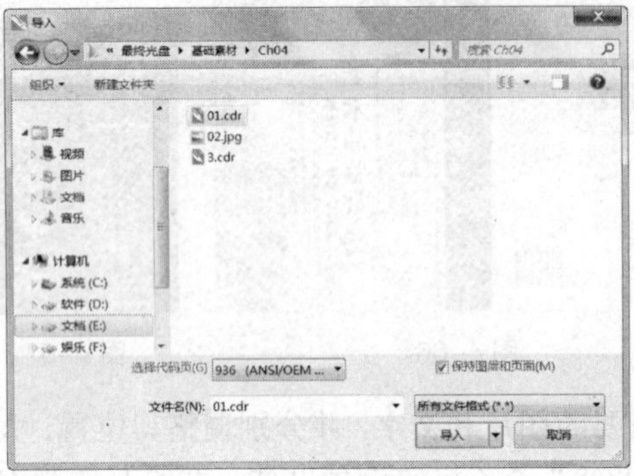

图 4-73

图 4-74

图 4-75

3. 转换为位图

CorelDRAW X6 提供了将矢量图形转换为位图的功能。下面介绍具体的操作方法。

打开一个矢量图形并保持其选取状态，选择“位图 > 转换为位图”命令，弹出“转换为位图”对话框，如图 4-76 所示。

分辨率：在弹出的下拉列表中选择要转换为位图的分辨率。

颜色模式：在弹出的下拉列表中选择要转换的色彩模式。

光滑处理：可以在转换成位图后消除位图的锯齿。

透明背景：可以在转换成位图后保留原对象的通透性。

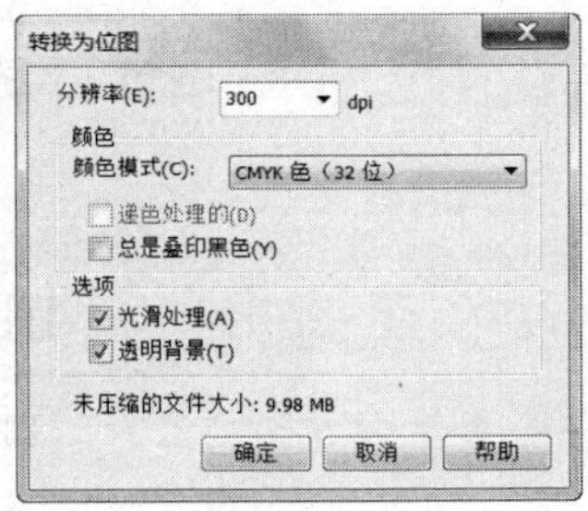

图 4-76

4. 调整位图的颜色

CorelDRAW X6 可以对导入的位图进行颜色的调整，下面介绍具体的操作方法。

选中导入的位图，选择“效果 > 调整”子菜单下的命令，如图 4-77 所示，在弹出的对话框中可以对位图的颜色进行各种方式的调整。

选择“效果 > 变换”子菜单下的命令，如图 4-78 所示，在弹出的对话框中也可以对位图的颜色进行调整。

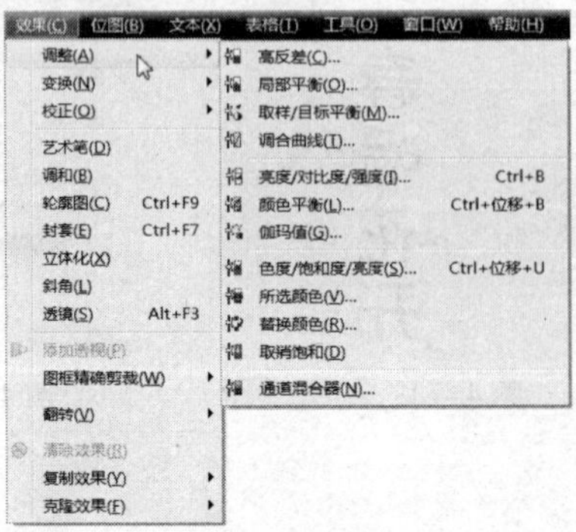

图 4-77

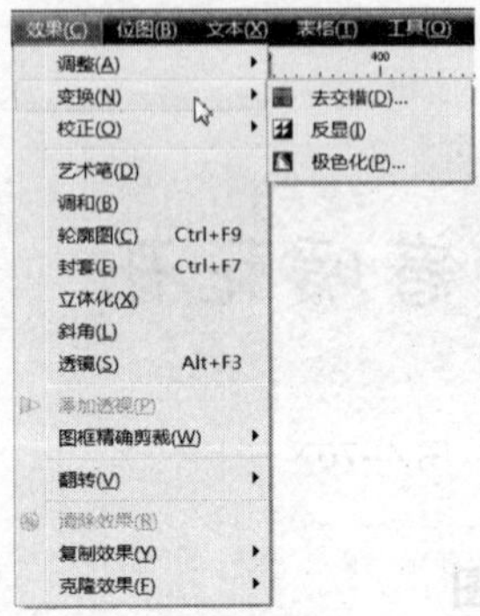

图 4-78

5. 位图色彩模式

位图导入后，选择“位图 > 模式”子菜单下的各种色彩模式，可以转换位图的色彩模式，如图 4-79 所示。不同的色彩模式会以不同的方式对位图的颜色进行分类和显示。

◎ 黑白模式

选中导入的位图，选择“位图 > 模式 > 黑白”命令，弹出“转换为 1 位”对话框，如图 4-80 所示。

在对话框上方的导入位图预览框上单击鼠标左键，可以放大预览图像；单击鼠标右键，可以缩小预览图像。

在对话框的“转换方法”列表框上单击，弹出下拉列表，可以在下拉列表中选择其他的转换方法。拖曳“选项”设置区中的“强度”滑块，可以设置转换的强度。

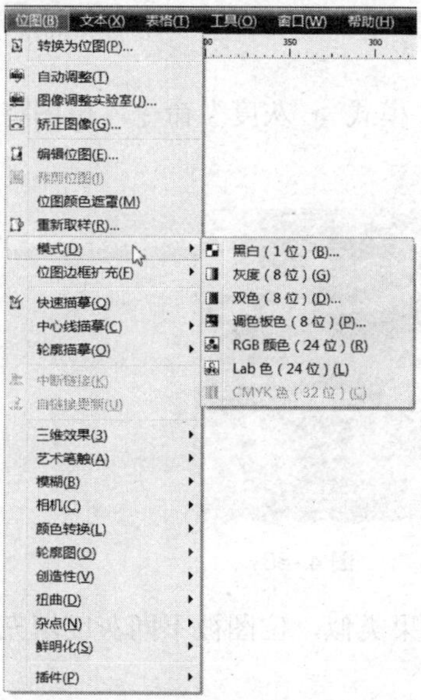

图 4-79

图 4-80

在“转换方法”下拉列表中选择不同的转换方法，可以使黑白位图产生不同的效果。设置完毕，单击“预览”按钮，可以预览设置的效果。单击“确定”按钮，各种效果如图 4-81 所示。

（a）原图效果

（b）线条图

（c）顺序

（d）Jarvis

图 4-81

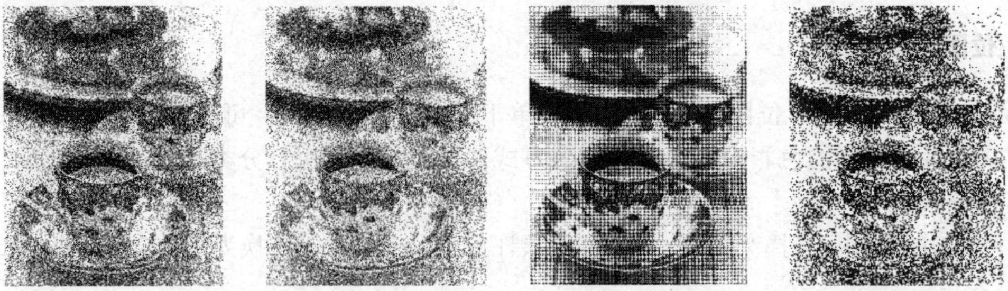

（e）Stucki　（f）Floyd-Steinberg　（g）半色调　（h）基数分布

图 4-81（续）

提　示　"黑白"模式只能用 1bit 的位分辨率来记录它的每一个像素，而且只能显示黑白两色，所以是最简单的位图模式。

◎ 灰度模式

选中导入的位图，如图 4-82 所示。选择"位图 > 模式 > 灰度"命令，位图将转换为 256 灰度模式，如图 4-83 所示。

图 4-82

图 4-83

位图转换为 256 灰度模式后，效果和黑白照片的效果类似，位图被不同灰度填充并失去了所有的颜色。

◎ 双色模式

选中导入的位图，如图 4-84 所示。选择"位图 > 模式 > 双色"命令，弹出"双色调"对话框，如图 4-85 所示。

在对话框的"类型"列表框上单击，弹出下拉列表，可以在下拉列表中选择其他的色调模式。

图 4-84

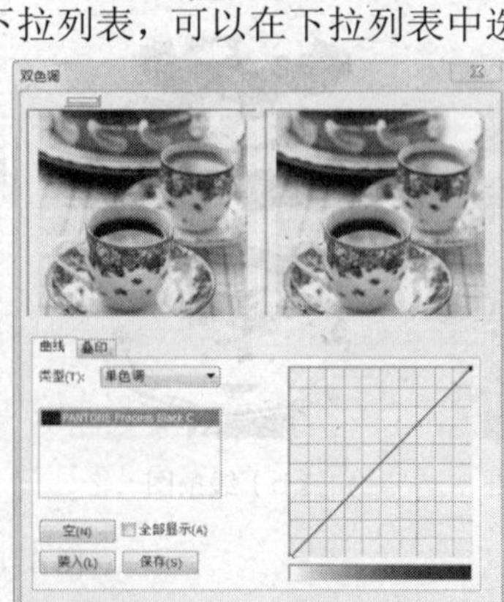

图 4-85

单击“装入”按钮，在弹出的对话框中可以将原来保存的双色调效果载入。单击“保存”按钮，在弹出的对话框中可以将设置好的双色调效果保存。

拖曳右侧显示框中的曲线，可以设置双色调的色阶变化。

在双色调的色标 PANTONE Process Yellow C 上双击，如图 4-86 所示，弹出“选择颜色”对话框。在“选择颜色”对话框中选择要替换的颜色，如图 4-87 所示。单击“确定”按钮，将双色调的颜色替换，如图 4-88 所示。

设置完毕，单击“预览”按钮，可以预览双色调设置的效果；单击“确定”按钮，双色调位图的效果如图 4-89 所示。

图 4-86

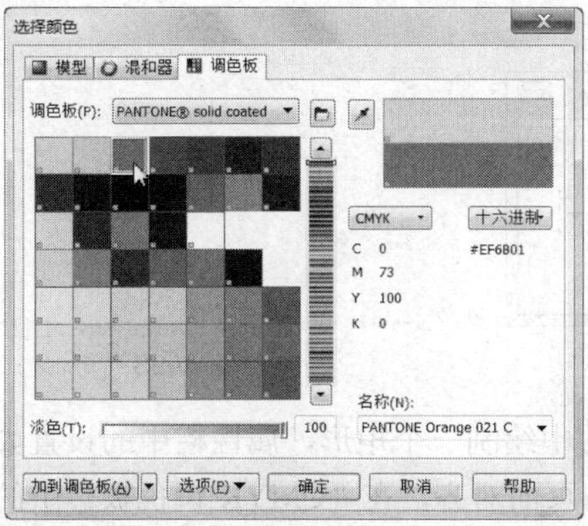

图 4-87

图 4-88

图 4-89

4.1.5 【实战演练】制作文学书籍封面

使用矩形工具和阴影工具制作标题文字的底图。使用文字工具和形状工具制作书名。使用矩形工具和星形工具绘制装饰图形。使用文字工具和段落格式化面板添加封底文字。（最终效果参看光盘中的“Ch04 > 效果 > 制作文学书籍封面”，见图 4-90。）

图 4-90

4.2 制作旅游书籍封面

4.2.1 【案例分析】

本案例是一本旅游书籍的封面设计。书中详细讲解了旅游路线、风俗习惯等旅游相关知识。在封面设计上要表现旅游的乐趣与吸引力。

4.2.2 【设计理念】

在设计过程中，书籍背景使用明亮的黄色，具有冲击力的色彩使书籍能够吸引人的注意，大幅的风景图片放置在封面的主要位置，标题醒目，细节丰富，搭配合理，整体给人热闹、放松的阅读感受。（最终效果参看光盘中的“Ch04 > 效果 > 制作旅游书籍封面”，见图 4-91。）

图 4-91

4.2.3 【操作步骤】

1. 制作书籍封面

步骤 1 打开 CorelDRAW X6 软件，按 Ctrl+N 组合键，新建一个页面。在属性栏的“页面度量”选项中分别设置宽度为 315mm，高度为 230mm，如图 4-92 所示。按 Enter 键，页面尺寸显示为设置的大小，如图 4-93 所示。

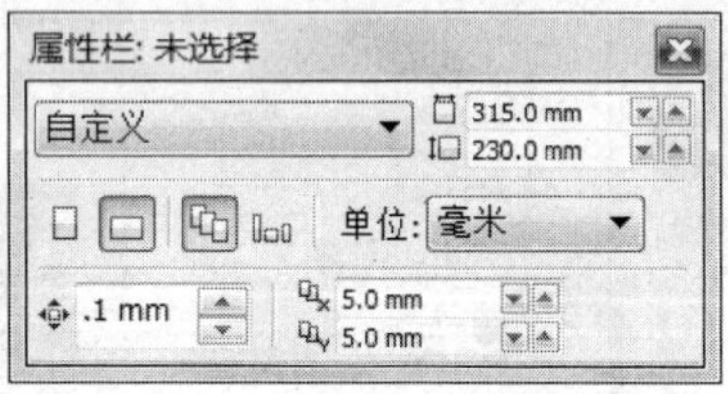

图 4–92

图 4–93

步骤 2 选择“矩形”工具，在页面中绘制一个矩形，属性栏中的设置如图 4-94 所示，效果如图 4-95 所示。按 P 键，将图形与页面对齐，在“CMYK 调色板”中的“黄”色块上单击，填充图形，并去除图形的轮廓线，效果如图 4-96 所示。选择“视图 > 显示 > 出血”命令，页面显示出血，如图 4-97 所示。

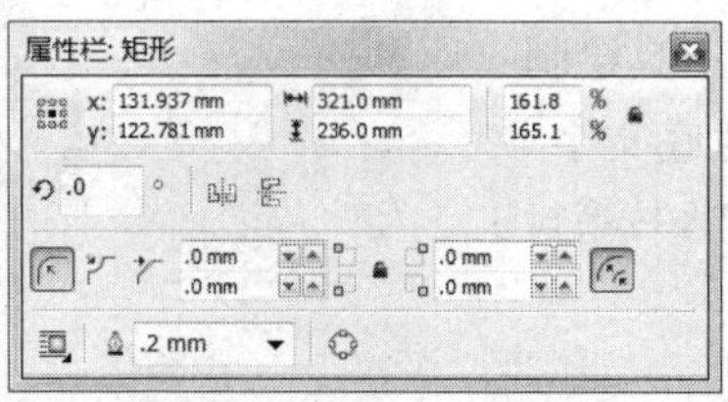

图 4–94

图 4–95

图 4–96

图 4–97

步骤 3 按 Ctrl+J 组合键，弹出“选项”对话框，选择“辅助线 > 垂直”选项，在文字框中设置数值为 150mm，如图 4-98 所示，单击“添加”按钮，在页面中添加一条垂直辅助线。用相同方法再添加 165mm 的垂直辅助线，单击“确定”按钮，效果如图 4-99 所示。

图 4-98

图 4-99

步骤 4 选择“矩形”工具，在页面上绘制一个矩形，在“CMYK 调色板”中的“红”色块上单击鼠标，填充图形，并去除图形的轮廓线，效果如图 4-100 所示。选择“手绘”工具，按住 Shift 键的同时，在适当的位置绘制一条直线，如图 4-101 所示。

图 4-100

图 4-101

步骤 5 按 F12 键，弹出“轮廓笔”对话框，在“颜色”选项中设置轮廓线颜色为白色，其他选项的设置如图 4-102 所示，单击“确定”按钮，效果如图 4-103 所示。选择“选择”工具，按住 Shift+Alt 组合键的同时，将其垂直向下拖曳到适当的位置，复制虚线，效果如图 4-104 所示。

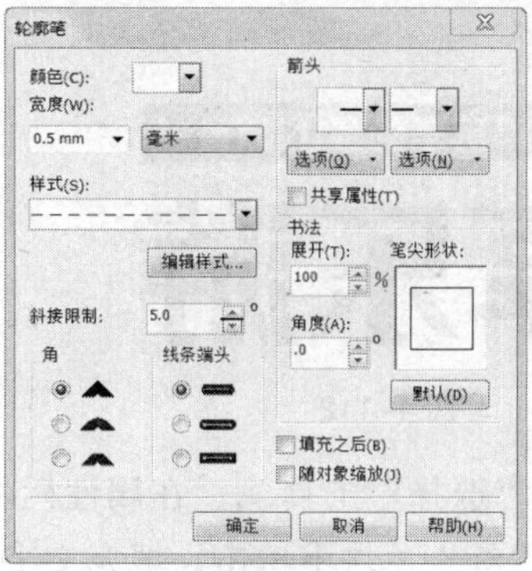

图 4-102

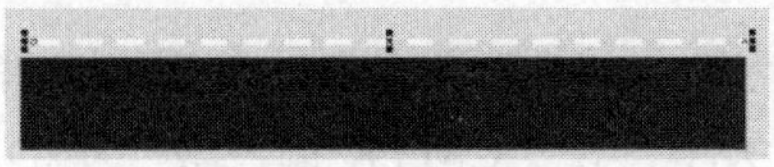

图 4-103

图 4-104

步骤 6 选择“椭圆形”工具，按住 Ctrl 键的同时，在页面中绘制一个圆形，如图 4-105 所示。在属性栏中将“轮廓宽度” .2 mm 选项设为 0.75mm，在“CMYK 调色板”中的“红”色块上单击鼠标，填充图形，并填充轮廓线为白色，效果如图 4-106 所示。

图 4-105

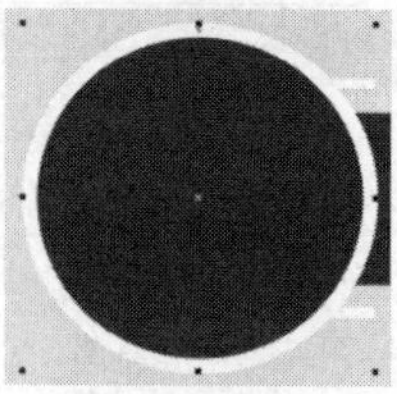

图 4-106

步骤 7 选择“椭圆形”工具，按住 Ctrl 键的同时，在页面中绘制一个圆形，填充图形为白色，并去除图形的轮廓线，如图 4-107 所示。选择“文本”工具，在页面中分别输入需要的文字。选择“选择”工具，在属性栏中选择合适的字体并设置文字大小，填充文字为白色，效果如图 4-108 所示。

步骤 8 选择“文本”工具，在页面中输入需要的文字。选择“选择”工具，在属性栏中选择合适的字体并设置文字大小，单击属性栏中的“将文本更改为垂直方向”按钮，更改文字方向，设置文字填充颜色的 CMYK 值为 100、80、50、30，填充文字，效果如图 4-109 所示。

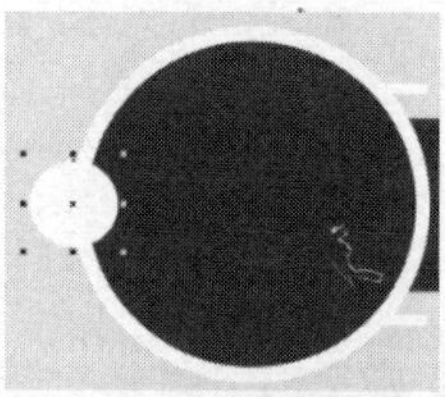

图 4-107

图 4-108

图 4-109

步骤 9 选择“形状”工具，向上拖曳文字下方的图标，适当调整字间距，效果如图 4-110 所示。

步骤 10 选择“文本”工具，在页面中输入需要的文字。选择“选择”工具，在属性栏中选择合适的字体并设置文字大小，设置文字颜色的 CMYK 值为 100、80、50、30，填充文字，效果如图 4-111 所示。选择“形状”工具，向左拖曳文字下方的图标，适当调整字间距，效果如图 4-112 所示。

图 4-110

图 4-111

图 4-112

步骤 11 选择“文本”工具，在页面中输入需要的文字。选择“选择”工具，在属性栏中选择合适的字体并设置文字大小，在“CMYK 调色板”中的“红”色块上单击，填充文字，效果如图 4-113 所示。

步骤 12 选择“文件 > 导入”命令，弹出“导入”对话框。选择光盘中的“Ch04 > 素材 > 制作旅游书籍封面 > 01”文件，单击“导入”按钮，在页面中单击导入图片，将其拖曳到适当的位置，并适当调整其大小，效果如图 4-114 所示。

图 4-113

图 4-114

步骤 13 选择“矩形”工具，在适当的位置绘制一个矩形，在“CMYK 调色板”中的“洋红”色块上单击，填充图形，并去除图形的轮廓线，效果如图 4-115 所示。在属性栏中的“圆角半径”框中进行设置，如图 4-116 所示，按 Enter 键，效果如图 4-117 所示。

图 4-115

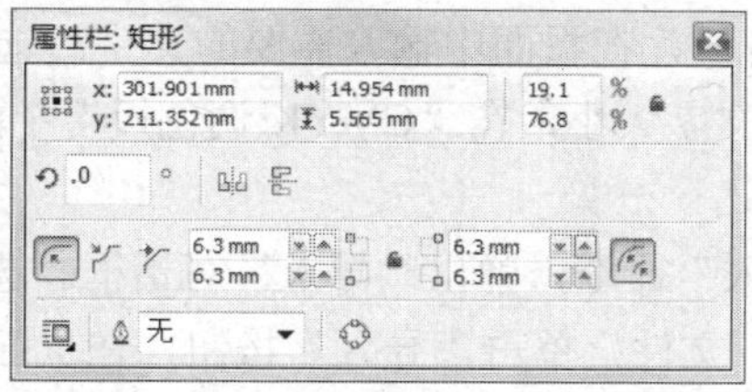

图 4-116

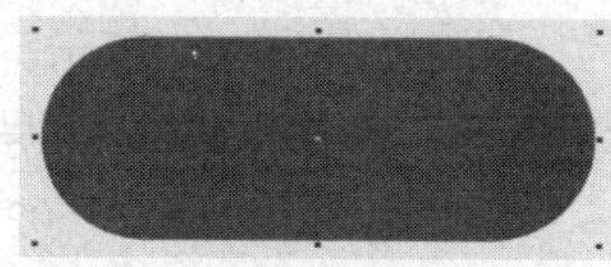

图 4-117

步骤 14 选择“椭圆形”工具，按住 Ctrl 键的同时，在适当的位置绘制一个圆形，设置图形颜色的 CMYK 值为 76、100、73、50，填充图形，并去除图形的轮廓线，效果如图 4-118 所示。

步骤 15 选择“文本”工具，在页面中分别输入需要的文字。选择“选择”工具，在属性栏中选择合适的字体并设置文字大小，填充文字为白色，效果如图 4-119 所示。用相同的方法制作其他图形与文字，并分别填充适当的颜色，效果如图 4-120 所示。

图 4-118

图 4-119

图 4-120

步骤 16 选择“椭圆形”工具，在页面空白处分别绘制多个椭圆形，如图 4-121 所示。选择“选择”工具，用圈选的方法将多个椭圆形全部选取，单击属性栏中的“合并”按钮，将图形合并，效果如图 4-122 所示。

图 4-121

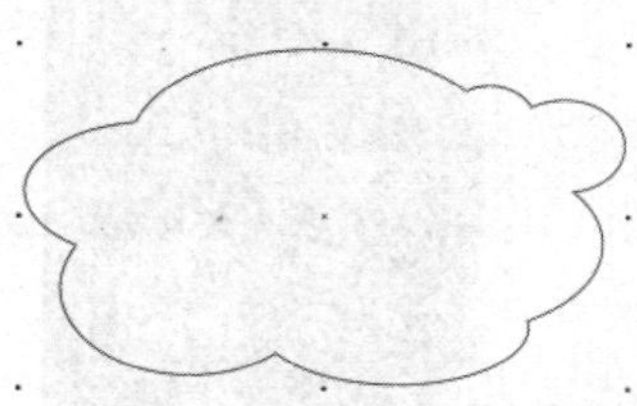

图 4-122

步骤 17 选择“选择”工具，将图形拖曳到页面中适当的位置，设置图形颜色的 CMYK 值为 100、80、50、30，填充图形，并去除图形的轮廓线，效果如图 4-123 所示。

步骤 18 选择“箭头形状”工具，在属性栏中单击“完美形状”按钮，在弹出的下拉图形列表中选择需要的图标，如图 4-124 所示。在页面中的适当位置拖曳鼠标绘制一个箭头图形，如图 4-125 所示。在“CMYK 调色板”中的“黄”色块上单击，填充箭头图形，并去除箭头图形的轮廓线，效果如图 4-126 所示。

图 4-123

图 4-124

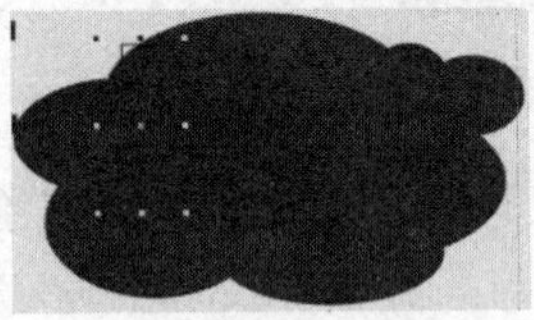

图 4-125

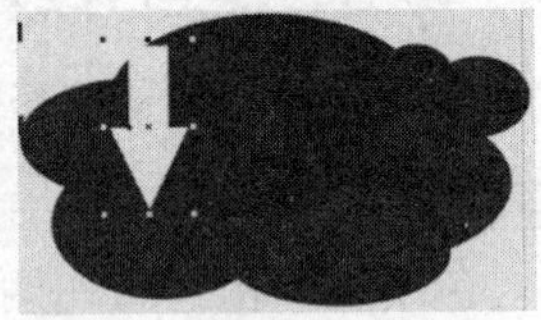

图 4-126

步骤 19 选择“文本”工具，在页面中输入需要的文字。选择“选择”工具，在属性栏中选择合适的字体并设置文字大小，在“CMYK 调色板”中的“黄”色块上单击，填充文字，效果如图 4-127 所示。

步骤 20 选择“文件 > 导入”命令，弹出“导入”对话框。选择光盘中的“Ch04 > 素材 > 制作旅游书籍封面 > 02”文件，单击“导入”按钮，在页面中单击导入图片，将其拖曳到适当的位置，并适当调整其大小，效果如图 4-128 所示。

图 4-127

图 4-128

步骤 21 选择“文件 > 导入”命令，弹出“导入”对话框。选择光盘中的“Ch04 > 素材 > 制作旅游书籍封面 > 03”文件，单击“导入”按钮，在页面中单击导入图片，适当调整其位置和大小，效果如图 4-129 所示。单击属性栏中的“垂直镜像”按钮，将图形垂直翻转，效果如图 4-130 所示。

图 4-129

图 4-130

步骤 22 选择“矩形”工具，在页面中绘制一个矩形，如图 4-131 所示。选择“选择”工具，单击选取矩形后面的图片。选择“效果 > 图框精确剪裁 > 置于图文框内部”命令，鼠标光标变成黑色箭头，在矩形上单击，如图 4-132 所示，将选取的图形置入矩形中，去除图形的轮廓线，效果如图 4-133 所示。

图 4-131

图 4-132

图 4-133

2. 添加装饰图形及内容文字

步骤 1 选择“星形”工具，在属性栏中的设置如图 4-134 所示，按住 Shift 键的同时，在页面中适当的位置绘制一个图形，在“CMYK 调色板”中的“黄”色块上单击，填充图形，并去除图形的轮廓线，效果如图 4-135 所示。

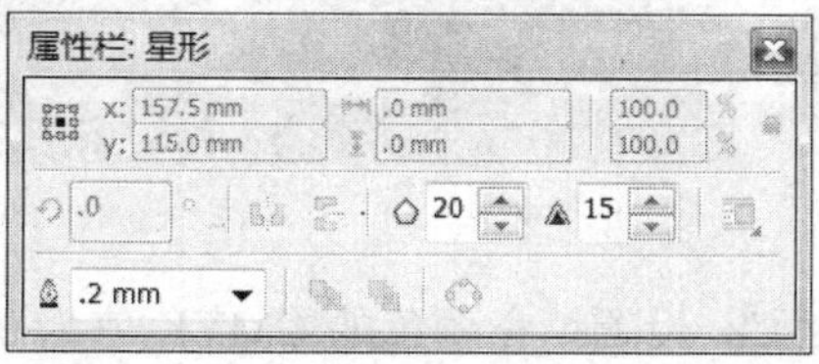

图 4-134

图 4-135

步骤 2 选择“阴影”工具，在星形上从上至下拖曳光标，为图片添加阴影效果，属性栏中的设置如图 4-136 所示。按 Enter 键，效果如图 4-137 所示。

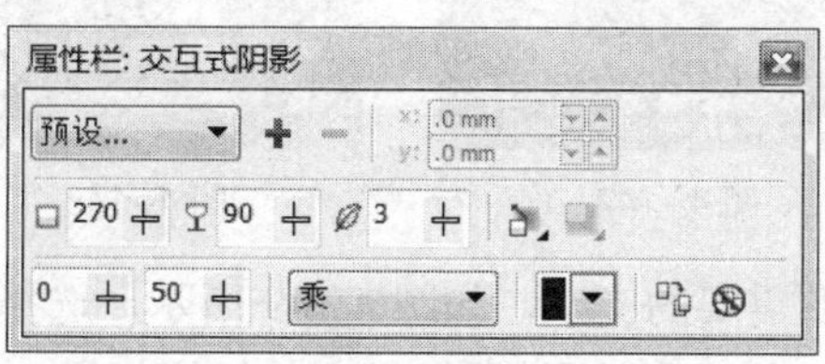

图 4-136

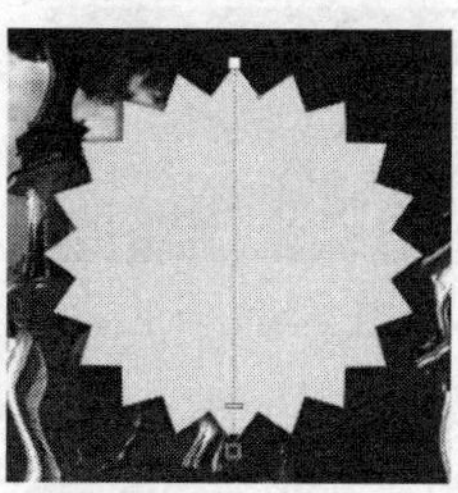

图 4-137

步骤 3 选择“手绘”工具，按住 Shift 键的同时，在适当的位置绘制一条直线，如图 4-138 所示。按 F12 键，弹出“轮廓笔”对话框，选项的设置如图 4-139 所示，单击“确定”按钮，效果如图 4-140 所示。选择“选择”工具，按住 Shift+Alt 组合键的同时，将其垂直向下拖曳到适当的位置，复制虚线，效果如图 4-141 所示。

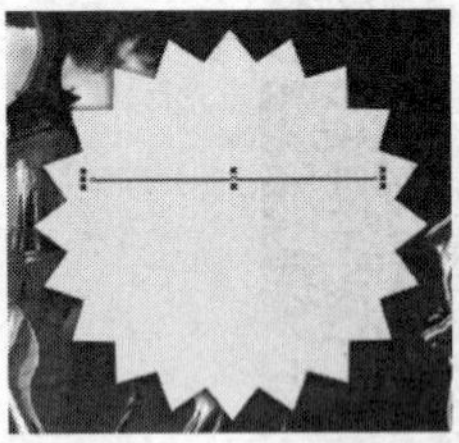
图 4-138

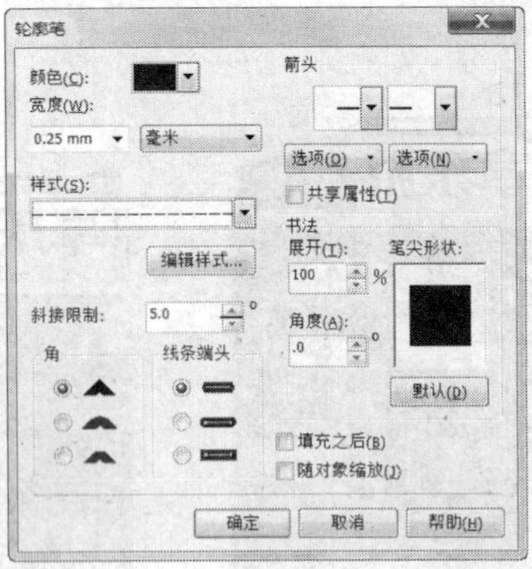
图 4-139

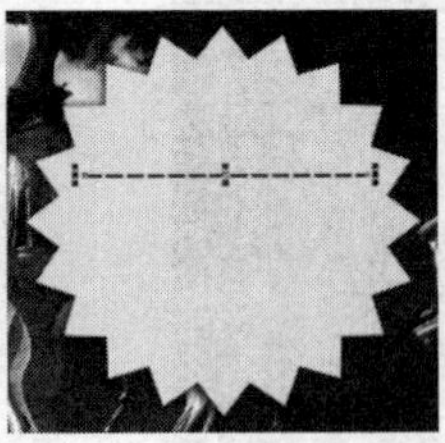
图 4-140

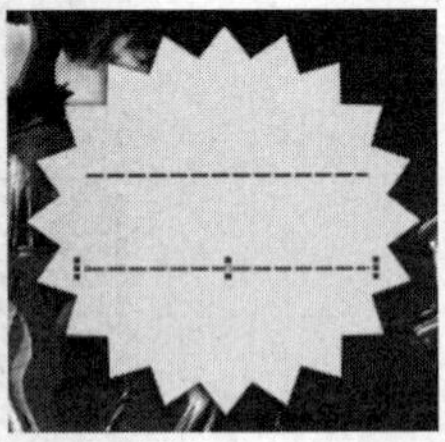
图 4-141

步骤 4 选择“文本”工具，在页面中分别输入需要的文字。选择“选择”工具，在属性栏中选择合适的字体并设置文字大小，在“CMYK 调色板”中的“红”色块上单击，填充文字，效果如图 4-142 所示。

步骤 5 选择“文本”工具，在页面中分别输入需要的文字。选择“选择”工具，在属性栏中选择合适的字体并设置文字大小，效果如图 4-143 所示。按住 Shift 键的同时，将需要的文字同时选取，如图 4-144 所示，填充文字为白色，效果如图 4-145 所示。

图 4-142

图 4-143

图 4-144

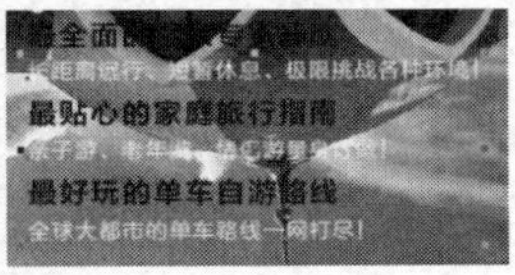
图 4-145

步骤 6 选择“文本”工具，选取文字“最全面”，设置填充颜色的 CMYK 值为 0、100、100、30，填充文字，并取消文字的选取状态，效果如图 4-146 所示。选取文字“的资深专家解读”，设置填充颜色的 CMYK 值为 0、10、100、0，填充文字，并取消文字的选取状态，效果如图 4-147 所示。用相同方法为其他文字分别填充适当的颜色，效果如图 4-148 所示。

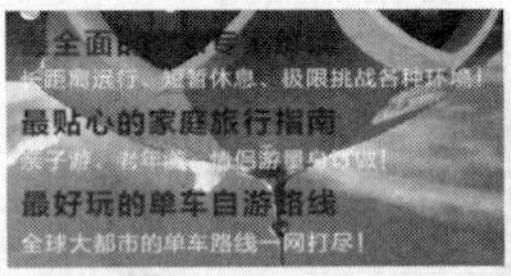
图 4-146

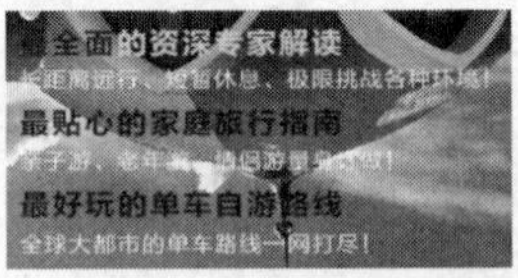
图 4-147

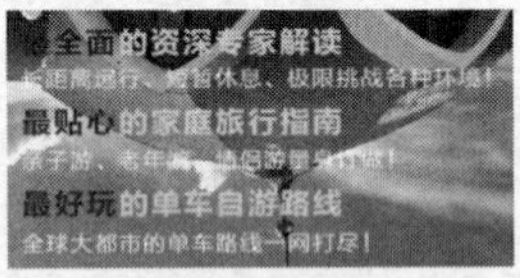
图 4-148

步骤 7 选择“选择”工具，单击选取需要的文字，如图 4-149 所示。选择“阴影”工具，在文字上从上至下拖曳光标，为文字添加阴影效果，属性栏中的设置如图 4-150 所示。按 Enter 键，效果如图 4-151 所示。用相同方法为其他文字添加阴影效果，如图 4-152 所示。

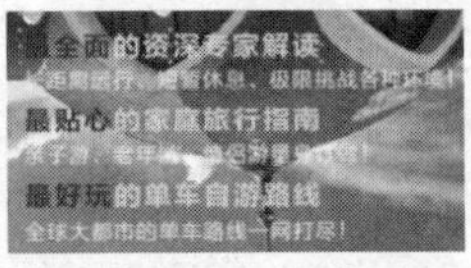
图 4-149

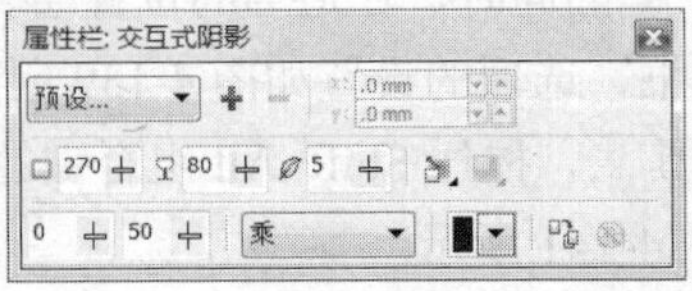
图 4-150

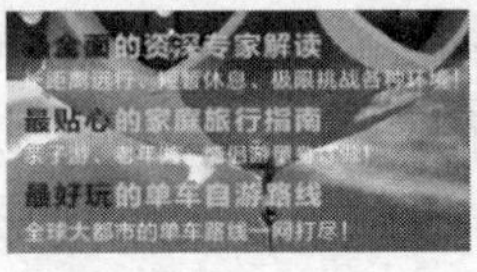
图 4-151

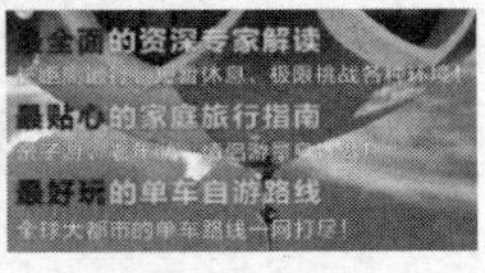
图 4-152

步骤 8 选择“矩形”工具，在页面中适当的位置绘制一个矩形，填充图形为白色，并去除图形的轮廓线，效果如图 4-153 所示。选择“透明度”工具，在属性栏中进行设置，如图 4-154 所示，按 Enter 键，效果如图 4-155 所示。

图 4–153

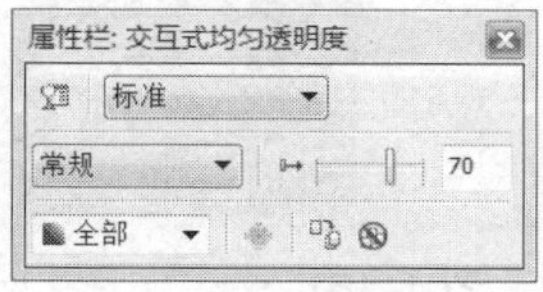

图 4–154

图 4–155

步骤 9 选择“矩形”工具，在页面中适当的位置绘制一个矩形，设置图形颜色的 CMYK 值为 0、100、100、30，填充图形，并去除图形的轮廓线，效果如图 4-156 所示。选择“形状”工具，单击属性栏中的“倒棱角”按钮，改变棱角效果，并拖曳矩形左上角的节点到适当的位置，效果如图 4-157 所示。

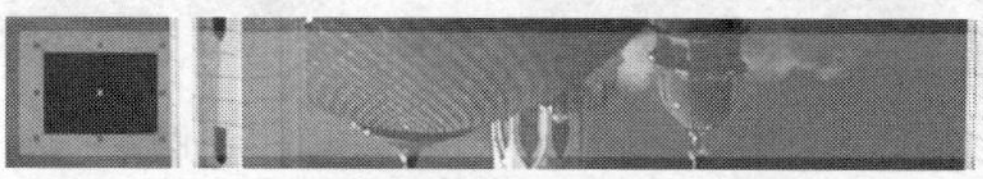

图 4–156

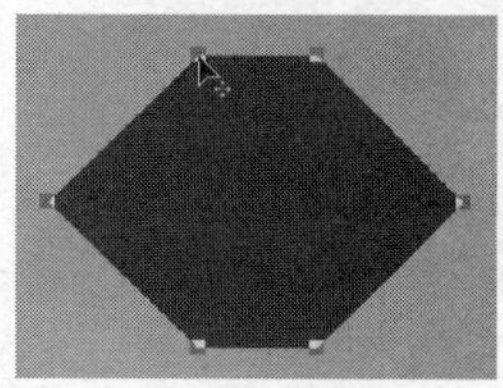

图 4–157

步骤 10 选择“选择”工具，按数字键盘上的+键，复制图形，按住 Shift 键的同时，向内拖曳右上角的控制手柄到适当的位置，将图形等比例缩小，设置图形颜色的 CMYK 值为 0、90、100、0，填充图形，效果如图 4-158 所示。

步骤 11 选择“选择”工具，按数字键盘上的+键，复制图形，按住 Shift 键的同时，向内拖曳右上角的控制手柄到适当的位置，将图形等比例缩小，设置图形颜色的 CMYK 值为 0、100、100、60，填充图形，效果如图 4-159 所示。

步骤 12 选择“文本”工具，在页面中输入需要的文字。选择“选择”工具，在属性栏中选择合适的字体并设置文字大小，效果如图 4-160 所示。

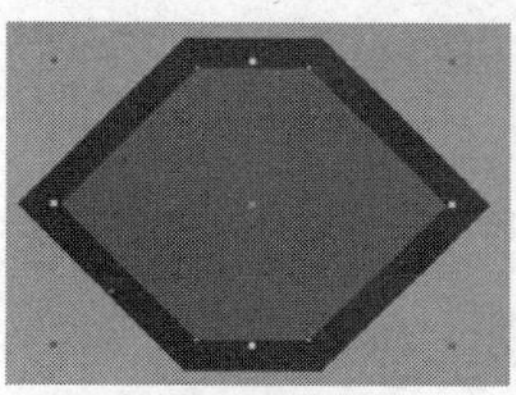

图 4–158

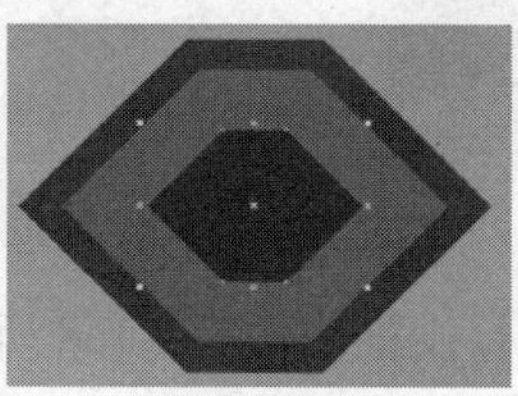

图 4–159

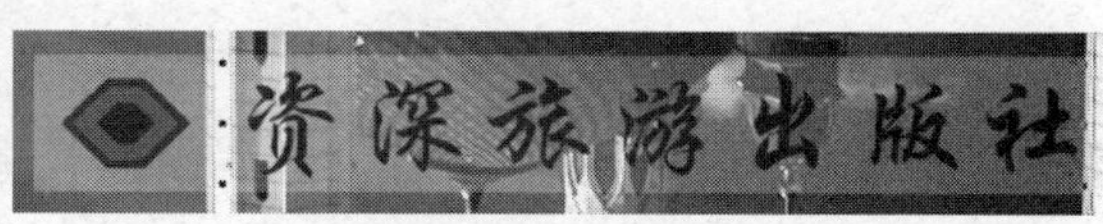

图 4–160

3. 制作封底与书脊

步骤 1 选择“文本”工具，在页面中输入需要的文字。选择“选择”工具，在属性栏中选择合适的字体并设置文字大小，效果如图 4-161 所示。选择“文件 > 导入”命令，弹出“导入”对话框。选择光盘中的“Ch04 > 素材 > 制作旅游书籍封面 > 04”文件，单击“导入”按钮，在页面中单击导入图片，适当调整其大小和位置，效果如图 4-162 所示。

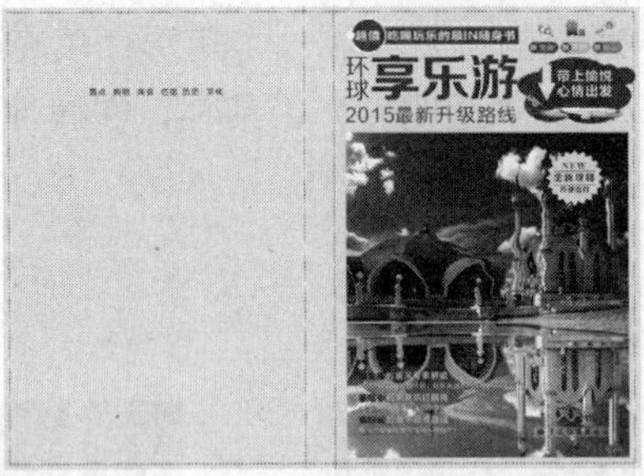

图 4-161

图 4-162

步骤 2 选择“矩形”工具，在页面中适当的位置绘制一个矩形，如图 4-163 所示。选择“选择”工具，单击选取矩形后面的图片，选择“效果 > 图框精确剪裁 > 置于图文框内部”命令，鼠标光标变成黑色箭头，在矩形上单击，如图 4-164 所示，将选取的图片置入矩形中，去除图形的轮廓线，效果如图 4-165 所示。

图 4-163

图 4-164

图 4-165

步骤 3 用上述方法导入光盘中的“Ch04 > 素材 > 制作旅游书籍封面 > 05”文件，并制作剪裁效果，如图 4-166 所示。选择“文件 > 导入”命令，弹出“导入”对话框。选择光盘中的“Ch04 > 素材 > 制作旅游书籍封面 > 06”文件，单击“导入”按钮，在页面中单击导入图片，将其拖曳到适当的位置，并适当调整其大小，效果如图 4-167 所示。

图 4-166

图 4-167

步骤 4 选择“透明度”工具，在属性栏中进行设置，如图 4-168 所示，按 Enter 键，效果如图 4-169 所示。选择“文本”工具，在页面中输入需要的文字。选择“选择”工具，在属性栏中选择合适的字体并设置文字大小，效果如图 4-170 所示。

图 4-168

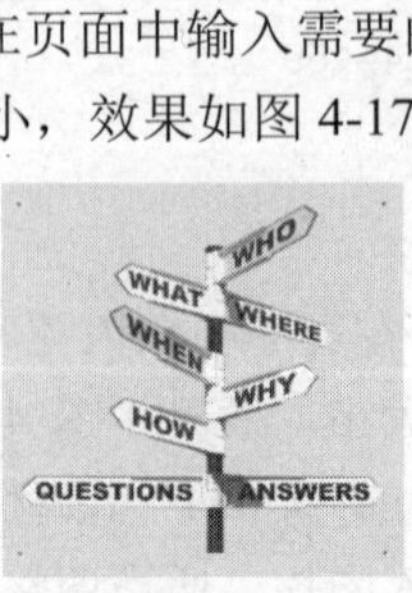

图 4-169

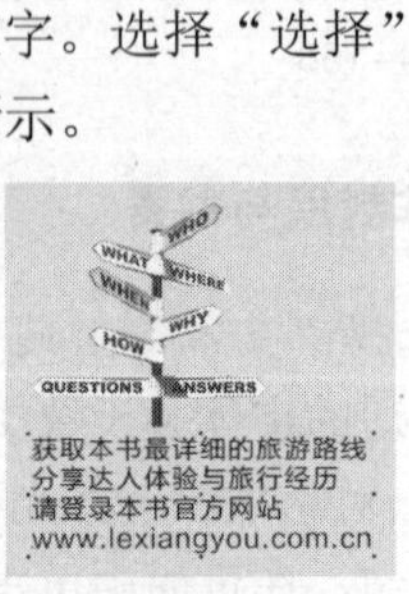

图 4-170

步骤 5 选择“文本 > 文本属性”命令，在弹出的面板中进行设置，如图 4-171 所示，按 Enter 键，效果如图 4-172 所示。选择“文本”工具字，选取需要的文字，如图 4-173 所示，在属性栏中设置适当的文字大小，取消文字的选取状态，效果如图 4-174 所示。

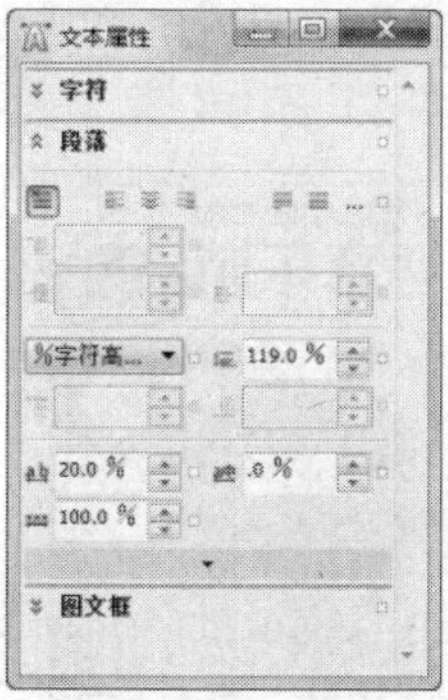

图 4-171

图 4-172

图 4-173

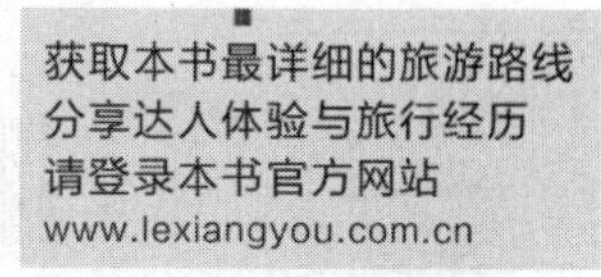

图 4-174

步骤 6 选择“矩形”工具□，在页面中适当的位置绘制一个矩形，填充为白色，并去除图形的轮廓线，效果如图 4-175 所示。

步骤 7 选择“编辑 > 插入条码”命令，弹出“条码向导”对话框，在各选项中按需要进行设置，如图 4-176 所示。设置好后，单击“下一步”按钮，在设置区内按需要进行设置，如图 4-177 所示。设置好后，单击“下一步”按钮，在设置区内按需要进行各项设置，如图 4-178 所示。设置好后，单击“完成”按钮，效果如图 4-179 所示。

图 4-175

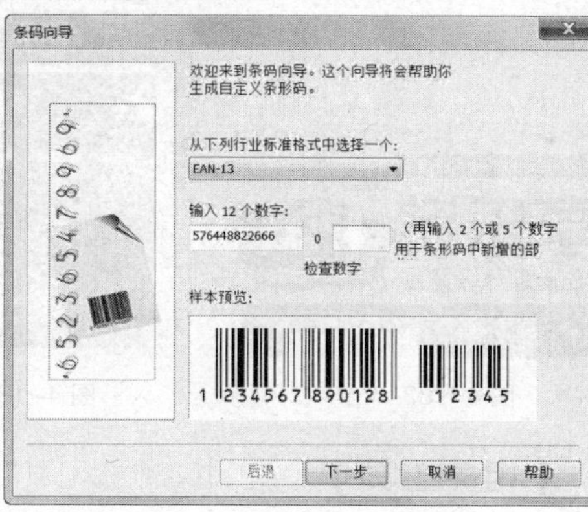

图 4-176

图 4-177

图 4-178

图 4-179

步骤 8　选择“选择”工具，将条形码拖曳到页面中适当的位置，并调整其大小，效果如图 4-180 所示。

步骤 9　选择“文本”工具，在页面中分别输入需要的文字。选择“选择”工具，在属性栏中选择合适的字体并设置文字大小，效果如图 4-181 所示。选择“选择”工具，单击选取需要的文字，如图 4-182 所示。

图 4-180

图 4-181

图 4-182

步骤 10　按数字键盘上的+键，复制文字，单击属性栏中的“将文本更改为垂直方向”按钮，更改文字方向，并将其拖曳到适当的位置，调整其大小，效果如图 4-183 所示。

步骤 11　用相同方法复制其他文字与图形，并分别对其进行调整，效果如图 4-184 所示。旅游书籍封面制作完成，效果如图 4-185 所示。

图 4-183

图 4-184

图 4-185

4.2.4 【相关工具】

输入美术字文本或段落文本，效果如图 4-186 所示。使用“形状”工具选中文本，文本的节点将处于编辑状态，如图 4-187 所示。

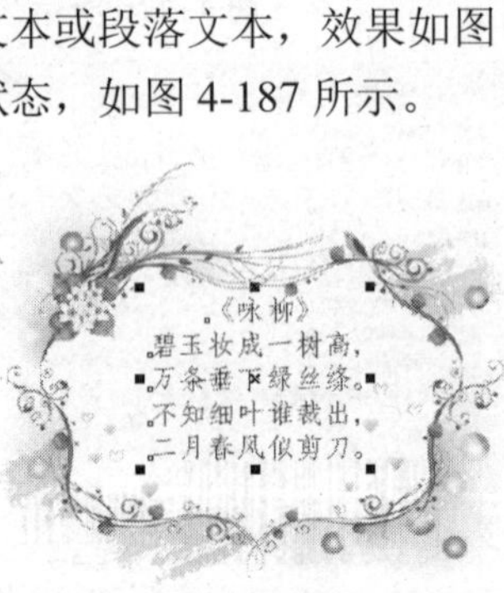

图 4-186

图 4-187

用光标拖曳图标，可以调整文本中字符和字符的间距，拖曳图标，可以调整文本中行的间距，如图 4-188 所示。使用键盘上的方向键，可以对文本进行微调。按住 Shift 键，将段落中第二行文字左下角的节点全部选中，如图 4-189 所示。

图 4-188

图 4-189

将光标放在黑色的节点上并拖曳鼠标，如图 4-190 所示。可以将第二行文字移动到需要的位置，效果如图 4-191 所示。使用相同的方法也可以对单个字进行移动调整。

图 4-190

图 4-191

提　示　单击“文本”属性栏中的“文本属性”按钮，或选择“文本 > 文本属性”命令，弹出“文本属性”面板，在“字距调整范围”选项的数值框中可以设置字符的间距，在“段落”设置区的“行距”选项中可以设置行的间距。

4.2.5 【实战演练】制作茶鉴赏书籍封面

使用矩形工具、导入命令和图框精确剪裁命令制作书籍封面；使用亮度/对比度/强度和颜色平衡命令调整图片颜色；使用高斯式模糊命令制作图片的模糊效果；使用文本工具输入竖排和横排文字；使用转换为曲线命令和渐变工具转换并填充文字。（最终效果参看光盘中的“Ch04 > 效果 > 制作茶鉴赏书籍封面”，见图 4-192。）

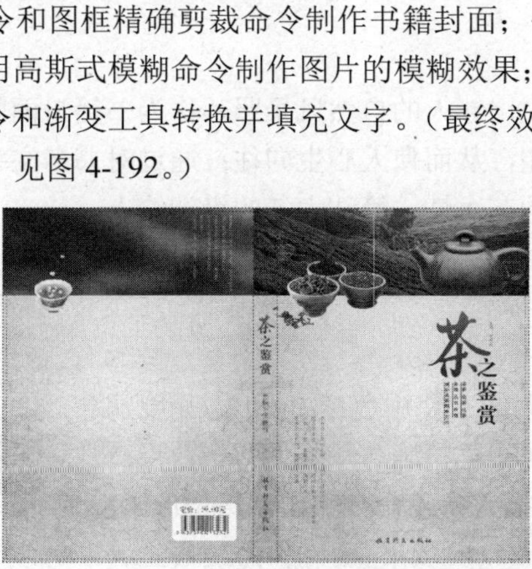

图 4-192

4.3 综合演练——制作药膳书籍封面

4.3.1 【案例分析】

药膳发源于我国传统的饮食和中医食疗文化，既将药物作为食物，又将食物赋予药用，二者相辅相成，相得益彰；既具有较高的营养价值，又可防病治病、保健强身、延年益寿。本案例是制作一本药膳书籍的封面，要求封面设计能够传达出本书的内容。

4.3.2 【设计理念】

在设计过程中，白色的背景给人干净整洁的印象；食物、药材与文字的结合充分展示出书籍宣传的主体，体现出丰富全面的内容和均衡营养的饮食方式。整体设计在用色上清新淡雅，内容上丰富全面，主次分明，让人一目了然。

4.3.3 【知识要点】

使用转换为位图命令和高斯式模糊命令制作文字阴影；使用色度/饱和度/亮度命令调整图片饱和度；使用文本工具添加文字；使用对齐和分布命令调整图片位置；使用贝塞尔工具绘制不规则图形。（最终效果参看光盘中的“Ch04 > 效果 > 制作药膳书籍封面”，见图 4-193。）

图 4-193

4.4 综合演练——制作影随心生书籍封面

4.4.1 【案例分析】

《影随心生》是一本介绍摄影技巧的专业书籍。要求进行书籍封面设计，用于书籍的出版发售。要针对摄影爱好者的喜好来进行设计，在封面上充分表现书籍的特色，并能赢得消费者的关注。

4.4.2 【设计理念】

在设计制作过程中，首先用迷人的自然风景照片作为书籍封面的背景，在突出主题的同时，从侧面反映出拍摄技术的高超，从而使人心生向往；通过对书名文字的艺术化处理，在增加画面活泼感的同时，增加了书籍的艺术性；简洁大气的设计给人无限的想象空间。

4.4.3 【知识要点】

使用辅助线命令添加辅助线；使用色度/饱和度/亮度调整背景图片；使用矩形工具和图框精确剪裁制作背景效果；使用文本工具添加文字；使用插入条码命令制作书籍条形码。（最终效果参看光盘中的“Ch04 > 效果 > 制作影随心生书籍封面”，见图 4-194。）

图 4-194

第5章 杂志设计

杂志是比较专项的宣传媒介之一，它具有目标受众准确、实效性强、宣传力度大、效果明显等特点。时尚生活类杂志可以设计得轻松活泼、色彩丰富，图文编排可以灵活多变，但要注意把握风格的整体性。本章以多个杂志栏目为例，讲解杂志的设计方法和制作技巧。

课堂学习目标

- 了解杂志设计的特点和要求
- 了解杂志设计的主要设计要素
- 掌握杂志栏目的设计思路和过程
- 掌握杂志栏目的制作方法和技巧

5.1 制作美食杂志封面

5.1.1 【案例分析】

本案例是为《美食坊》设计制作美食杂志封面。本杂志主要介绍美食的做法、特价信息、精彩去处等。在封面设计上，要能体现出丰富的美食信息，让人能感受到舒适的就餐环境和可口的美食。

5.1.2 【设计理念】

在设计制作过程中，首先用质朴的美食图片作为杂志封面的背景，能拉近与人们的距离，同时表现出自然、舒适的就餐环境和可口美味的食物。通过对杂志名称的艺术化处理，突出宣传的主题，醒目直观又不失活泼感。通过不同样式的栏目和标题展示出丰富多样的美食信息，给人无限的想象空间，产生积极参与的欲望。（最终效果参看光盘中的“Ch05 > 效果 > 制作美食杂志封面”，见图 5-1。）

图 5-1

5.1.3 【操作步骤】

1. 添加杂志名称和刊期

步骤 1 按 Ctrl+N 组合键，新建一个页面，在属性栏中的“页面度量”选项中分别设置宽度为

185.0mm，高度为 260.0mm，按 Enter 键，页面尺寸显示为设置的大小。选择“工具 > 选项”命令，弹出“选项”对话框，选择“页面尺寸”选项，在“出血”设置区中进行设置，如图 5-2 所示，单击“确定”按钮，显示出血线，效果如图 5-3 所示。

步骤 2 按 Ctrl+I 组合键，弹出“导入”对话框，选择光盘中的“Ch05 > 素材 > 制作美食杂志封面 > 01”文件，单击“导入”按钮，在页面中单击导入图片，按 P 键，图片在页面居中对齐，效果如图 5-4 所示。

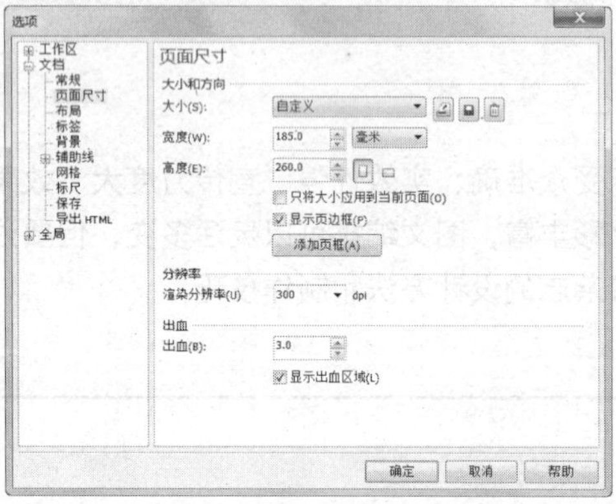

图 5-2

图 5-3

图 5-4

步骤 3 选择“文本”工具，在页面中输入需要的文字。选择“选择”工具，在属性栏中选择合适的字体并设置文字大小，设置文字颜色的 CMYK 值为 0、50、100、20，填充文字，效果如图 5-5 所示。按 Ctrl+Q 组合键，将文字转化为曲线，如图 5-6 所示。

图 5-5

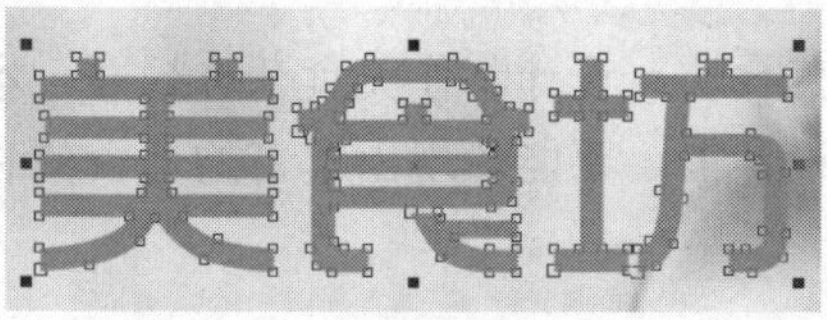

图 5-6

步骤 4 选择“形状”工具，使用圈选的方法选取“美”字需要的节点，如图 5-7 所示。将其拖曳到适当的位置，如图 5-8 所示。使用相同的方法调整其他需要的节点，效果如图 5-9 所示。

图 5-7

图 5-8

图 5-9

步骤 5 选择“阴影”工具，在文字对象中从中心向右拖曳光标，为文字添加阴影效果，在属性栏中的设置如图 5-10 所示，按 Enter 键，效果如图 5-11 所示。

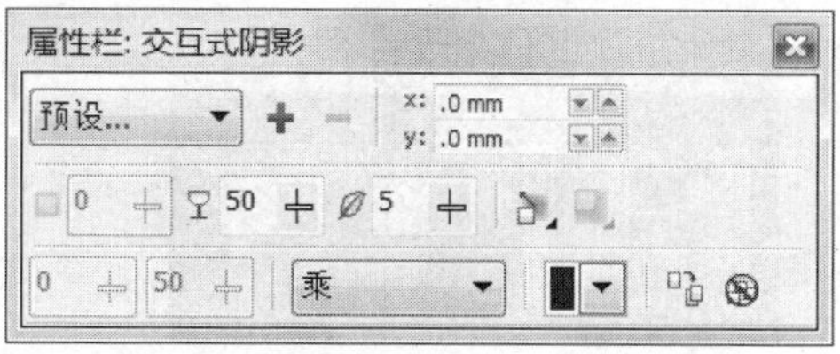

图 5–10

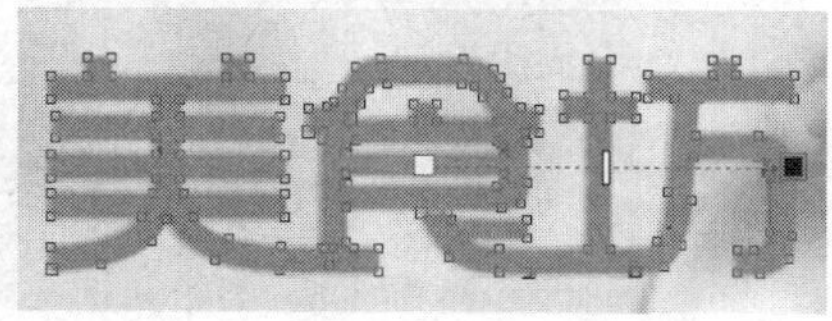

图 5–11

步骤 6 选择“文本”工具，在页面中分别输入需要的文字。选择“选择”工具，在属性栏中分别选取适当的字体并设置文字大小，效果如图 5-12 所示。选择“形状”工具，向右拖曳文字下方的图标，调整文字的间距，效果如图 5-13 所示。

图 5–12

图 5–13

步骤 7 选择“文本”工具，在页面中分别输入需要的文字。选择“选择”工具，在属性栏中分别选取适当的字体并设置文字大小，效果如图 5-14 所示。选择“矩形”工具，在页面适当的位置绘制一个矩形，如图 5-15 所示。

图 5–14

图 5–15

2. 添加并编辑图片

步骤 1 选择“选择”工具，按住鼠标左键向右拖曳图形，并在适当的位置单击鼠标右键，复制出一个新的图形，效果如图 5-16 所示。按住 Ctrl 键，再按 R 键，按需要再复制出一个图形，效果如图 5-17 所示。

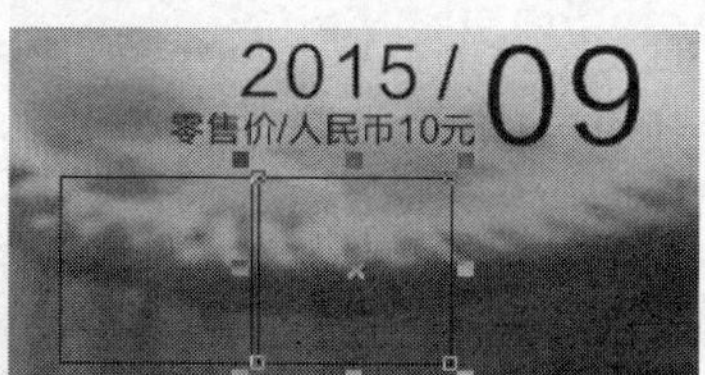

图 5–16

图 5–17

步骤 2 按 Ctrl+I 组合键，弹出“导入”对话框，选择光盘中的“Ch05 > 素材 > 制作美食杂志封面 > 02”文件，单击“导入”按钮，在页面中单击导入图片，选择“选择”工具，调整图片大小并将其拖曳到适当的位置，效果如图 5-18 所示。连续按 Ctrl+PageDown 组合键，将其向后移动到适当的位置，效果如图 5-19 所示。

图 5-18

图 5-19

步骤 3 选取图片，选择“效果 > 图框精确剪裁 > 置于图文框内部”命令，鼠标的光标变为黑色箭头形状，在矩形上单击，如图 5-20 所示，将图形置入矩形中，并去除矩形的轮廓线，效果如图 5-21 所示。使用相同方法导入其他图片并制作图框精确剪裁效果，如图 5-22 所示。

图 5-20

图 5-21

图 5-22

3. 添加栏目名称

步骤 1 选择“矩形”工具，在适当的位置绘制一个矩形，设置图形颜色的 CMYK 值为 0、50、100、20，填充图形，并去除图形的轮廓线，效果如图 5-23 所示。

步骤 2 选择“选择”工具，按住鼠标左键向右拖曳图形，并在适当的位置单击鼠标右键，复制出一个新的图形，效果如图 5-24 所示。按住 Ctrl 键，再连续点按 R 键，按需要复制出多个图形，效果如图 5-25 所示。

图 5-23

图 5-24

图 5-25

步骤 3 选择“文本”工具，在页面中分别输入需要的文字。选择“选择”工具，在属性栏中选取适当的字体并设置文字大小，将输入的文字全部选取，填充文字为白色，效果如图 5-26 所示。用相同的方法分别输入其他文字，效果如图 5-27 所示。

图 5-26

图 5-27

步骤 4 选择“文本”工具，选取数字“2”，如图 5-28 所示。单击属性栏中的“文本属性”

按钮，弹出“文本属性”面板，单击“位置”按钮，在弹出的菜单中选中“上标（自动）”，其他选项的设置如图 5-29 所示，文字效果如图 5-30 所示。

图 5-28

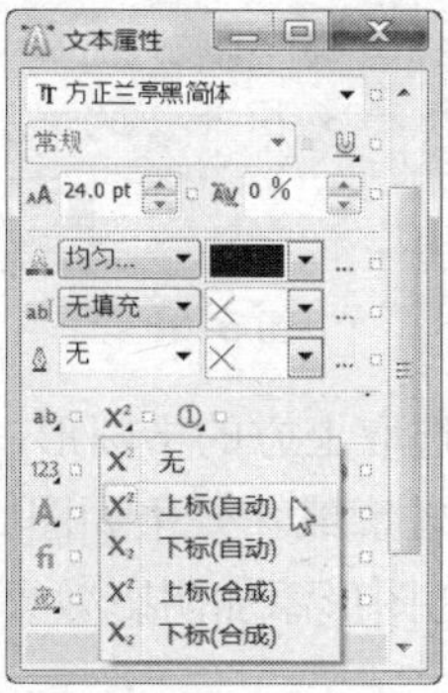

图 5-29

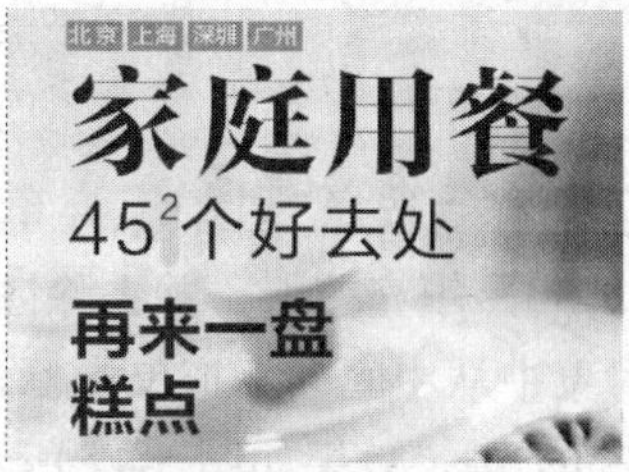

图 5-30

步骤 5 保持文字选取状态，设置文字颜色的 CMYK 值为 0、50、100、20，填充文字，效果如图 5-31 所示。选择“选择”工具，选取文字“再来一盘糕点”，设置文字颜色的 CMYK 值为 0、50、100、20，填充文字，效果如图 5-32 所示。

图 5-31

图 5-32

步骤 6 选择“椭圆形”工具，按住 Ctrl 键的同时，在适当的位置拖曳光标绘制一个圆形，如图 5-33 所示。选择“刻刀”工具，单击属性栏中的“剪切时自动闭合”按钮，分别在圆形适当的位置单击两下，将图形分割，效果如图 5-34 所示。

步骤 7 选择“选择”工具，按 Alt+F9 组合键，弹出“变换”泊坞窗，单击“垂直镜像”按钮，其他选项的设置如图 5-35 所示，再单击“应用”按钮，效果如图 5-36 所示。

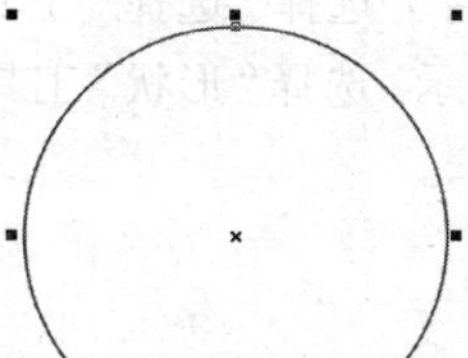

图 5-33

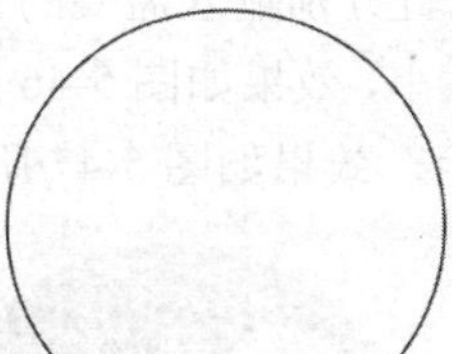

图 5-34

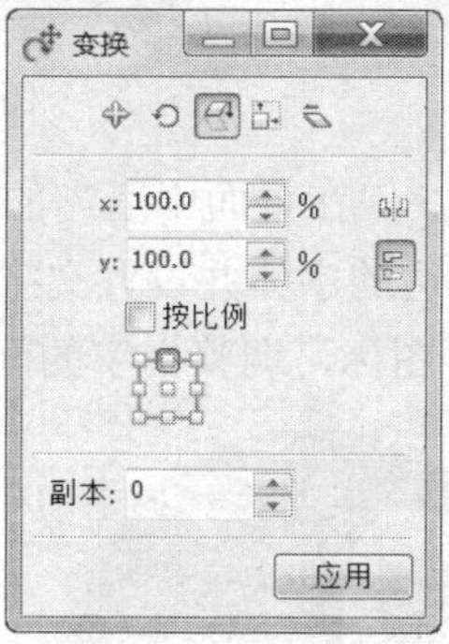

图 5-35

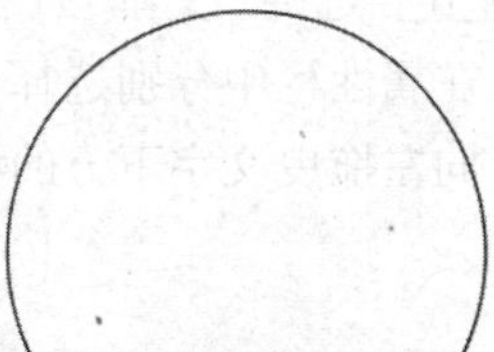

图 5-36

步骤 8 设置图形颜色的 CMYK 值为 0、26、100、18，填充图形，并去除图形轮廓线，效果如图 5-37 所示。选择“阴影”工具，在图形对象中从中间向右拖曳光标，为图形添加阴影效果，在属性栏中的设置如图 5-38 所示，按 Enter 键，效果如图 5-39 所示。

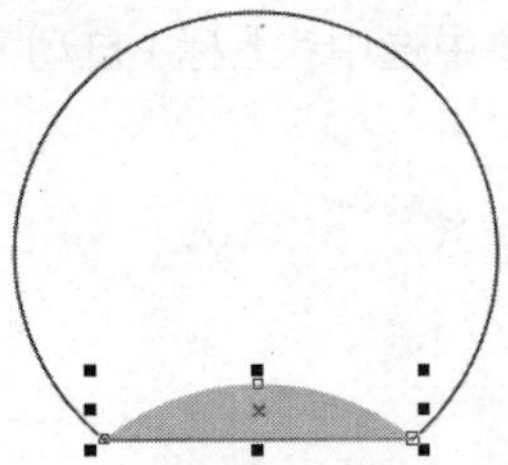

图 5-37

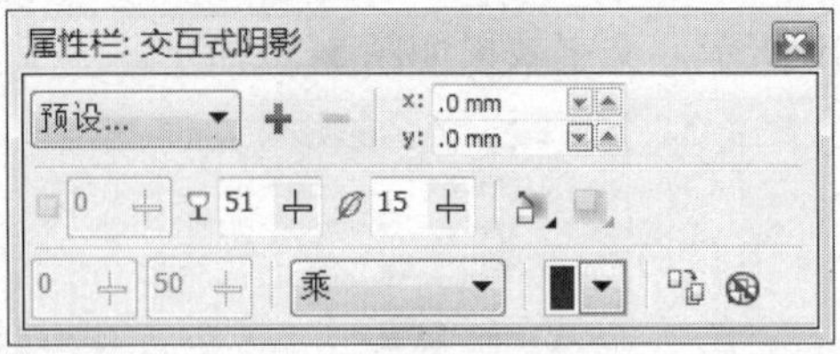

图 5-38

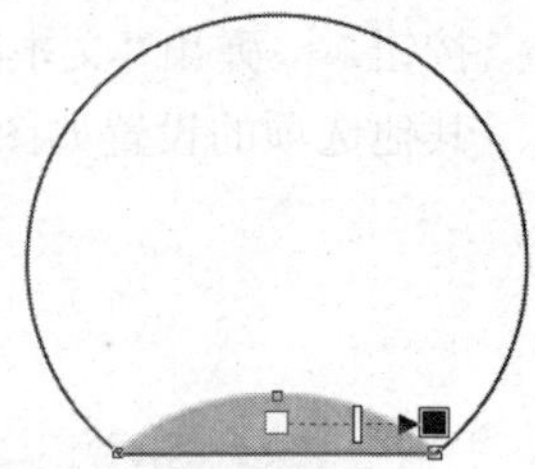

图 5-39

步骤 9 选择“选择”工具，单击选取上方的半圆形，设置图形颜色的 CMYK 值为 10、34、100、30，填充图形，并去除图形轮廓线，效果如图 5-40 所示。选择“阴影”工具，在图形对象中从中间向下拖曳光标，为图形添加阴影效果，在属性栏中的设置如图 5-41 所示，按 Enter 键，效果如图 5-42 所示。

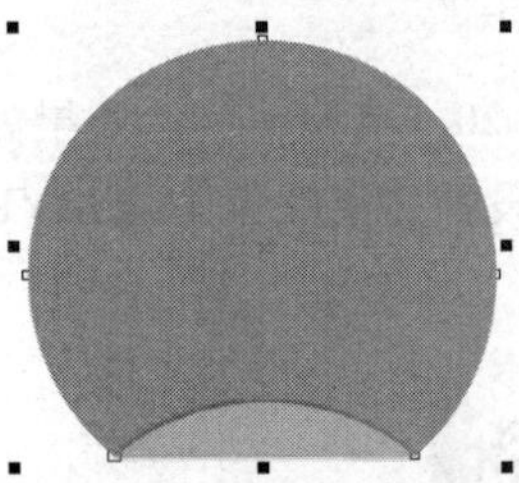

图 5-40

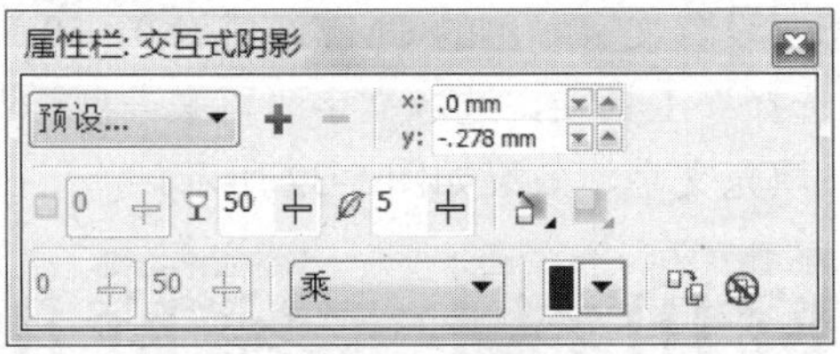

图 5-41

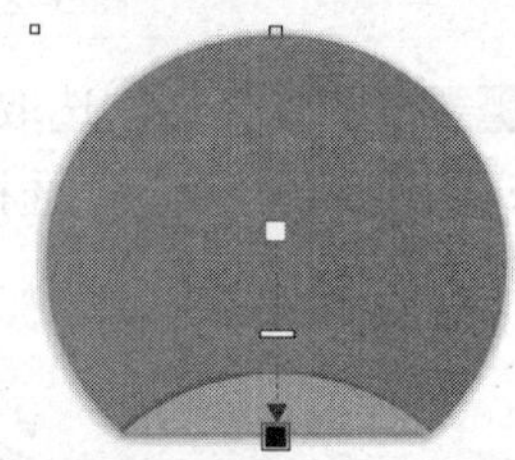

图 5-42

步骤 10 选择“文本”工具，在页面中适当的位置分别输入需要的文字。选择“选择”工具，在属性栏中分别选择合适的字体并设置文字大小，效果如图 5-43 所示。将输入的文字同时选取，填充文字为白色，效果如图 5-44 所示。选择“手绘”工具，在页面适当的位置绘制一条斜线，填充斜线为白色，如图 5-45 所示。

图 5-43

图 5-44

图 5-45

步骤 11 选择“文本”工具，在页面中适当的位置分别输入需要的文字。选择“选择”工具，在属性栏中分别选择合适的字体并设置文字大小，效果如图 5-46 所示。选择“形状”工具，向左拖曳文字下方的图标，调整文字的间距，效果如图 5-47 所示。

图 5-46

图 5-47

步骤 12 选择“选择”工具，用圈选的方法将图形和文字同时选取，按 Ctrl+G 组合键，将其群组，如图 5-48 所示。拖曳群组图形到页面适当的位置并旋转到适当的角度，效果如图 5-49 所示。

图 5-48

图 5-49

步骤 13 选择“文本”工具，单击属性栏中的“将文本更改为垂直方向”按钮，在适当的位置分别输入需要的文字。选择“选择”工具，在属性栏中分别选择合适的字体并设置文字大小，填充文字为白色，效果如图 5-50 所示。选择“选择”工具，选择需要的文字，如图 5-51 所示。选择“形状”工具，向右拖曳文字下方的图标，调整文字的间距，效果如图 5-52 所示。

图 5-50

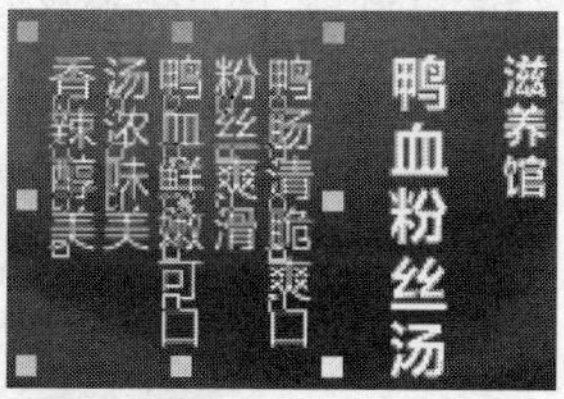

图 5-51

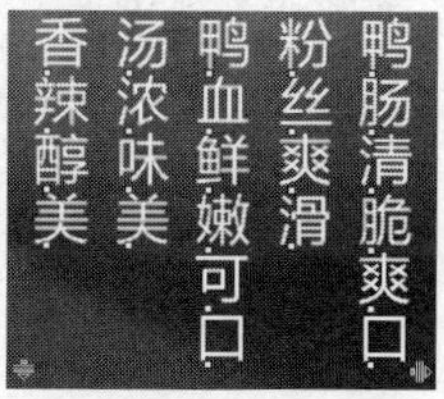

图 5-52

步骤 14 选择“手绘”工具，按住 Ctrl 键的同时，在适当的位置绘制一条直线，如图 5-53 所示。选择“选择”工具，按数字键盘上的+键，复制直线，并水平拖曳复制的直线到适当的位置，效果如图 5-54 所示。

图 5-53

图 5-54

步骤 15 选择“文本”工具，在适当的位置输入需要的文字。选择“选择”工具，在属性栏中分别选择合适的字体并设置文字大小，填充文字为白色，效果如图 5-55 所示。选取文字“道菜品”，选择“形状”工具，向左拖曳文字下方的图标，调整文字的间距，效果如图 5-56 所示。单击属性栏中的“下划线”按钮，为文字添加下划线，效果如图 5-57 所示。

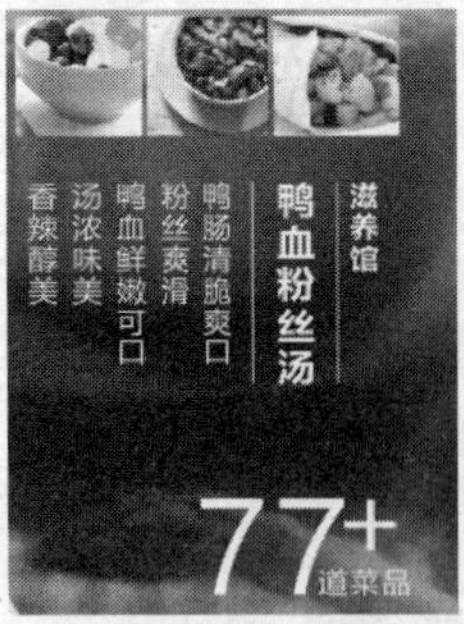

图 5-55

图 5-56

图 5-57

步骤 16 选择“矩形”工具，在适当的位置绘制一个矩形，设置图形颜色的 CMYK 值为 0、50、100、20，填充图形，并去除图形的轮廓线，效果如图 5-58 所示。选择“文本”工具，在页面中输入需要的文字。选择“选择”工具，在属性栏中选取适当的字体并设置文字大小，填充文字为白色，效果如图 5-59 所示。

图 5-58

图 5-59

步骤 17 选择“形状”工具，向右拖曳文字下方的图标，调整文字的间距，效果如图 5-60 所示。用相同的方法制作其他图形和文字，效果如图 5-61 所示。

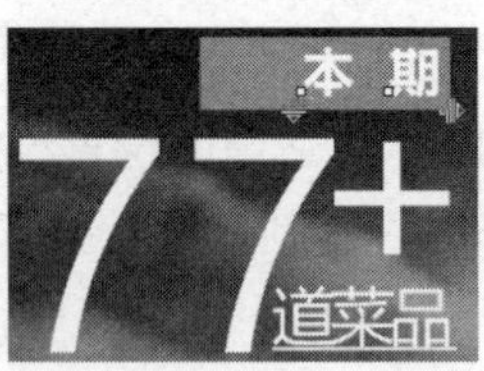

图 5-60

图 5-61

步骤 18 选择“文本”工具，在页面适当的位置输入需要的文字。选择“选择”工具，在属性栏中选择合适的字体并设置文字大小，效果如图 5-62 所示。单击属性栏中的“文本对齐”按钮，在弹出的下拉列表中单击“右”按钮，如图 5-63 所示，文字效果如图 5-64 所示。

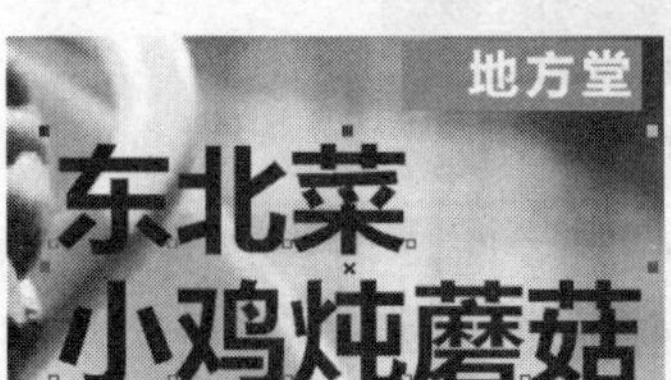

图 5-62

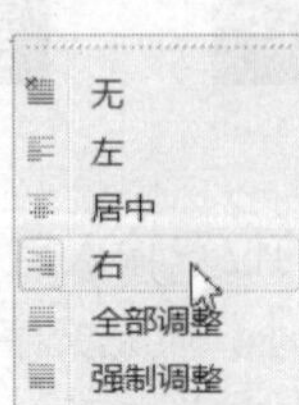

图 5-63

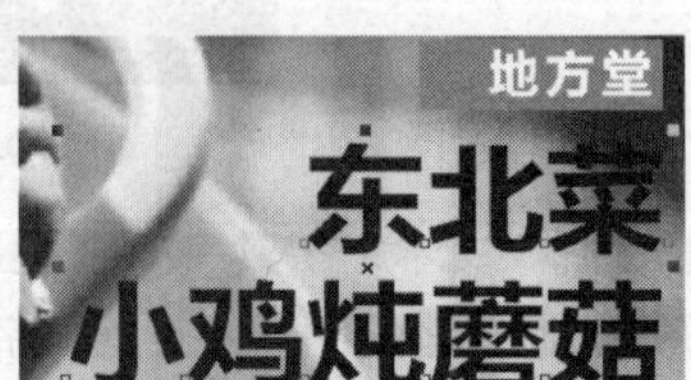

图 5-64

4. 添加其他图形和文字

步骤 1 选择“矩形”工具，在页面外绘制两个矩形，如图 5-65 所示。选择“选择”工具，用圈选的方法将两个矩形选中，单击属性栏中的“合并”按钮，合并图形，效果如图 5-66 所示。设置图形颜色的 CMYK 值为 0、50、100、20，填充图形，并去除图形轮廓线，效果如图 5-67 所示。

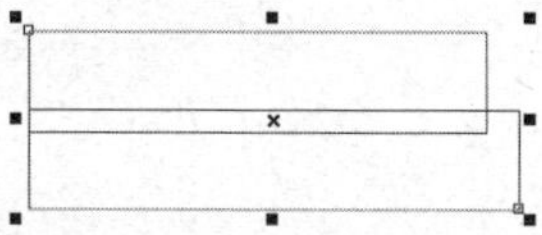

图 5-65

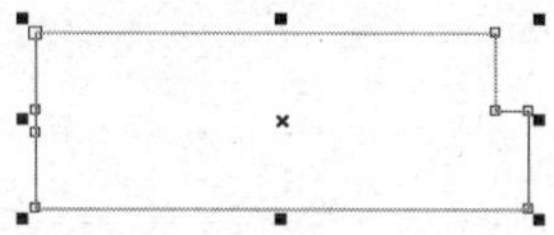

图 5-66

图 5-67

步骤 2 选择“文本”工具，在适当的位置输入需要的文字。选择“选择”工具，在属性栏中选择合适的字体并设置文字大小，效果如图 5-68 所示。填充文字为白色，选择“形状”工具，向左拖曳文字下方的图标，调整文字的间距，效果如图 5-69 所示。

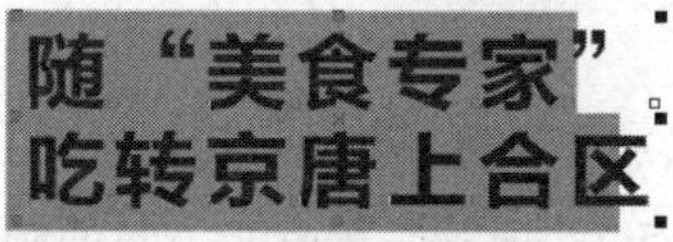

图 5-68

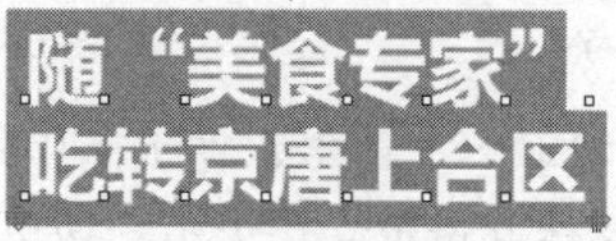

图 5-69

步骤 3 选择“文本”工具，在适当的位置输入需要的文字。选择“选择”工具，在属性栏中选择合适的字体并设置文字大小。设置文字颜色的 CMYK 值为 0、50、100、20，填充文字，效果如图 5-70 所示。选择“形状”工具，向左拖曳文字下方的图标，调整文字的间距，效果如图 5-71 所示。

图 5-70

图 5-71

步骤 4 选择“选择”工具，用圈选的方法将图形和文字同时选中，按 Ctrl+G 组合键，将其群组，在属性栏中的“旋转角度”框中设置数值为 15.2，按 Enter 键，效果如图 5-72 所示。拖曳群组图形到适当的位置，效果如图 5-73 所示。

图 5-72

图 5-73

步骤 5 选择“矩形”工具，在页面适当的位置绘制一个矩形，填充图形为白色，并去除图形的轮廓线，效果如图 5-74 所示。按 Ctrl+I 组合键，弹出“导入”对话框，选择光盘中的“Ch05 > 素材 > 制作美食杂志封面 > 05”文件，单击“导入”按钮，在页面中单击导入图片，将其拖曳到适当的位置，效果如图 5-75 所示。

步骤 6 选择“文本”工具，在页面中输入需要的文字。选择“选择”工具，在属性栏中选取适当的字体并设置文字大小，效果如图 5-76 所示。

图 5-74

图 5-75

图 5-76

步骤 7 选择“文本”工具，在页面中输入需要的文字。选择“选择”工具，在属性栏中选取适当的字体并设置文字大小，效果如图 5-77 所示。美食杂志封面制作完成，效果如图 5-78 所示。

图 5-77

图 5-78

5.1.4 【相关工具】

1. 设置文本嵌线

选中需要处理的文本，如图 5-79 所示。单击“文本”属性栏中的“文本属性”按钮，弹出“文本属性”泊坞窗，如图 5-80 所示。

图 5-79

图 5-80

单击“下划线”按钮，在弹出的下拉列表中选择线型，如图 5-81 所示，文本下划线的效果如图 5-82 所示。

图 5–81

图 5–82

选中需要处理的文本，如图 5-83 所示。单击“文本属性”泊坞窗右侧的按钮，弹出更多选项，在“字符删除线”(无)选项的下拉列表中选择线型，如图 5-84 所示。文本删除线的效果如图 5-85 所示。

图 5–83

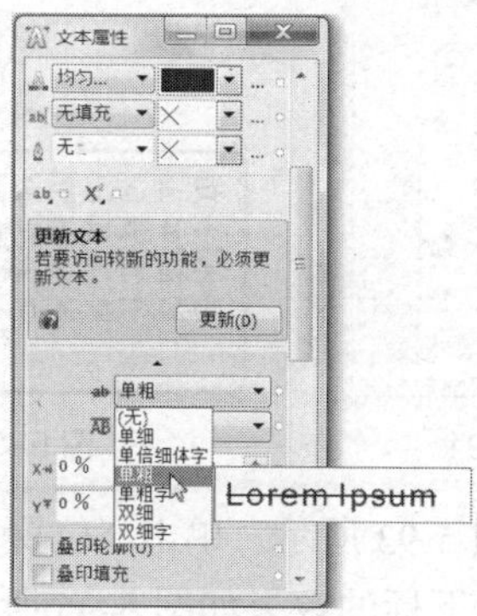

图 5–84

图 5–85

选中需要处理的文本，如图 5-86 所示。在“字符上划线”AB(无)选项的下拉列表中选择线型，如图 5-87 所示。文本上划线的效果如图 5-88 所示。

图 5–86

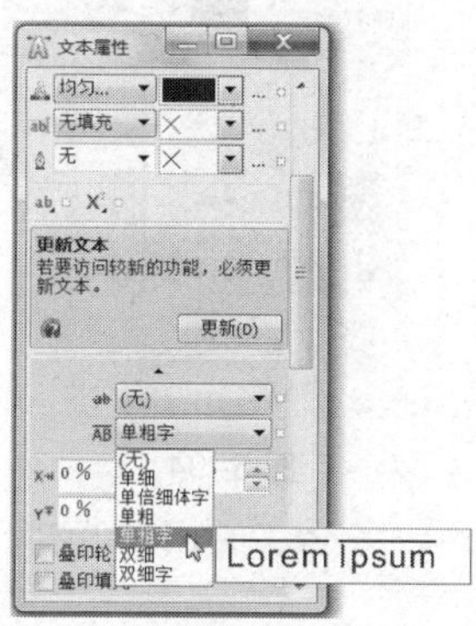

图 5–87

图 5–88

2. 设置文本上下标

选中需要制作上标的文本，如图 5-89 所示。单击“文本”属性栏中的“文本属性”按钮，弹出“文本属性”泊坞窗，如图 5-90 所示。

图 5-89

图 5-90

单击“位置”按钮X^2，在弹出的下拉列表中选择“上标”选项，如图 5-91 所示，设置上标的效果如图 5-92 所示。

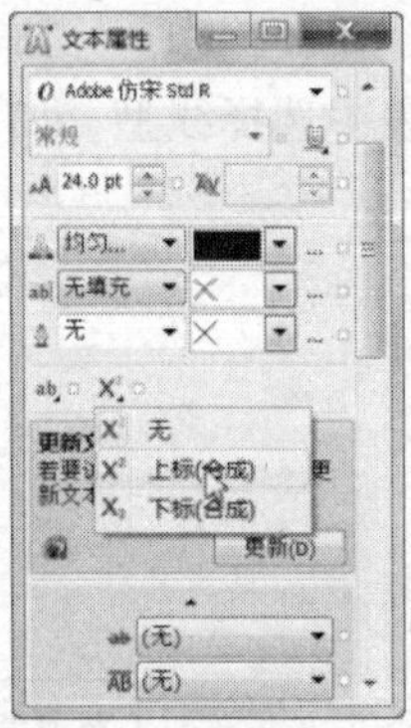

图 5-91

图 5-92

选中需要制作下标的文本，如图 5-93 所示。单击“位置”按钮X^2，在弹出的下拉列表中选择“下标”选项，如图 5-94 所示，设置下标的效果如图 5-95 所示。

图 5-93

图 5-94

图 5-95

3. 设置文本的排列方向

选中文本，如图 5-96 所示。在“文本”属性栏中，单击“将文本更改为垂直方向”按钮，可以垂直排列文本，效果如图 5-97 所示。单击“将文字更改为水平方向”按钮，可水平排列文本。

选择“文本 > 文本属性”命令，弹出“文本属性”泊坞窗，在“图文框”选项中选择文本的排列方向，如图 5-98 所示，设置好后，则改变文本的排列方向。

图 5-96

图 5-97

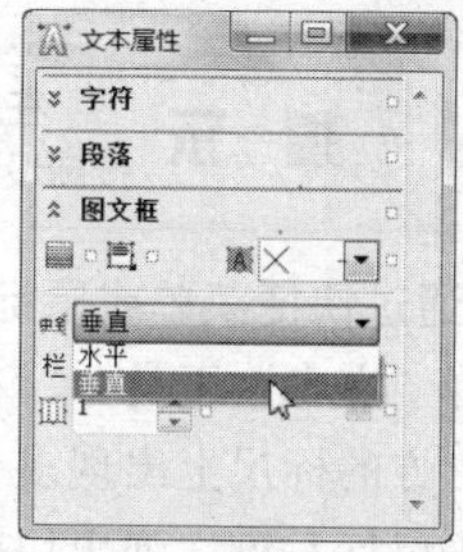

图 5-98

4. 设置制表位

◎ 通过“制表位设置”对话框设置制表位

选择“文本”工具字，在绘图页面中绘制一个段落文本框，在上方的标尺上出现多个制表位，如图 5-99 所示。选择“文本 > 制表位”命令，弹出“制表位设置”对话框，在对话框中可以进行制表位的设置，如图 5-100 所示。

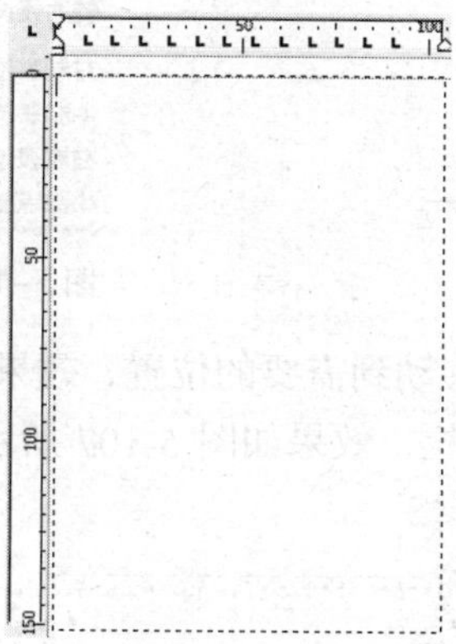

图 5-99

图 5-100

在数值框中输入数值或调整数值，可以设置制表位的距离，如图 5-101 所示。

在“制表位设置”对话框中，单击“对齐”选项，出现制表位对齐方式下拉列表，可以设置字符出现在制表位上的位置，如图 5-102 所示。

在“制表位设置”对话框中，选中一个制表位，单击“移除”或“全部移除”按钮，可以删除制表位；单击“添加”按钮，可以增加制表位。设置好制表位后，单击“确定”按钮。

图 5-101

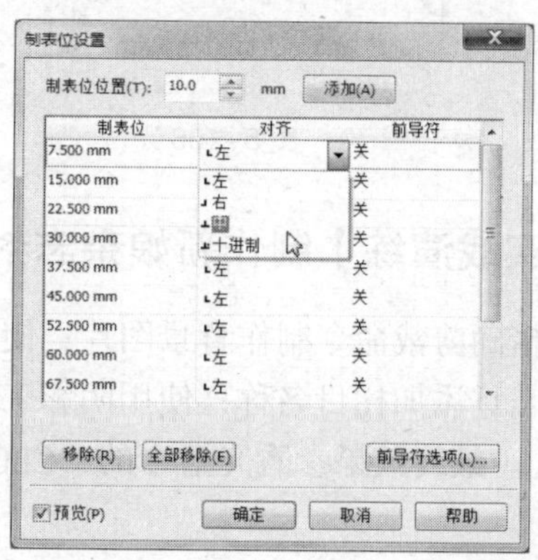

图 5-102

提　示　在段落文本框中插入光标，在键盘上按 Tab 键，每按一次 Tab 键，插入的光标就会按新设置的制表位移动。

◎ 通过快捷菜单或鼠标拖动设置制表位

选择“文本”工具字，在绘图页面中绘制一个段落文本框，效果如图 5-103 所示。

在上方的标尺上出现多个“L”形滑块，就是制表位，效果如图 5-104 所示。在任意一个制表位上单击鼠标右键，弹出快捷菜单，在快捷菜单中可以选择该制表位的对齐方式，如图 5-105 所示，也可以对栅格、标尺和辅助线进行设置。

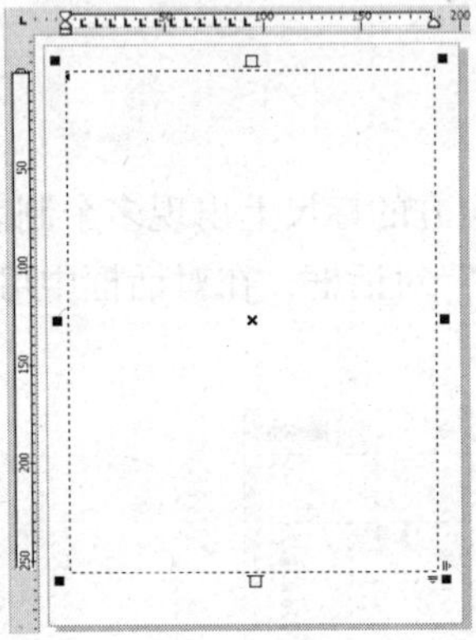

图 5-103

图 5-104

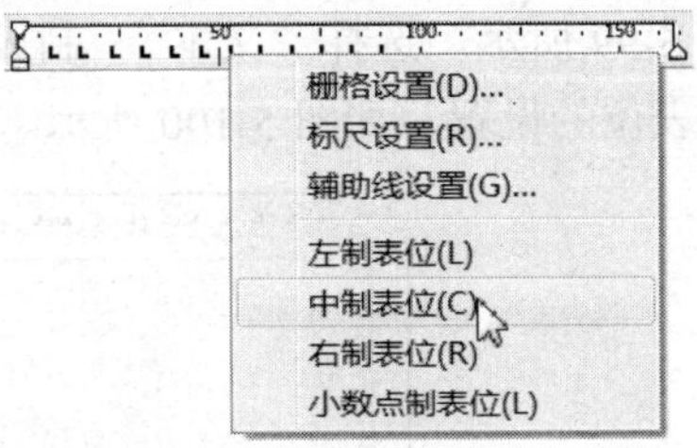

图 5-105

在上方的标尺上拖曳“L”形滑块，可以将制表位移动到需要的位置，效果如图 5-106 所示。在标尺上的任意位置单击鼠标左键，可以添加一个制表位，效果如图 5-107 所示。将制表位拖放到标尺外，就可以删除该制表位。

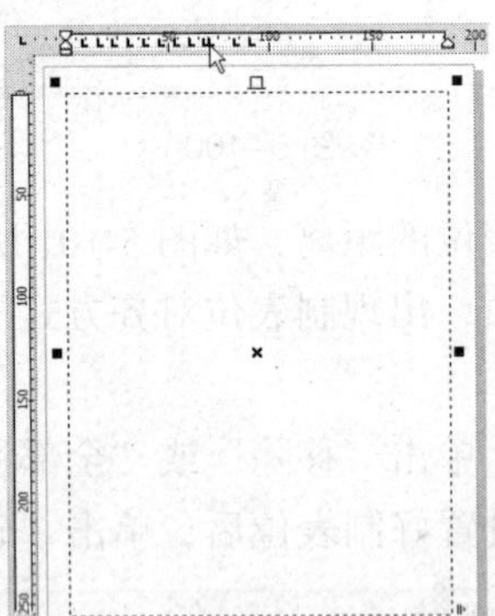

图 5-106

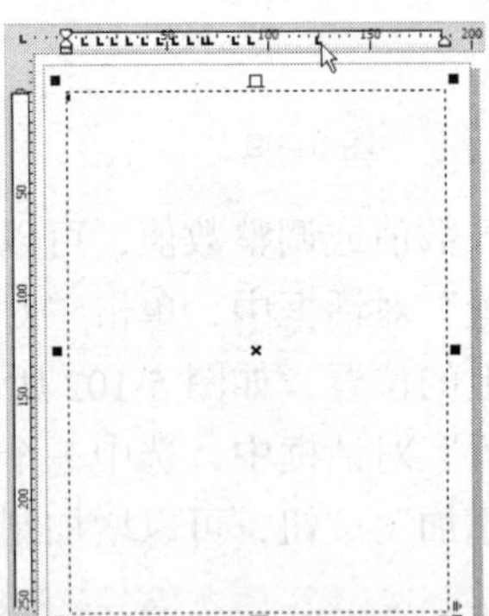

图 5-107

5.1.5 【实战演练】制作新娘杂志封面

使用图框精确剪裁命令制作背景图片；使用文本工具、形状工具和基本形状工具制作标题文字；使用文本工具添加栏目名称；使用阴影工具为文字添加阴影效果；使用“轮廓笔”对话框为文字添加轮廓。（最终效果参看光盘中的“Ch05 > 效果 > 制作新娘杂志封面”，见图 5-108。）

图 5-108

5.2 制作美食杂志内页 1

5.2.1 【案例分析】

美食杂志的内容主要是介绍各地的饮食文化及美食特色，宗旨是引导人们的饮食生活更加丰富健康。在页面设计上要体现杂志的特色，激发人们对美食的热情。

5.2.2 【设计理念】

在设计制作过程中，使用大幅的美食图片给人带来视觉上的美感；使用绿底白字的栏目标题，醒目突出，吸引读者的注意，同时体现出健康的主题；美食图片和介绍性文字合理编排，在展现出宣传主题的同时，刺激人们对美食的欲望，达到宣传的效果。（最终效果参看光盘中的“Ch05 > 效果 > 制作美食杂志内页 1”，见图 5-109。）

图 5-109

5.2.3 【操作步骤】

步骤 1 按 Ctrl+N 组合键，新建一个页面。在属性栏的“页面度量”选项中分别设置宽度为 370mm、高度为 260mm，按 Enter 键，页面尺寸显示为设置的大小。选择“工具 > 选项”命令，弹出“选项”对话框，选择“页面尺寸”选项，在“出血”设置区中进行设置，如图 5-110 所示。单击“确定”按钮，显示出血线，效果如图 5-111 所示。

图 5-110

图 5-111

步骤 2　选择“视图 > 标尺”命令，在视图中显示标尺，从左侧标尺上拖曳出一条垂直辅助线，在属性栏中“X”轴设置为 185mm，按 Enter 键，效果如图 5-112 所示。

步骤 3　选择“文件 > 导入”命令，弹出“导入”对话框。选择光盘中的“Ch05 > 素材 > 制作美食杂志内页 1 > 01”文件，单击“导入”按钮，在页面中单击导入图片，并将其拖曳到适当的位置，效果如图 5-113 所示。

图 5-112

图 5-113

步骤 4　选择“贝塞尔”工具，绘制一条曲线路径，如图 5-114 所示。选择“文本”工具，在路径上单击输入需要的文字。选择“选择”工具，在属性栏中选择合适的字体并设置文字大小，效果如图 5-115 所示。设置文字颜色的 CMYK 值为 64、18、100、0，填充文字，效果如图 5-116 所示。

图 5-114

图 5-115

图 5-116

步骤 5　选择“文本”工具，在页面上适当的位置拖曳文本框输入需要的文字。选择“选择”工具，在属性栏中选择合适的字体并设置文字大小，设置文字颜色的 CMYK 值为 64、18、100、0，填充文字，效果如图 5-117 所示。

步骤 6　选择“星形”工具，在属性栏中的“锐度” 35 框中设置数值为 35，在页面中的适当位置绘制一个星形。设置图形颜色的 CMYK 值为 64、18、100、0，填充图形，并去除图形的轮廓线，效果如图 5-118 所示。

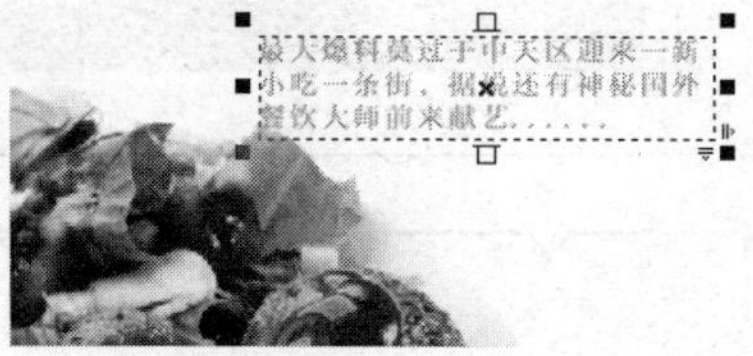

图 5-117

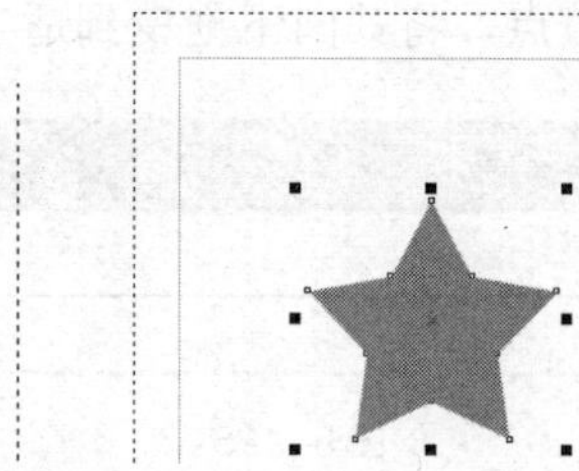

图 5-118

步骤 7 选择“文本”工具，在页面上适当的位置输入需要的文字。选择“选择”工具，在属性栏中选择合适的字体并设置文字大小，填充文字为白色，效果如图 5-119 所示。用圈选的方法将文字和星形同时选取，在属性栏中将“旋转角度”选项设为 9.8，效果如图 5-120 所示。

图 5-119

图 5-120

步骤 8 选择“矩形”工具，绘制一个矩形。设置图形颜色的 CMYK 值为 64、18、100、0，填充图形并去除图形的轮廓线，效果如图 5-121 所示。选择“文本”工具，在矩形的适当位置输入需要的文字。选择“选择”工具，在属性栏中选择合适的字体并设置文字大小，填充文字为白色，效果如图 5-122 所示。

图 5-121

图 5-122

步骤 9 选择“2 点线”工具，按住 Shift 键的同时，在适当的位置绘制直线，在属性栏中的“轮廓宽度” .2 mm 框中输入数值 0.3mm，效果如图 5-123 所示。选择“选择”工具，按数字键盘上的+键，复制直线，并拖曳到适当的位置，如图 5-124 所示。

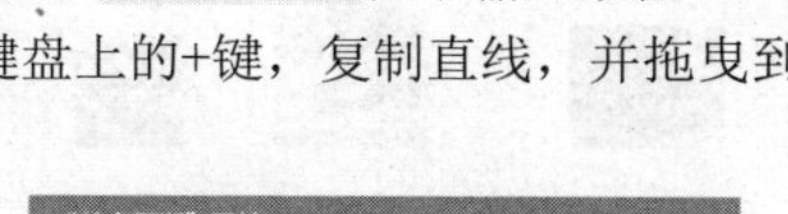

图 5-123

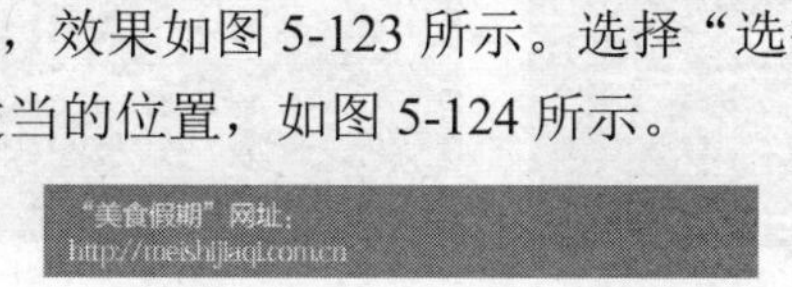

图 5-124

步骤 10 选择“形状”工具，在直线上适当的位置双击添加多个节点，如图 5-125 所示。单击选中中间的节点，将其向下拖曳到适当的位置，如图 5-126 所示。

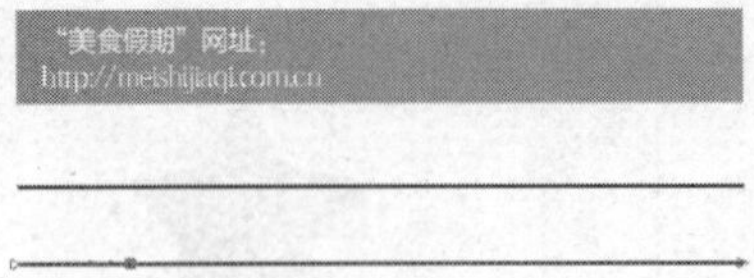

图 5-125

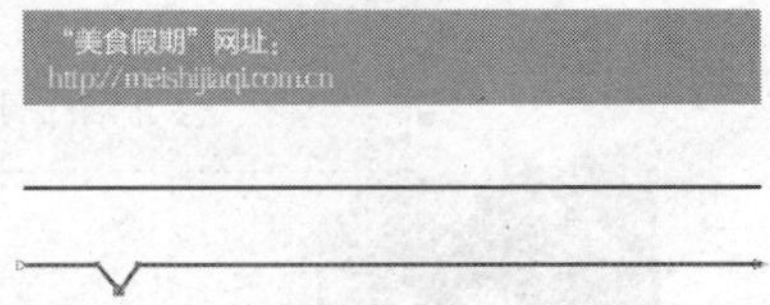

图 5-126

步骤 11 选择“文本”工具，在适当的位置输入需要的文字和段落文本。选择“选择”工具，在属性栏中分别选择合适的字体并设置文字大小，效果如图 5-127 所示。

步骤 12 选择“文件 > 导入”命令，弹出“导入”对话框。选择光盘中的“Ch05 > 素材 > 制作美食杂志内页 1 > 02”文件，单击“导入”按钮，在页面中单击导入图片，并将其拖曳到适当的位置，效果如图 5-128 所示。

图 5-127

图 5-128

步骤 13 选择“矩形”工具，绘制一个矩形，如图 5-129 所示。选择“选择”工具，选取图片，按 Shift+PageDown 组合键，将图片向下移动到最底层。选择“效果 > 图框精确剪裁 > 置于图文框内部”命令，鼠标的光标变为黑色箭头形状，在矩形上单击，将图片置入矩形中，去除轮廓线，效果如图 5-130 所示。用相同的方法制作出如图 5-131 所示的效果。

图 5-129

图 5-130

图 5-131

步骤 14 选择“贝塞尔”工具，绘制一条曲线，如图 5-132 所示。在属性栏中的“轮廓宽度” .2 mm 框中输入数值 0.3mm，在“终点箭头”框中选择“箭头 2”，如图 5-133 所示，效果如图 5-134 所示。用相同的方法绘制右侧页面的箭头，如图 5-135 所示。

图 5-132

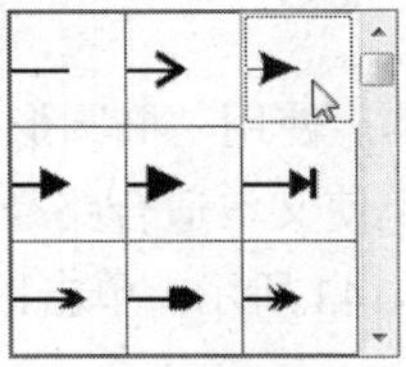

图 5-133

图 5-134

图 5-135

步骤 15 选择“文本”工具，在左侧页面的左下方输入需要的文字。选择“选择”工具，在属性栏中选择合适的字体并设置文字大小，效果如图 5-136 所示。在右侧输入需要的文字，并选择合适的字体和文字大小，如图 5-137 所示。

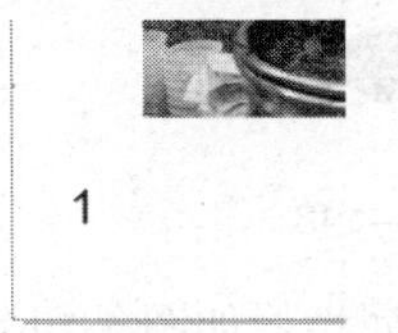

图 5-136

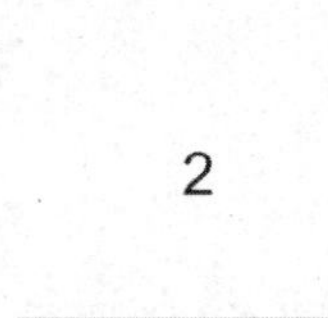

图 5-137

步骤 16 选择“选择”工具，选取需要的段落文本，如图 5-138 所示。选择“文本 > 栏”命令，弹出“栏设置”对话框，具体设置如图 5-139 所示。单击“确定”按钮，段落文本被分为 2 栏，效果如图 5-140 所示。美食杂志内页 1 制作完成，如图 5-141 所示。

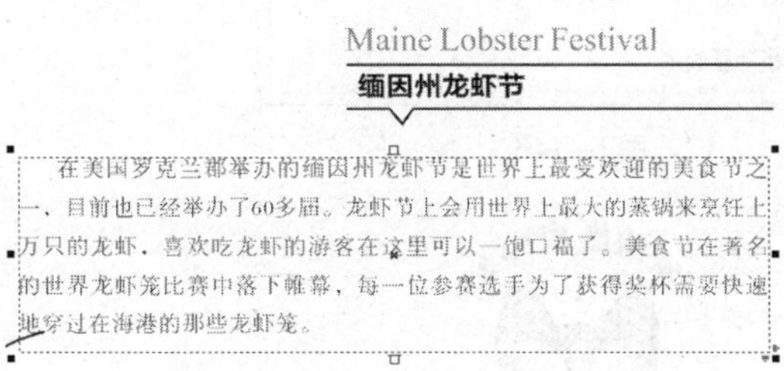

图 5-138

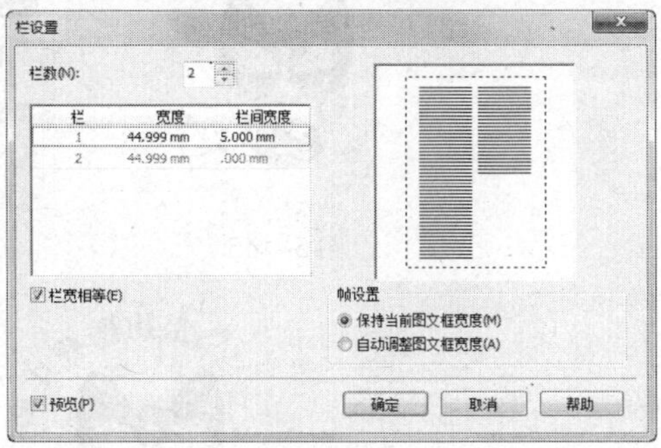

图 5-139

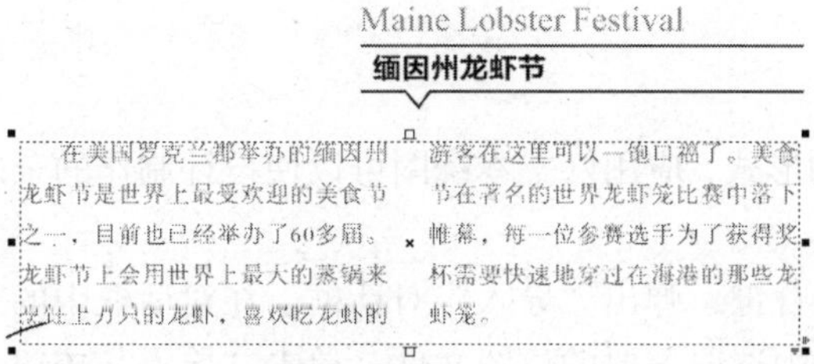

图 5-140

图 5-141

5.2.4 【相关工具】

1. 文本绕路径

选择“文本”工具字，在绘图页面中输入文本。使用“椭圆形”工具○绘制一个椭圆路径，选中美术字文本，如图 5-142 所示。选择“文本 > 使文本适合路径”命令，出现箭头图标，将箭头放在椭圆路径上，文本自动绕路径排列，如图 5-143 所示。单击鼠标左键确定，效果如图 5-144 所示。

图 5-142

图 5-143

图 5-144

选中绕路径排列的文本，如图 5-145 所示。属性栏如图 5-146 所示，在属性栏中可以设置“文字方向”“与路径距离”“水平偏移”，通过设置可以产生多种文本绕路径排列的效果，如图 5-147 所示。

图 5-145

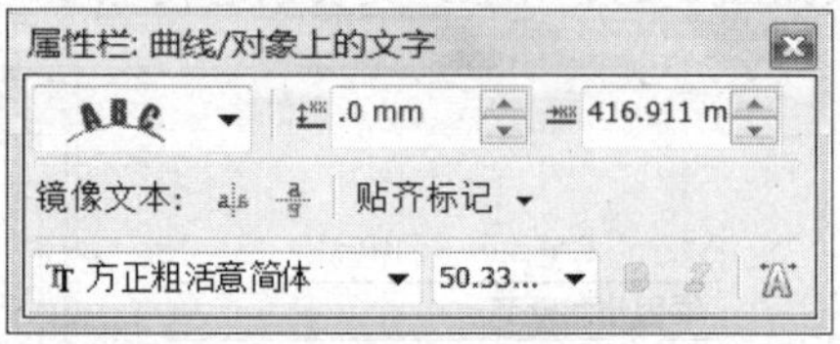

图 5-146

图 5-147

2. 文本绕图

在 CorelDRAW X6 中提供了多种文本绕图的形式，应用好文本绕图可以使设计制作的杂志或报刊更加生动美观。

选择“文件 > 导入”命令，或按 Ctrl+I 组合键，弹出“导入”对话框。在对话框中的“查找范围”列表框中选择需要的文件夹，在文件夹中选取需要的位图文件，单击“导入”按钮，在页面中单击，位图被导入页面中，将位图调整到段落文本中的适当位置，效果如图 5-148 所示。

在位图上单击鼠标右键，在弹出的快捷菜单中选择“段落文本换行”命令，如图 5-149 所示，文本绕图效果如图 5-150 所示。在属性栏中单击“文本换行”按钮，在弹出的下拉菜单中可以设置换行样式，在“文本换行偏移”选项的数值框中可以设置偏移距离，如图 5-151 所示。

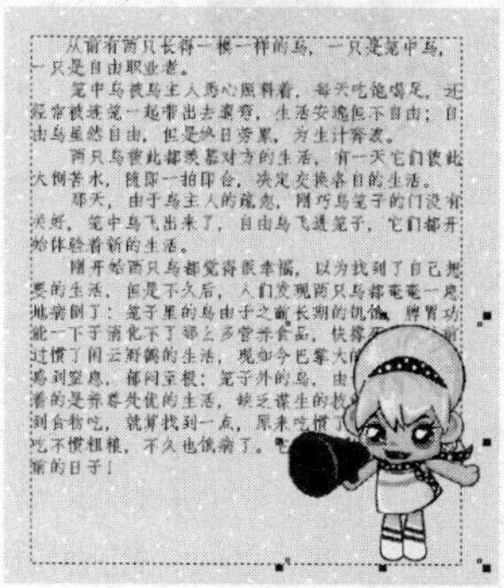

图 5-148

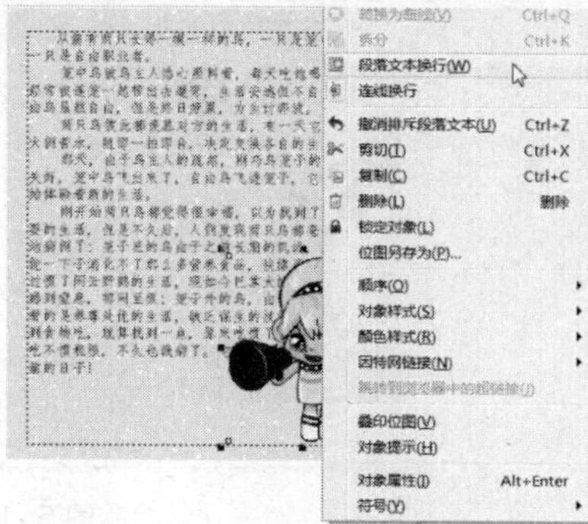

图 5-149

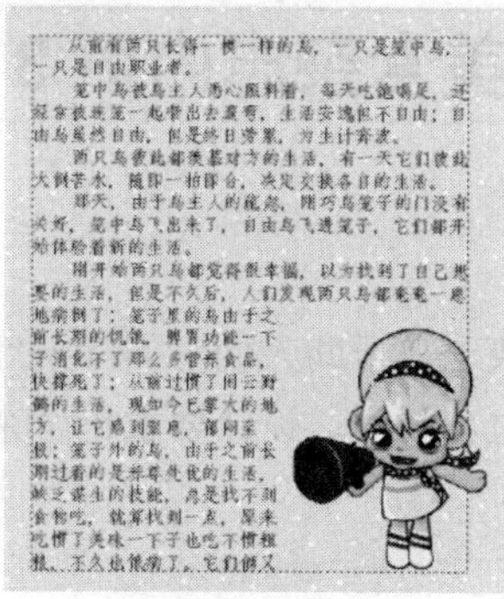

图 5-150

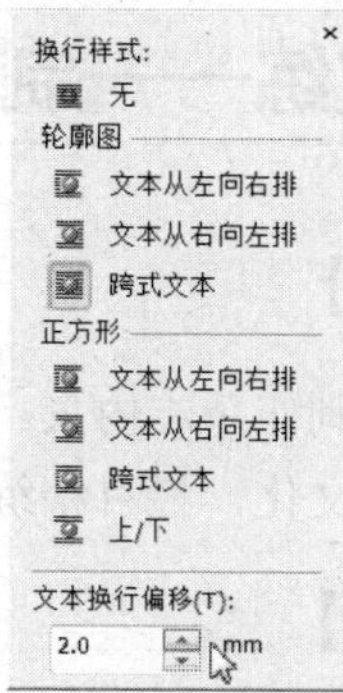

图 5-151

3. 段落分栏

选择一个段落文本，如图 5-152 所示。选择“文本 > 栏”命令，弹出“栏设置”对话框，将“栏数”选项设置为“2”，栏间宽度设置为“12.7mm”，如图 5-153 所示。设置好后，单击“确定”按钮，段落文本被分为 2 栏，效果如图 5-154 所示。

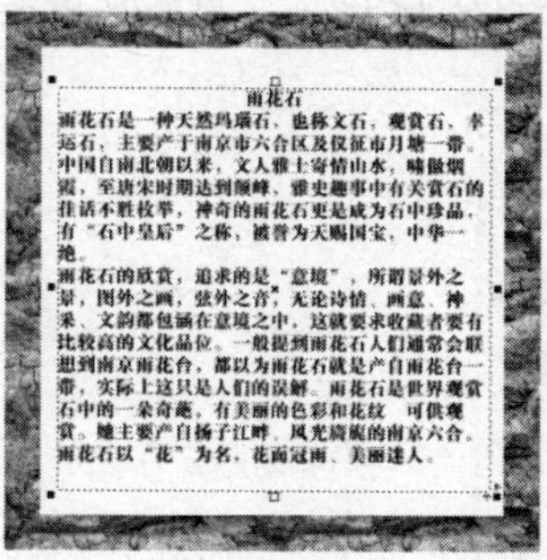

图 5-152

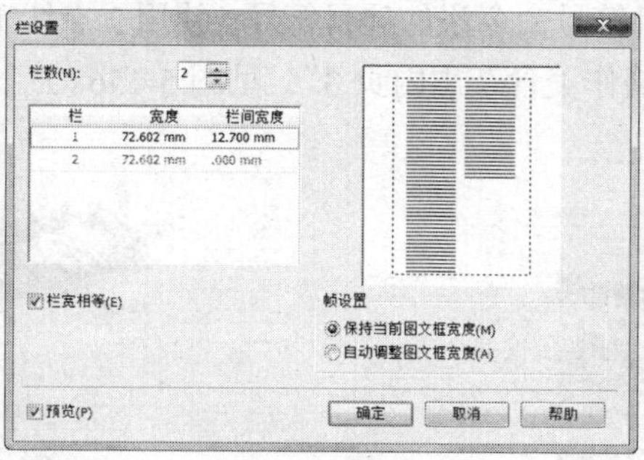

图 5-153

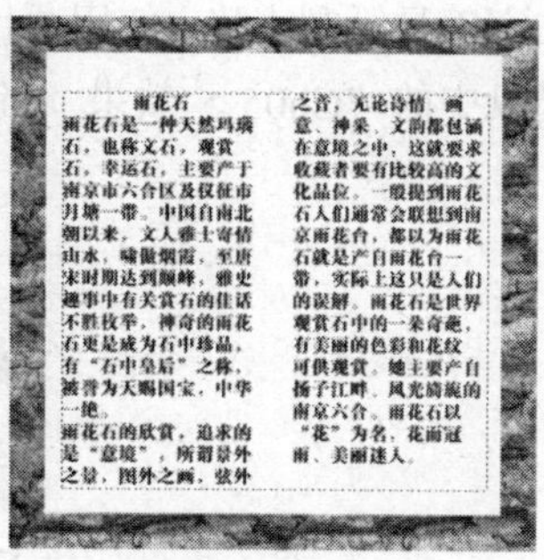

图 5-154

5.2.5 【实战演练】制作美食杂志内页 2

使用矩形工具和图框精确剪裁命令制作图片效果；使用文字工具添加文字；使用星形工具绘制星形；使用 2 点线工具绘制箭头；使用分栏命令对文本进行分栏操作。（最终效果参看光盘中的

“Ch05 > 效果 > 制作美食杂志内页 2”，见图 5-155。）

图 5-155

5.3 综合演练——制作美食杂志内页 3

5.3.1 【案例分析】

本案例是为美食杂志制作杂志内页。该杂志是帮助人们对国际餐厅进行一定的了解，向读者介绍各种餐厅特色和餐厅文化，栏目精练，内容新鲜。设计要求符合杂志定位，明确主题。

5.3.2 【设计理念】

在设计制作过程中，使用白色作为主体色，给人洁净爽利的感觉；不同的美食图片在带给人视觉美感的同时，引发人们的就餐欲望，让人对餐厅美食有了大致的了解；文字、图片与表格编排合理、新颖突出，能抓住人们的视线，增加画面的活泼感。

5.3.3 【知识要点】

使用矩形工具和图框精确剪裁命令制作图片效果；使用文本工具添加文字；使用表格工具和文字工具绘制表格；使用项目符号命令添加项目符号；使用 2 点线工具绘制直线。（最终效果参看光盘中的“Ch05 > 效果 > 制作美食杂志内页 3”，见图 5-156。）

图 5-156

5.4 综合演练——制作美食杂志内页 4

5.4.1 【案例分析】

本案例是为一本美食杂志制作内页。该杂志主要介绍世界各地的美食餐厅、三星大厨、特色菜和招牌菜馆，读者范围广泛，杂志内载有丰富的彩照和文字说明。设计要求围绕杂志内容，贴合主题。

5.4.2 【设计理念】

在设计制作过程中，大面积的美食图片作为页面的主体，在点明主题的同时，能瞬间抓住人们的视线，达到宣传的目的；绿色的色块和标题为画面增加了活泼的气息；右侧的广告设计与左侧的目录在对比中存在，让人印象深刻。

5.4.3 【知识要点】

使用多边形工具和形状工具制作标签；使用文本工具添加文字；使用矩形工具添加文字底图。（最终效果参看光盘中的“Ch05 > 效果 > 制作美食杂志内页 4”，见图 5-157。）

图 5–157

第6章 宣传单设计

宣传单是直销广告的一种，对宣传活动和促销商品有着重要的作用。宣传单通过派送、邮递等形式，可以有效地将信息传达给目标受众。本章以各种不同主题的宣传单为例，讲解宣传单的设计方法和制作技巧。

课堂学习目标

- 了解宣传单的概念
- 了解宣传单的功能
- 掌握宣传单的设计思路和过程
- 掌握宣传单的制作方法和技巧

6.1 制作小家电宣传单

6.1.1 【案例分析】

本例是为某家电制造商设计制作小家电销售宣传单。要求在展示出家电产品的同时，体现相关的优惠信息。

6.1.2 【设计理念】

在设计制作过程中，先从背景入手，通过橙色的背景和电闪雷鸣的图片营造出具有冲击力的画面；通过对宣传语的艺术设计，使宣传的主题鲜明突出；通过小家电的排列展示出宣传的产品；通过右下角的文字体现出各种优惠活动。整个设计简洁明快、主题突出，易使人产生参与的欲望。（最终效果参看光盘中的“Ch06 > 效果 > 制作小家电宣传单”，见图 6-1。）

图 6–1

6.1.3 【操作步骤】

1. 添加并编辑标题文字

步骤 1 按 Ctrl+N 组合键，新建一个页面。在属性栏的“页面度量”选项中分别设置宽度为

300mm、高度为 200mm，按 Enter 键确认操作，页面尺寸显示为设置的大小。按 Ctrl+I 组合键，弹出“导入”对话框，选择光盘中的“Ch06 > 素材 > 制作小家电宣传单 > 01”文件，单击“导入”按钮，在页面中单击导入图片。按 P 键，图片在页面中居中对齐，效果如图 6-2 所示。

步骤 2 选择“文本”工具，在页面外分别输入需要的文字。选择“选择”工具，在属性栏中分别选择合适的字体并设置文字大小，效果如图 6-3 所示。

图 6-2

图 6-3

步骤 3 选择“选择”工具，选取文字“巨”，再次单击文字，使其处于旋转状态，向右拖曳上方中间的控制手柄到适当的位置，松开鼠标左键，文字的倾斜效果如图 6-4 所示。使用相同的方法制作其他文字倾斜效果，如图 6-5 所示。

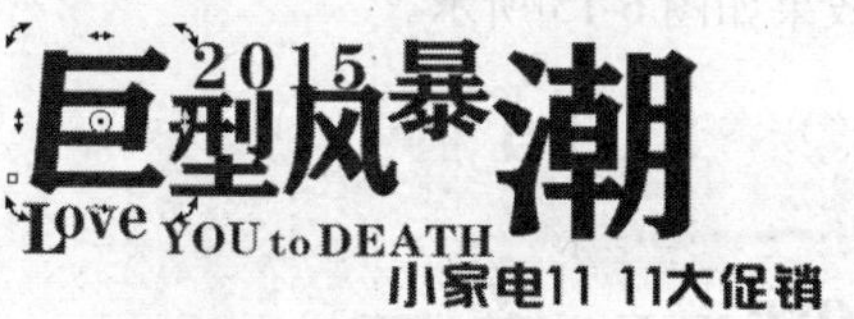

图 6-4

图 6-5

步骤 4 选择“选择”工具，选取文字“L”，按 Ctrl+Q 组合键，将文字转换为曲线，如图 6-6 所示。选择“形状”工具，圈选需要的节点，如图 6-7 所示，按 Shift+向右方向键，适当调整节点到适当的位置，效果如图 6-8 所示。

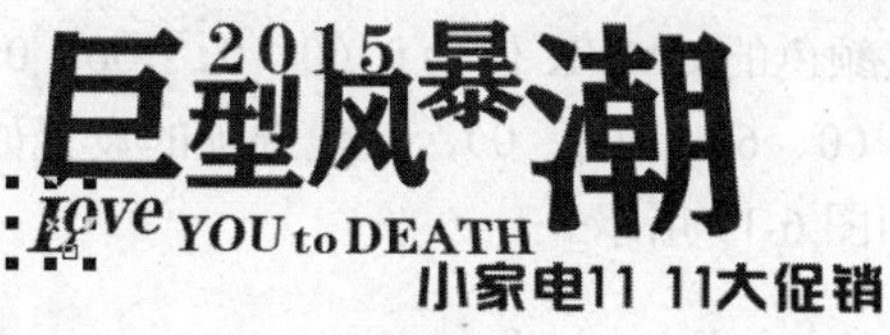

图 6-6

图 6-7

图 6-8

步骤 5 选择“形状”工具，选取需要的节点，如图 6-9 所示，将其拖曳到适当的位置，效果如图 6-10 所示。选择“椭圆形”工具，按住 Ctrl 键的同时，在适当的位置绘制圆形，填充为黑色并去除图形轮廓线，效果如图 6-11 所示。

图 6-9

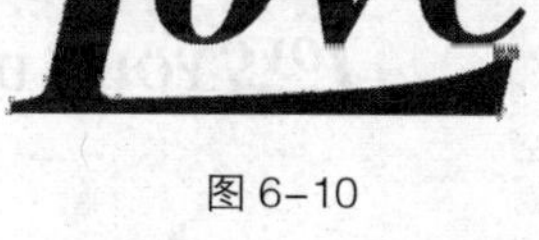

图 6-10

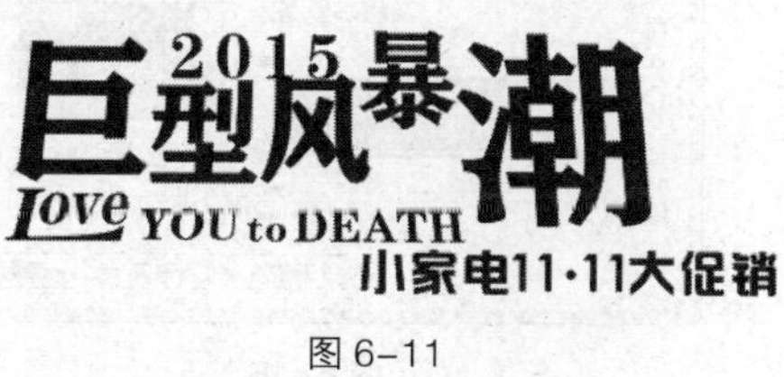

图 6-11

步骤 6 选择“选择”工具，按住 Shift 键的同时，依次单击选取文字“巨型风暴潮”，按 Ctrl+G 组合键，将文字群组。选择“渐变填充”工具，弹出“渐变填充”对话框。选中“双色”单选项，将“从”选项颜色的 CMYK 值设置为 0、0、60、0，“到”选项颜色的 CMYK 值设置为 0、20、100、0，其他选项的设置如图 6-12 所示。单击“确定”按钮，填充文字，效果如图 6-13 所示。

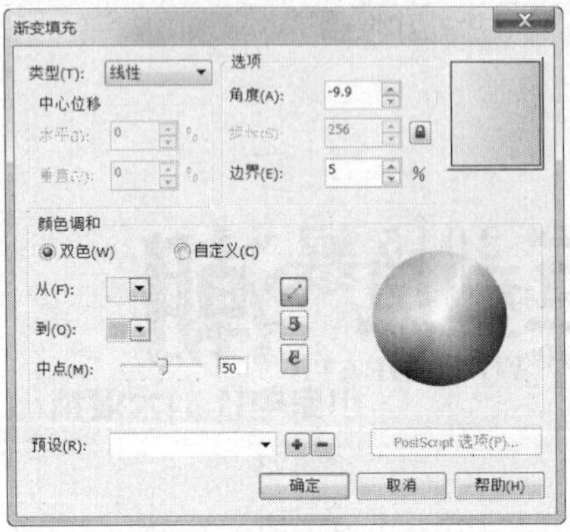

图 6-12

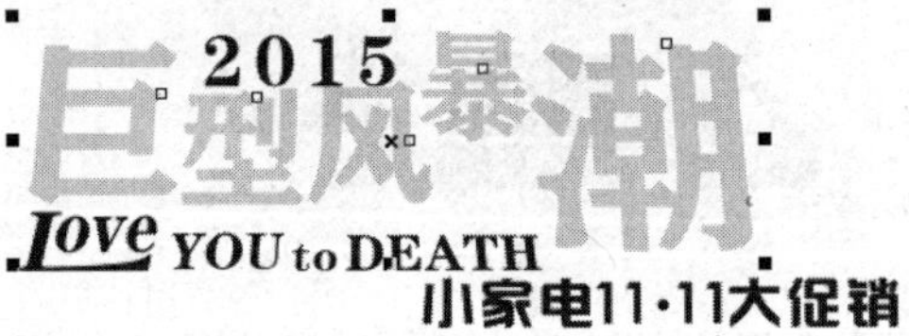

图 6-13

步骤 7 选择“阴影”工具，在文字对象上由上至下拖曳光标，为文字添加阴影效果，在属性栏中的设置如图 6-14 所示，按 Enter 键，效果如图 6-15 所示。

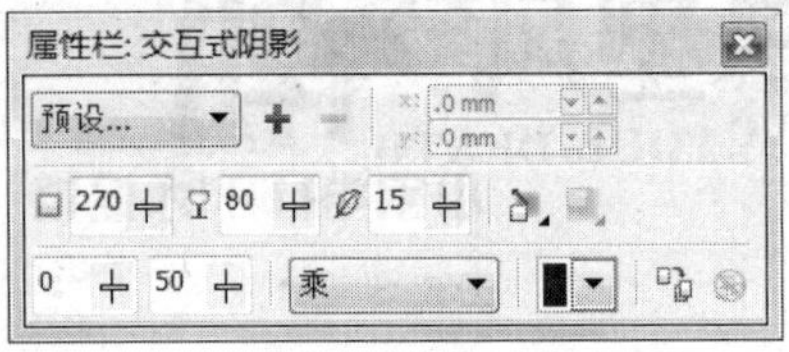

图 6-14

图 6-15

步骤 8 选择“选择”工具，选取文字“2015”。选择“渐变填充”工具，弹出“渐变填充”对话框，选中“自定义”单选项，在“位置”选项中分别输入 0、45、90、100 四个位置点，单击右下角的“其他”按钮，分别设置四个位置点颜色的 CMYK 值为 0（0、0、100、0），45（0、80、100、0），90（0、80、91、18），100（0、60、100、0），其他选项的设置如图 6-16 所示。单击“确定”按钮，填充文字，效果如图 6-17 所示。

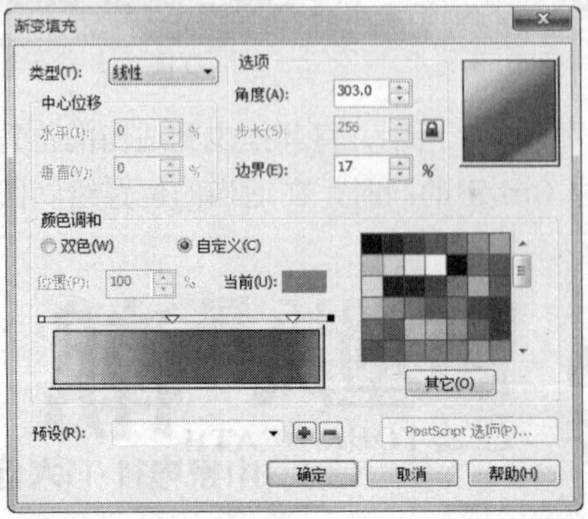

图 6-16

图 6-17

步骤 9 选择"阴影"工具，在文字对象上由上至下拖曳光标，为文字添加阴影效果，在属性栏中的设置如图 6-18 所示，按 Enter 键，效果如图 6-19 所示。

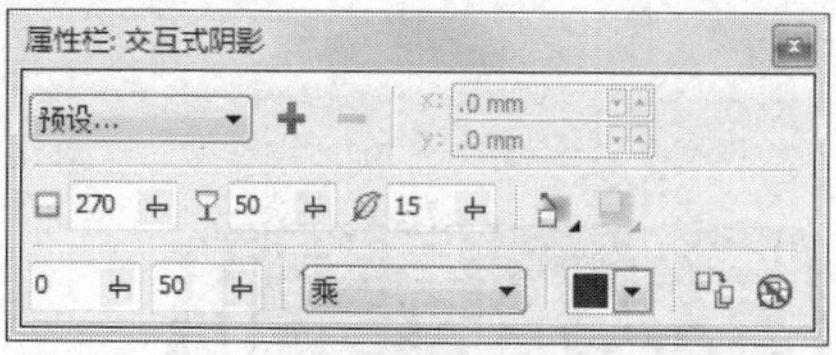

图 6-18

图 6-19

步骤 10 选择"选择"工具，按 Shift+PageDown 组合键，将文字放置到最底层，效果如图 6-20 所示。使用相同的方法为其他文字添加如图 6-21 所示的效果。

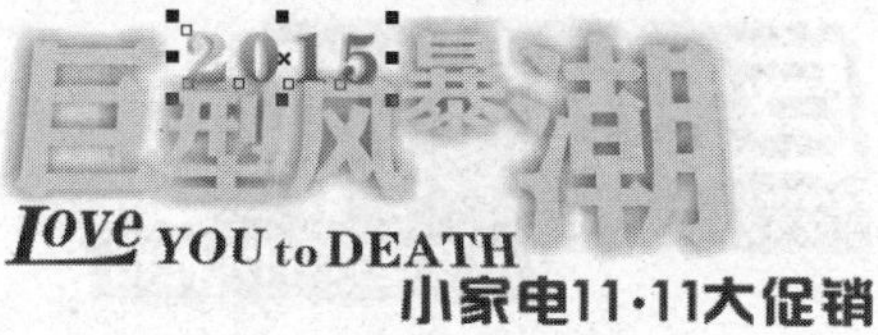

图 6-20

图 6-21

步骤 11 选择"贝塞尔"工具，沿文字轮廓边缘绘制一个不规则闭合图形。按 F12 键，弹出"轮廓笔"对话框，将"颜色"选项的 CMYK 值设为 0、60、100、0，其他选项的设置如图 6-22 所示，单击"确定"按钮，效果如图 6-23 所示。

图 6-22

图 6-23

步骤 12 选择"渐变填充"工具，弹出"渐变填充"对话框。选中"自定义"单选项，在"位置"选项中分别输入 0、37、51、67、100 五个位置点，单击右下角的"其他"按钮，分别设置五个位置点颜色的 CMYK 值为 0（46、87、100、17），37（23、79、100、9），51（0、70、100、0），67（26、80、100、10），100（47、89、100、19），其他选项的设置如图 6-24 所示。单击"确定"按钮，填充图形，并去除图形的轮廓线。按 Shift+PageDown 组合键，将图形放置到最底层，效果如图 6-25 所示。

步骤 13 选择"轮廓图"工具，在图形对象上拖曳光标，为图形添加轮廓化效果。在属性栏中将"填充色"选项颜色的 CMYK 值设置为 0、80、100、0，将"轮廓色"选项颜色的 CMYK 值设置为 0、20、20、0，将"渐变结束色"选项颜色设置为"霓虹粉"，其他选项的设置如图 6-26 所示，按 Enter 键，效果如图 6-27 所示。

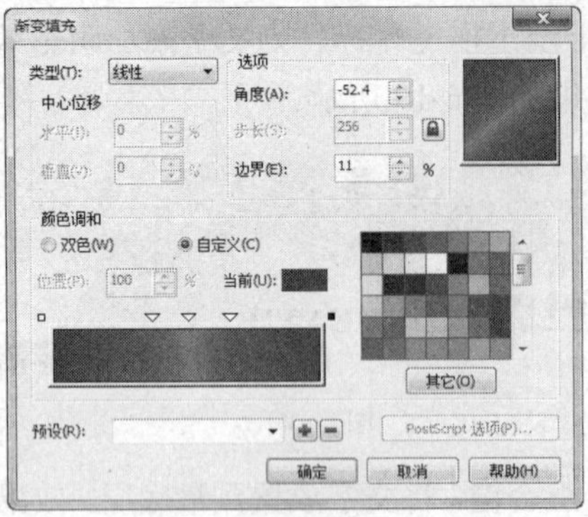

图 6-24

图 6-25

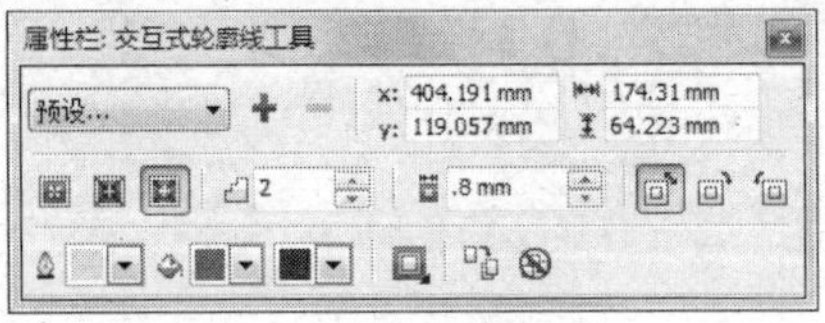

图 6-26

图 6-27

步骤 14 选择"阴影"工具，在图形对象上由上至下拖曳光标，为图形添加阴影效果。在属性栏中的设置如图 6-28 所示，按 Enter 键，效果如图 6-29 所示。

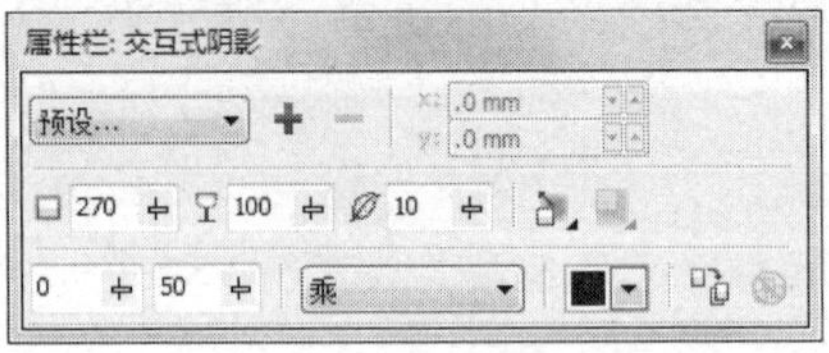

图 6-28

图 6-29

步骤 15 选择"选择"工具，使用圈选的方法将文字和图形同时选取，将其拖曳到页面中适当的位置并调整其大小，效果如图 6-30 所示。

步骤 16 按 Ctrl+I 组合键，弹出"导入"对话框，选择光盘中的"Ch06 > 素材 > 制作小家电宣传单 > 02"文件，单击"导入"按钮，在页面中单击导入图片。选择"选择"工具，将图片拖曳到适当的位置并调整其大小，效果如图 6-31 所示。连续按 Ctrl+PageDown 组合键，将图片向后移动到适当的位置，效果如图 6-32 所示。

图 6-30

图 6-31

图 6-32

2. 添加其他内容文字

步骤 1 选择"矩形"工具，在页面适当的位置绘制一个矩形，设置矩形颜色的 CMYK 值为

0、80、100、0，填充图形并去除图形的轮廓线，效果如图 6-33 所示。保持图形选取状态，再次单击图形，使其处于旋转状态，向右拖曳上方中间的控制手柄到适当的位置，松开鼠标左键，倾斜效果如图 6-34 所示。

图 6-33

图 6-34

步骤 2 选择“矩形”工具，在适当的位置绘制一个矩形，设置矩形颜色的 CMYK 值为 0、90、100、60，填充图形并去除图形的轮廓线，效果如图 6-35 所示。按 Ctrl+Q 组合键，将图形转换为曲线。选择“形状”工具，向右拖曳下边右侧的节点到适当的位置，效果如图 6-36 所示。

图 6-35

图 6-36

步骤 3 按 Ctrl+PageDown 组合键，将图形向后移动一层，效果如图 6-37 所示。按住 Shift 键的同时，单击选取橘红色图形，按 Ctrl+G 组合键将其群组，如图 6-38 所示。

图 6-37

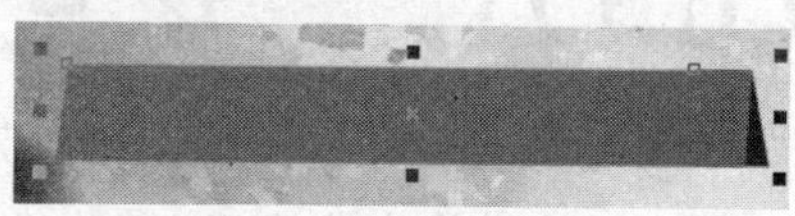

图 6-38

步骤 4 选择“阴影”工具，在图形对象上由上至下拖曳光标，为图形添加阴影效果，在属性栏中的设置如图 6-39 所示，按 Enter 键，效果如图 6-40 所示。

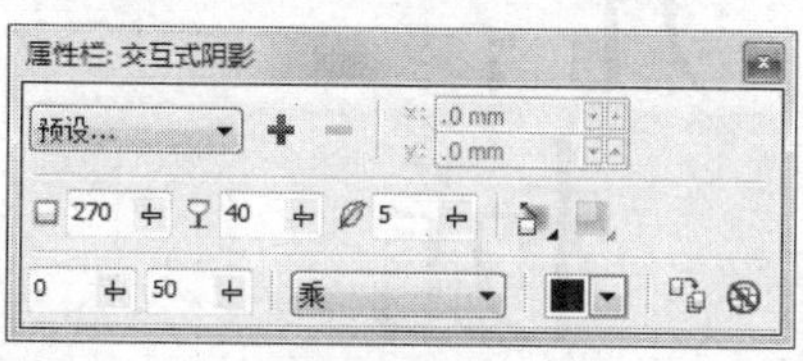

图 6-39

图 6-40

步骤 5 使用相同的方法制作其他图形，效果如图 6-41 所示。选择“文本”工具，在适当的位置分别输入需要的文字。选择“选择”工具，在属性栏中选择合适的字体并设置文字大小，效果如图 6-42 所示。

图 6-41

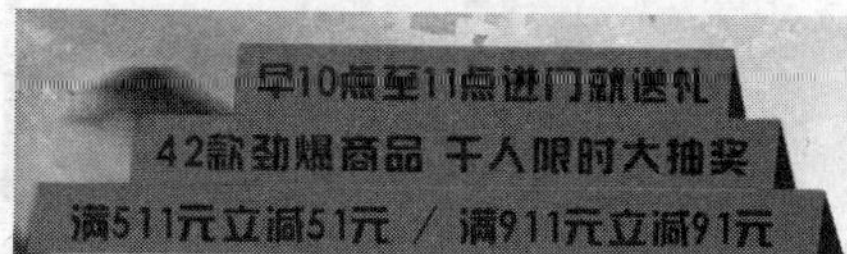

图 6-42

步骤 6 选择“选择”工具，按住 Shift 键的同时，将输入的文字同时选取，在“CMYK 调色板”中的“白黄”色块上单击，填充文字，效果如图 6-43 所示。小家电宣传单制作完成，效果如图 6-44 所示。

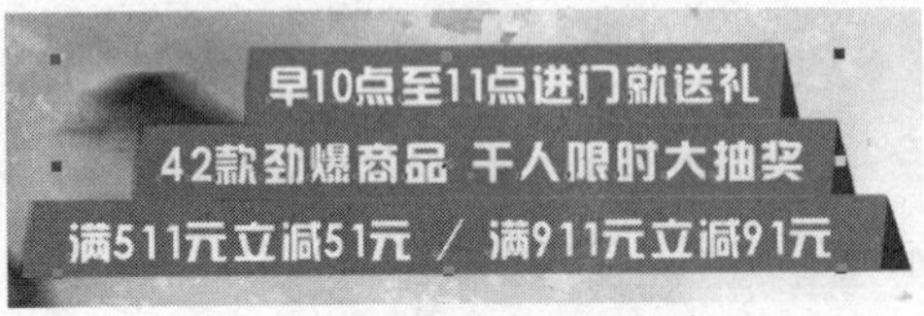

图 6-43

图 6-44

6.1.4 【相关工具】

应用 CorelDRAW X6 的独特功能，可以轻松地创建出计算机字库中没有的汉字。下面介绍具体的创建方法。

选择“文本”工具，输入两个具有创建文字所需偏旁的汉字，如图 6-45 所示。选择“选择”工具选取文字，如图 6-46 所示。

按 Ctrl+Q 组合键将文字转换为曲线，效果如图 6-47 所示。

图 6-45

图 6-46

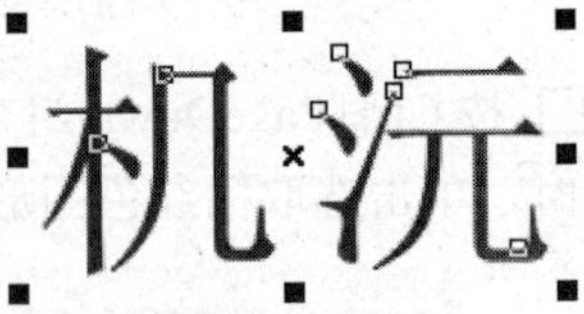

图 6-47

按 Ctrl+K 组合键将转换为曲线的文字打散，选择“选择”工具，选中所需偏旁，将其移动到创建文字的位置，如图 6-48 所示，进行组合的效果如图 6-49 所示。

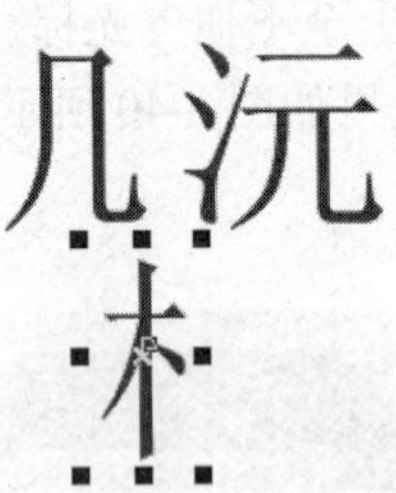

图 6-48

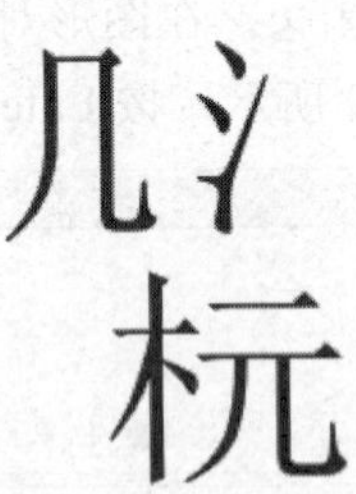

图 6-49

组合好新文字后，选择“选择”工具，用圈选的方法选中新文字，如图 6-50 所示。再在键盘上按 Ctrl+G 组合键将新文字组合，如图 6-51 所示。新文字制作完成，效果如图 6-52 所示。

图 6-50

图 6-51

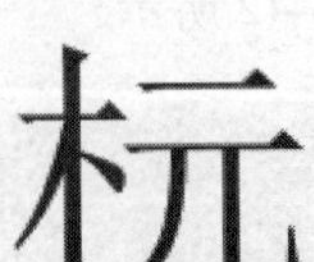

图 6-52

6.1.5 【实战演练】制作儿童摄影宣传单

使用导入命令和图框精确剪裁命令制作背景；使用文本工具添加文字内容；使用转化为曲线命令编辑文字效果；使用贝塞尔工具、椭圆形工具和 2 点线工具绘制图形效果。（最终效果参看光盘中的“Ch06 > 效果 > 制作儿童摄影宣传单”，见图 6-53。）

图 6–53

6.2 制作房地产宣传单

6.2.1 【案例分析】

本例是为一家房地产公司设计制作宣传单。这家房地产公司主要经营中高档住宅，住宅的环境优美。要求宣传单能够通过图片和宣传文字，以独特的设计角度，主题明确地展示房地产公司出售的住宅特色及优势。

图 6–54

6.2.2 【设计理念】

在设计制作过程中，使用优美的摄影照片为背景，使人感受到住宅的高端与品质。文字整齐有序地排列在宣传单上，体现出该房地产公司严谨的经营特色。住宅平面图的展示，直观而具有说服力地展示了住宅的特征。在设计上突出广告语，点明宣传要点。（最终效果参看光盘中的“Ch06 > 效果 > 制作房地产宣传单”，见图 6-54。）

6.2.3 【操作步骤】

1. 添加家具

步骤 1 按 Ctrl+N 组合键，新建一个 A4 页面。按 Ctrl+I 组合键，弹出“导入”对话框。选择光盘中的“Ch06 > 素材 > 制作房地产宣传单 > 01”文件，单击“导入”按钮，在页面中单击导入图片。按 P 键，图片在页面中居中对齐，效果如图 6-55 所示。

步骤 2 按 Ctrl+I 组合键，弹出“导入”对话框。选择光盘中的“Ch06 > 素材 > 制作房地产宣传单 > 02”文件，单击“导入”按钮，在页面中单击导入图片，并将其拖曳到适当的位置，效果如图 6-56 所示。按 Ctrl+U 组合键取消群组。

图 6–55

图 6–56

步骤 3 按 Ctrl+I 组合键，弹出“导入”对话框。选择光盘中的“Ch06＞素材＞制作房地产宣传单＞03”文件，单击“导入”按钮，在页面中单击导入图片，并将其拖曳到适当的位置，效果如图 6-57 所示。按 Ctrl+U 组合键取消群组。选择“选择”工具，选取需要的图形，如图 6-58 所示。按住 Shift 键的同时选取另一个图形，单击属性栏中的“对齐与分布”按钮，弹出“对齐与分布”面板，单击“顶端对齐”按钮，如图 6-59 所示，将图形顶端对齐，效果如图 6-60 所示。

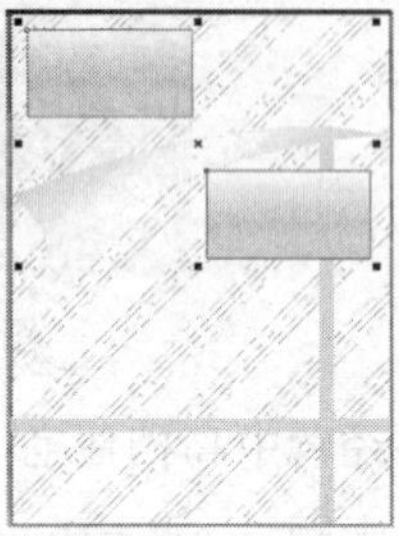
图 6-57

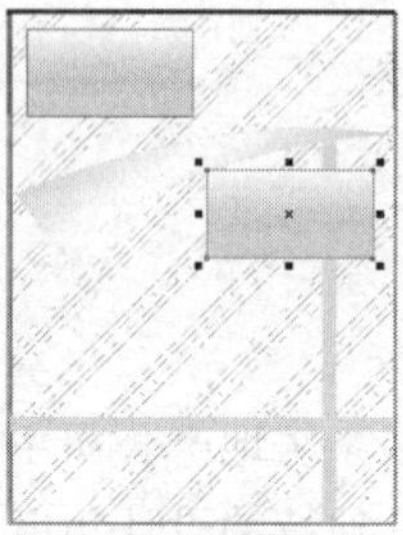
图 6-58

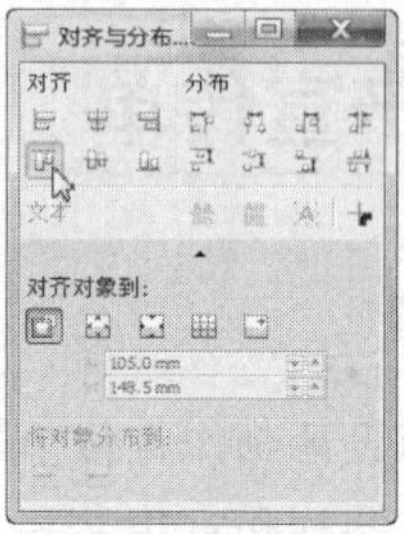
图 6-59

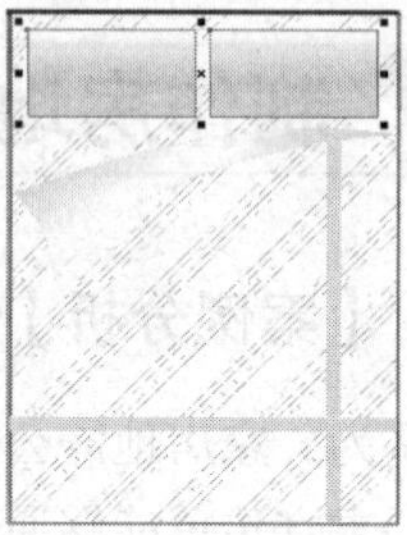
图 6-60

步骤 4 按 Ctrl+I 组合键，弹出“导入”对话框。选择光盘中的“Ch06＞素材＞制作房地产宣传单＞04”文件，单击“导入”按钮，在页面中单击导入图片，并将其拖曳到适当的位置，效果如图 6-61 所示。选择“选择”工具，按住 Shift 键的同时选取下方的矩形，如图 6-62 所示。单击属性栏中的“对齐与分布”按钮，弹出“对齐与分布”面板，选择“水平居中对齐”按钮，如图 6-63 所示，将图形水平居中对齐，效果如图 6-64 所示。

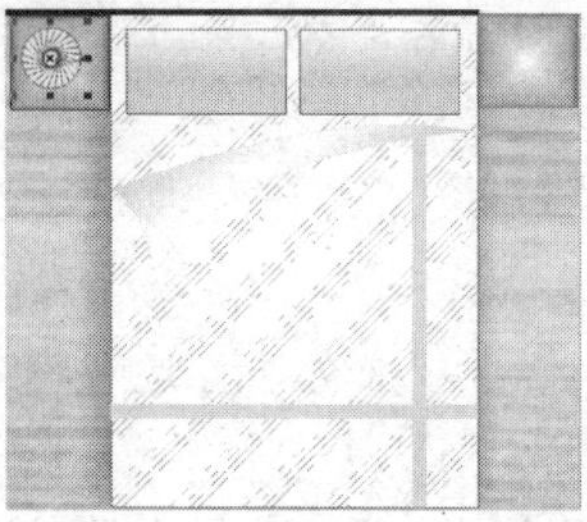
图 6-61

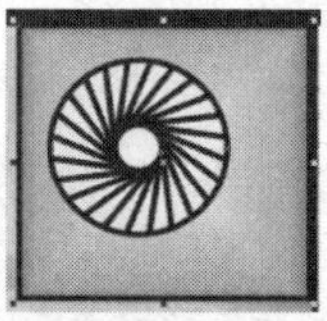
图 6-62

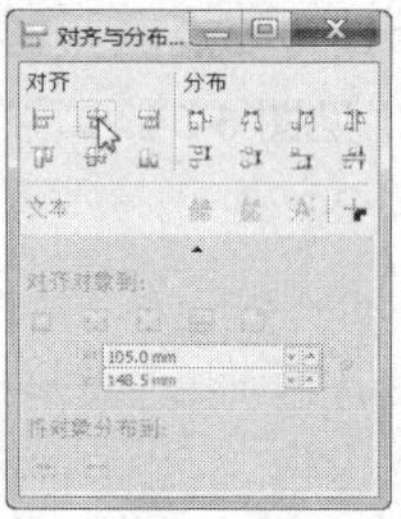
图 6-63

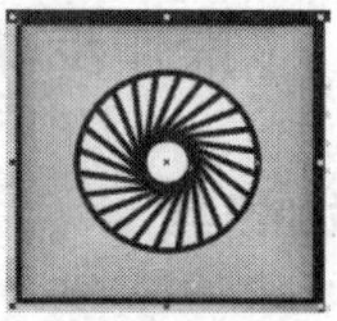
图 6-64

步骤 5 选择“选择”工具，选取置入的图形，按数字键盘上的+键复制出一个图形，将其拖曳到适当的位置，并与下方的矩形居中对齐，效果如图 6-65 所示。

步骤 6 按 Ctrl+I 组合键，弹出“导入”对话框。选择光盘中的“Ch06＞素材＞制作房地产宣传单＞05”文件，单击“导入”按钮，在页面中单击导入图片，并将其拖曳到适当的位置，效果如图 6-66 所示。按 Ctrl+U 组合键取消群组。选择“排列＞对齐和分布＞右对齐”命令，图形的右对齐效果如图 6-67 所示。

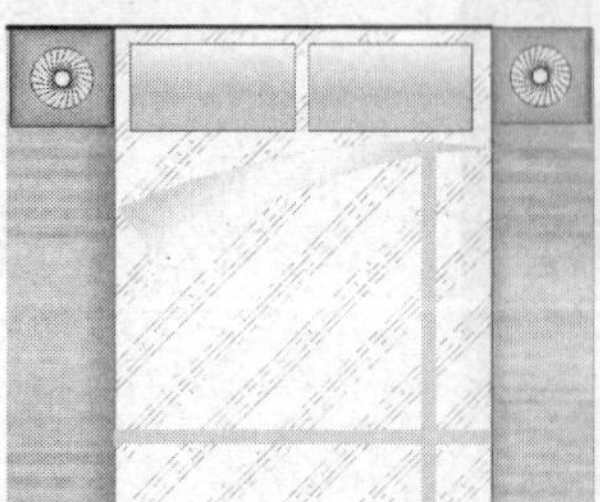
图 6-65

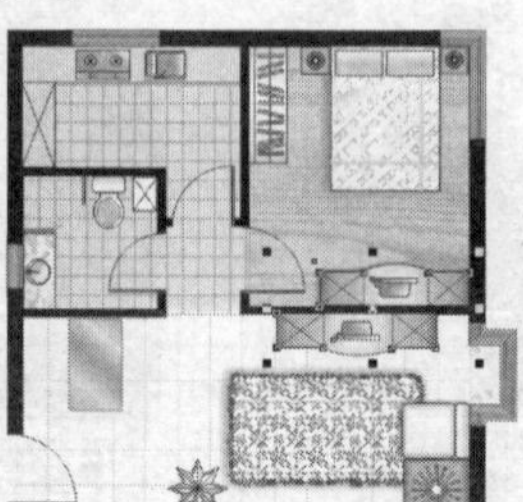
图 6-66

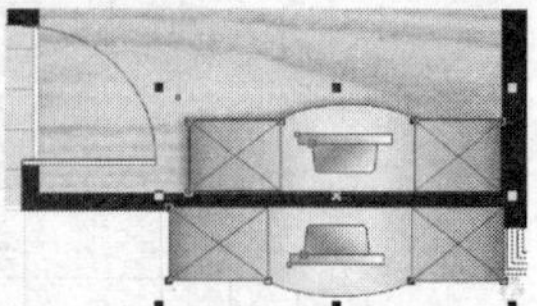
图 6-67

步骤 7 按 Ctrl+I 组合键，弹出“导入”对话框。选择光盘中的“Ch06 > 素材 > 制作房地产宣传单 > 06”文件，单击“导入”按钮，在页面中单击导入图片，并将其拖曳到适当的位置，效果如图 6-68 所示。按 Ctrl+U 组合键取消群组。选择“选择”工具，由下向上圈选两个置入的图形，如图 6-69 所示。选择“排列 > 对齐和分布 > 右对齐”命令，图形的右对齐效果如图 6-70 所示。

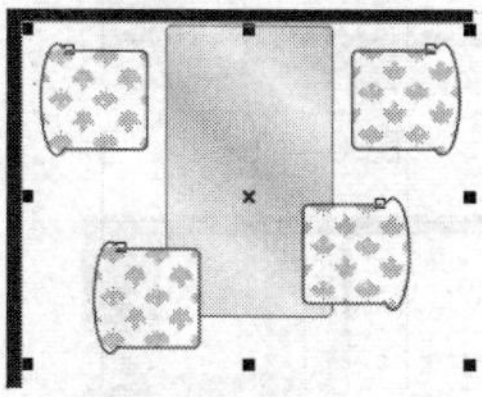
图 6–68

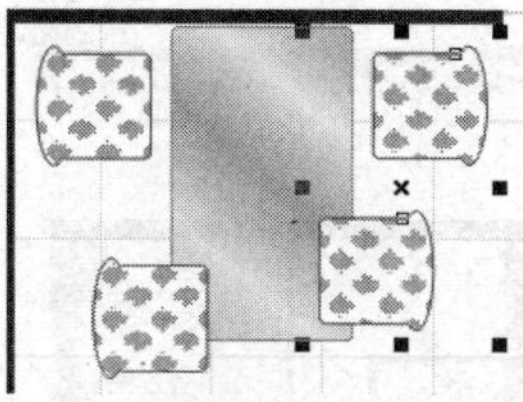
图 6–69

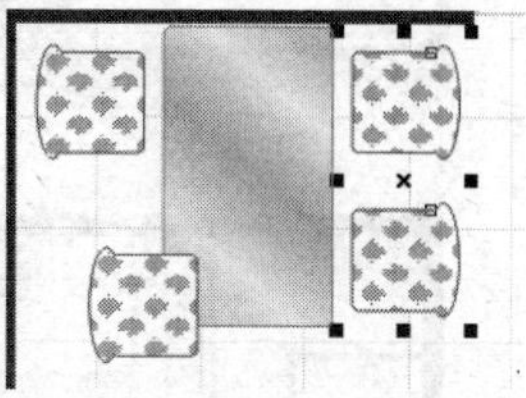
图 6–70

步骤 8 选择“选择”工具，由下向上圈选两个置入的图形，如图 6-71 所示。选择“排列 > 对齐和分布 > 左对齐”命令，图形的左对齐效果如图 6-72 所示。

步骤 9 选择“选择”工具，由下向上圈选两个置入的图形，如图 6-73 所示。选择“排列 > 对齐和分布 > 顶端对齐”命令，图形的顶端对齐效果如图 6-74 所示。

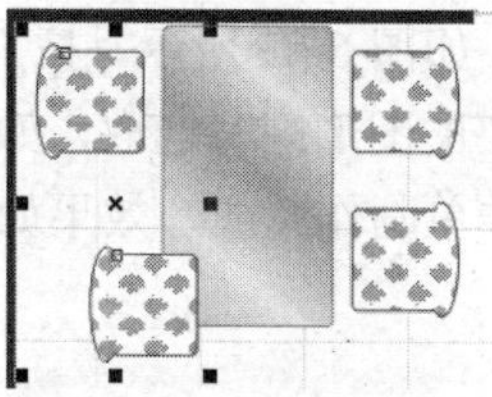
图 6–71

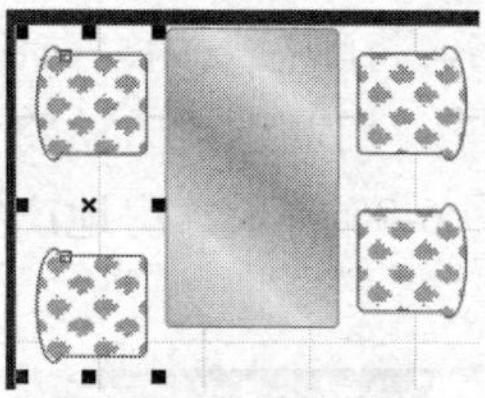
图 6–72

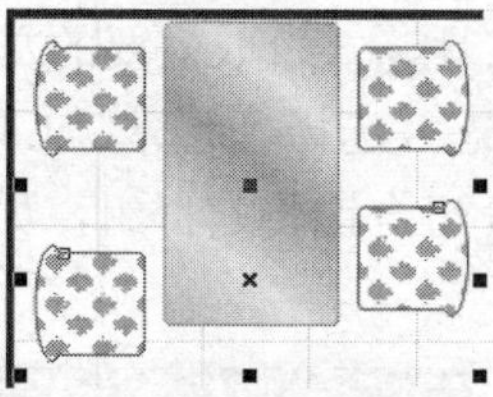
图 6–73

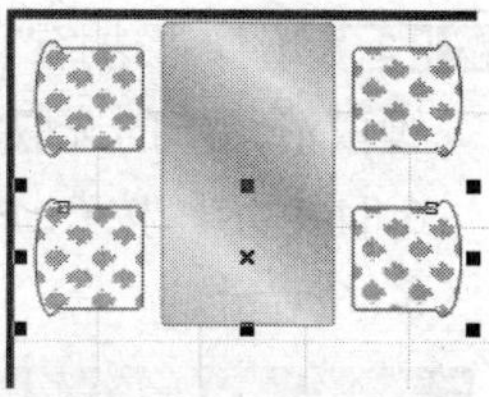
图 6–74

步骤 10 按 Ctrl+I 组合键，弹出“导入”对话框。选择光盘中的“Ch06 > 素材 > 制作房地产宣传单 > 07”文件，单击“导入”按钮，在页面中单击导入图片，并将其拖曳到适当的位置，效果如图 6-75 所示。按 Ctrl+U 组合键取消群组。选择“排列 > 对齐和分布 > 底端对齐”命令，图形的底端对齐效果如图 6-76 所示。

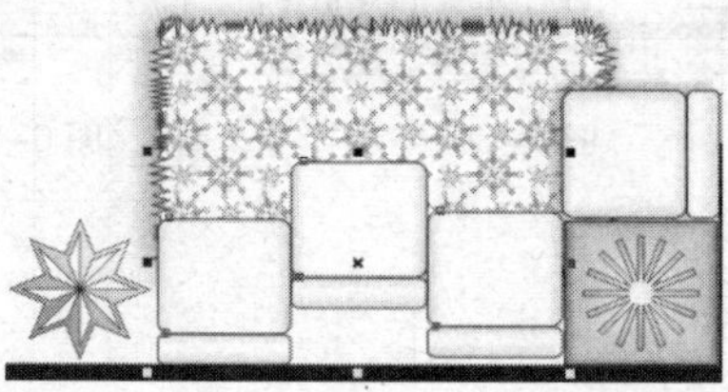
图 6–75

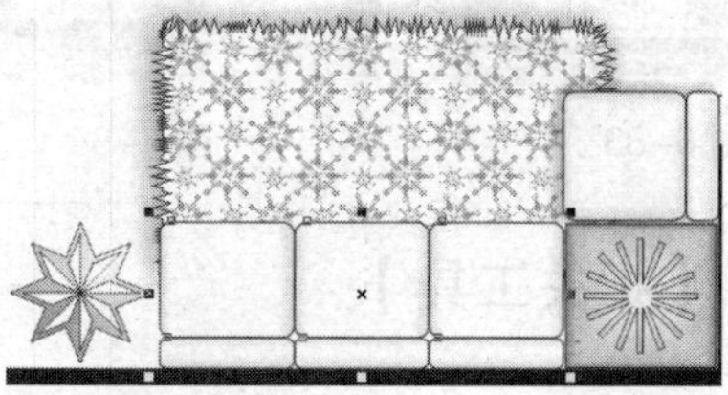
图 6–76

2. 标注平面图

步骤 1 选择“平行度量”工具，将鼠标指针移动到平面图左侧墙体的底部并单击，如图 6-77 所示，向右拖曳光标，如图 6-78 所示，将光标移动到平面图右侧墙体的底部后再次单击，如图 6 79 所示，然后将鼠标指针移动到线段中间，如图 6-80 所示，再次单击完成标注，效果如图 6-81 所示。选择“选择”工具，选取需要的文字，在属性栏中调整其字体大小，效果如图 6-82 所示。

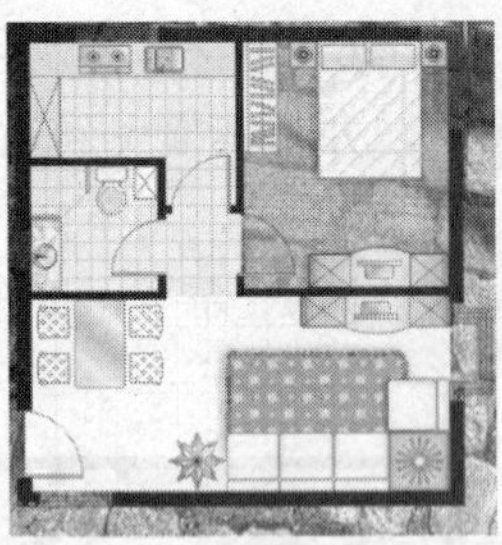

图 6–77

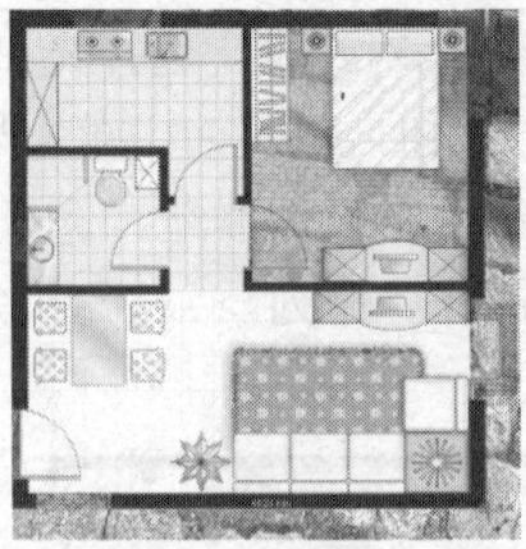

图 6–78

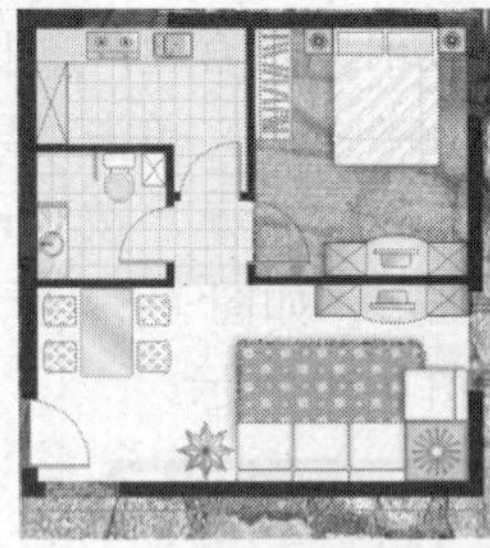

图 6–79

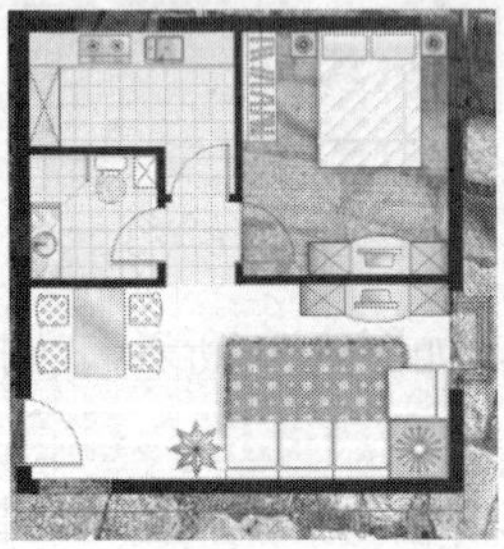

图 6–80

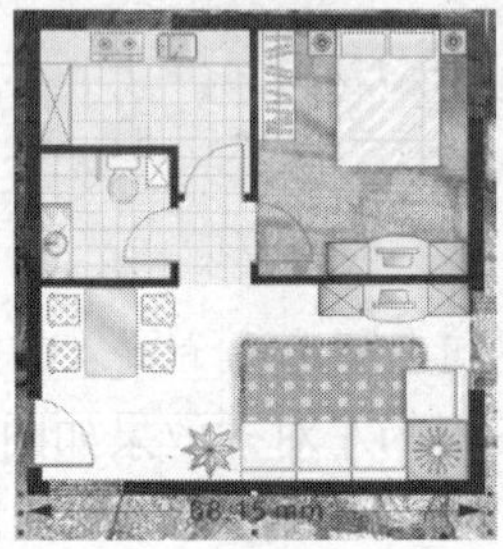

图 6–81

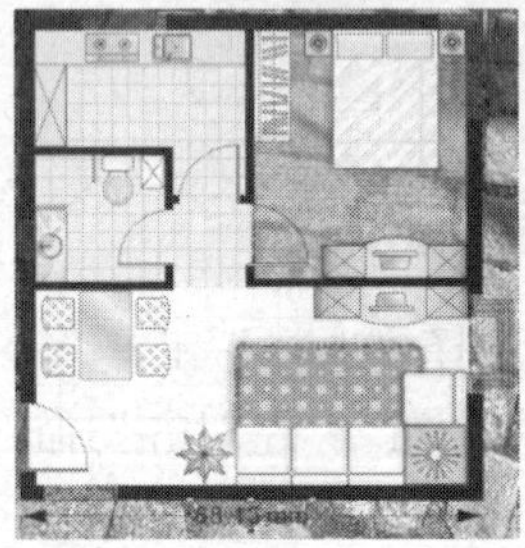

图 6–82

步骤 2 选择“选择”工具，选取需要的文字，将颜色设为“白色”，如图 6-83 所示。按 Esc 键取消图形的选取状态，选择“选择”工具，用圈选的方法将需要的图形同时选取，如图 6-84 所示。按 Ctrl+G 组合键将其群组，如图 6-85 所示。房地产宣传单制作完成，效果如图 6-86 所示。

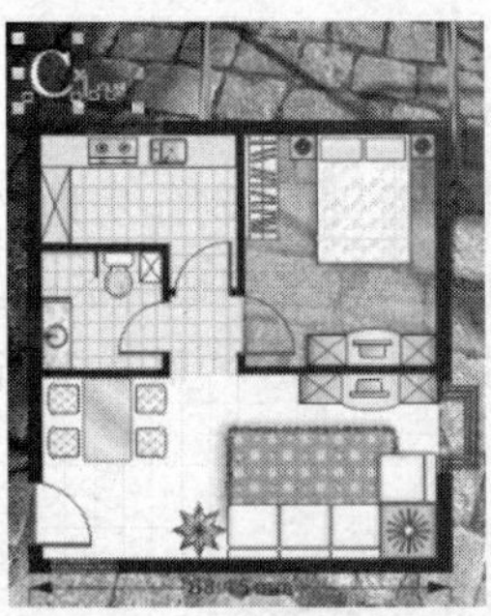

图 6–83

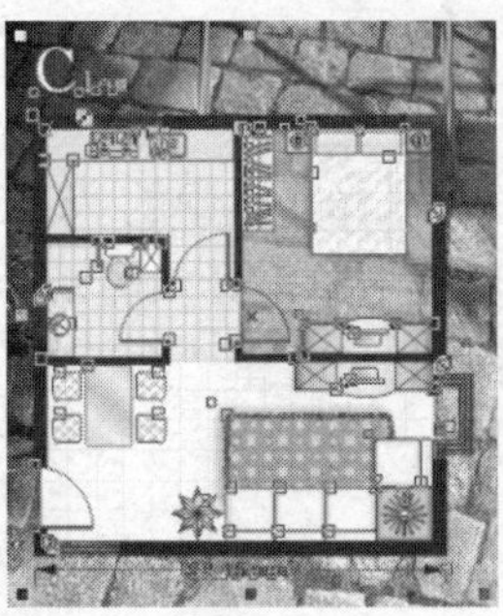

图 6–84

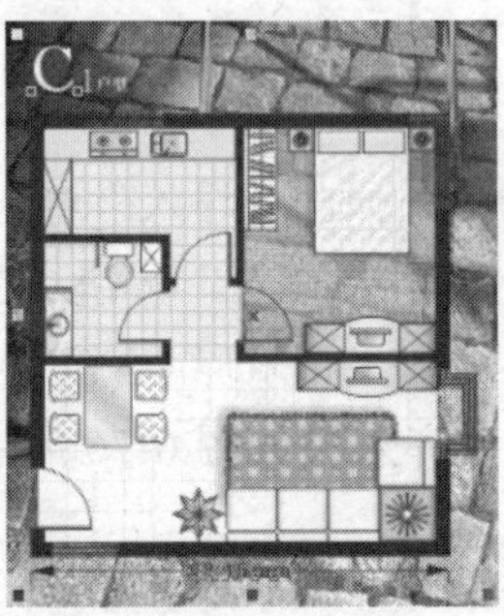

图 6–85

图 6–86

6.2.4 【相关工具】

1. 对象的排序

在 CorelDRAW X6 中，绘制的图形对象都存在着重叠的关系，如果在绘图页面中的同一位置先后绘制两个不同背景的图形对象，后绘制的图形对象将位于先绘制图形对象的上方。

使用 CorelDRAW X6 的排序功能可以安排多个图形对象的前后顺序，也可以使用图层来管理图形对象。

在绘图页面中先后绘制几个不同的图形对象，如图 6-87 所示。使用“选择”工具选择要进行排序的图形对象，如图 6-88 所示。

选择“排列 > 顺序”子菜单下的各个命令，如图 6-89 所示，可将已选择的图形对象排序。

选择“到图层前面”命令，可以将背景图形从当前层移动到绘图页面中其他图形对象的最前面，效果如图 6-90 所示。按 Shift+PageUp 组合键，也可以完成这个操作。

选择“到图层后面”命令，可以将背景图形从当前层移动到绘图页面中其他图形对象的最后面，效果如图 6-91 所示。按 Shift+PageDown 组合键，也可以完成这个操作。

选择“向前一层”命令，可以将选定的背景图形从当前位置向前移动一个图层，效果如图 6-92 所示。按 Ctrl+PageUp 组合键，也可以完成这个操作。

图 6-87

图 6-88

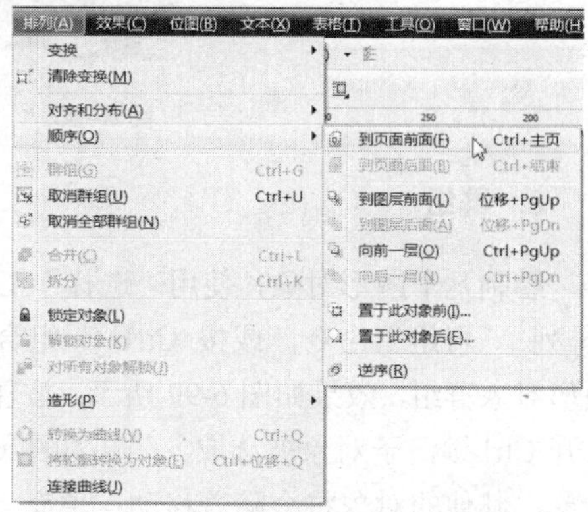

图 6-89

图 6-90

图 6-91

图 6-92

当图形位于图层最前面的位置时，选择“向后一层”命令，可以将选定的图形（背景）从当前位置向后移动一个图层，效果如图 6-93 所示。按 Ctrl+PageDown 组合键，也可以完成这个操作。

选择“置于此对象前”命令，可以将选择的图形放置到指定图形对象的前面。选择“置于此对象前”命令后，鼠标指针变为黑色箭头，使用黑色箭头单击指定的图形对象，如图 6-94 所示，图形被放置到指定图形对象的前面，效果如图 6-95 所示。

图 6-93

图 6-94

图 6-95

选择“置于此对象后”命令，可以将选择的图形放置到指定图形对象的后面。选择“置于此对象后”命令后，鼠标指针变为黑色箭头，使用黑色箭头单击指定的图形对象，如图 6-96 所示，图形被放置到指定图形对象的后面，效果如图 6-97 所示。

图 6-96

图 6-97

2. 群组

绘制几个图形对象，使用“选择”工具选中要进行群组的图形对象，如图 6-98 所示。选择“排列 > 群组”命令，或按 Ctrl+G 组合键，或单击属性栏中的“群组”按钮，都可以将多个图形对象群组，效果如图 6-99 所示。按住 Ctrl 键，选择“选择”工具，单击需要选取的子对象，松开 Ctrl 键，子对象被选取，效果如图 6-100 所示。群组后的图形对象变成一个整体，移动一个对象，其他的对象将会随着移动；填充一个对象，其他的对象也将随着被填充。

选择“排列 > 取消群组”命令，或按 Ctrl+U 组合键，或单击属性栏中的“取消群组”按钮，可以取消对象的群组状态。选择“排列 > 取消全部群组”命令，或单击属性栏中的“取消全部群组”按钮，可以取消所有对象的群组状态。

图 6-98

图 6-99

图 6-100

提　示　在群组中，子对象可以是单个的对象，也可以是多个对象组成的群组，称为群组的嵌套。使用群组的嵌套可以管理多个对象之间的关系。

3. 结合

绘制几个图形对象，如图 6-101 所示。使用“选择”工具选中要进行结合的图形对象，如图 6-102 所示。

图 6-101

图 6-102

选择“排列 > 合并”命令，或按 Ctrl+L 组合键，或单击属性栏中的“合并”按钮，可以将多个图形对象结合，效果如图 6-103 所示。

使用“形状”工具选中结合后的图形对象，可以对图形对象的节点进行调整，改变图形对象的形状，效果如图 6-104 所示。

图 6-103

图 6-104

选择“排列 > 拆分曲线”命令，或按 Ctrl+K 组合键，或单击属性栏中的“拆分”按钮，可以取消图形对象的结合状态，原来结合的图形对象将变为多个单独的图形对象。

提 示 如果对象结合前有颜色填充，那么结合后的对象将显示最后选取对象的颜色。如果使用圈选的方法选取对象，将显示圈选框最下方对象的颜色。

6.2.5 【实战演练】制作糕点宣传单

使用矩形工具、贝塞尔工具和图框精确剪裁命令制作底图；使用星形工具、椭圆形工具、修改命令和文字工具制作标志图形；使用矩形工具、图框精确剪裁、星形工具和贝塞尔工具制作糕点宣传栏。（最终效果参看光盘中的“Ch06 > 效果 > 制作糕点宣传单”，见图 6-105。）

图 6-105

6.3 综合演练——制作时尚鞋宣传单

6.3.1 【案例分析】

本案例是为柯乐集团设计制作时尚鞋专卖折扣宣传单。鞋是人们必不可少的日常生活用品，同时也是突显个性、展示个人魅力的重要工具。柯乐是具有品质的鞋品牌，宣传单设计要求符合品牌定位和销售特点。

6.3.2 【设计理念】

在设计制作过程中，浅色的背景与前方深色的产品和颜色块搭配，起到衬托的作用，突出宣传的主体；倾斜的色块和文字巧妙地将版面分割开来，展现出力度与时尚的美感，体现出独具特色的品位，同时增加了画面的活泼感和趣味性；产品主体与宣传文字的巧妙结合，让人一目了然、印象深刻。

6.3.3 【知识要点】

使用矩形工具、贝塞尔工具和图框精确剪裁命令制作背景效果；使用椭圆形工具、贝塞尔工具、渐变工具和文字工具制作标志；使用导入命令导入素材图片；使用文本工具添加文字。（最终效果参看光盘中的“Ch06 > 效果 > 制作时尚鞋宣传单”，见图 6-106。）

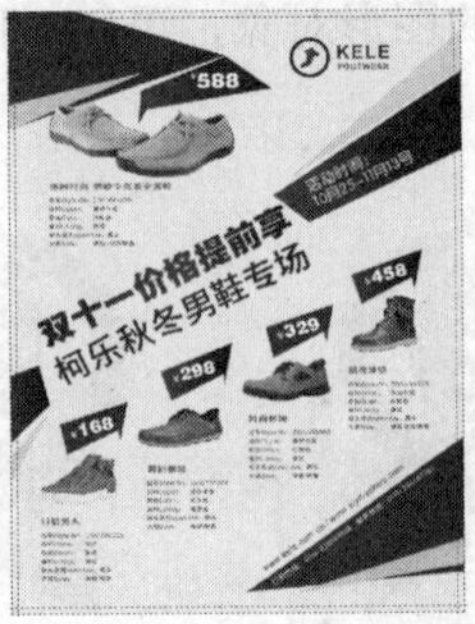

图 6–106

6.4 综合演练——制作旅游宣传单

6.4.1 【案例分析】

本案例是为旅游网站设计制作宣传单。该网站主要介绍的是旅行的相关景区、旅游攻略、优惠信息等。在设计上要求体现出丰富多彩的旅行生活和优惠多样的旅行攻略。

6.4.2 【设计理念】

在设计制作过程中，使用风景照片作为背景，在突出宣传特色的同时衬托出前方的宣传信息，引起人们的向往之情；红色倾斜的攻略背景醒目突出，同时营造出热烈、奔放的氛围。文字的设计虚实搭配，在突出宣传主题的同时，增强了视觉效果。

6.4.3 【知识要点】

使用矩形工具绘制攻略红色背景；使用文本工具和修剪命令添加镂空的宣传文字；使用文本工具添加内容文字。（最终效果参看光盘中的“Ch06 > 效果 > 制作旅游宣传单”，见图 6-107。）

图 6–107

第7章 海报设计

海报是广告艺术中的一种大众化载体，又名“招贴”或“宣传画”。由于海报具有尺寸大、远视性强、艺术性高的特点，因此，在宣传媒介中占有重要的位置。本章以各种不同主题的海报为例，讲解海报的设计方法和制作技巧。

课堂学习目标

- 了解海报的概念和功能
- 了解海报的种类和特点
- 掌握海报的设计思路和过程
- 掌握海报的制作方法和技巧

7.1 制作百货庆典海报

7.1.1 【案例分析】

本案例是为夕阳百货制作活动宣传海报，以“5 周年庆典”为活动主题，通过对图片和宣传文字的艺术加工表现出宣传海报的主要特点和功能特色。

7.1.2 【设计理念】

在设计制作过程中，首先使用丰富多样的渐变色增强画面的热闹感和欢乐感，搭配不同的图形，形成欢庆的氛围；女性的图片增添了热烈狂放的气氛，形成画面的视觉中心，突出宣传的主体；文字的运用主次分明，让人一目了然。整体设计醒目直观，宣传性强。（最终效果参看光盘中的“Ch07 > 效果 > 制作百货庆典海报”，见图 7-1。）

图 7–1

7.1.3 【操作步骤】

1. 制作背景图

步骤 1 按 Ctrl+N 组合键，新建一个页面。在属性栏中的“页面度量”选项中将宽度设为 303mm、高度设为 216mm，按 Enter 键确认操作，页面尺寸显示为设置的大小。

步骤 2 双击“矩形”工具，绘制一个与页面大小相等的矩形，如图 7-2 所示。选择“渐变填充”工具，弹出“渐变填充”对话框，选中“双色”单选项，将“从”选项颜色的 CMYK 值设置为 0、100、0、0，“到”选项颜色的 CMYK 值设置为 4、3、92、0，其他选项的设置如图 7-3 所示。单击“确定”按钮，填充图形并去除图形轮廓线，效果如图 7-4 所示。

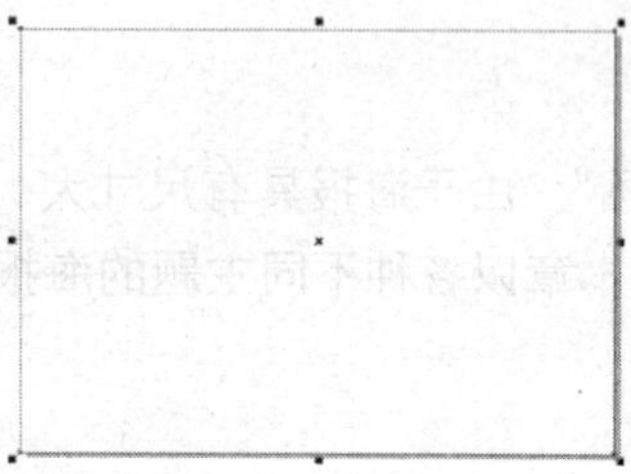

图 7-2

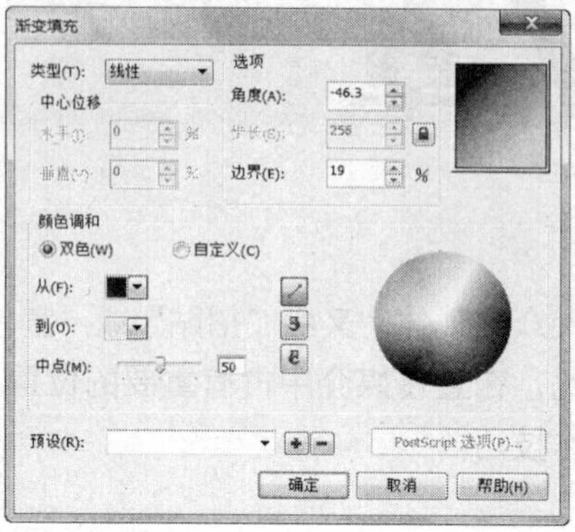

图 7-3

图 7-4

步骤 3 选择“贝塞尔”工具，绘制一条斜线，如图 7-5 所示。选择“选择”工具，选取刚刚绘制的斜线，按数字键盘上的+键，复制斜线，并将其向右拖曳到适当的位置，如图 7-6 所示。

图 7-5

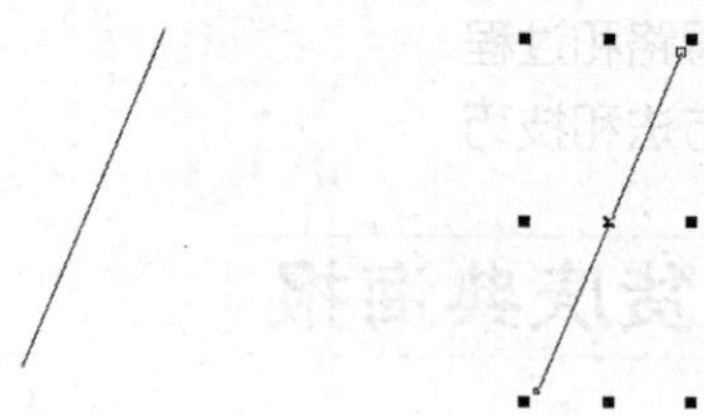

图 7-6

步骤 4 选择“调和”工具，在两个曲线之间拖曳鼠标，在属性栏中的设置如图 7-7 所示。按 Enter 键确认操作，效果如图 7-8 所示。选择“选择”工具，将其拖曳到图形窗口中适当的位置，如图 7-9 所示，并将轮廓线填充为白色，效果如图 7-10 所示。

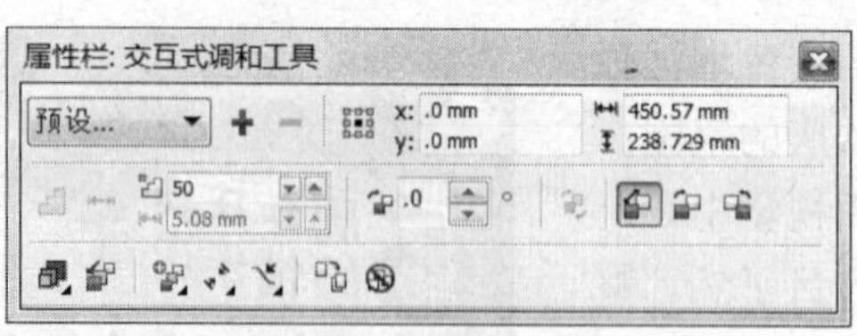

图 7-7

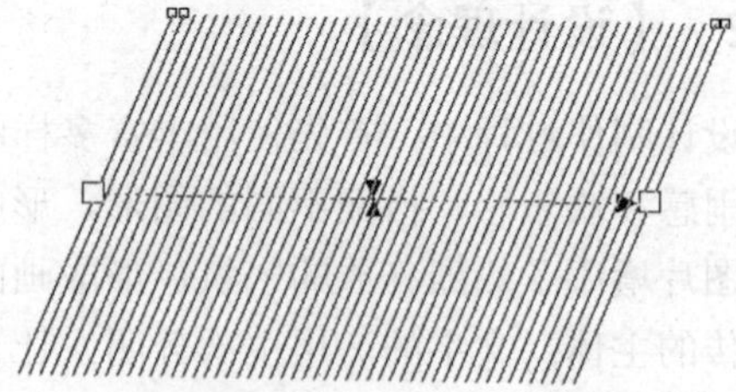

图 7-8

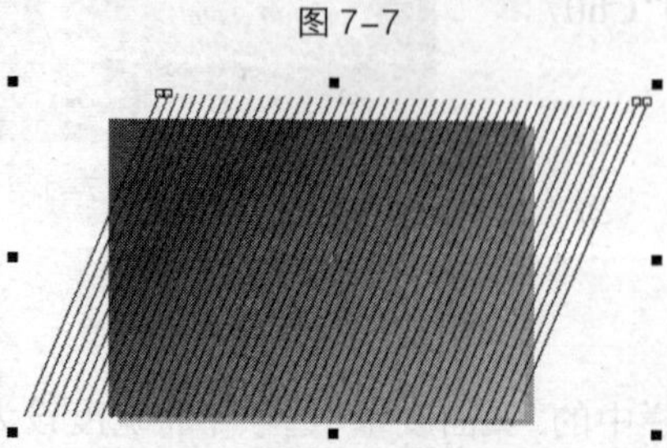

图 7-9

图 7-10

步骤 5 选择“透明度”工具，鼠标指针变为图标，选取需要的图形，在属性栏中进行设置，如图 7-11 所示。按 Enter 键确认操作，效果如图 7-12 所示。

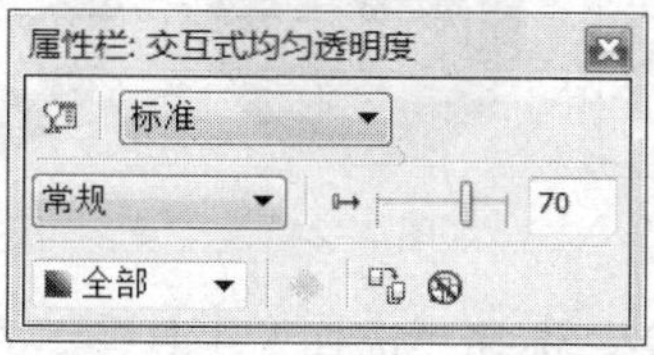

图 7-11

图 7-12

步骤 6 选择“椭圆形”工具，按住 Ctrl 键的同时，绘制出一个圆形。设置图形填充色的 CMYK 值为 0、70、100、0，填充图形，并去除图形的轮廓线，如图 7-13 所示。按数字键盘上的+键，复制图形，按住 Shift 键的同时，将其按比例缩小。在“CMYK 调色板”中的“深黄”色块上单击，填充图形，效果如图 7-14 所示。使用相同方法再复制圆形并等比例缩小，在“CMYK 调色板”中的“白”色块上单击，填充图形，效果如图 7-15 所示。

步骤 7 选择“选择”工具，按住 Shift 键的同时，选取刚刚绘制的 3 个圆形，按 Ctrl+G 组合键将其群组。用相同的方法制作其他装饰圆形，并分别填充相应的颜色，效果如图 7-16 所示。按住 Shift 键的同时，将所绘制的图形同时选取，按 Ctrl+G 组合键将其群组。

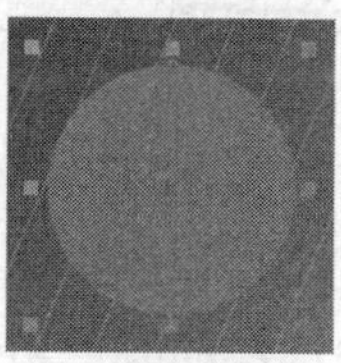

图 7-13

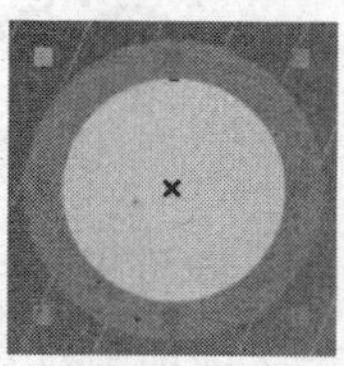

图 7-14

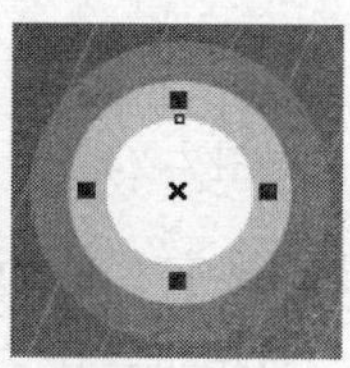

图 7-15

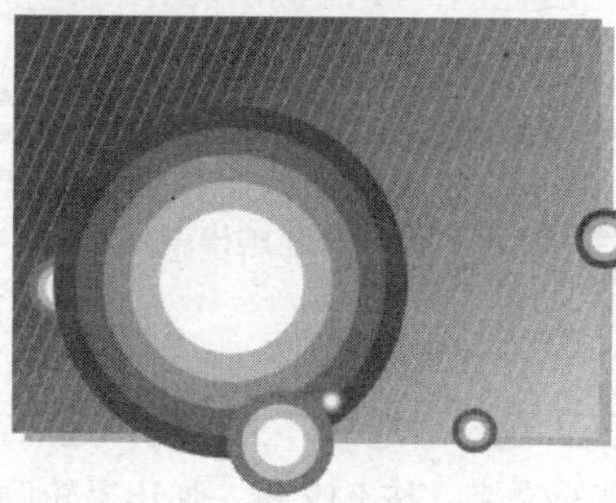

图 7-16

2. 添加文字

步骤 1 选择“矩形”工具，在页面的左上角绘制一个矩形。在“CMYK 调色板”中的“白”色块上单击，填充图形，并去除图形的轮廓线，如图 7-17 所示。选择“选择”工具，选取矩形，并将“圆角半径”右下角的选项值设为 5，按 Enter 键确认操作，效果如图 7-18 所示。

图 7-17

图 7-18

步骤 2 选择“椭圆形”工具，按住 Ctrl 键的同时，绘制出一个圆形。在“CMYK 调色板”中的“洋红”色块上单击，填充图形，并去除图形的轮廓线，效果如图 7-19 所示。选择“星形”工具，在圆形中绘制一个星形图形，在属性栏中的设置如图 7-20 所示。按 Enter 键确认操作，效果如图 7-21 所示。选择“选择”工具，按住 Shift 键的同时，选取需要的两个图形，单击属性栏中的“移除前面对象”按钮，效果如图 7-22 所示。

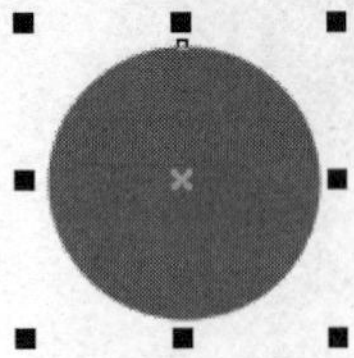
图 7-19

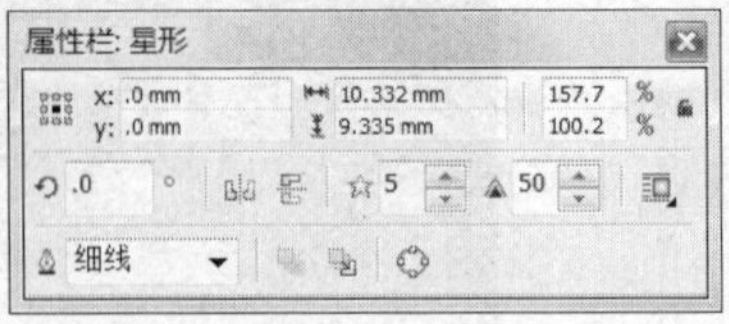

图 7-20

图 7-21

图 7-22

步骤 3 选择“文本”工具，分别输入需要的文字。选择“选择”工具，在属性栏中分别选择合适的字体并设置文字大小，效果如图 7-23 所示。选取需要的文字，在“CMYK 调色板”中的“白”色块上单击，填充文字。按 F12 键，弹出“轮廓笔”对话框，在“颜色”选项中设置轮廓线的颜色为洋红，其他选项的设置如图 7-24 所示。单击“确定”按钮，效果如图 7-25 所示。

图 7-23

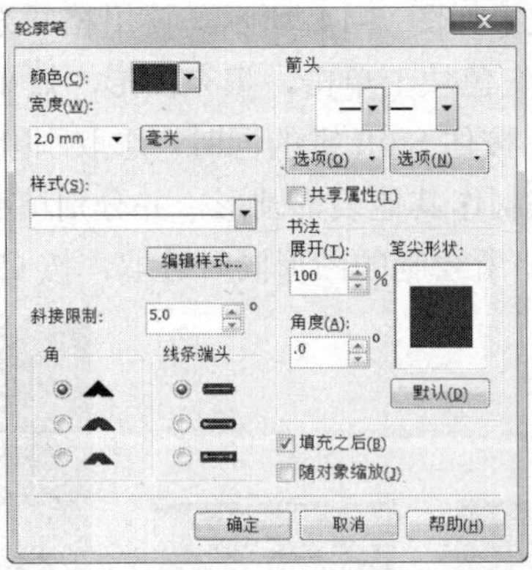

图 7-24

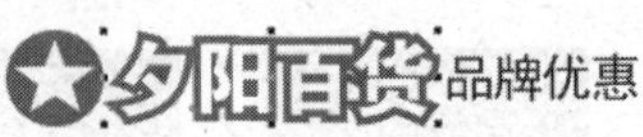

图 7-25

步骤 4 选择“选择”工具，选取需要的文字。在“CMYK 调色板”中的“白”色块上单击，填充文字。按 F12 键，弹出“轮廓笔”对话框，在“颜色”选项中设置轮廓线的颜色为洋红，其他选项的设置如图 7-26 所示。单击“确定”按钮，效果如图 7-27 所示。

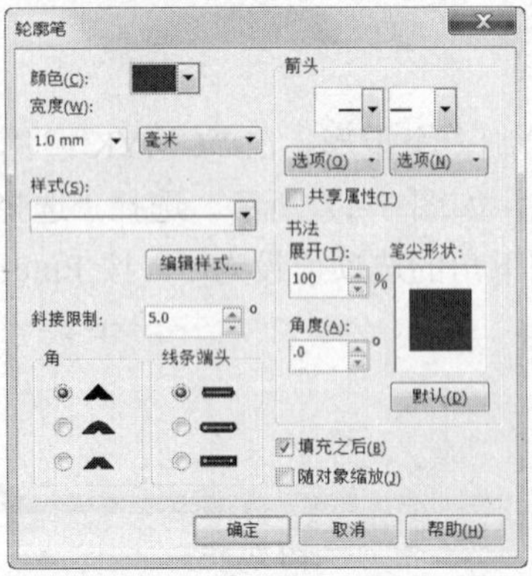

图 7-26

图 7-27

步骤 5 选择“矩形”工具，绘制一个矩形。在“CMYK 调色板”中的“白”色块上单击，填充图形。按 F12 键，弹出“轮廓笔”对话框，在“颜色”选项中设置轮廓线的颜色为洋红，其他选项的设置如图 7-28 所示。单击“确定”按钮，效果如图 7-29 所示。

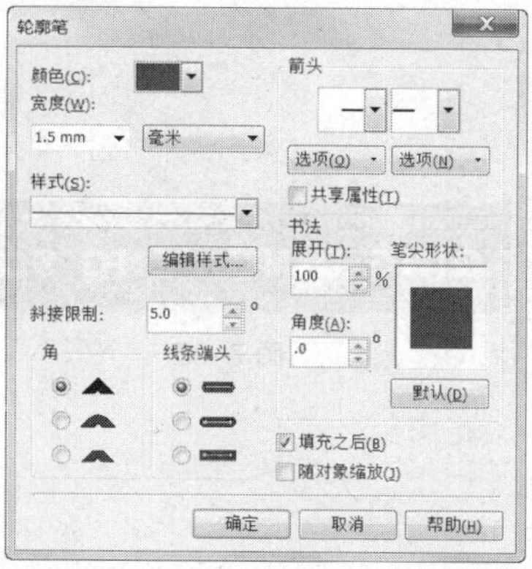

图 7-28

图 7-29

步骤 6 按 Ctrl+I 组合键，弹出“导入”对话框。选择光盘中的“Ch07 > 素材 > 制作百货庆典海报 > 01”文件，单击“导入”按钮，在页面中适当的位置单击导入图片，拖曳图片到适当的位置并将其调整到适当的角度，如图 7-30 所示。

步骤 7 选择“透明度”工具，选取需要的图片，在属性栏中的设置如图 7-31 所示。按 Enter 键确认操作，效果如图 7-32 所示。选择“选择”工具，选取刚刚编辑的图片，按数字键盘上的+键，复制图片，拖曳复制的图片到适当的位置，调整其大小与角度，效果如图 7-33 所示。按住 Shift 键的同时，选取需要的两个花纹，按 Ctrl+G 组合键将其群组。

图 7-30

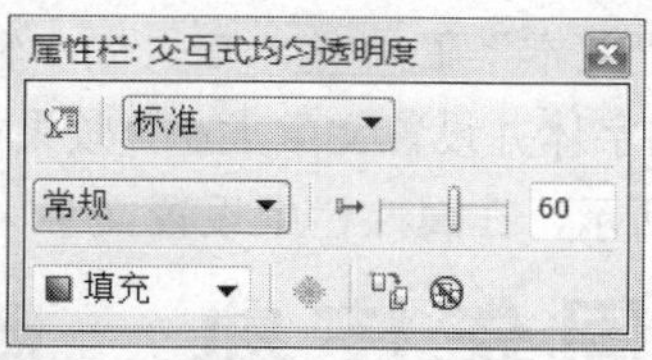

图 7-31

图 7-32

图 7-33

步骤 8 按 Ctrl+I 组合键，弹出“导入”对话框。选择光盘中的“Ch07 > 素材 > 制作百货庆典海报 > 02”文件，单击“导入”按钮，在页面中适当的位置单击导入图片，拖曳图片到适当的位置并将其调整到适当的大小，效果如图 7-34 所示。

步骤 9 选择“文本”工具，在页面适当的位置输入需要的文字。选择“选择”工具，在属性栏中选择合适的字体并设置文字大小，填充文字为白色，效果如图 7-35 所示。按 F12 键，弹出“轮廓笔”对话框，在“颜色”选项中设置轮廓线颜色的 CMYK 值为 40、100、30、20，其他选项的设置如图 7-36 所示。单击“确定”按钮，效果如图 7-37 所示。

图 7-34

图 7-35

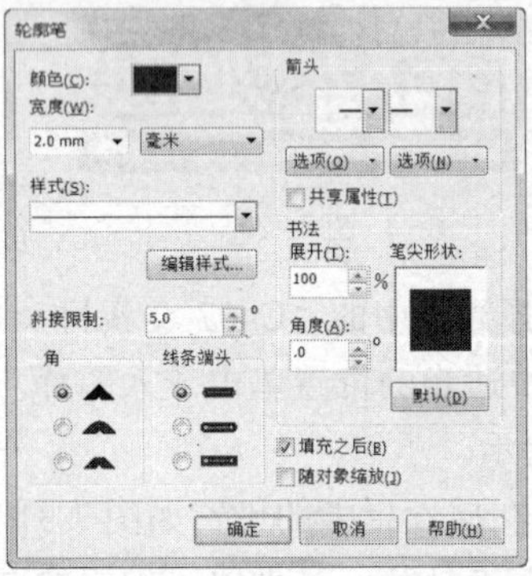

图 7-36

图 7-37

3. 添加宣传语及其他文字

步骤 1 选择"文本"工具字，在页面中输入需要的文字。选择"选择"工具，在属性栏中选择合适的字体并设置文字大小，效果如图 7-38 所示。选择"文本"工具字，选中数字"5"，如图 7-39 所示，在属性栏中设置文字大小，效果如图 7-40 所示。

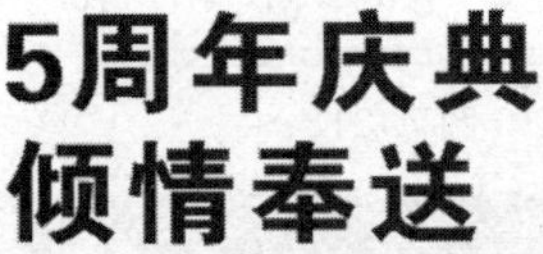

图 7-38

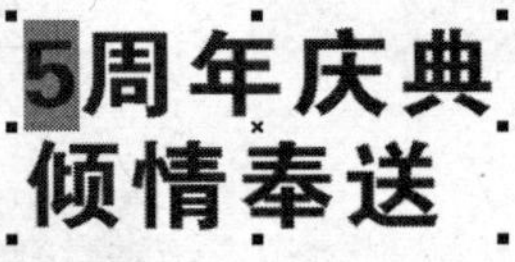

图 7-39

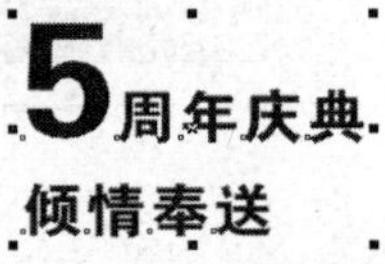

图 7-40

步骤 2 选择"形状"工具，选取数字"5"的节点，拖曳节点到适当的位置并调整文字大小，效果如图 7-41 所示。用圈选的方法将文字"周年庆典"的节点同时选取，拖曳节点到适当的位置，效果如图 7-42 所示。

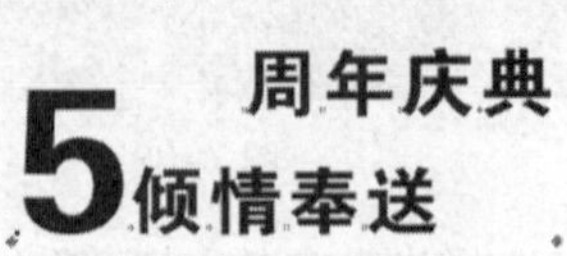

图 7-41

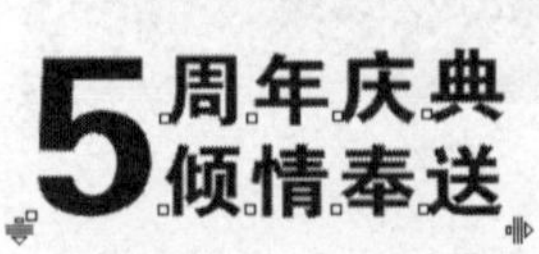

图 7-42

步骤 3 选择"选择"工具，选取文字。选择"渐变填充"工具，弹出"渐变填充"对话框。选中"自定义"单选项，在"位置"选项中分别添加 0、38、57、100 四个位置点，单击右下角的"其他"按钮，分别设置四个位置点颜色的 CMYK 值为 0（40、100、30、20）、38（11、100、8、5）、57（0、100、0、0）、100（0、60、100、0），其他选项的设置如图 7-43 所示。单击"确定"按钮，填充图形，效果如图 7-44 所示。

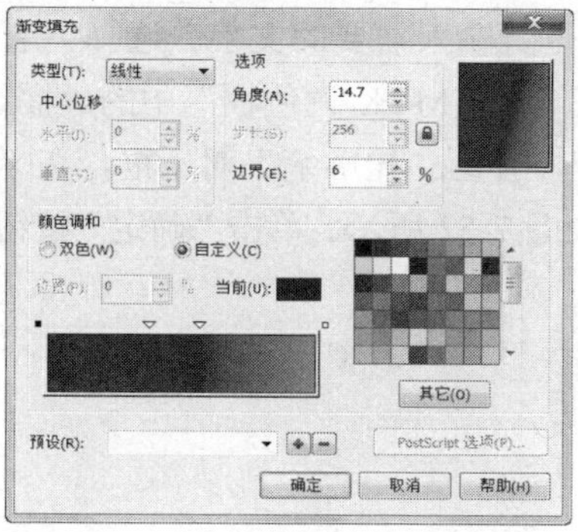

图 7-43

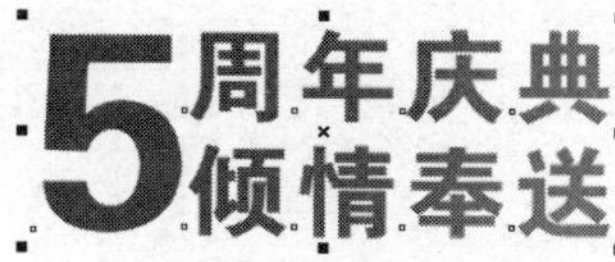

图 7-44

步骤 4 选择“形状”工具，选择“效果 > 添加透视”命令，在文字周围出现控制线和控制点，如图 7-45 所示。拖曳需要的控制点到适当的位置，效果如图 7-46 所示。

图 7-45

图 7-46

步骤 5 选择“立体化”工具，鼠标指针变为图标，在文字上从中心到右下方拖曳鼠标，为文字添加立体效果。单击属性栏中的“立体化颜色”按钮，在弹出的面板中单击“使用递减的颜色”按钮，将“从”选项的颜色设置为“白”，“到”选项的颜色设置为“30%黑”，其他选项的设置如图 7-47 所示。按 Enter 键确认操作，效果如图 7-48 所示。

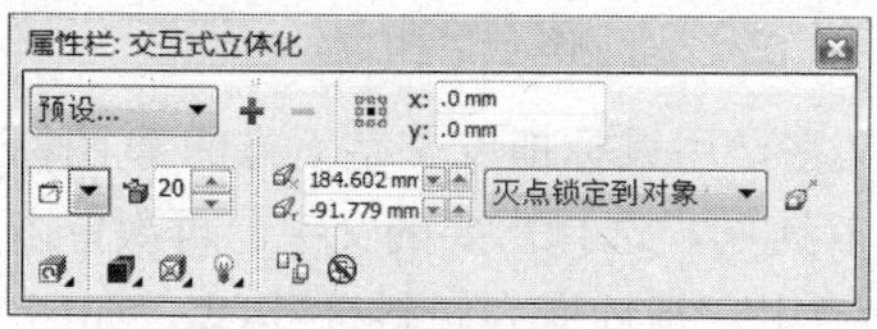

图 7-47

图 7-48

步骤 6 选择“选择”工具，选取文字，按数字键盘上的+键复制文字。按 F12 键，弹出“轮廓笔”对话框，在“颜色”选项中设置轮廓线的颜色为白色，其他选项的设置如图 7-49 所示。单击“确定”按钮，为文字添加轮廓线。按住 Shift 键的同时，选取需要的文字，按 Ctrl+G 组合键将其群组，并将其拖曳到适当的位置，效果如图 7-50 所示。

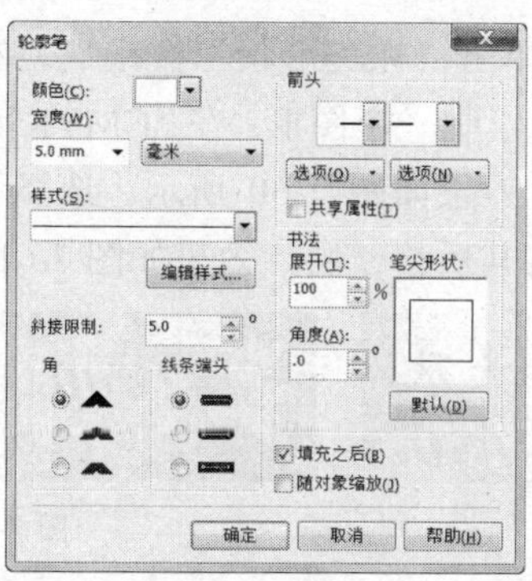

图 7-49

图 7-50

步骤 7 选择“文本”工具，在页面适当的位置输入需要的文字。选择“选择”工具，在属性栏中选择合适的字体并设置文字大小。在“CMYK 调色板”中的“橘红”色块上单击，填充文字，效果如图 7-51 所示。按 F12 键，弹出“轮廓笔”对话框，在“颜色”选项中设置轮廓线的颜色为白色，其他选项的设置如图 7-52 所示。单击“确定”按钮，效果如图 7-53 所示。

图 7-51

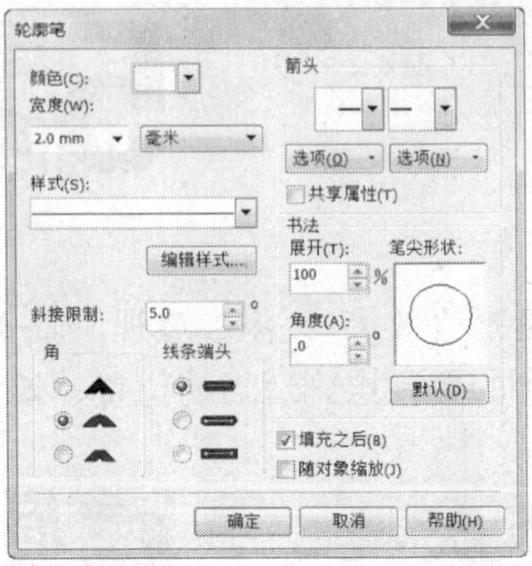

图 7-52

图 7-53

步骤 8 选择“文本”工具，选取文字“满”，在属性栏中设置适当的文字大小，效果如图 7-54 所示。分别选取文字“1000”“600”“300”“150”，在属性栏中分别设置适当的文字大小，并在“CMYK 调色板”中的“绿”色块上单击，分别填充文字，效果如图 7-55 所示。

图 7-54

图 7-55

步骤 9 选择“形状”工具，选取需要的文字，用鼠标拖曳文字下方的图标，适当调整行距，效果如图 7-56 所示。选择“选择”工具，选择需要的文字。再次单击文字，周围出现变换选框，将鼠标指针移动到倾斜控制点上，指针变为倾斜符号，如图 7-57 所示，向右拖曳鼠标，使文字倾斜，效果如图 7-58 所示。

图 7-56

图 7-57

图 7-58

步骤 10 选择“标题形状”工具，在属性栏中单击“完美形状”按钮，在弹出的面板中选择需要的图形，如图 7-59 所示，在绘图页面中绘制一个图形。在“CMYK 调色板”中的“黄”色块上单击，填充图形并去除图形的轮廓线，效果如图 7-60 所示。选择“选择”工具，选取需要的图形，按 Ctrl+PageDown 组合键将其后移一层，效果如图 7-61 所示。

图 7-59

图 7-60

图 7-61

步骤 11 选择“文本”工具，在页面中适当的位置输入需要的文字。选择“选择”工具，在属性栏中选择合适的字体并设置文字大小，效果如图 7-62 所示。选择“文本”工具字，选中需要的文字，如图 7-63 所示。在属性栏中设置文字大小，并在“CMYK 调色板”中的“黄”色块上单击，填充文字，效果如图 7-64 所示。

图 7–62

图 7–63

图 7–64

4. 导入图片并添加图形

步骤 1 按 Ctrl+I 组合键，弹出“导入”对话框。选择光盘中的“Ch07 > 素材 > 制作百货庆典海报 > 03、04、05 文件”，单击“导入”按钮，在页面中分别单击导入图片，分别拖曳图片到适当的位置并调整其大小，效果如图 7-65 所示。

步骤 2 选择“椭圆形”工具，按住 Ctrl 键的同时，绘制出一个圆形，如图 7-66 所示。在“CMYK 调色板”中的“白”色块上单击，填充图形，并去除图形的轮廓线，效果如图 7-67 所示。

图 7–65

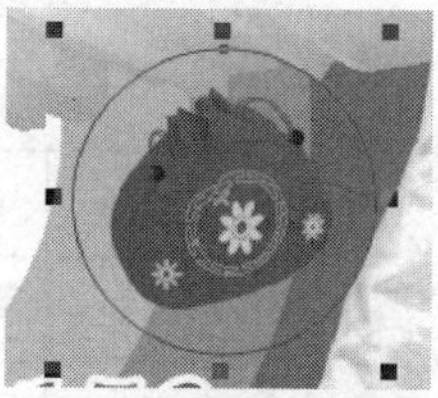

图 7–66

图 7–67

步骤 3 选择“透明度”工具，鼠标指针变为，在图形上从左至右拖曳鼠标光标，为图形添加透明效果，在属性栏中的设置如图 7-68 所示。按 Enter 键确认操作，效果如图 7-69 所示。选择“选择”工具，选取图形，按数字键盘上的+键，复制圆形，将其拖曳到适当的位置并调整其大小，效果如图 7-70 所示。

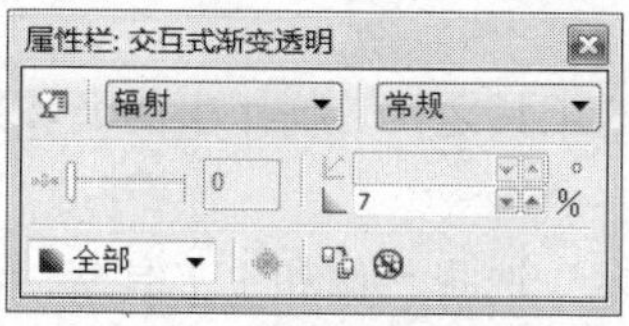

图 7–68

图 7–69

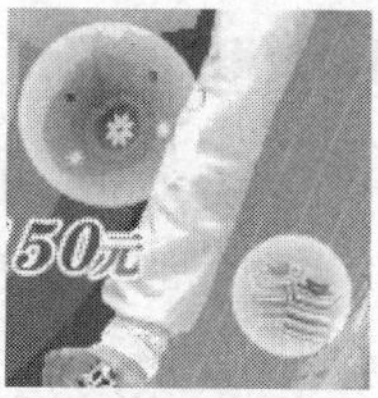

图 7–70

步骤 4 双击“矩形”工具，绘制一个与页面大小相等的矩形，如图 7-71 所示。选择“选择”工具，按住 Shift 键的同时，选取需要的图形，如图 7-72 所示。选择“效果 > 图框精确剪裁 > 置于图文框内部”命令，鼠标指针变成黑色箭头，如图 7-73 所示。在矩形上单击，并去除图形的轮廓线，效果如图 7-74 所示。百货庆典海报制作完成。

图 7–71

图 7–72

图 7–73

图 7–74

7.1.4 【相关工具】

1. 插入字符

选择“文本”工具字，在文本中需要的位置单击插入光标，如图 7-75 所示。选择“文本 > 插入符号字符”命令，或按 Ctrl+F11 组合键，弹出“插入字符”泊坞窗，在需要的字符上双击，或选中字符后单击“插入”按钮，如图 7-76 所示。字符插入到文本中，效果如图 7-77 所示。

图 7–75

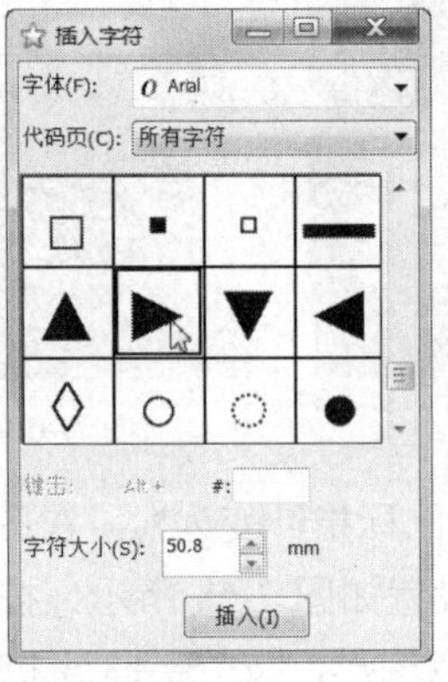

图 7–76

图 7–77

2. 使用调和效果

交互式调和工具是 CorelDRAW X6 中应用最广泛的工具之一。制作出的调和效果可以在绘图对象间产生形状、颜色的平滑变化。

绘制两个需要制作调和效果的图形，如图 7-78 所示。选择“调和”工具，将鼠标的光标放在左边的图形上，鼠标的光标变为，按住鼠标左键并拖曳光标到右边的图形上，如图 7-79 所示，松开鼠标左键，两个图形的调和效果如图 7-80 所示。

图 7–78

图 7–79

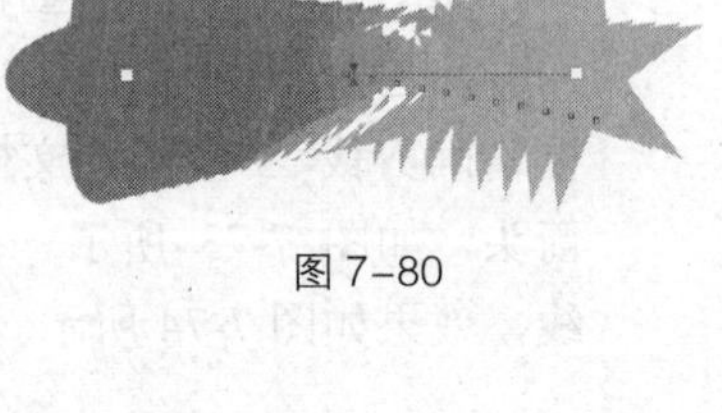

图 7–80

“调和”工具的属性栏如图 7-81 所示。各选项的含义如下。

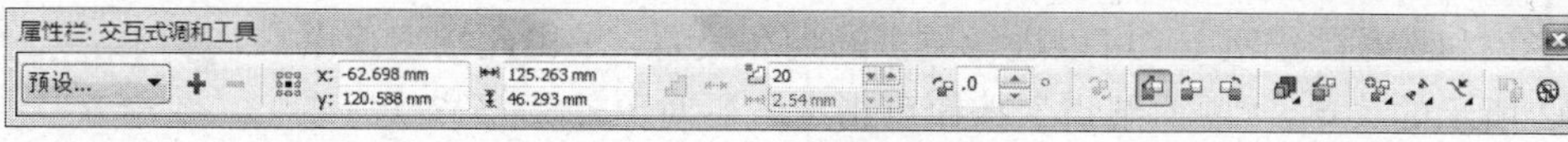

图 7-81

“调和步长”选项：可以设置调和的步数，效果如图 7-82 所示。

“调和方向”选项：可以设置调和的旋转角度，效果如图 7-83 所示。

图 7-82

图 7-83

“环绕调和”按钮：调和的图形除了自身旋转外，将同时以起点图形和终点图形的中间位置为旋转中心做旋转分布，如图 7-84 所示。

“直接调和”按钮、“顺时针调和”按钮、“逆时针调和”按钮：设定调和对象之间颜色过渡的方向，效果如图 7-85 所示。

图 7-84

（a）顺时针调和　（b）逆时针调和

图 7-85

“对象和颜色加速”按钮：调整对象和颜色的加速属性。单击此按钮弹出如图 7-86 所示的对话框，拖曳滑块到需要的位置，对象加速调和效果如图 7-87 所示，颜色加速调和效果如图 7-88 所示。

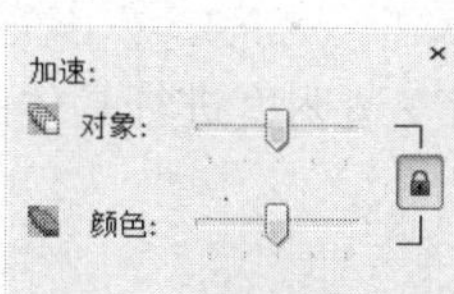

图 7-86

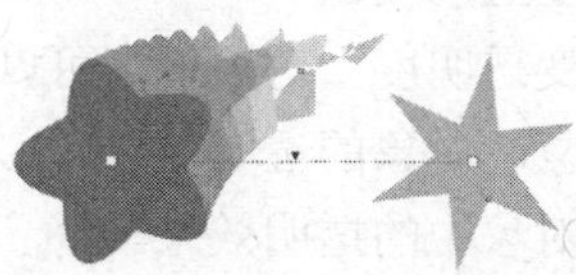

图 7-87

图 7-88

“调整加速大小”按钮：可以控制调和的加速属性。

“起始和结束属性”按钮：可以显示或重新设定调和的起始及终止对象。

“路径属性”按钮：使调和对象沿绘制好的路径分布。单击此按钮弹出如图 7-89 所示的菜单，选择“新路径”选项，鼠标的光标变为。在新绘制的路径上单击鼠标右键，如图 7-90 所示，沿路径进行调和的效果如图 7-91 所示。

图 7-89

图 7-90

图 7-91

“更多调和选项”按钮：可以进行更多的调和设置。单击此按钮弹出如图 7-92 所示的菜单，“映射节点”按钮可指定起始对象的某一节点与终止对象的某一节点对应，以产生特殊的调和效果。“拆分”按钮可将过渡对象分割成独立的对象，并可与其他对象再次进行调和。勾选“沿全路径调和”复选框，可以使调和对象自动充满整个路径。勾选“旋转全部对象”复选框，可以使调和对象的方向与路径一致。

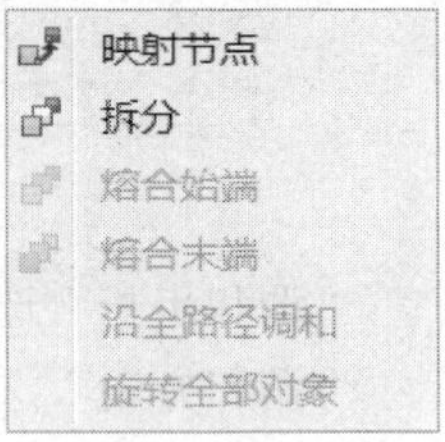

图 7-92

3. 制作透明效果

使用“透明度”工具可以制作出如均匀、渐变、图案和底纹等许多漂亮的透明效果。

选择“选择”工具，选择上方的图形，如图 7-93 所示。选择“透明度”工具，在属性栏的“透明度类型”下拉列表中选择一种透明度类型，如图 7-94 所示，图形透明效果如图 7-95 所示。

图 7-93

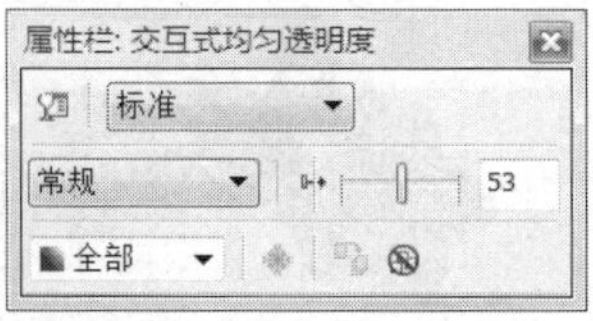

图 7-94

图 7-95

透明度属性栏中各选项的含义如下。

标准、常规：选择透明度类型和透明度样式。

“开始透明度”选项 53：拖曳滑块或直接输入数值，可以改变对象的透明度。

“透明度目标”选项 全部：设置应用透明度到“填充”“轮廓”或“全部”效果。

“冻结透明度”按钮：进一步调整透明度。

“编辑透明度”按钮：打开“渐变透明度”对话框，可以对渐变透明度进行具体的设置。

“复制透明度属性”按钮：可以复制对象的透明效果。

“清除透明度”按钮：可以清除对象中的透明效果。

7.1.5 【实战演练】制作瓷器鉴赏会海报

使用导入命令导入图片；使用透明度工具制作图片的透明效果；使用矩形工具和图框精确剪裁命令制作背景图；使用文本工具和椭圆形工具添加宣传文字；使用“文本属性”泊坞窗编辑段落文本。（最终效果参看光盘中的“Ch07 > 效果 > 制作瓷器鉴赏会海报”，见图 7-96。）

图 7-96

7.2 制作艺术设计展海报

7.2.1 【案例分析】

本案例是为某艺术区制作宣传海报，以体现艺术设计展的特色为主。要求海报运用图片和文字的设计，展现出海报宣传的主题。

7.2.2 【设计理念】

在设计制作过程中，使用浅色的背景起到衬托的效果，与前方的画笔、颜料等图案形成具有空间感的画面；字体设计独特，具有韵味，符合艺术的感觉；下方的文字信息在突出宣传主题的同时，增强了画面的阅读性。（最终效果参看光盘中的“Ch07 > 效果 > 制作艺术设计展海报”，见图 7-97。）

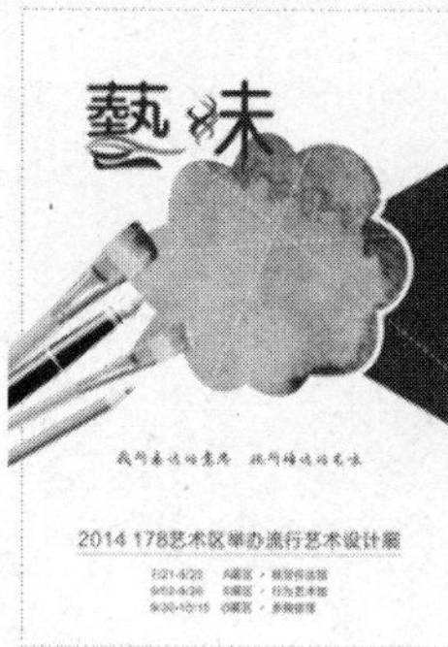

图 7-97

7.2.3 【操作步骤】

步骤 1 按 Ctrl+N 组合键，新建一个 A4 页面。双击“矩形”工具，绘制一个与页面大小相等的矩形，如图 7-98 所示。设置图形颜色的 CMYK 值为 0、0、0、5，填充图形，并去除图形的轮廓线，效果如图 7-99 所示。

图 7-98

图 7-99

步骤 2 选择“多边形”工具，在属性栏中进行设置，如图 7-100 所示，在适当的位置绘制一个三角形。填充图形为黑色，并去除图形的轮廓线，效果如图 7-101 所示。在属性栏中的“旋转角度”框中设置数值为 90°，按 Enter 键，拖曳图形到适当的位置，效果如图 7-102 所示。

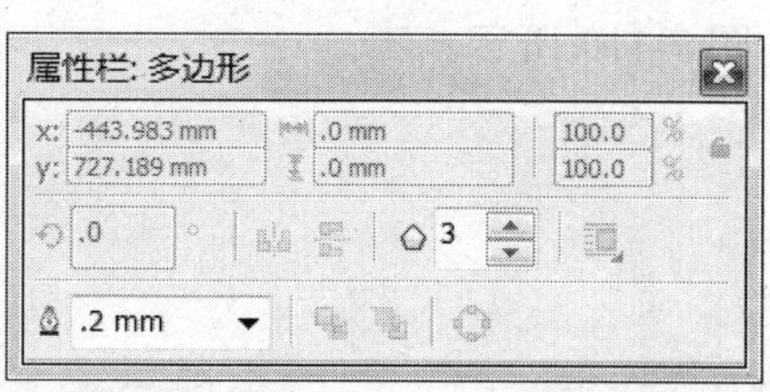

图 7-100

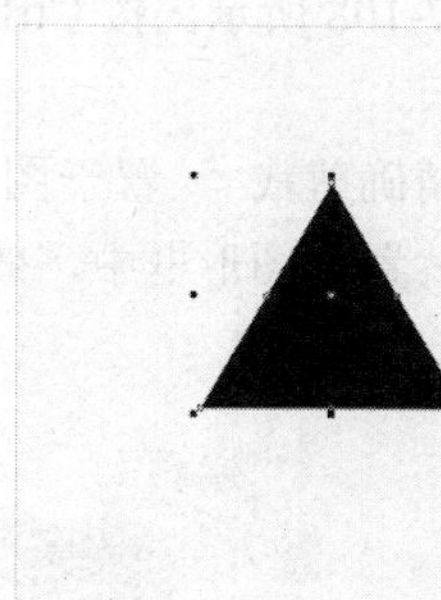

图 7-101

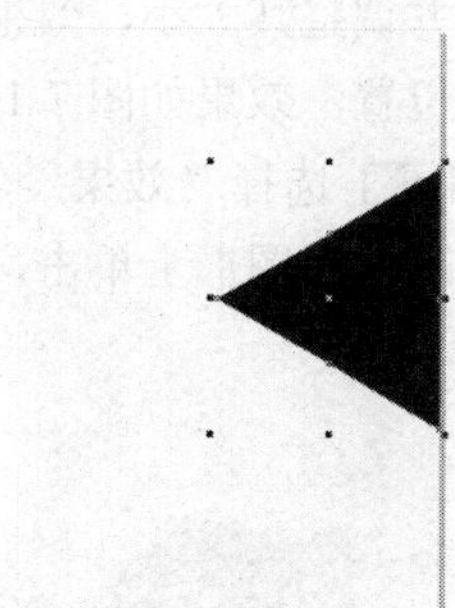

图 7-102

步骤 3 选择“矩形”工具，绘制一个矩形。按 F12 键，弹出“轮廓笔”对话框，在“颜色”选项中设置轮廓线颜色的 CMYK 值为 0、0、0、50，其他选项的设置如图 7-103 所示。单击“确定”按钮，效果如图 7-104 所示。

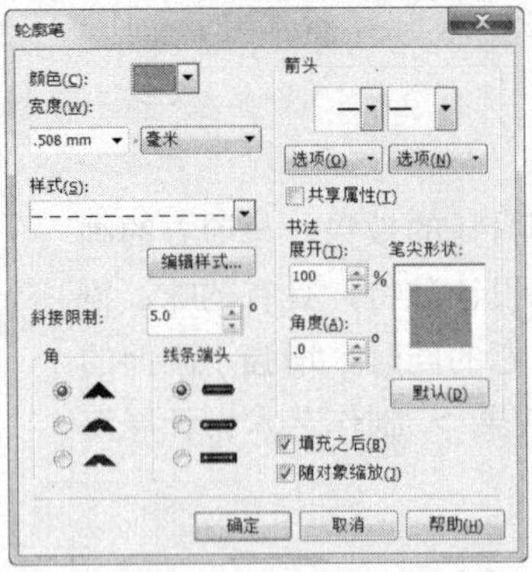

图 7-103

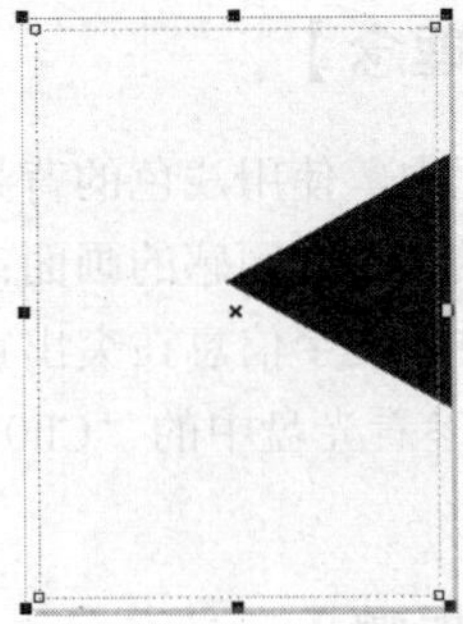

图 7-104

步骤 4 选择"贝塞尔"工具，绘制一个不规则图形，如图 7-105 所示。按 F12 键，弹出"轮廓笔"对话框，在"颜色"选项中设置轮廓线颜色为白色，其他选项的设置如图 7-106 所示。单击"确定"按钮，效果如图 7-107 所示。

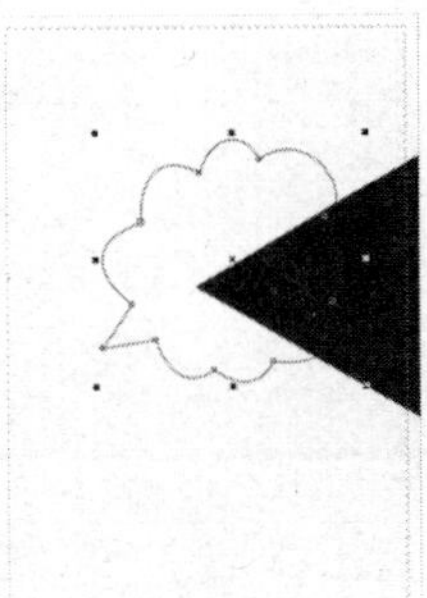

图 7-105

图 7-106

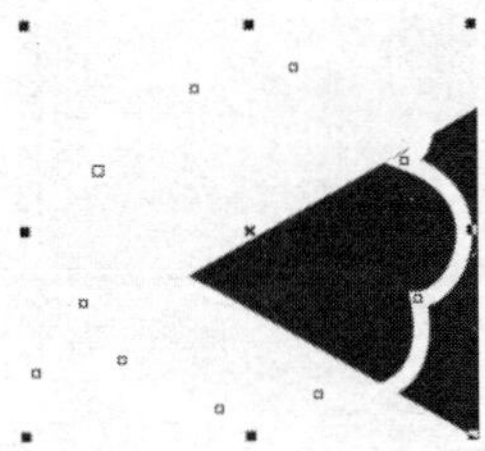

图 7-107

步骤 5 按 Ctrl+I 组合键，弹出"导入"对话框。选择光盘中的"Ch07 > 素材 > 制作艺术设计展海报 > 01"文件，单击"导入"按钮，在页面中单击导入图片，将其拖曳到适当的位置并调整其大小，效果如图 7-108 所示。按 Ctrl+PageDown 组合键，将图形向下移动到适当的位置，效果如图 7-109 所示。

步骤 6 选择"效果 > 图框精确剪裁 > 置于图文框内部"命令，鼠标光标变为黑色箭头，在不规则图形上单击，将图片置入图形框中，效果如图 7-110 所示。

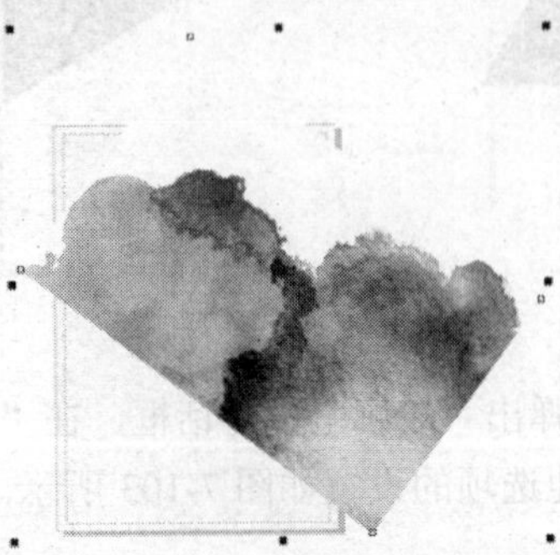

图 7-108

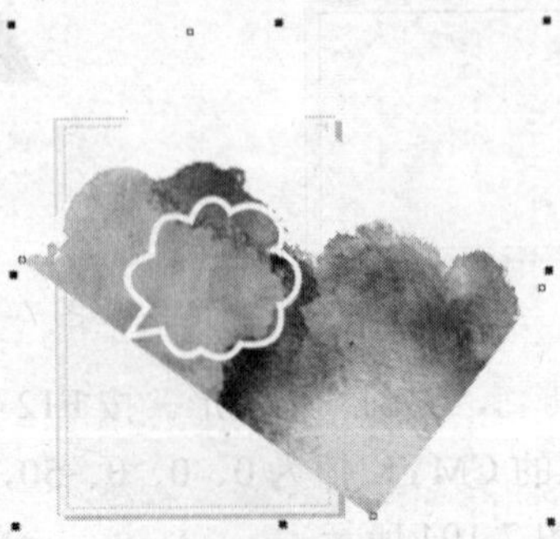

图 7-109

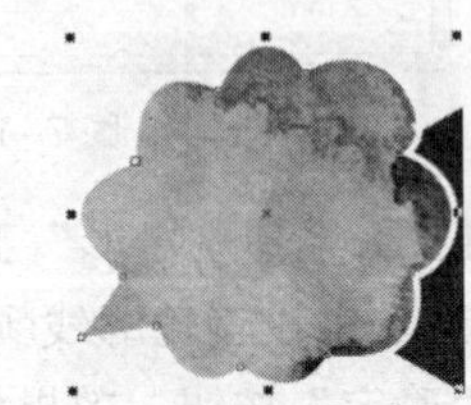

图 7-110

步骤 7 选择"手绘"工具，绘制一条直线，如图 7-111 所示。按 F12 键，弹出"轮廓笔"对话框，在“颜色”选项中设置轮廓线颜色为白色，其他选项的设置如图 7-112 所示。单击“确定”按钮，效果如图 7-113 所示。用相同的方法制作其他直线效果，如图 7-114 所示。

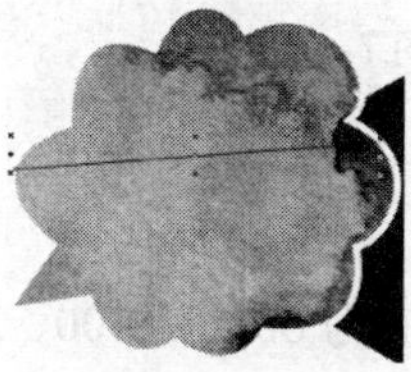

图 7-111

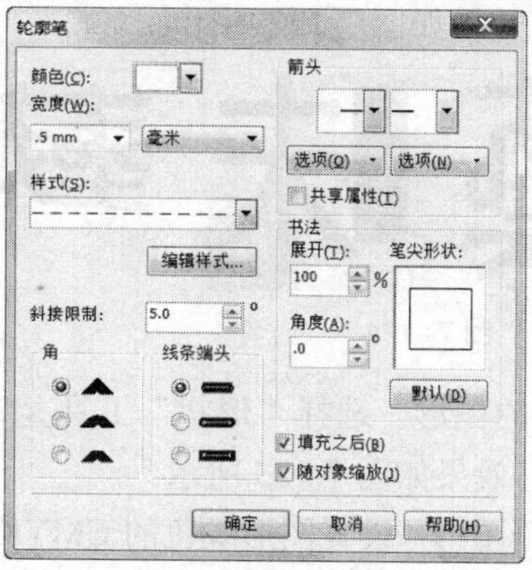

图 7-112

图 7-113

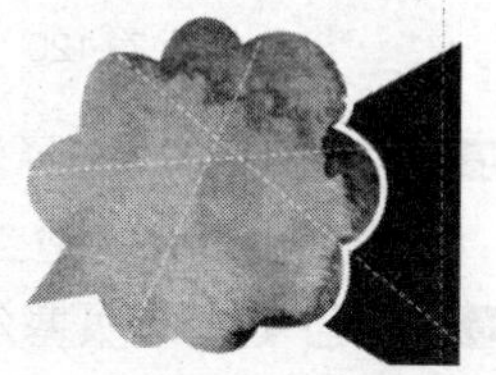

图 7-114

步骤 8 按 Ctrl+I 组合键，弹出“导入”对话框。选择光盘中的“Ch07 > 素材 > 制作艺术设计展海报 > 02”文件，单击“导入”按钮，在页面中单击导入图片，并将其拖曳到适当的位置，如图 7-115 所示。

步骤 9 选择“矩形”工具，绘制一个矩形，如图 7-116 所示。选择“选择”工具，按 Shift 键的同时，选取需要的图形，单击属性栏中的“移除前面对象”按钮，将两个图形剪切为一个图形，效果如图 7-117 所示。

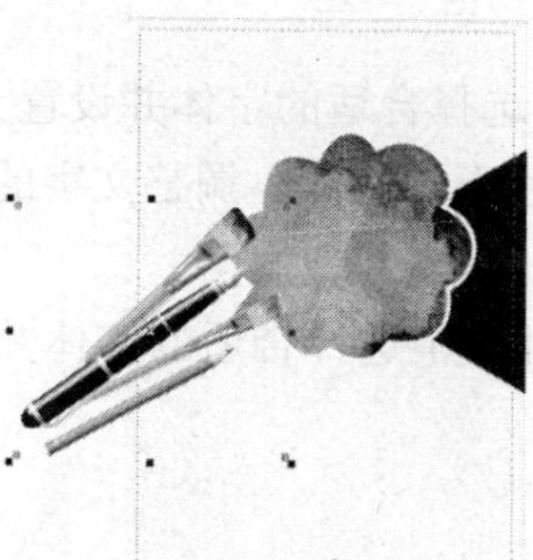

图 7-115

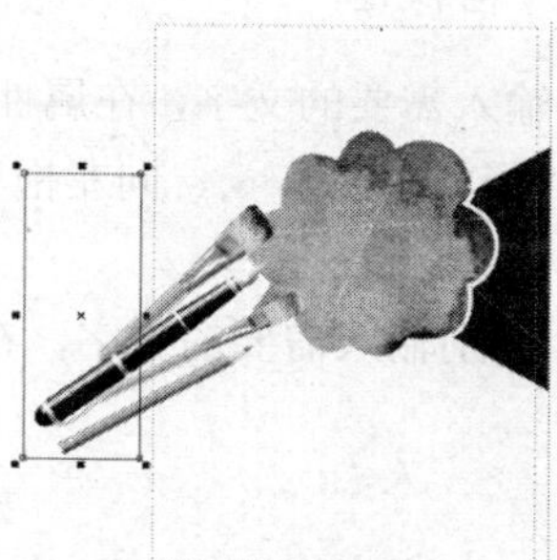

图 7-116

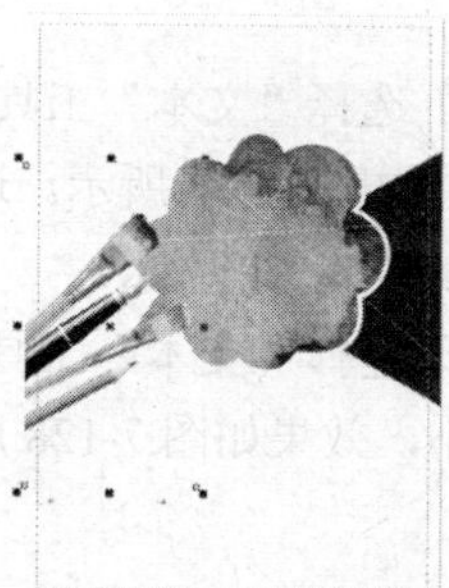

图 7-117

步骤 10 选择“文本”工具，输入需要的文字，在属性栏中选择合适的字体并设置文字大小，效果如图 7-118 所示。选择“形状”工具，向右拖曳文字下方的，调整文字的字距，效果如图 7-119 所示。

图 7-118

图 7-119

步骤 11 选择“选择”工具，选取文字，按 Ctrl+Q 组合键，将文字转换为曲线，按 Ctrl+K 组合键，将文字进行拆分，效果如图 7-120 所示。按住 Shift 键的同时，选取需要的图形，如图 7-121 所示。按 Delete 键，将其删除，效果如图 7-122 所示。

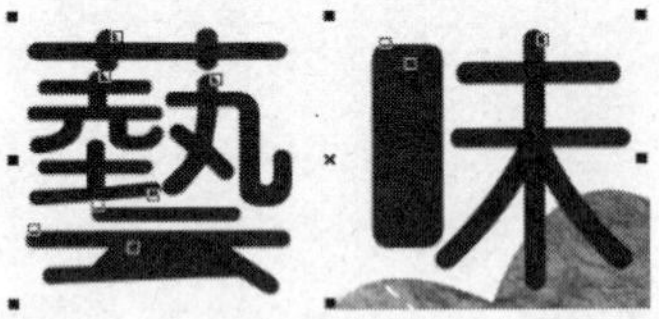

图 7-120

图 7-121

图 7-122

步骤 12 选择“选择”工具，选取需要的图形，选择“形状”工具，选取需要的节点，向下拖曳节点到适当的位置，调整图形，效果如图 7-123 所示。

步骤 13 选择“贝塞尔”工具，绘制一个图形，设置图形颜色的 CMYK 值为 60、0、100、20，填充图形，并去除图形的轮廓线，效果如图 7-124 所示。用相同的方法绘制其他图形，并分别填充适当的颜色，效果如图 7-125 所示。

图 7-123

图 7-124

图 7-125

步骤 14 选择“文本”工具，输入需要的文字，在属性栏中选择合适的字体并设置文字大小，效果如图 7-126 所示。选择“形状”工具，向左拖曳文字下方的，调整文字的字距，效果如图 7-127 所示。

步骤 15 选择“文本”工具，分别输入需要的文字，在属性栏中选择合适的字体并设置文字大小，效果如图 7-128 所示。

图 7-126

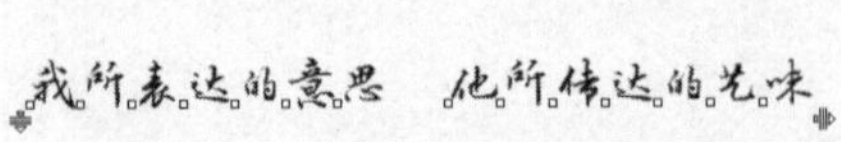

图 7-127

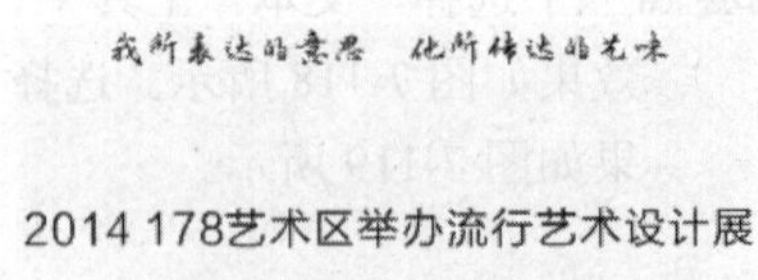

图 7-128

步骤 16 选择“手绘”工具，按 Ctrl 键的同时，绘制一条直线，如图 7-129 所示。按 F12 键，弹出“轮廓笔”对话框，选项的设置如图 7-130 所示。单击“确定”按钮，效果如图 7-131 所示。艺术设计展海报制作完成。

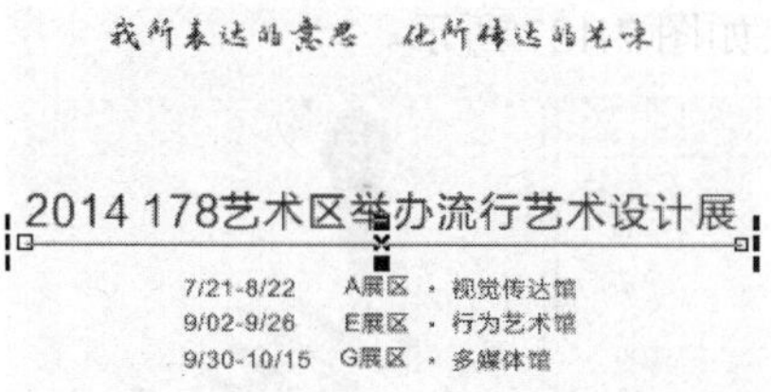

图 7-129

图 7-130

图 7-131

7.2.4 【相关工具】

1. 精确剪裁效果

打开一张图片，再绘制一个图形作为容器对象。使用“选择”工具，选中要用来内置的图形，如图 7-132 所示。

图 7-132

选择“效果 > 图框精确剪裁 > 置于图文框内部”命令，鼠标指针变为黑色箭头，将箭头放在容器对象内并单击，如图 7-133 所示，完成的精确剪裁对象效果如图 7-134 所示。内置图形的中心和容器对象的中心是重合的。

图 7-133

图 7-134

选择“效果 > 图框精确剪裁 > 提取内容”命令，可以将容器对象的内置位图提取出来。选择“效果 > 图框精确剪裁 > 编辑 PowerClip”命令，可以修改内置对象。选择“效果 > 图框精确剪裁 > 结束编辑”命令，完成内置位图的重新选择。选择“效果 > 复制效果 > 图框精确剪裁自”命令，鼠标指针变为黑色箭头，将箭头放在精确剪裁对象上并单击，可复制内置对象。

2. 调整亮度、对比度和强度

打开一个图形，如图 7-135 所示。选择“效果 > 调整 > 亮度/对比度/强度”命令，或按 Ctrl+B 组合键，弹出“亮度/对比度/强度”对话框，用鼠标拖曳滑块可以设置各项的数值，如图 7-136 所示。调整好后，单击“确定”按钮，图形色调的调整效果如图 7-137 所示。

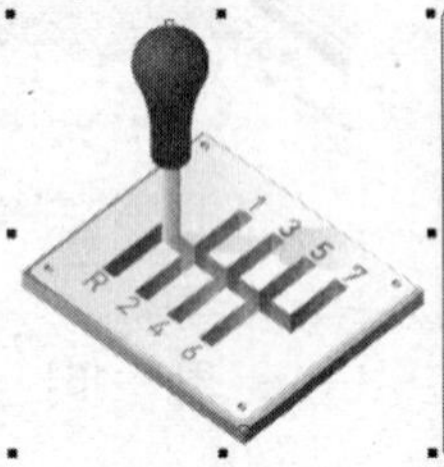

图 7-135

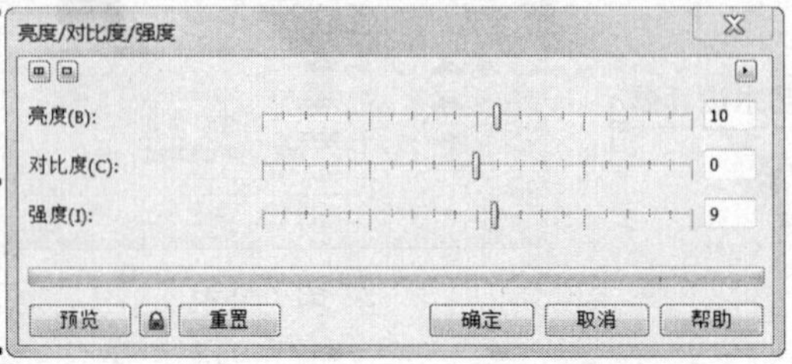

图 7-136

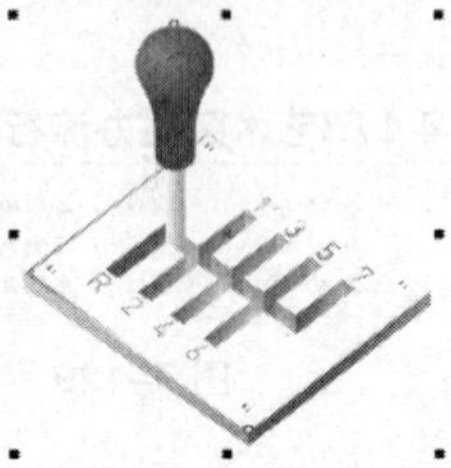

图 7-137

“亮度”选项：可以调整图形颜色的深浅变化，也就是增加或减少所有像素值的色调范围。

“对比度”选项：可以调整图形颜色的对比，也就是调整最浅和最深像素值之间的差。

“强度”选项：可以调整图形浅色区域的亮度，同时不降低深色区域的亮度。

“预览”按钮：可以预览色调的调整效果。

“重置”按钮：可以重新调整色调。

3. 调整颜色通道

打开一个图形，如图 7-138 所示。选择“效果 > 调整 > 颜色平衡”命令，或按 Ctrl+Shift+B 组合键，弹出“颜色平衡”对话框，用鼠标拖曳滑块可以设置各项的数值，如图 7-139 所示。调整好后，单击“确定”按钮，图形色调的调整效果如图 7-140 所示。

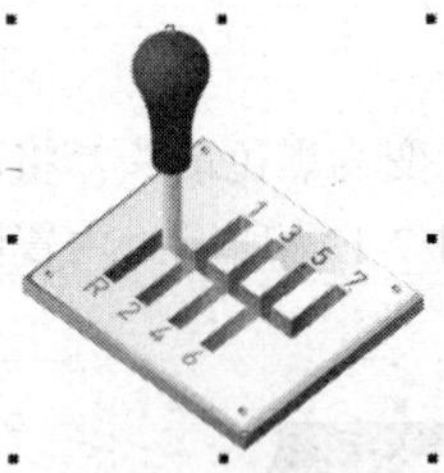

图 7-138

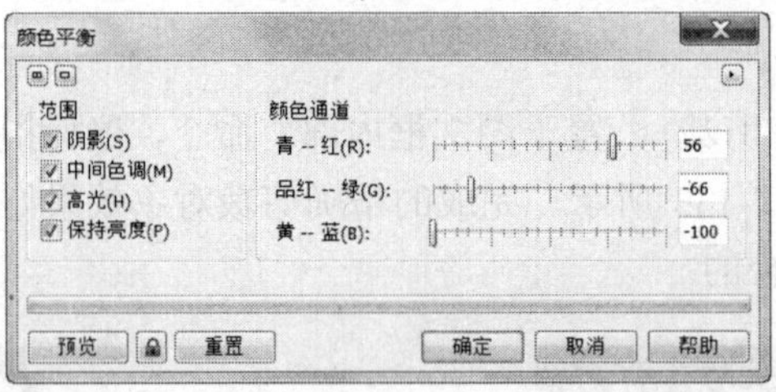

图 7-139

图 7-140

在对话框的“范围”设置区中有 4 个复选框，可以共同或分别设置对象的颜色调整范围。

“阴影”复选框：可以对图形阴影区域的颜色进行调整。

“中间色调”复选框：可以对图形中间色调的颜色进行调整。

“高光”复选框：可以对图形高光区域的颜色进行调整。

“保持亮度”复选框：可以在对图形进行颜色调整的同时保持图形的亮度。

“青－红”选项：可以在图形中添加青色和红色。向右移动滑块将添加红色，向左移动滑块将添加青色。

“品红－绿”选项：可以在图形中添加品红色和绿色。向右移动滑块将添加绿色，向左移动滑块将添加品红色。

“黄－蓝”选项：可以在图形中添加黄色和蓝色。向右移动滑块将添加蓝色，向左移动滑块将添加黄色。

4. 调整色度、饱和度和亮度

打开一个要调整色调的图形，如图 7-141 所示。选择“效果 > 调整 > 色度/饱和度/亮度”命令，或按 Ctrl+Shift+U 组合键，弹出“色度/饱和度/亮度”对话框，用鼠标拖曳滑块可以设置其数值，如图 7-142 所示。调整好后，单击“确定”按钮，图形色调的调整效果如图 7-143 所示。

“通道”选项组：可以选择要调整的主要颜色。

“色度”选项：可以改变图形的颜色。

“饱和度”选项：可以改变图形颜色的深浅程度。

“亮度”选项：可以改变图形的明暗程度。

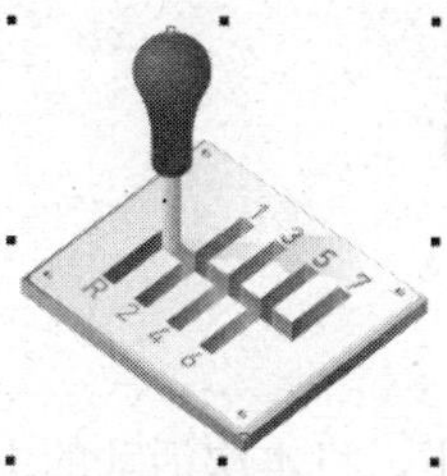

图 7–141

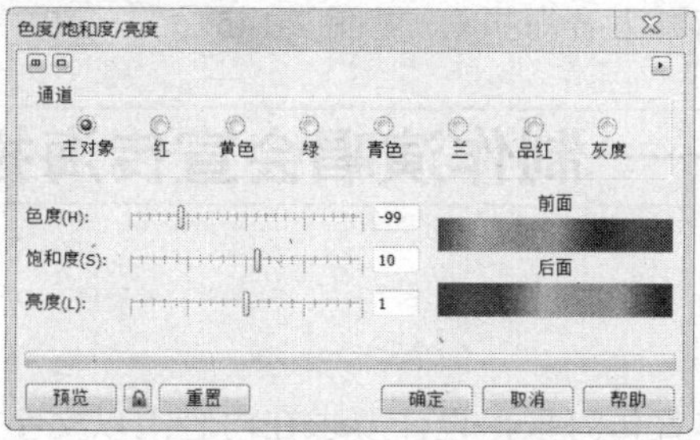

图 7–142

图 7–143

7.2.5 【实战演练】制作节日促销海报

使用贝塞尔工具和文本工具制作标志图形；使用形状工具调整文字的间距；使用阴影工具为文字添加阴影；使用星形工具和轮廓笔工具绘制装饰星形；使用矩形工具和轮廓笔工具绘制虚线框。（最终效果参看光盘中的“Ch07 > 效果 > 制作节日促销海报”，见图 7-144。）

图 7–144

7.3 综合演练——制作街舞大赛海报

7.3.1 【案例分析】

本案例是为即将开展的街舞大赛设计制作宣传海报。本次赛事主要是以街舞为主题来表现舞蹈这种艺术形式。海报要求通过图片和文字的艺术设计，表现出强烈的号召力和舞蹈艺术的感染力。

7.3.2 【设计理念】

在设计制作过程中，先从背景入手，通过渐变的黑白方框背景图增加画面的立体感；通过对广告语的艺术编排点明主题；通过灵活的设计和编排文字展现出舞蹈大赛的相关信息。整个海报设计年轻时尚，活力四射。

图 7-145

7.3.3 【知识要点】

使用文本工具和形状工具添加并调整文字；使用渐变工具填充文字；使用椭圆形工具绘制装饰圆形；使用形状工具和转换为曲线命令编辑宣传语；使用轮廓图工具和阴影工具制作宣传语立体效果。（最终效果参看光盘中的“Ch07 > 效果 > 制作街舞大赛海报”，见图 7-145。）

7.4 综合演练——制作演唱会宣传海报

7.4.1 【案例分析】

本案例是为某演唱会制作宣传海报，设计要求在内容上以文字为主，将本次活动的主题和具体内容介绍清楚，并能够吸引人的注意力。

7.4.2 【设计理念】

在设计制作过程中，粉色炫目的背景烘托出演唱会动感活力的氛围；文字的设计活泼醒目，在画面中尤为突出，让人一目了然；文字介绍简洁详细，整体风格展现出演唱会独特的魅力，并且增强了画面的视觉冲击力。

图 7-146

7.4.3 【知识要点】

使用矩形工具绘制背景；使用透明度工具为图片添加透明效果；使用艺术笔工具绘制装饰烟花图形；使用轮廓笔工具给文字和图形添加特殊轮廓线。（最终效果参看光盘中的“Ch07 > 效果 > 制作演唱会宣传海报”，见图 7-146。）

第8章 广告设计

广告以多样的形式出现在城市中，是城市商业发展的写照。广告通过电视、报纸、霓虹灯等媒体来发布。好的户外广告要强化视觉冲击力，抓住观众的视线。本章以多种题材的广告为例，讲解广告的设计方法和制作技巧。

课堂学习目标

- 了解广告的概念
- 了解广告的本质和功能
- 掌握广告的设计思路和过程
- 掌握广告的制作方法和技巧

8.1 制作情人节广告

8.1.1 【案例分析】

本案例是为情人节特价销售制作宣传广告。广告的设计要体现出情人节浪漫甜蜜的氛围，使人们在轻松愉悦的环境中购买到适合自己的产品。

8.1.2 【设计理念】

在设计制作过程中，使用粉红色的背景烘托出浪漫幸福的气氛，给人温暖雅致的印象；心形图案和小熊图片的添加增加了甜蜜可爱的感觉，使人倍感亲切温馨；最后通过对广告语和宣传文字的艺术加工，与整体设计相呼应，使宣传主题更加鲜明突出。（最终效果参看光盘中的“Ch08 > 效果 > 制作情人节广告”，见图 8-1。）

图 8–1

8.1.3 【操作步骤】

1. 制作标题文字效果

步骤 1 选择“文件 > 打开”命令，弹出“打开绘图”对话框。选择“Ch08 > 素材 > 制作情人节广告 > 01”文件，单击“打开”按钮，效果如图 8-2 所示。

步骤 2 选择“文本”工具，分别输入需要的文字。选择“选择”工具，分别在属性栏中选取适当的字体并设置文字大小。设置文字颜色的 CMYK 值为 0、100、0、0，填充文字，效果如图 8-3 所示。

图 8-2

图 8-3

步骤 3 选择“选择”工具，选择文字“甜蜜蜜”。选择“形状”工具，文字的编辑状态如图 8-4 所示，向左拖曳文字下方的图标调整字距，松开鼠标后，效果如图 8-5 所示。

图 8-4

图 8-5

步骤 4 选择“文本”工具，选取中间的文字“蜜”。选择“文本 > 文本属性”命令，在弹出的“文本属性”面板中进行设置，如图 8-6 所示。按 Enter 键，文字效果如图 8-7 所示。用相同的方法制作其他文字效果，如图 8-8 所示。

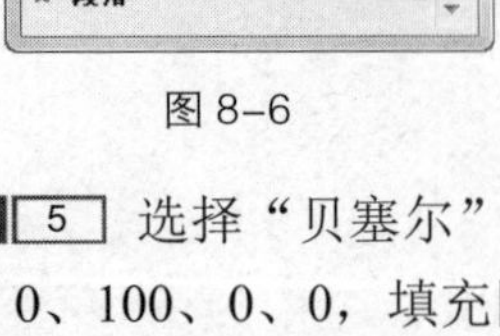

图 8-6

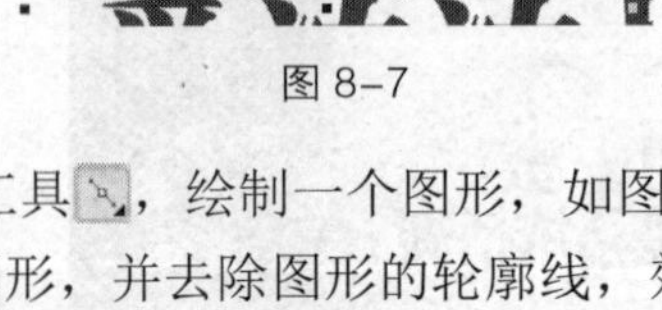

图 8-7

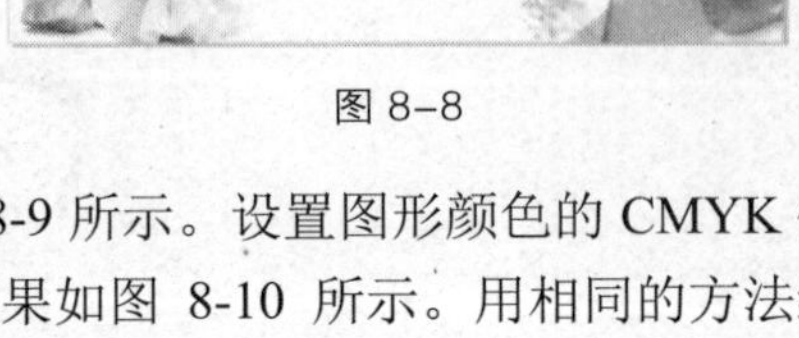

图 8-8

步骤 5 选择“贝塞尔”工具，绘制一个图形，如图 8-9 所示。设置图形颜色的 CMYK 值为 0、100、0、0，填充图形，并去除图形的轮廓线，效果如图 8-10 所示。用相同的方法绘制其他图形，并填充相同的颜色，效果如图 8-11 所示。

步骤 6 选择“选择”工具，用圈选的方法同时选取文字和图形，单击属性栏中的“合并”按钮，将文字和图形合并为一个图形，效果如图 8-12 所示。

图 8–9

图 8–10

图 8–11

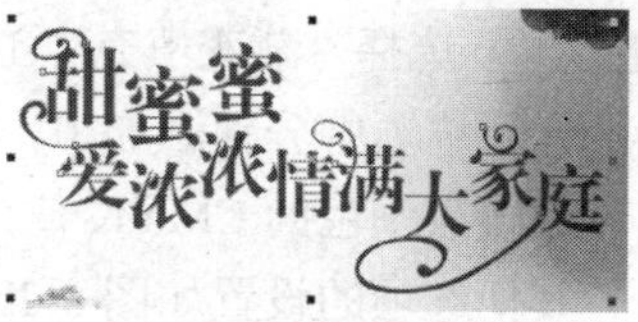

图 8–12

步骤 7 选择“阴影”工具，在图形对象中从上向下拖曳光标，为文字添加阴影效果。在属性栏中进行设置，如图 8-13 所示，按 Enter 键，效果如图 8-14 所示。

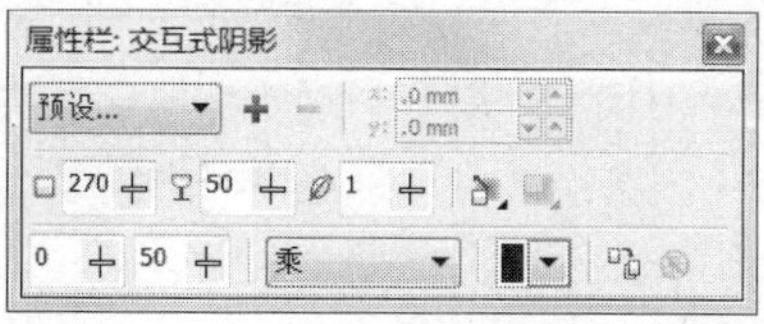

图 8–13

图 8–14

2. 添加内容文字

步骤 1 选择“文本”工具字，分别输入需要的文字。选择“选择”工具，分别在属性栏中选择合适的字体并设置文字大小。设置文字颜色的 CMYK 值为 0、100、0、0，填充文字，效果如图 8-15 所示。

步骤 2 选择“选择”工具，选择文字“活动时间:”。选择“形状”工具，向左拖曳文字下方的图标调整字距，松开鼠标后，效果如图 8-16 所示。

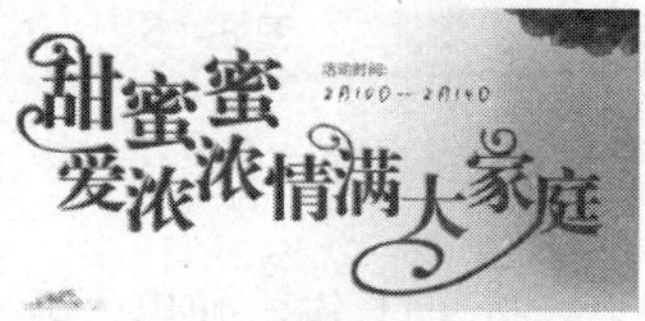

图 8–15

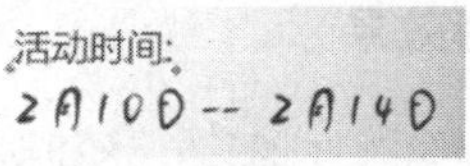

图 8–16

步骤 3 选择“文本”工具字，选取需要的文字，如图 8-17 所示。设置文字颜色的 CMYK 值为 20、80、0、20，填充文字，效果如图 8-18 所示。用相同的方法选取其他文字，填充相同的颜色，效果如图 8-19 所示。

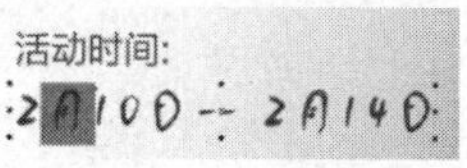

图 8–17

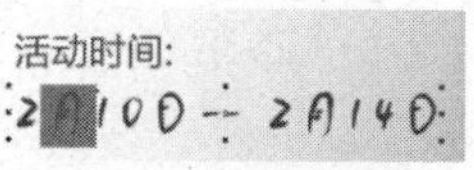

图 8–18

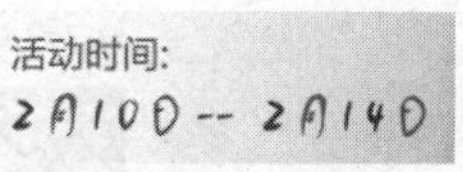

图 8–19

步骤 4 选择“文本”工具字，输入需要的文字。选择“选择”工具，在属性栏中选择合适的字体并设置文字大小，效果如图 8-20 所示。选择“形状”工具，向左拖曳文字下方的图标调整字距，松开鼠标后，效果如图 8-21 所示。

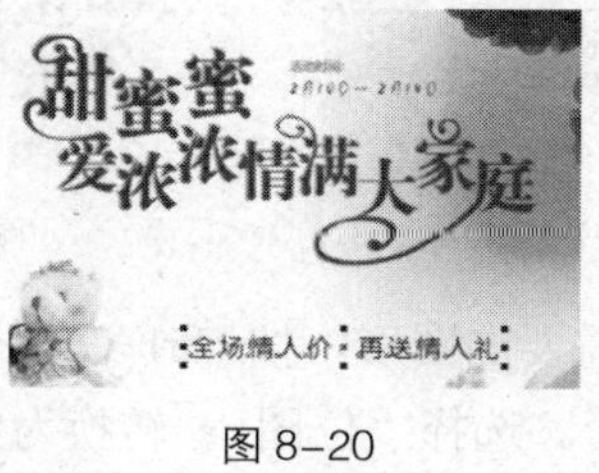

图 8–20

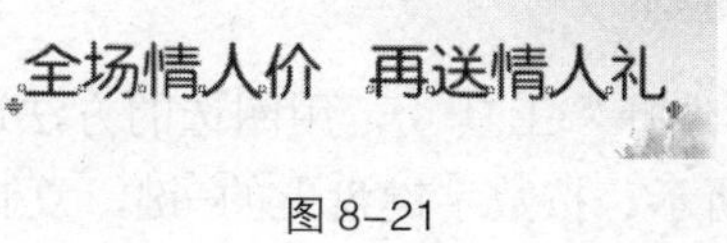

图 8–21

步骤 5 选择“渐变填充”工具，弹出“渐变填充”对话框。选中“自定义”单选项，在“位置”选项中分别添加 0、51、100 三个位置点，单击右下角的“其他”按钮，分别设置三个位置点颜色的 CMYK 值为 0（60、80、0、0），51（0、100、0、0），100（60、80、0、0），其他选项的设置如图 8-22 所示。单击“确定”按钮，填充文字，效果如图 8-23 所示。

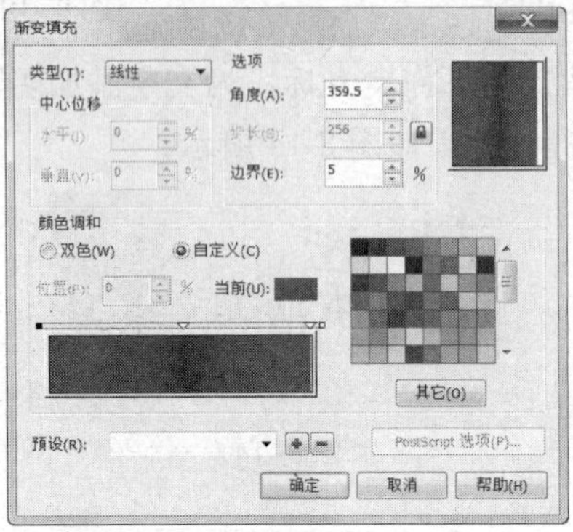

图 8-22

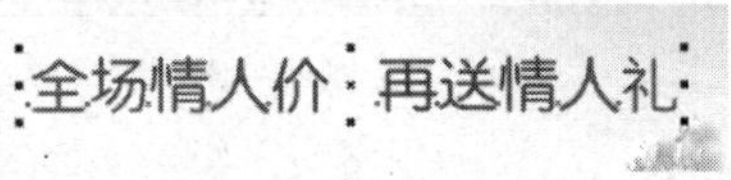

图 8-23

步骤 6 选择“2 点线”工具，绘制一条直线。在“CMYK 调色板”中的“洋红”色块上单击鼠标右键，填充直线，效果如图 8-24 所示。选择“选择”工具，按数字键盘上的+键，复制直线，水平向右拖曳到适当的位置，效果如图 8-25 所示。

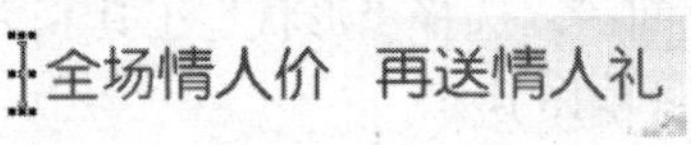

图 8-24

图 8-25

3. 制作装饰图形效果

步骤 1 选择“贝塞尔”工具，绘制一个图形。按 F11 键，弹出“渐变填充”对话框。选中“双色”单选项，将“从”选项颜色的 CMYK 值设为 0、100、0、0，“到”选项颜色的 CMYK 值设为 60、80、0、0，其他选项的设置如图 8-26 所示。单击“确定”按钮，填充图形，并去除图形的轮廓线，效果如图 8-27 所示。用相同的方法再绘制一个图形，并填充适当的颜色，效果如图 8-28 所示。

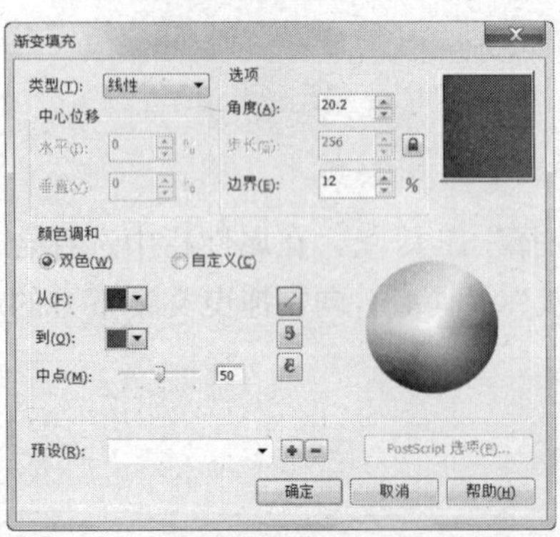

图 8-26　　图 8-27　　图 8-28

步骤 2 选择“选择”工具，用圈选的方法选取需要的图形，按 Ctrl+G 组合键，将其群组，如图 8-29 所示。按数字键盘上的+键，复制图形。选择“位图 > 转换为位图”命令，弹出

"转换为位图"对话框，单击"确定"按钮，效果如图 8-30 所示。

图 8-29

图 8-30

步骤 3 选择"位图 > 模糊 > 高斯式模糊"命令，在弹出的对话框中进行设置，如图 8-31 所示。单击"确定"按钮，效果如图 8-32 所示。按 Ctrl+PageDown 组合键，将图形向下移动一层，效果如图 8-33 所示。

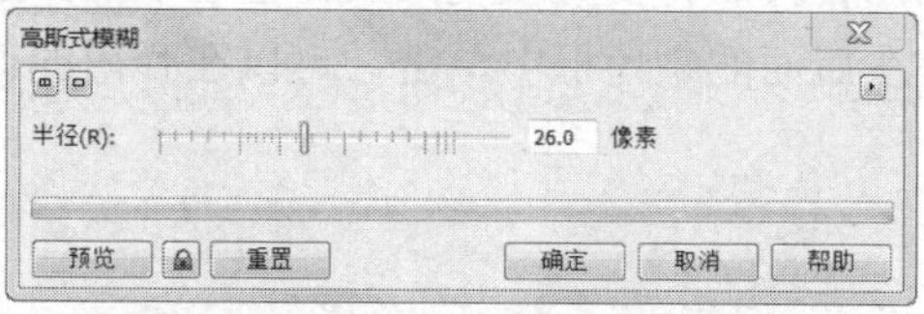

图 8-31

图 8-32

图 8-33

步骤 4 选择"选择"工具，用圈选的方法选取需要的图形，连续三次单击数字键盘上的+键，复制图形，分别将其拖曳到适当的位置并调整其大小，效果如图 8-34 所示。选择需要的图形，如图 8-35 所示。单击属性栏中的"水平镜像"按钮，将图形水平翻转，效果如图 8-36 所示。情人节广告制作完成，效果如图 8-37 所示。

图 8-34

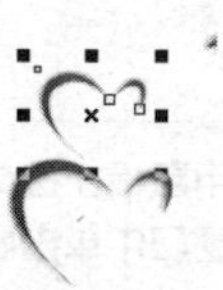

图 8-35

图 8-36

图 8-37

8.1.4 【相关工具】

CorelDRAW X6 提供了多种滤镜，可以对位图进行各种效果的处理。灵活使用位图的滤镜，可以为设计的作品增色不少。下面具体介绍滤镜的使用方法。

◎ 三维效果

选取导入的位图，如图 8-38 所示。选择"位图 > 三维效果"子菜单下的命令，如图 8-39 所示。CorelDRAW X6 提供了 7 种不同的三维效果，下面介绍几种常用的三维效果。

图 8-38

图 8-39

选择"位图 > 三维效果 > 三维旋转"命令，弹出"三维旋转"对话框。单击对话框中的按钮，显示对照预览窗口，如图 8-40 所示，左窗口显示的是位图原始效果，右窗口显示的是完成各项设置后的位图效果。

在“三维旋转”对话框中，“垂直”选项可以设置绕垂直轴旋转的角度，“水平”选项可以设置绕水平轴旋转的角度。勾选“最适合”复选框，经过三维旋转后的位图尺寸将接近原来的位图尺寸。在设置过程中，可以单击“重置”按钮对所有参数重新设置。单击🔒按钮可以在改变设置时自动更新预览效果。设置完成后，单击“确定”按钮。

选择“位图 > 三维效果 > 浮雕”命令，弹出“浮雕”对话框。单击对话框中的▣按钮，显示对照预览窗口，如图 8-41 所示。

在“浮雕”对话框中，“深度”选项可以控制浮雕效果的深度。“层次”选项可以控制浮雕的效果，数值越大，浮雕效果越明显。“方向”选项用来设置浮雕效果的方向。

在“浮雕色”设置区中可以选择转换成浮雕效果后的颜色样式。选取“原始颜色”选项，将不改变原来的颜色效果；选取“灰色”选项，位图转换后将变成灰度效果；选取“黑”选项，位图转换后将变成黑白效果；选取“其他”选项，在后面的颜色框中单击，可以在弹出的调色板中选择需要的浮雕颜色。

图 8-40

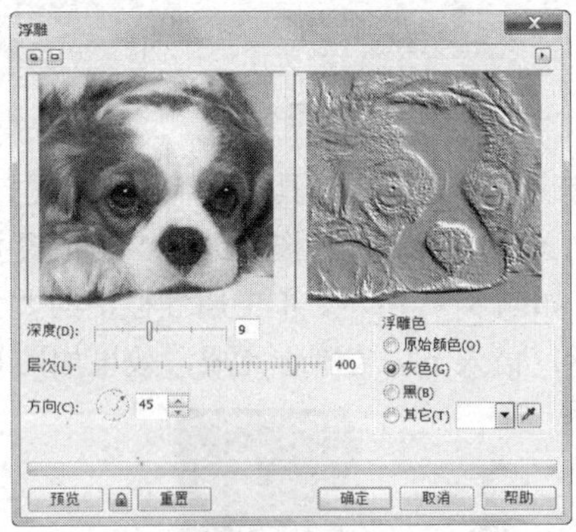

图 8-41

提　示　在对话框中的左预览窗口中用鼠标左键单击可以放大位图，用右键单击可以缩小位图。按住 Ctrl 键，同时在左预览窗口中单击鼠标左键，可以显示整张位图。

选择“位图 > 三维效果 > 卷页”命令，弹出“卷页”对话框。单击对话框中的▣按钮，显示对照预览窗口，如图 8-42 所示。

“卷页”对话框的左下角有 4 个卷页类型按钮，可以设置位图卷起页角的位置。在“定向”设置区中选择“垂直的”和“水平”两个单选项，可以设置卷页效果从哪一边缘卷起。在“纸张”设置区中，“不透明”和“透明的”两个单选项可以设置卷页部分是否透明。在“颜色”设置区中，“卷曲”选项可以设置卷页颜色，“背景”选项可以设置卷页后面的背景颜色。“宽度”和“高度”选项可以设置卷页的宽度和高度。

选择“位图 > 三维效果 > 透视”命令，弹出“透视”对话框。单击对话框中的▣按钮，显示对照预览窗口，如图 8-43 所示。

在“透视”对话框中的“类型”设置区中，可以选择“透视”或“切变”选项。在左下角的显示框中用鼠标拖动控制点，可以设置透视效果的方向和深度。勾选“最适合”复选框，经过透视处理后的位图尺寸将接近原来的位图尺寸。

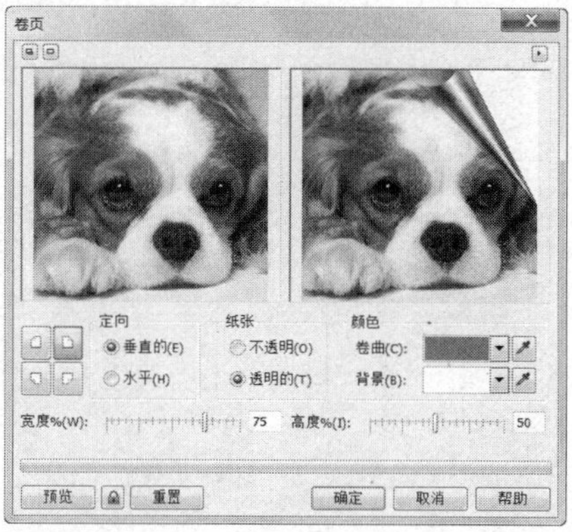

图 8-42

图 8-43

◎ 艺术笔触

选中位图，选择“位图 > 艺术笔触”子菜单下的命令，如图 8-44 所示。CorelDRAW X6 提供了 14 种不同的艺术笔触效果，下面介绍常用的几种艺术笔触。

选择“位图 > 艺术笔触 > 炭笔画”命令，弹出“炭笔画”对话框。单击对话框中的按钮，显示对照预览窗口，如图 8-45 所示。

在“炭笔画”对话框中，“大小”和“边缘”选项可以设置位图炭笔画的像素大小和黑白度。

选择“位图 > 艺术笔触 > 蜡笔画”命令，弹出“蜡笔画”对话框。单击对话框中的按钮，显示对照预览窗口，如图 8-46 所示。

在“蜡笔画”对话框中，“大小”选项可以设置位图的粗糙程度，“轮廓”选项可以设置位图的轮廓显示的轻重程度。

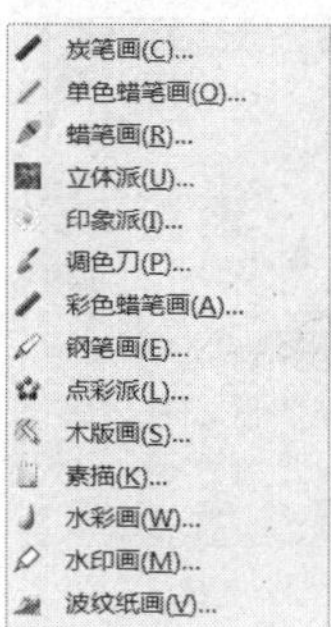

图 8-44

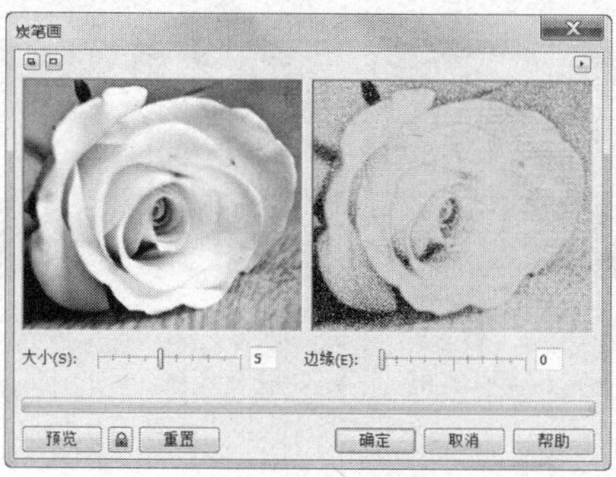

图 8-45

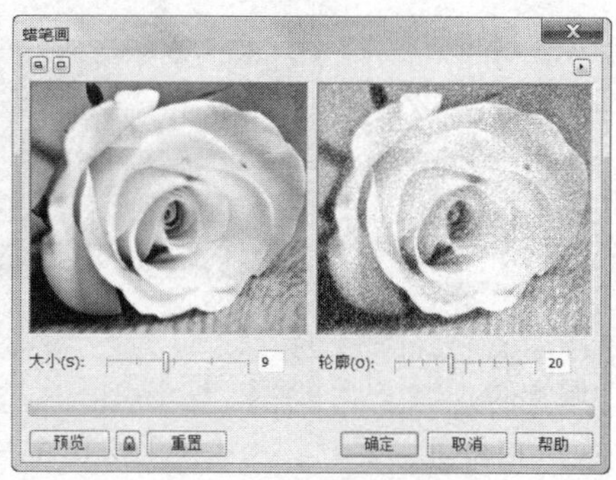

图 8-46

选择“位图 > 艺术笔触 > 木版画”命令，弹出“木版画”对话框。单击对话框中的按钮，显示对照预览窗口，如图 8-47 所示。

在“木版画”对话框中的“刮痕至”设置区中，可以选择“颜色”或“白色”选项，会得到不同的位图木版画效果。“密度”选项可以设置位图木版画效果中线条的密度。“大小”选项可以设置位图木版画效果中线条的尺寸。

选择“位图 > 艺术笔触 > 素描”命令，弹出“素描”对话框。单击对话框中的按钮，显示对照预览窗口，如图 8-48 所示。

在“素描”对话框的“铅笔类型”设置区中，可以选择“碳色”或“颜色”类型，不同的类型可以产生不同的位图素描效果。“样式”选项可以设置石墨或彩色素描效果的平滑度。“笔芯”选项可以设置素描效果的精细和粗糙程度。“轮廓”选项可以设置素描效果的轮廓线宽度。

图 8-47

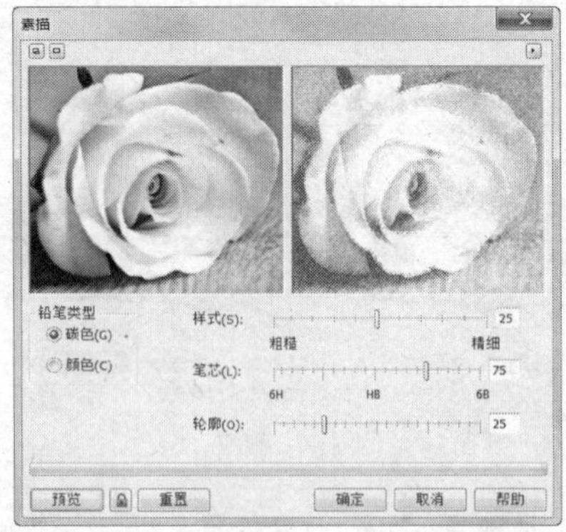

图 8-48

◎ **模糊**

选中位图，选择“位图 > 模糊”子菜单下的命令，如图 8-49 所示。CorelDRAW X6 提供了 9 种不同的模糊效果，下面介绍几种常用的模糊效果。

选择“位图 > 模糊 > 高斯式模糊”命令，弹出“高斯式模糊”对话框。单击对话框中的按钮，显示对照预览窗口，如图 8-50 所示。

在“高斯式模糊”对话框中，“半径”选项可以设置高斯式模糊的程度。

选择“位图 > 模糊 > 放射式模糊”命令，弹出“放射状模糊”对话框。单击对话框中的按钮，显示对照预览窗口，如图 8-51 所示。

在“放射状模糊”对话框中，单击按钮，然后在左边的位图预览窗口中单击，可以设置放射状模糊效果变化的中心。

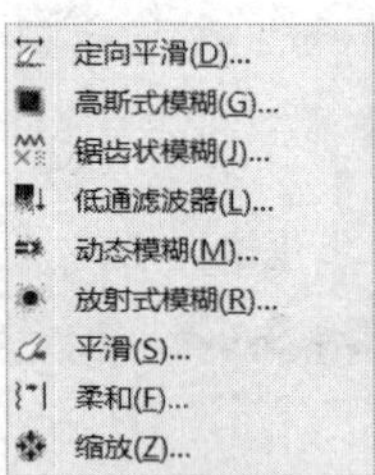

图 8-49

图 8-50

图 8-51

◎ **颜色变换**

选中位图，选择“位图 > 颜色变换”子菜单下的命令，如图 8-52 所示。CorelDRAW X6 提供了 4 种不同的颜色变换效果，下面介绍其中两种常用的颜色变换效果。

选择“位图 > 颜色变换 > 半色调”命令，弹出“半色调”对话框。单击对话框中的按钮，显示对照预览窗口，如图 8-53 所示。

在“半色调”对话框中，“青”“品红”“黄”“黑”选项可以设定颜色通道的网角值。“最大点半径”选项可以设定网点的大小。

选择“位图 > 颜色变换 > 曝光”命令，弹出“曝光”对话框。单击对话框中的按钮，显示对照预览窗口，如图 8-54 所示。

在“曝光”对话框中，“层次”选项可以设定曝光的强度，数量大，曝光过度；反之，则曝光不足。

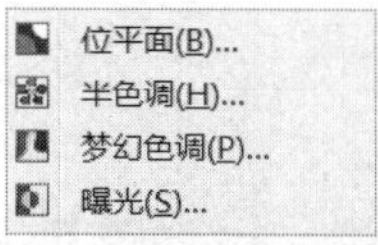

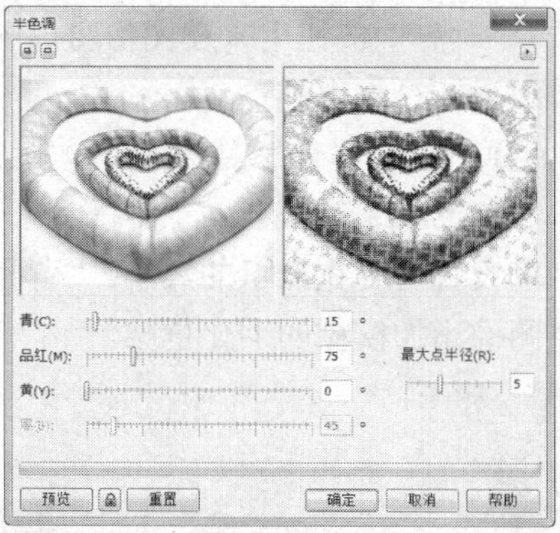

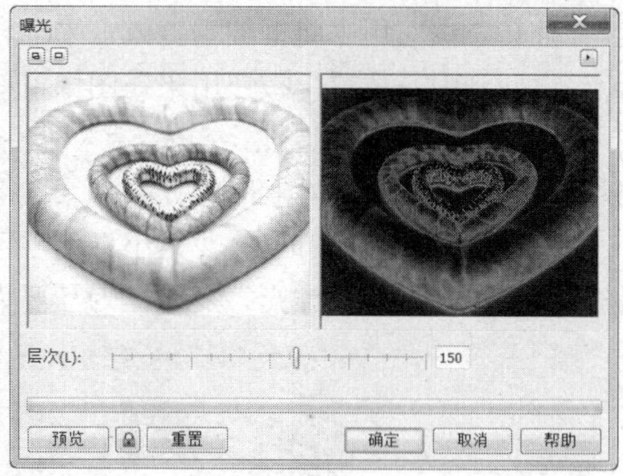

图 8–52　　图 8–53　　图 8–54

◎ 轮廓图

选中位图，选择“位图 > 轮廓图”子菜单下的命令，如图 8-55 所示。CorelDRAW X6 提供了 3 种不同的轮廓图效果，下面介绍其中两种常用的轮廓图效果。

选择“位图 > 轮廓图 > 边缘检测”命令，弹出“边缘检测”对话框。单击对话框中的按钮，显示对照预览窗口，如图 8-56 所示。

在“边缘检测”对话框中，“背景色”选项组用来设定图像的背景颜色为白色、黑色或其他颜色。单击按钮，可以在左侧的位图预览窗口中吸取背景色。“灵敏度”选项可以设定探测边缘的灵敏度。

选择“位图 > 轮廓图 > 查找边缘”命令，弹出“查找边缘”对话框。单击对话框中的按钮，显示对照预览窗口，如图 8-57 所示。

在“查找边缘”对话框中，“边缘类型”选项有“软”和“纯色”两种类型，选择不同的类型，会得到不同的效果。“层次”选项可以设定效果的纯度。

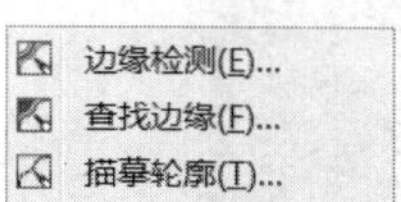

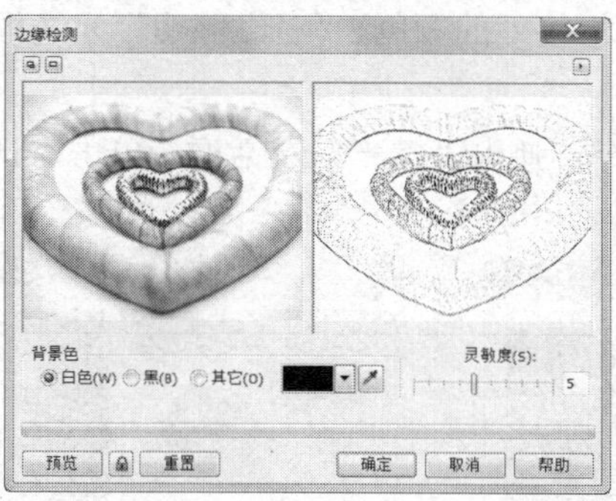

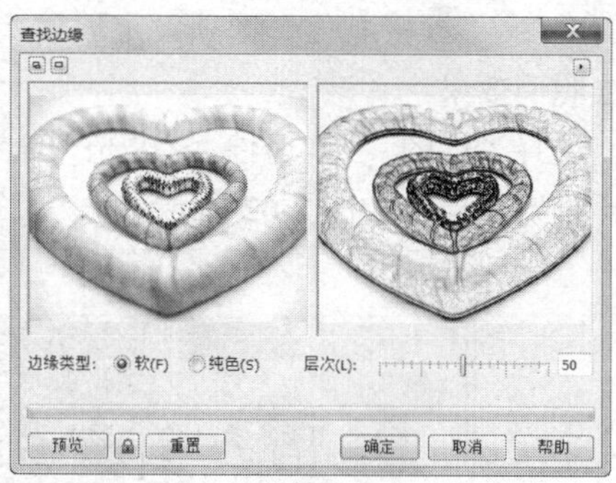

图 8–55　　图 8–56　　图 8–57

◎ 创造性

选中位图，选择“位图 > 创造性”子菜单下的命令，如图 8-58 所示。CorelDRAW X6 提供了 14 种不同的创造性效果，下面介绍几种常用的创造性效果。

选择“位图 > 创造性 > 框架”命令，弹出“框架”对话框。单击对话框中的按钮，显示对照预览窗口，如图 8-59 所示。

在“框架”对话框中，“选择”选项卡用来选择框架，并为选取的列表添加新框架。“修改”选项卡用来对框架进行修改。“颜色”和“不透明”选项分别用来设定框架的颜色和透明度。“模糊/羽化”选项用来设定框架边缘的模糊及羽化程度。“调和”选项用来选择框架与图像之间的混合方式。“水平”和“垂直”选项用来设定框架的大小比例。“旋转”选项用来设定框架的旋转角度。“翻转”按钮用来将框架垂直或水平翻转。“对齐”按钮用来在图像窗口中设定框架效果的中心点。“回到中心位置”按钮用来在图像窗口中重新设定中心点。

选择“位图 > 创造性 > 马赛克”命令，弹出“马赛克”对话框。单击对话框中的▣按钮，显示对照预览窗口，如图 8-60 所示。

在“马赛克”对话框中，“大小”选项可以设置马赛克显示的大小。“背景色”选项可以设置马赛克的背景颜色。“虚光”复选框为马赛克图像添加模糊的羽化框架。

图 8-58

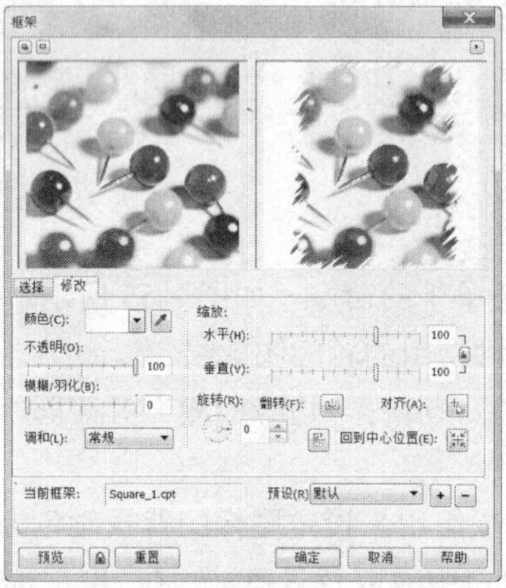

图 8-59

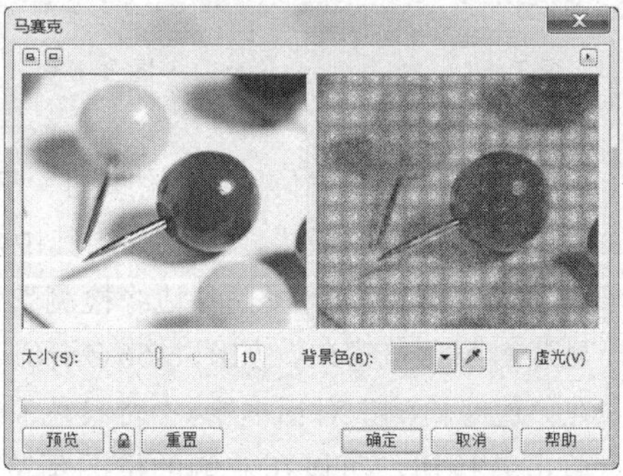

图 8-60

选择“位图 > 创造性 > 彩色玻璃”命令，弹出“彩色玻璃”对话框。单击对话框中的▣按钮，显示对照预览窗口，如图 8-61 所示。

在“彩色玻璃”对话框中，“大小”选项设定彩色玻璃块的大小。“光源强度”选项设定彩色玻璃的光源强度，强度越小，显示越暗；强度越大，显示越亮。“焊接宽度”选项设定玻璃块焊接处的宽度。“焊接颜色”选项设定玻璃块焊接处的颜色。“三维照明”复选框显示彩色玻璃图像的三维照明效果。

选择“位图 > 创造性 > 虚光”命令，弹出“虚光”对话框。单击对话框中的▣按钮，显示对照预览窗口，如图 8-62 所示。

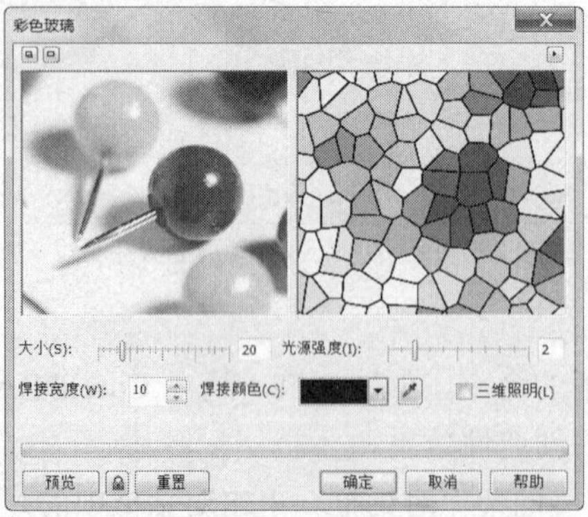

图 8-61

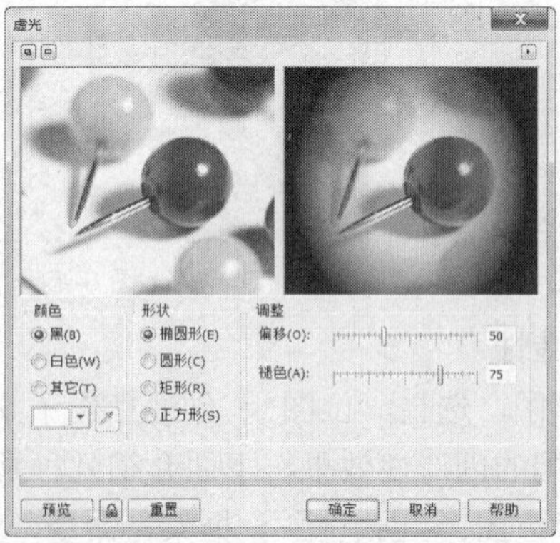

图 8-62

在“虚光”对话框中，“颜色”设置区用来设定光照的颜色。“形状”设置区用来设定光照的形状。“偏移”选项用来设定框架的大小。“褪色”选项用来设定图像与虚光框架的混合程度。

◎ 扭曲

选中位图，选择“位图 > 扭曲”子菜单下的命令，如图 8-63 所示。CorelDRAW X6 提供了

10 种不同的扭曲效果，下面介绍几种常用的扭曲效果。

选择“位图 > 扭曲 > 块状”命令，弹出“块状”对话框。单击对话框中的按钮，显示对照预览窗口，如图 8-64 所示。

在“块状”对话框中，“未定义区域”设置区可以设定背景部分的颜色。“块宽度”和“块高度”选项用来设定块状图像的尺寸大小。“最大偏移”选项用来设定块状图像的打散程度。

选择“位图 > 扭曲 > 置换”命令，弹出“置换”对话框。单击对话框中的按钮，显示对照预览窗口，如图 8-65 所示。

在“置换”对话框中，“缩放模式”设置区可以选择“平铺”或“伸展适合”两种模式。单击按钮可以选择置换的图形。

图 8-63

图 8-64

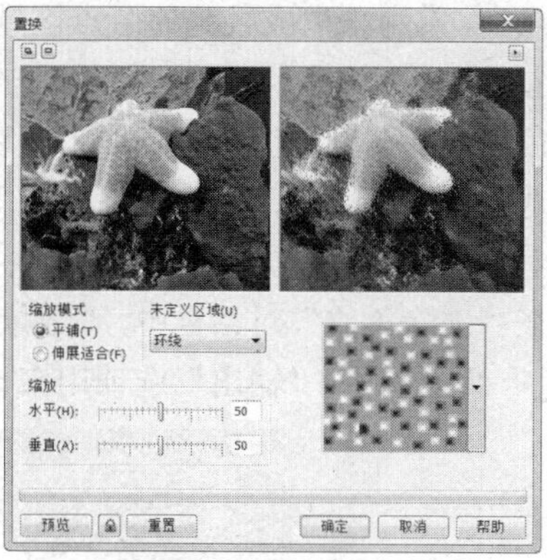

图 8-65

选择“位图 > 扭曲 > 像素”命令，弹出“像素”对话框。单击对话框中的按钮，显示对照预览窗口，如图 8-66 所示。

在“像素”对话框中，“像素化模式”设置区用来选择像素化模式。当选择“射线”模式时，可以在预览窗口中设定像素化的中心点。“宽度”和“高度”选项用来设定像素色块的大小。“不透明”选项用来设定像素色块的不透明度，数值越小，色块就越透明。

选择“位图 > 扭曲 > 龟纹”命令，弹出“龟纹”对话框。单击对话框中的按钮，显示对照预览窗口，如图 8-67 所示。

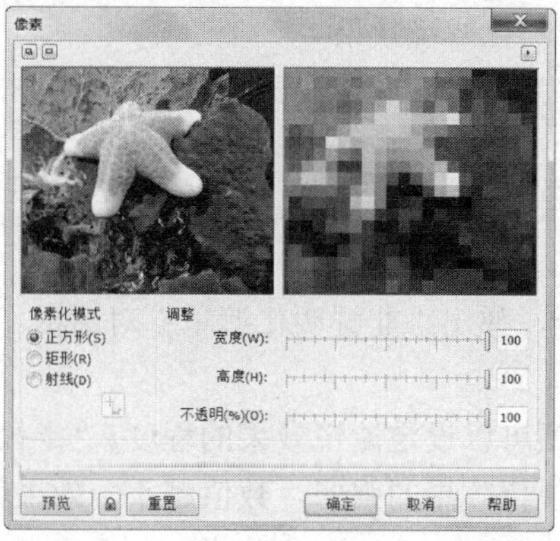

图 8-66

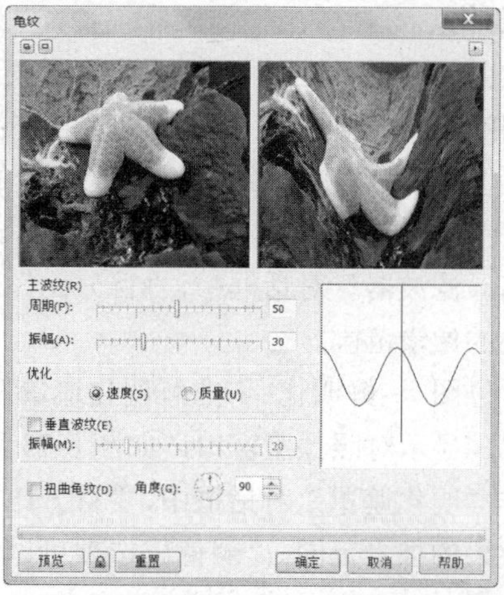

图 8-67

在“龟纹”对话框中，默认的波纹是同图像的顶端和底端平行的。在“周期”和“振幅”选项中，拖动滑块，可以设定波纹的周期和振幅，在右边可以看到波纹的形状。

◎ **杂点**

选取位图，选择“位图 > 杂点”子菜单下的命令，如图 8-68 所示。CorelDRAW X6 提供了 6 种不同的杂点效果，下面介绍几种常见的杂点滤镜效果。

选择“位图 > 杂点 > 添加杂点”命令，弹出“添加杂点”对话框。单击对话框中的按钮，显示对照预览窗口，如图 8-69 所示。

在“添加杂点”对话框中，“杂点类型”选项组用来设定要添加的杂点类型，有高斯式、尖突和均匀 3 种类型。高斯式杂点类型沿着高斯曲线添加杂点；尖突杂点类型比高斯式杂点类型添加的杂点少，常用来生成较亮的杂点区域；均匀杂点类型可在图像上相对地添加杂点。“层次”和“密度”选项可以设定杂点对颜色及亮度的影响范围及杂点的密度。“颜色模式”选项组用来设定杂点的颜色模式，在颜色下拉列表框中可以选择杂点的颜色。

选择“位图 > 杂点 > 去除龟纹”命令，弹出“去除龟纹”对话框。单击对话框中的按钮，显示对照预览窗口，如图 8-70 所示。

在“去除龟纹”对话框中，“数量”选项用来设定龟纹的数量。“优化”设置区有“速度”和“质量”两个选项。“输出”选项用来设定新的图像分辨率。

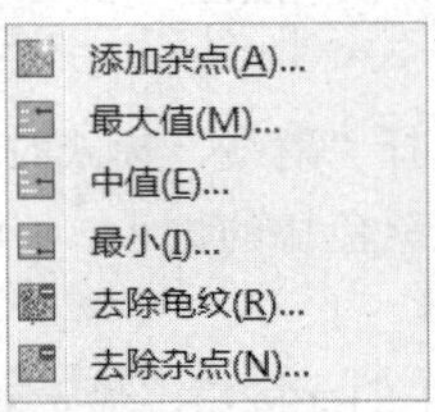

图 8-68

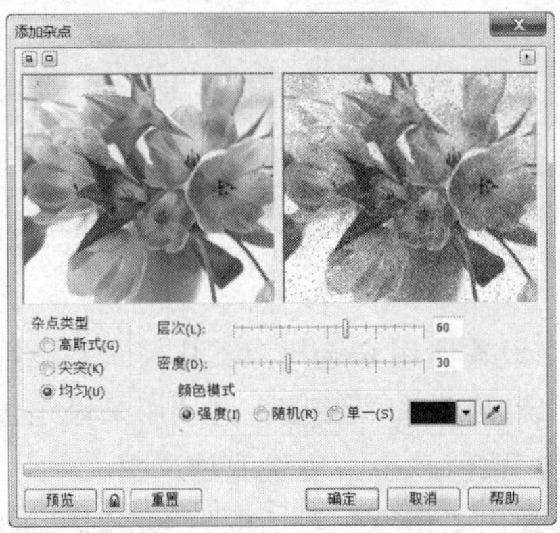

图 8-69

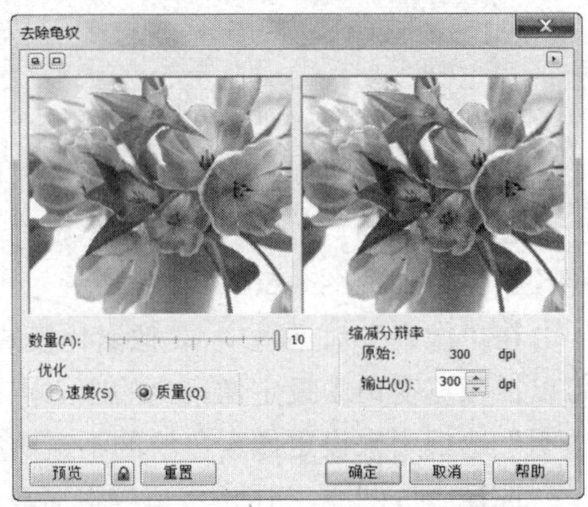

图 8-70

◎ **鲜明化**

选中位图，选择“位图 > 鲜明化”子菜单下的命令，如图 8-71 所示。CorelDRAW X6 提供了 5 种不同的鲜明化效果，下面介绍几种常见的鲜明化滤镜效果。

选择“位图 > 鲜明化 > 高通滤波器”命令，弹出“高通滤波器”对话框。单击对话框中的按钮，显示对照预览窗口，如图 8-72 所示。

在“高通滤波器”对话框中，“百分比”选项用来设定滤镜效果的程度。“半径”选项用来设定应用效果的像素范围。

选择“位图 > 鲜明化 > 非鲜明化遮罩”命令，弹出“非鲜明化遮罩”对话框。单击对话框中的按钮，显示对照预览窗口，如图 8-73 所示。

在“非鲜明化遮罩”对话框中，“百分比”选项可以设定滤镜效果的程度。“半径”选项可以设定应用效果的像素范围。“阈值”选项可以设定锐化效果的强弱，数值越小，效果就越明显。

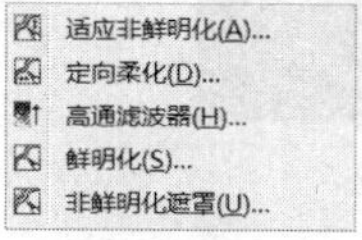

图 8-71

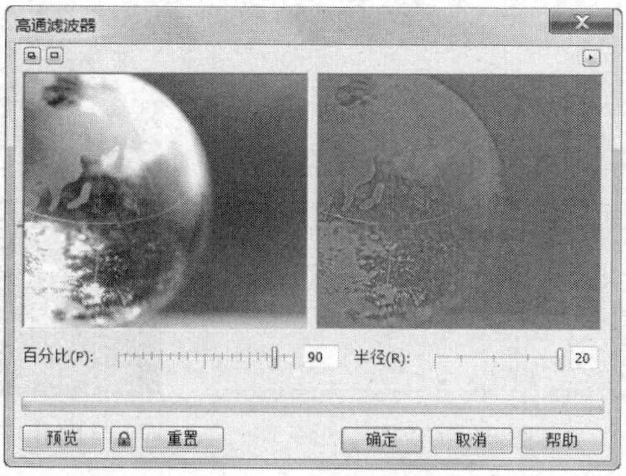

图 8-72

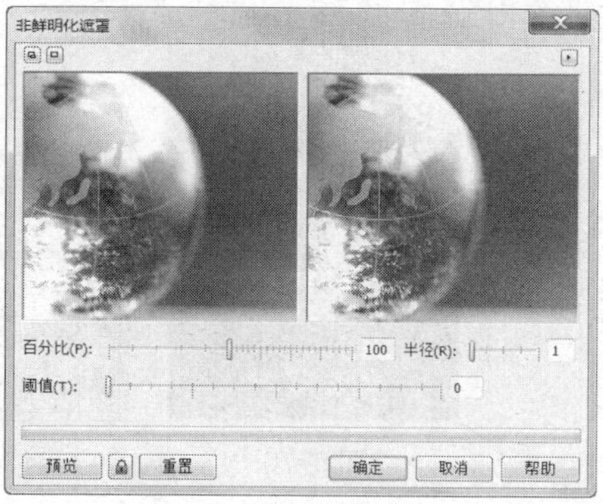

图 8-73

8.1.5 【实战演练】制作汽车广告

使用矩形工具绘制背景效果，使用文本工具添加内容文字，使用彩色玻璃命令制作玻璃效果。（最终效果参看光盘中的“Ch08 > 效果 > 制作汽车广告”，见图 8-74。）

图 8-74

8.2 制作开业庆典广告

8.2.1 【案例分析】

本案例是为祝贺游乐园开业制作宣传海报。主要针对的客户是想要放松自己，在游乐园中享受热闹欢乐的人们。要求能展示出活泼欢乐的氛围，给人积极参与的欲望。

8.2.2 【设计理念】

在设计制作中，首先通过红色的背景给人蓄势待发的能量感；使用聚光灯、灿烂的烟火和立体化的文字在突出宣传主题的同时，带来视觉上的强力冲击，展现出热情和活力感，形成喜庆、欢快的氛围；再用其他装饰图形和介绍性文字使画面更加丰富活泼，达到宣传的效果。（最终效果参看光盘中的“Ch08 > 效果 > 制作开业庆典广告”，见图 8-75。）

图 8-75

8.2.3 【操作步骤】

1. 制作标题文字效果

步骤 1 选择“文件 > 打开”命令，弹出“打开绘图”对话框。选择光盘中的“Ch08 > 素材 > 制作开业庆典广告 > 01”文件，单击“打开”按钮，效果如图 8-76 所示。

步骤 2 选择“艺术笔”工具，单击属性栏中的“喷罐”按钮，在“类别”选项中选择“笔刷笔触”选项，在“喷射图样”选项的下拉列表中选择需要的图样，其他选项的设置如图 8-77 所示。在适当的位置拖曳鼠标绘制图形，效果如图 8-78 所示。

图 8–76

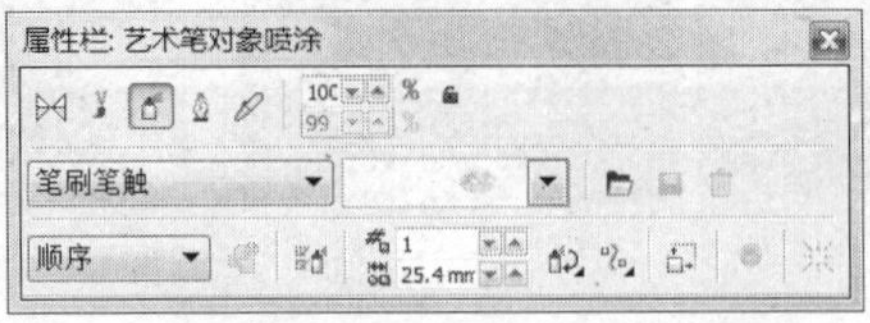

图 8–77

图 8–78

步骤 3 选择“文本”工具字，分别输入需要的文字。选择“选择”工具，在属性栏中分别选择合适的字体并设置文字大小，效果如图 8-79 所示。

步骤 4 选择需要的文字。选择“渐变填充”工具，弹出“渐变填充”对话框。选中“双色”单选项，将“从”选项颜色的 CMYK 值设置为 0、0、100、0，“到”选项颜色的 CMYK 值设置为 0、80、100、0，其他选项的设置如图 8-80 所示。单击“确定”按钮，填充文字，效果如图 8-81 所示。

图 8–79

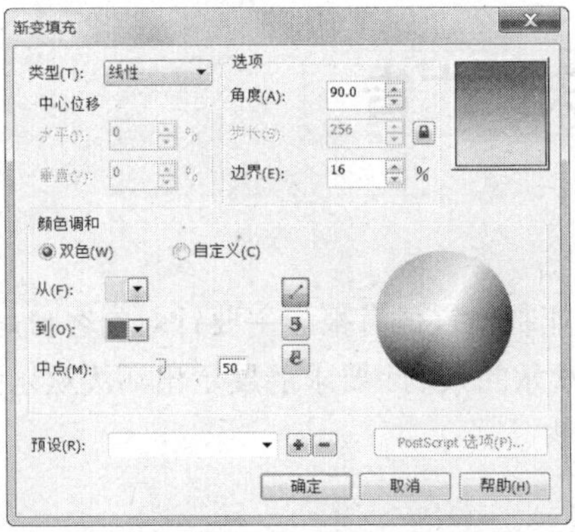

图 8–80

图 8–81

步骤 5 选择“立体化”工具，在文字上由中心向下方拖曳光标，为文字添加立体化效果。在属性栏中单击“立体化颜色”按钮，在弹出的面板中单击“使用递减的颜色”按钮，将“从”选项的颜色设为黄色，“到”选项的颜色设为黑色，其他选项的设置如图 8-82 所示。按 Enter 键，效果如图 8-83 所示。用相同的方法制作下方的文字效果，如图 8-84 所示。

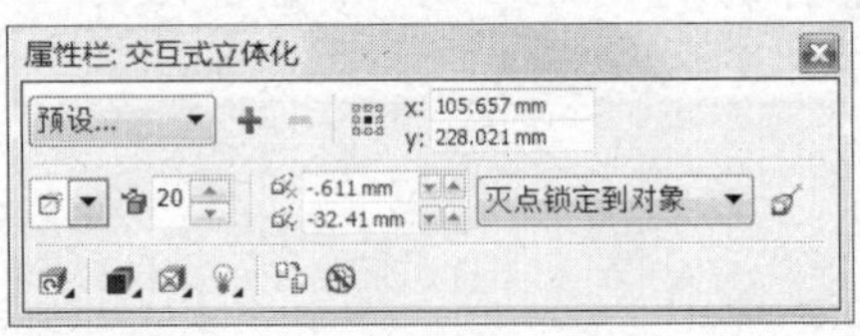

图 8–82

图 8–83

图 8–84

步骤 6 选择“椭圆形”工具，在适当的位置拖曳光标绘制一个图形。在“CMYK 调色板”中“黑”色块上单击，填充图形，并去除图形的轮廓线，效果如图 8-85 所示。

步骤 7 选择“透明度”工具，在椭圆形上从上向下拖曳光标，为图形添加透明效果。在属性栏中进行设置，如图 8-86 所示，按 Enter 键，效果如图 8-87 所示。按 Ctrl+PageDown 组合键，将该图形向后移动一层，效果如图 8-88 所示。

图 8-85

图 8-86

图 8-87

图 8-88

2. 制作装饰图形并添加文字

步骤 1 按 Ctrl+I 组合键，弹出“导入”对话框，选择光盘中的“Ch08 > 素材 > 制作开业庆典广告 > 02”文件，单击“导入”按钮，在页面中单击导入图片，将其拖曳到适当的位置，效果如图 8-89 所示。

步骤 2 选择“贝塞尔”工具，在适当的位置绘制一个图形。设置填充色的 CMYK 值为 0、0、100、0，填充图形，并去除图形的轮廓线，效果如图 8-90 所示。

步骤 3 选择“阴影”工具，在图形上从上向下拖曳光标，为图形添加阴影效果。在属性栏中将“阴影羽化”选项设为 5，按 Enter 键，效果如图 8-91 所示。按 Ctrl+PageDown 组合键，将该图形向后移动一层，效果如图 8-92 所示。

图 8-89

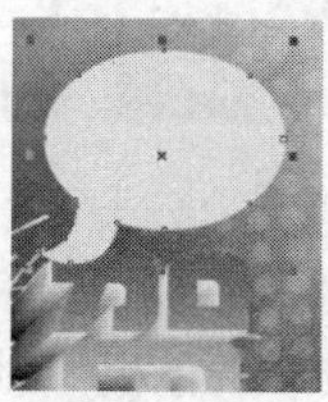

图 8-90

图 8-91

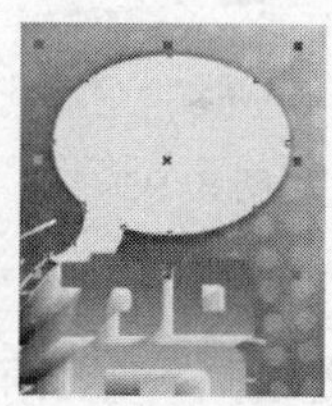

图 8-92

步骤 4 选择“椭圆形”工具，按住 Ctrl 键的同时，绘制一个圆形，填充为白色，并去除图形的轮廓线，效果如图 8-93 所示。按数字键盘上的+键，复制圆形。按住 Shift 键的同时，向内拖曳控制手柄，制作同心圆效果。按 F12 键，弹出“轮廓笔”对话框，将“颜色”选项设为红色，其他选项的设置如图 8-94 所示。单击“确定”按钮，效果如图 8-95 所示。

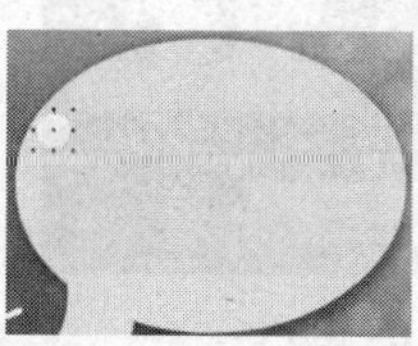

图 8-93

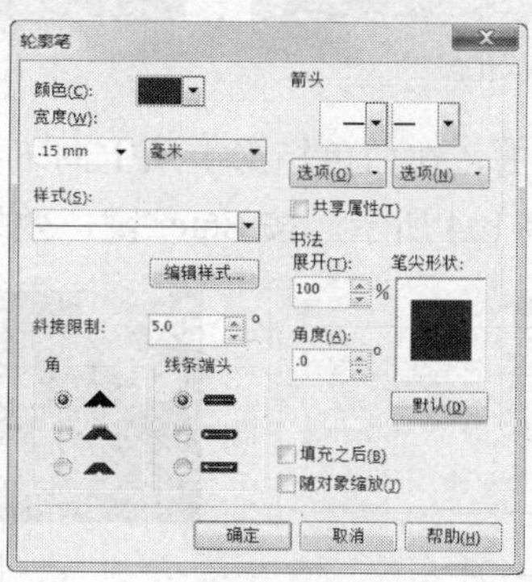

图 8-94

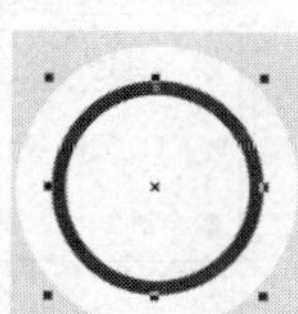

图 8-95

步骤 5 选择“贝塞尔”工具，绘制一个图形。在“CMYK 调色板”中“红”色块上单击，填充图形，并去除图形的轮廓线，效果如图 8-96 所示。选择“文本”工具字，分别输入需要的文字。分别选取文字，在属性栏中选择合适的字体并分别设置适当的文字大小，填充为红色，效果如图 8-97 所示。

图 8-96

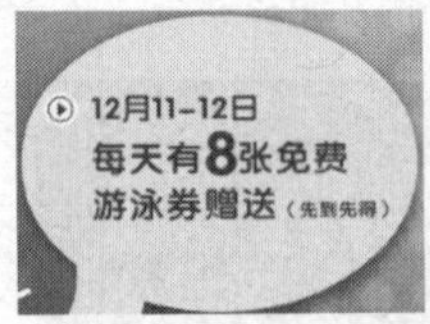

图 8-97

步骤 6 选择“选择”工具，选择需要的文字。按 F12 键，弹出“轮廓笔”对话框，将“颜色”选项设为白色，其他选项的设置如图 8-98 所示。单击“确定”按钮，效果如图 8-99 所示。用相同的方法制作其他文字效果，如图 8-100 所示。用上述方法制作其他图形和文字效果，如图 8-101 所示。

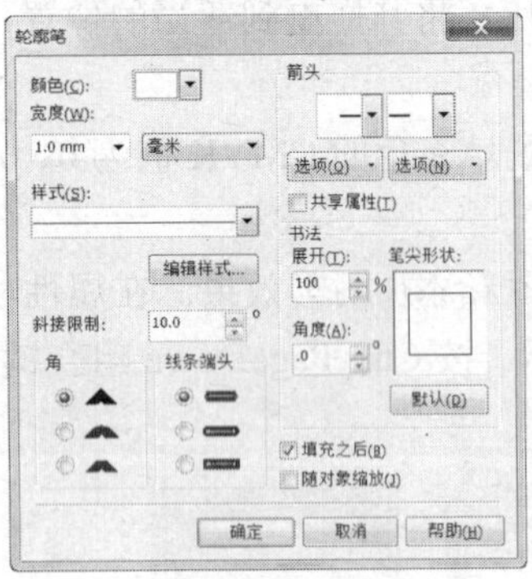

图 8-98

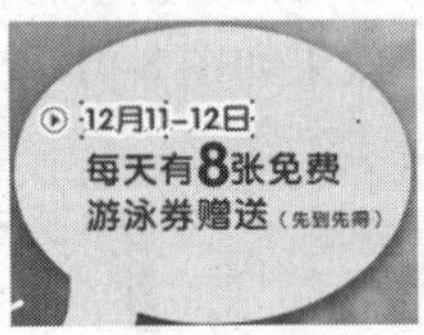

图 8-99

图 8-100

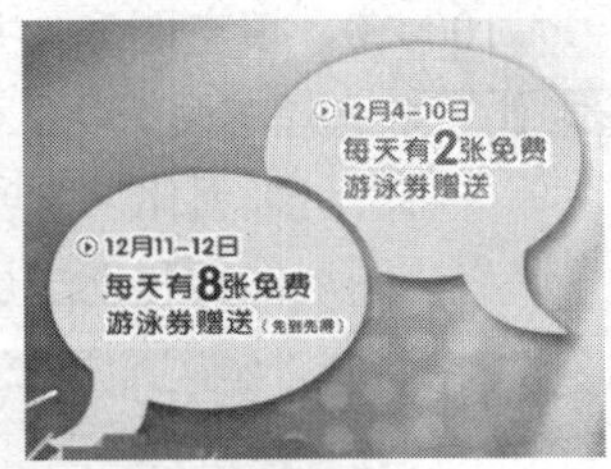

图 8-101

步骤 7 选择“矩形”工具，在属性栏中将“圆角半径”选项设为 1.8mm，在页面中适当的位置绘制一个圆角矩形。在“CMYK 调色板”中“橘红”色块上单击，填充图形，并去除图形的轮廓线，效果如图 8-102 所示。按数字键盘上的+键，复制图形。在“CMYK 调色板”中“白”色块上单击，填充图形，效果如图 8-103 所示。

图 8-102

图 8-103

步骤 8 选择“透明度”工具，在白色矩形上从上向下拖曳光标，为图形添加透明效果。在属性栏中进行设置，如图 8-104 所示。按 Enter 键，效果如图 8-105 所示。

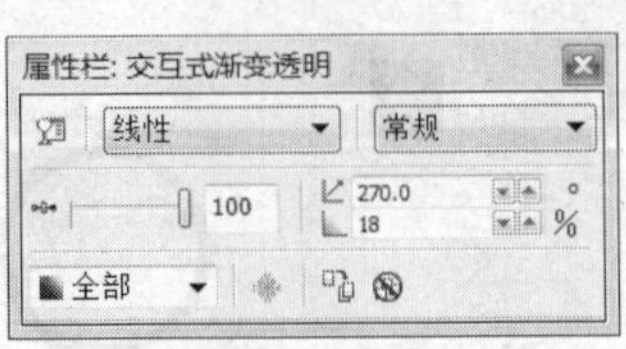

图 8-104

图 8-105

步骤 9 选择“文本”工具字，输入需要的文字。选择“选择”工具，在属性栏中选择合适的字体并设置文字大小，填充为白色，效果如图 8-106 所示。用上述方法制作其他的图形和文字，效果如图 8-107 所示。选择文字“办卡三重礼”，选择“文本 > 文本属性”命令，在弹出的面板中进行设置，如图 8-108 所示，按 Enter 键，效果如图 8-109 所示。

图 8-106

图 8-107

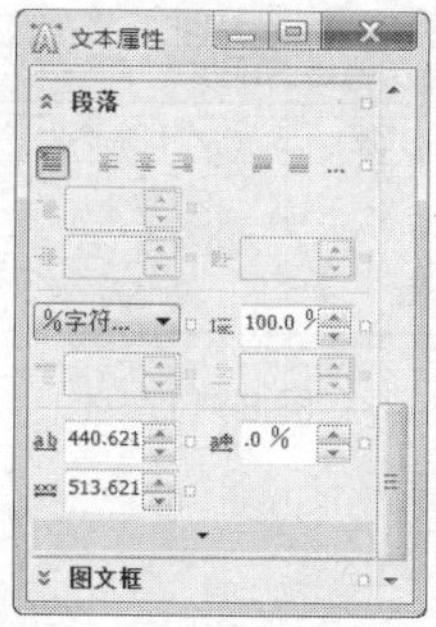

图 8-108

图 8-109

步骤 10 选择“贝塞尔”工具，绘制一个图形。设置填充色的 CMYK 值为 0、40、0、0，填充图形，并去除图形的轮廓线，效果如图 8-110 所示。按数字键盘上的+键，复制一个图形。按住 Shift 键的同时，向内拖曳控制手柄，等比例缩小图形，如图 8-111 所示。按 F12 键，弹出“轮廓笔”对话框，将“颜色”选项设为白色，其他选项的设置如图 8-112 所示。单击“确定”按钮，效果如图 8-113 所示。

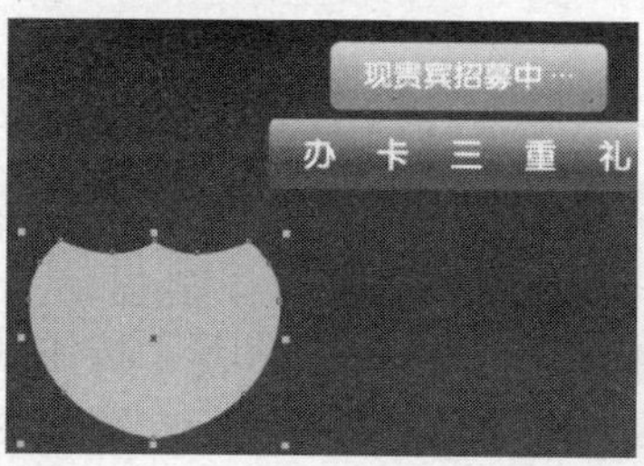

图 8-110

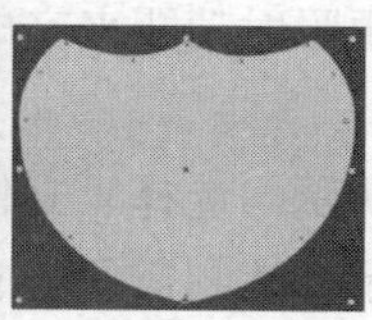
图 8-111

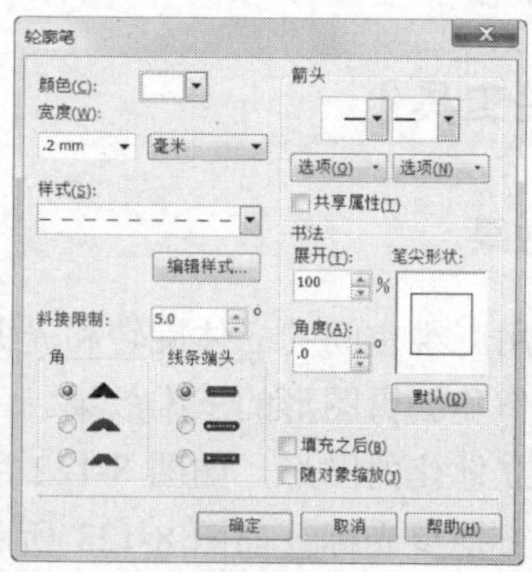

图 8-112

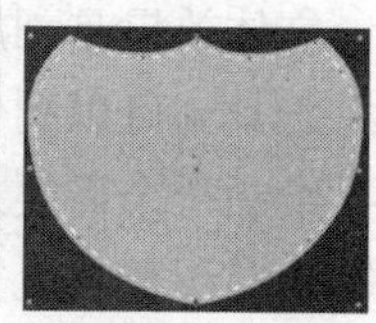
图 8-113

步骤 11 选择“文本”工具字，输入需要的文字。选择“选择”工具，在属性栏中选择合适的字体并设置文字大小，效果如图 8-114 所示。选择需要的文字，单击属性栏中的“文本对齐”按钮，在弹出的面板中选择“居中”命令，文字效果如图 8-115 所示。

图 8-114

图 8-115

步骤 12 选择“椭圆形”工具，在适当的位置拖曳光标绘制一个图形，填充为黑色，并去除图形的轮廓线，效果如图 8-116 所示。

步骤 13 选择“透明度”工具，在椭圆形上从上向下拖曳光标，为图形添加透明效果。在属性栏中进行设置，如图 8-117 所示。按 Enter 键，效果如图 8-118 所示。连续按 Ctrl+PageDown 组合键，将该图形向后移动到适当的位置，效果如图 8-119 所示。用上述方法制作其他图形和文字，效果如图 8-120 所示。开业庆典广告制作完成，效果如图 8-121 所示。

图 8–116

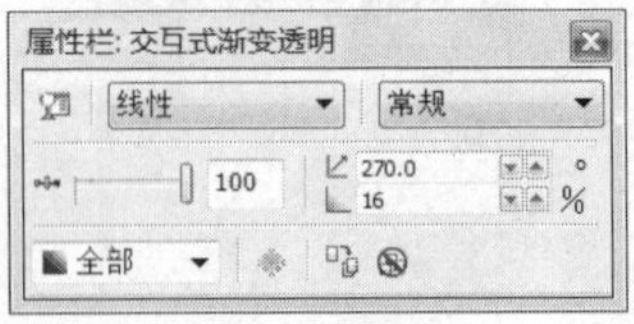

图 8–117

图 8–118

图 8–119

图 8–120

图 8–121

8.2.4 【相关工具】

1. 制作立体效果

立体效果是利用三维空间的立体旋转和光源照射功能来完成的。CorelDRAW X6 中的“立体化”工具可以制作和编辑图形的三维效果。

绘制一个需要立体化的图形，如图 8-122 所示。选择“立体化”工具，在图形上按住鼠标左键并向图形右上方拖曳光标，如图 8-123 所示，达到需要的立体效果后，松开鼠标左键，图形的立体化效果如图 8-124 所示。

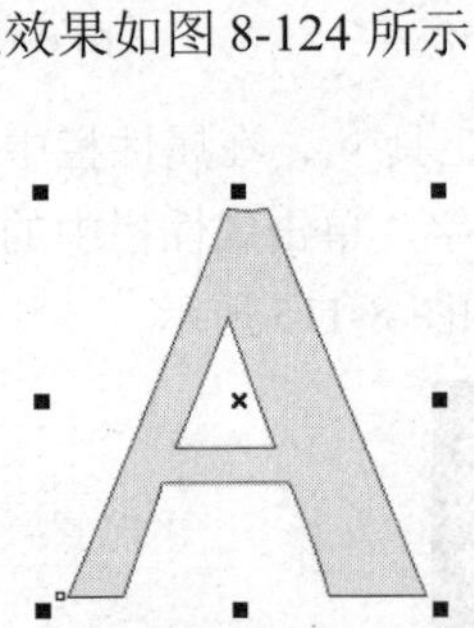
图 8–122

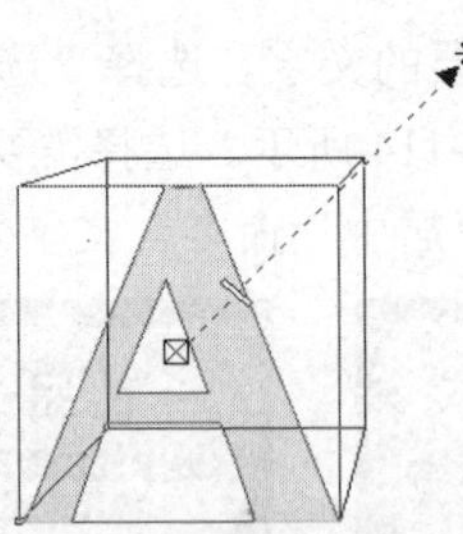
图 8–123

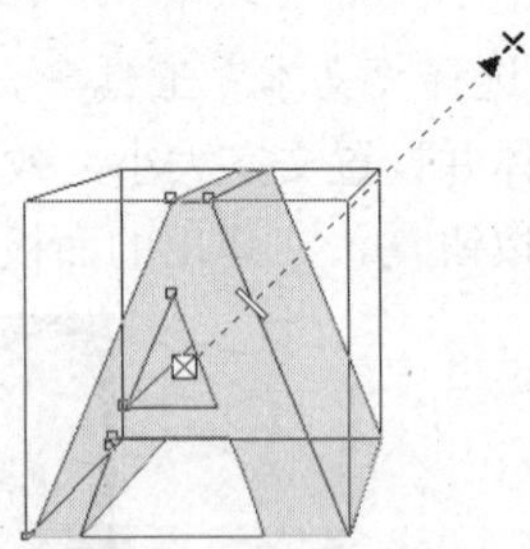
图 8–124

“立体化”工具的属性栏如图 8-125 所示。各选项的含义如下。

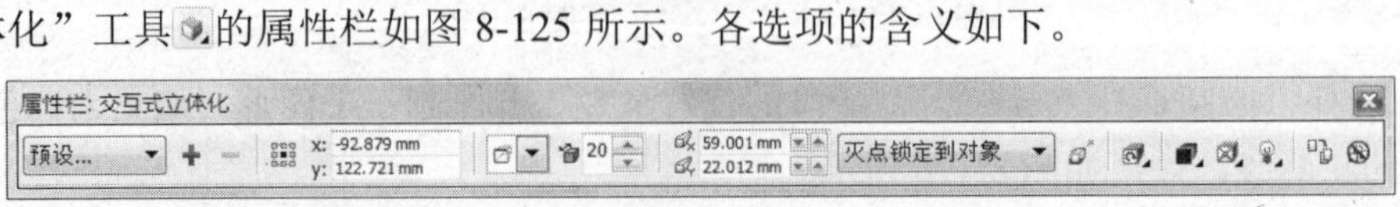

图 8–125

“立体化类型”选项：单击选项后的三角形按钮弹出下拉列表，分别选择可以出现不同的立体化效果。

“深度”选项：可以设置图形立体化的深度。

“灭点属性”灭点锁定到对象选项：可以设置灭点的属性。

“页面或对象灭点”按钮：可以将灭点锁定到页面上，在移动图形时灭点不能移动，且立体化的图形形状会改变。

“立体化旋转”按钮：单击此按钮，弹出旋转设置框，光标放在三维旋转设置区内会变为手形，拖曳鼠标可以在三维旋转设置区中旋转图形，页面中的立体化图形会进行相应的旋转。单击按钮，设置区中出现“旋转值”数值框，可以精确地设置立体化图形的旋转数值。单击按钮，恢复到设置区的默认设置。

“立体化颜色”按钮：单击此按钮，弹出立体化图形的“颜色”设置区。在颜色设置区中有3种颜色设置模式，分别是“使用对象填充”模式、“使用纯色”模式和“使用递减的颜色”模式。

“立体化倾斜”按钮：单击此按钮，弹出“斜角修饰”设置区，通过拖动面板中图例的节点来添加斜角效果，也可以在增量框中输入数值来设定斜角。勾选“只显示斜角修饰边”复选框，将只显示立体化图形的斜角修饰边。

“立体化照明”按钮：单击此按钮，弹出照明设置区，在设置区中可以为立体化图形添加光源。

2. 表格工具

选择“表格”工具，在绘图页面中按住鼠标左键不放，从左上角向右下角拖曳鼠标到需要的位置，松开鼠标左键，表格状的图形绘制完成，如图8-126所示。绘制的表格属性栏如图8-127所示。

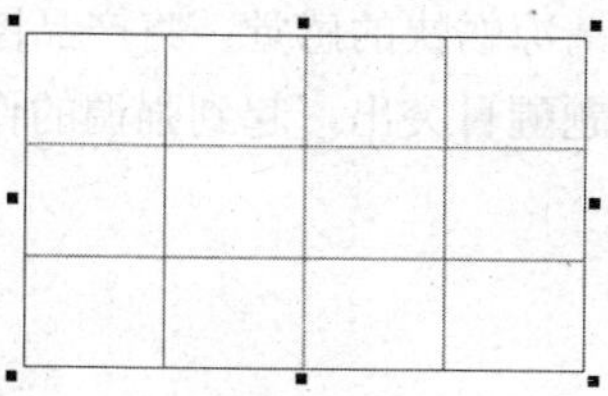

图8-126

图8-127

属性栏中各选项的功能如下。

框：可以重新设定表格的列和行，绘制出需要的表格。

背景:：选择和设置表格的背景色。单击“编辑填充”按钮，弹出“均匀填充”对话框，可以更改背景的填充色。

边框: .2 mm：用于选择并设置表格边框线的粗细、颜色。单击“轮廓笔”按钮，弹出“轮廓笔”对话框，用于设置轮廓线的属性，如线条宽度、角形状、箭头类型等。

“选项”按钮：选择是否在键入数据时自动调整单元格的大小以及在单元格间添加空格。

“段落文本换行”按钮：选择段落文本环绕对象的样式并设置偏移的距离。

“到图层前面”按钮和“到图层后面”按钮：将表格移动到图层的最前面或最后面。

8.2.5 【实战演练】制作吸尘器广告

使用文本工具、轮廓笔工具和轮廓图工具制作标题文字；使用基本形状工具、轮廓图工具和水平镜像按钮制作装饰心形；使用表格工具、文本工具和文本属性命令添加其他相关信息。（最终效果参看光盘中的“Ch08 > 效果 > 制作吸尘器广告”，见图 8-128。）

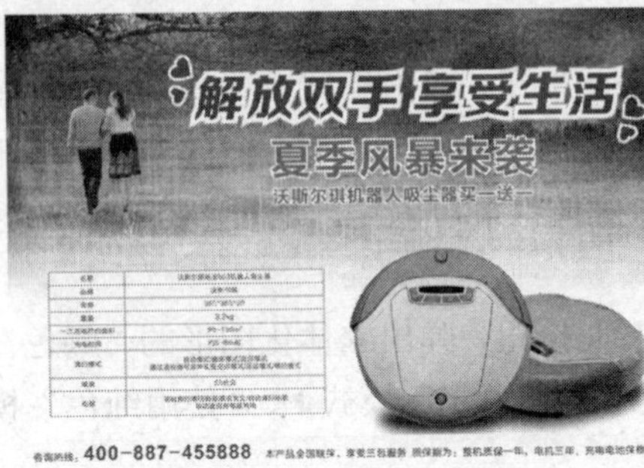

图 8-128

8.3 综合演练——制作啤酒广告

8.3.1 【案例分析】

本案例是为浩爽啤酒制作宣传广告。要求合理运用搭配图片及文字，以独特的视角和新颖的手法将产品特色展现出来。

8.3.2 【设计理念】

在设计制作过程中，使用雪山图片作为背景，给人清凉畅快的感觉；将产品图片置于页面的中心，在展示产品的同时，加深人们的印象；红色的标题醒目突出，起到强调的作用；下方整齐排列的文字在介绍产品特色的同时，达到宣传的目的。

8.3.3 【知识要点】

使用文本工具、形状工具、转换为位图命令、渐变填充工具和轮廓图工具制作标题文字；使用插入符号字符命令插入需要的图形。（最终效果参看光盘中的“Ch08 > 效果 > 制作啤酒广告”，见图 8-129。）

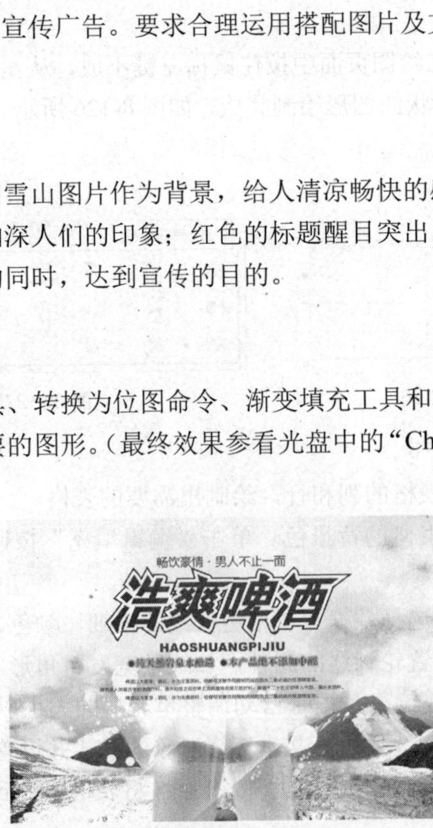

图 8-129

8.4 综合演练——制作 POP 广告

8.4.1 【案例分析】

本案例是为某百货公司制作宣传广告。设计要求体现本次活动的热情以及欢乐的氛围，能够吸引消费者的注意。

8.4.2 【设计理念】

在设计制作过程中，使用渐变的蓝绿色作为背景，在展现出清爽气质的同时，能加深人们的印象，起到衬托的效果；以通过艺术处理的文字作为广告的主体，使人们一目了然，宣传性强；下方的产品醒目突出，让人印象深刻。

8.4.3 【知识要点】

使用矩形工具和渐变填充工具制作背景渐变；使用多边形工具、变形工具和透明度工具制作花形；使用文本工具、导入命令和文本换行命令制作文本绕图效果。（最终效果参看光盘中的“Ch08 > 效果 > 制作 POP 广告”，见图 8-130。）

图 8-130

第9章 包装设计

包装代表着一个商品的品牌形象。好的包装设计可以让商品在同类产品中脱颖而出，吸引消费者的注意力并引发其购买行为。包装设计可以起到美化商品及传达商品信息的作用，更可以极大地提高商品的价值。本章以多个类别的包装为例，讲解包装的设计方法和制作技巧。

课堂学习目标

- 了解包装的概念
- 了解包装的功能和分类
- 掌握包装的设计思路和过程
- 掌握包装的制作方法和技巧

9.1 制作橙汁包装盒

9.1.1 【案例分析】

本案例是为某饮品公司设计制作橙汁包装盒效果图。设计要求造型简洁，突出宣传橙汁的口感及质量，整体设计具有品质与质量感。

9.1.2 【设计理念】

在设计制作过程中，使用绿色与红色作为包装设计的主体，在突出产品质量的同时，给人爽口畅快的印象；产品名称在包装上醒目鲜艳，能使消费者快速被吸引并且印象深刻；整体包装朴素，充分体现出橙汁的特色与品质。（最终效果参看光盘中的“Ch09 > 效果 > 制作橙汁包装盒”，见图 9-1。）

图 9–1

9.1.3 【操作步骤】

1. 制作包装结构图

步骤 1 按 Ctrl+N 组合键，新建一个 A4 页面。选择“矩形”工具，在页面中绘制一个矩形，如图 9-2 所示。按 Ctrl+Q 组合键，将矩形转化为曲线。

步骤 2 选择“形状”工具，选取需要的节点，如图 9-3 所示，将其拖曳到适当的位置，效果如图 9-4 所示。选取右上方的节点，将其拖曳到适当的位置，效果如图 9-5 所示。

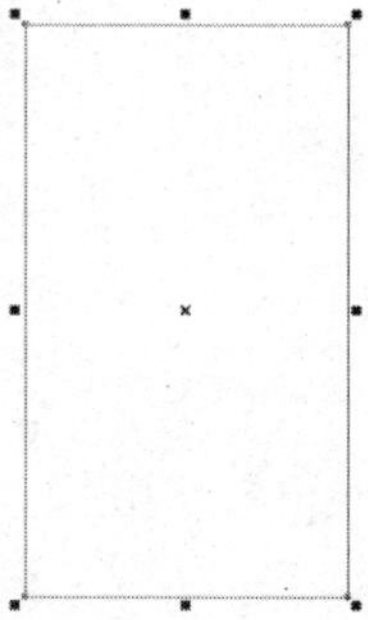
图 9-2

图 9-3

图 9-4

图 9-5

步骤 3 选择“立体化”工具，在图形上由中心向右上方拖曳光标，如图 9-6 所示，松开鼠标，效果如图 9-7 所示。

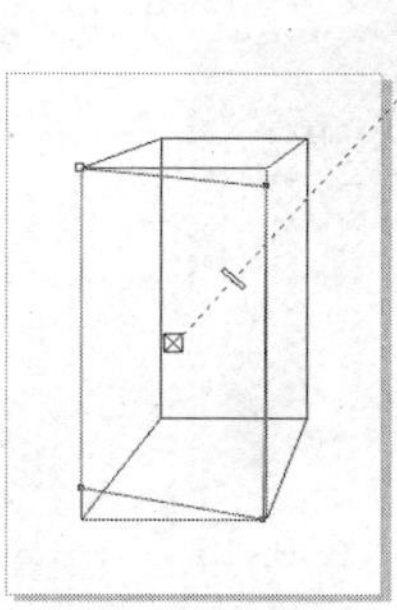
图 9-6

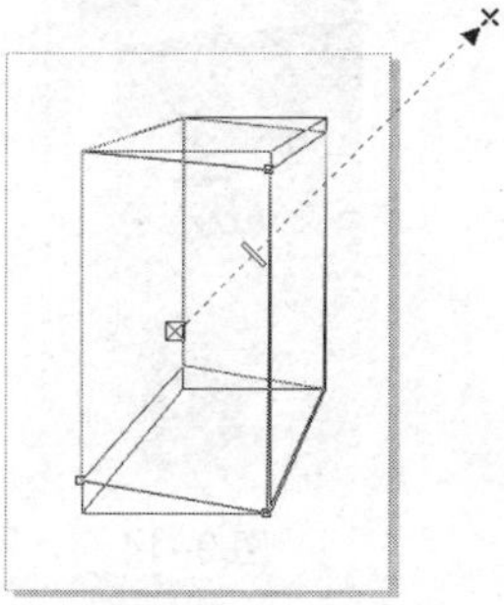
图 9-7

2. 制作包装盒效果

步骤 1 按 Ctrl+I 组合键，弹出“导入”对话框，选择光盘中的“Ch09 > 素材 > 制作橙汁包装盒 > 01”文件，单击“导入”按钮，在页面中单击导入图片，效果如图 9-8 所示。按 Ctrl+U 组合键，取消图形的群组。

步骤 2 选择“选择”工具，选取需要的图形，如图 9-9 所示，将其拖曳到适当的位置，如图 9-10 所示。选择“效果 > 添加透视”命令，为图形添加透视点，如图 9-11 所示。

图 9-8

图 9-9

图 9-10

图 9-11

步骤 3 选取左上角的节点，将其拖曳到适当的位置，效果如图 9-12 所示。用相同的方法将其他节点拖曳到适当的位置，效果如图 9-13 所示。

图 9–12

图 9–13

步骤 4 选择“选择”工具，选取需要的图形，将其拖曳到适当的位置，如图 9-14 所示。选择“效果 > 添加透视”命令，为图形添加透视点，如图 9-15 所示。

图 9–14

图 9–15

步骤 5 选取右下角的节点，将其拖曳到适当的位置，效果如图 9-16 所示。用相同的方法将其他节点拖曳到适当的位置，效果如图 9-17 所示。

步骤 6 选择“选择”工具，选取需要的图形，将其拖曳到适当的位置，如图 9-18 所示。用相同的方法添加透视点，并将需要的节点拖曳到适当的位置。按 Esc 键，取消选取状态，包装盒制作完成，效果如图 9-19 所示。

图 9–16

图 9–17

图 9–18

图 9–19

9.1.4 【相关工具】

在设计和制作图形的过程中，经常会使用到透视效果。下面介绍如何在 CorelDRAW X6 中制作透视效果。

打开要制作透视效果的图形，使用“选择”工具将图形选中，如图 9-20 所示。选择“效果 > 添加透视”命令，在图形的周围出现控制线和控制点，如图 9-21 所示。用鼠标拖曳控制点，制作需要的透视效果，在拖曳控制点时出现了透视点×，如图 9-22 所示。用鼠标可以拖曳透视点×，同时可以改变透视效果，如图 9-23 所示。制作好透视效果后，按空格键确定完成的效果。

图 9-20

图 9-21

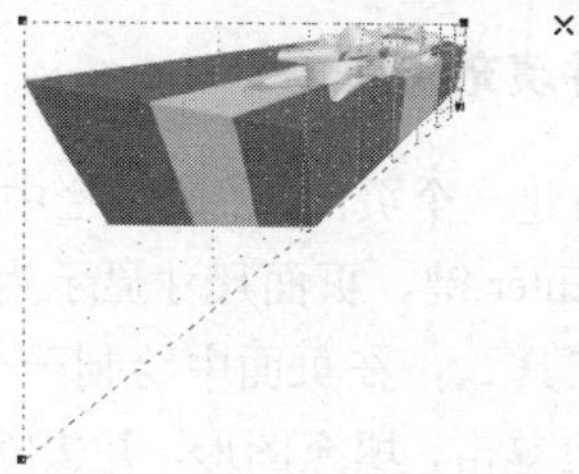

图 9-22

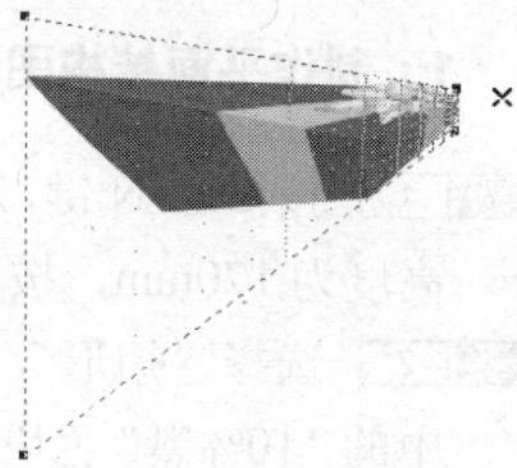

图 9-23

要修改已经制作好的透视效果，需双击图形，再对已有的透视效果进行调整即可。选择“效果 > 清除透视点”命令，可以清除透视效果。

9.1.5 【实战演练】制作打印机包装

使用矩形工具和立体化工具制作包装结构图；使用导入命令、倾斜命令和添加透视点命令制作立体效果。（最终效果参看光盘中的“Ch09 > 效果 > 制作打印机包装”，见图 9-24。）

图 9-24

9.2 制作茶叶包装

9.2.1 【案例分析】

本案例是为某茶叶生产商设计制作新产品包装效果图。这款新产品以清香的口感、高端的品质为主要宣传点，在包装盒的设计上要运用简单的图片和文字展示出产品的主要功能特点。

9.2.2 【设计理念】

在设计制作过程中，首先使用绿色背景配以茶田图案，展现出此款茶叶的高端品质，优美的曲线揭示出产品典雅的气质。整体包装突出了宣传重点，达到了宣传的效果，与主题相呼应。（最终效果参看光盘中的“Ch09 > 效果 >制作茶叶包装”，见图 9-25。）

图 9-25

9.2.3 【操作步骤】

1. 制作平面结构图并填充底色

步骤 1 按 Ctrl+N 键，新建一个页面，在属性栏中的“页面度量”选项中分别设置宽度为 160mm，高度为 170mm，按 Enter 键，页面尺寸显示为设置的大小。

步骤 2 选择“矩形”工具，在页面中绘制一个矩形，如图 9-26 所示。在“CMYK 调色板”中的“10%黑”色块上单击，填充图形，并去除图形的轮廓线，效果如图 9-27 所示。选择“矩形”工具，再绘制三个矩形，如图 9-28 所示。

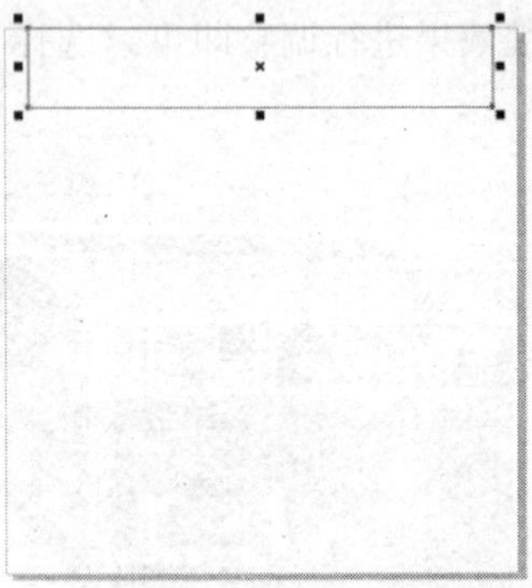

图 9-26

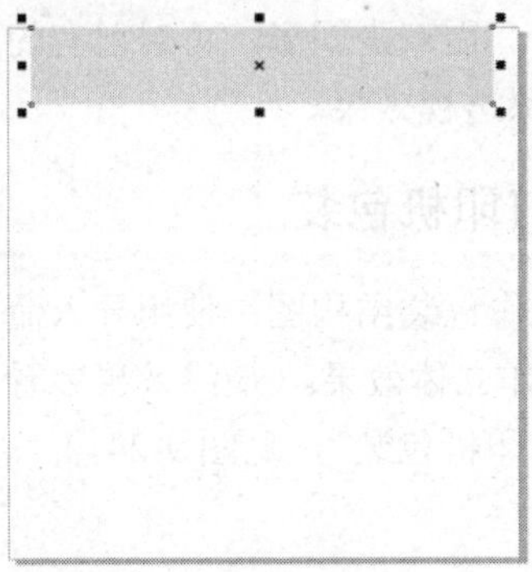

图 9-27

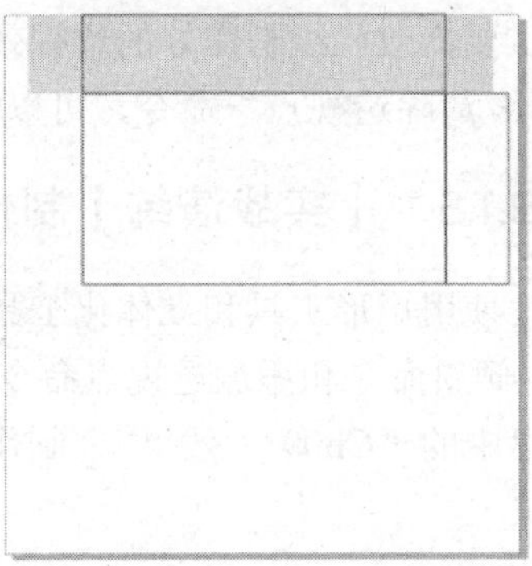

图 9-28

步骤 3 选择“选择”工具，单击选取页面最上方的矩形。选择“渐变填充”工具，弹出“渐变填充”对话框。选中“双色”单选项，将“从”选项颜色的 CMYK 值设置为 95、57、91、36，“到”选项颜色的 CMYK 值设置为 100、0、100、0，其他选项的设置如图 9-29 所示。单击“确定”按钮，填充图形，并去除图形的轮廓线，效果如图 9-30 所示。

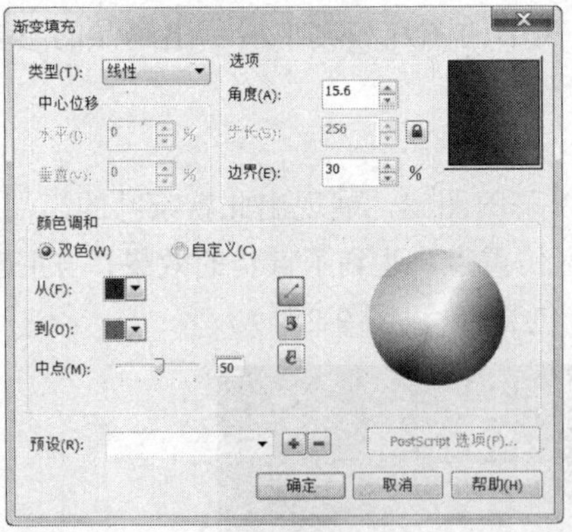

图 9-29

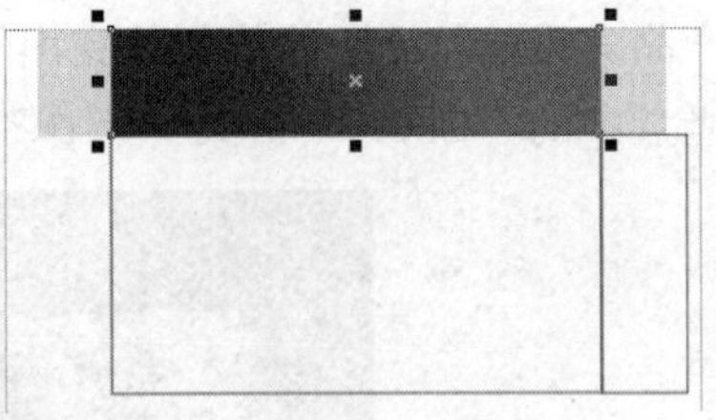

图 9-30

步骤 4 选择“选择”工具，单击选取页面右侧的矩形。选择“渐变填充”工具，弹出“渐变填充”对话框。选中“双色”单选项，将“从”选项颜色的 CMYK 值设置为 95、57、91、36，“到”选项颜色的 CMYK 值设置为 100、0、100、0，其他选项的设置如图 9-31 所示。单击“确定”按钮，填充图形，并去除图形的轮廓线，效果如图 9-32 所示。

步骤 5 选择“选择”工具，单击选取页面中间的矩形。选择“渐变填充”工具，弹出“渐变填充”对话框。选中“双色”单选项，将“从”选项颜色的 CMYK 值设置为 40、0、100、

0，“到”选项颜色的 CMYK 值设置为 0、0、0、0，其他选项的设置如图 9-33 所示。单击“确定”按钮，填充图形，并去除图形的轮廓线，效果如图 9-34 所示。

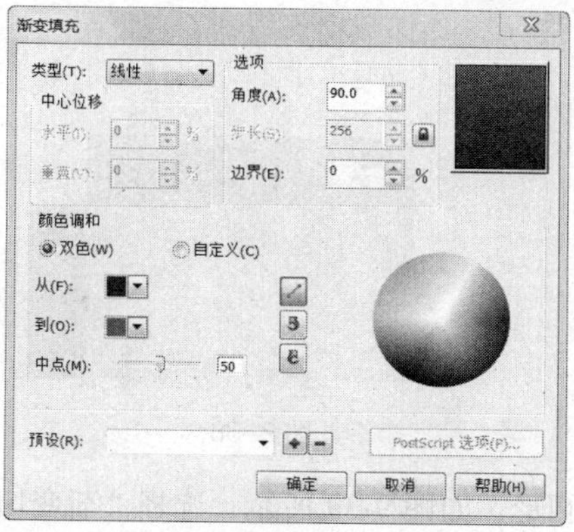

图 9–31

图 9–32

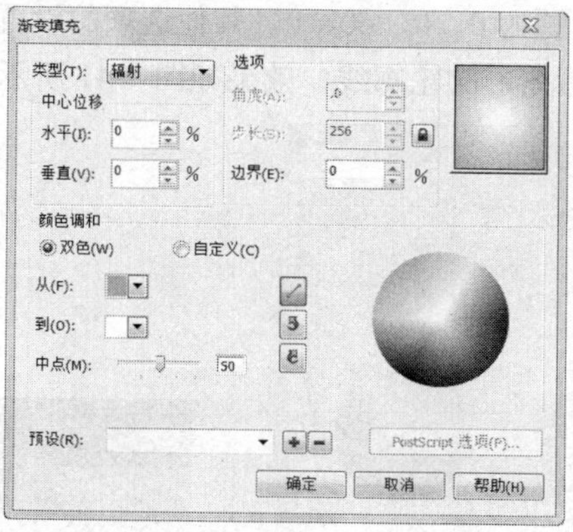

图 9–33

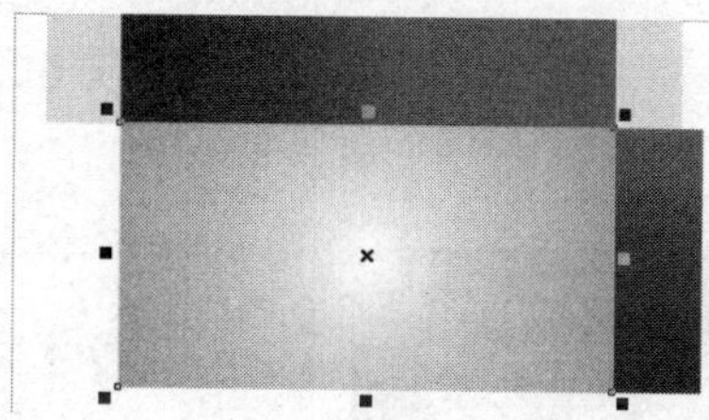

图 9–34

2. 导入并编辑图片

步骤 1 选择“位图 > 转换为位图”命令，在弹出的“转换为位图”对话框中进行设置，如图 9-35 所示，单击“确定”按钮，图形转换为位图，效果如图 9-36 所示。

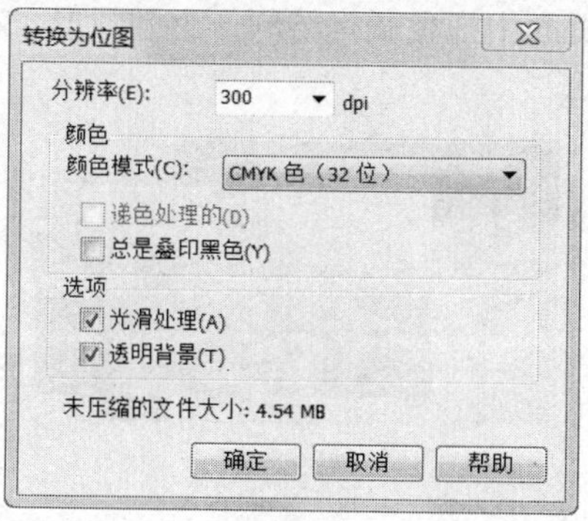

图 9–35

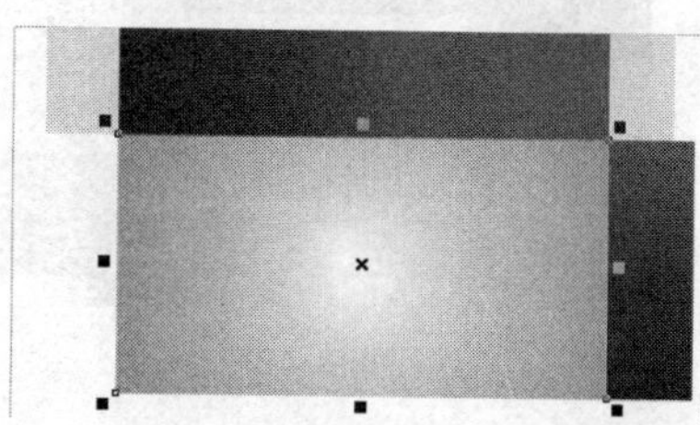

图 9–36

步骤 2 选择“位图 > 杂点 > 添加杂点”命令，在弹出的“添加杂点”对话框中进行设置，如图 9-37 所示，单击“确定”按钮，效果如图 9-38 所示。

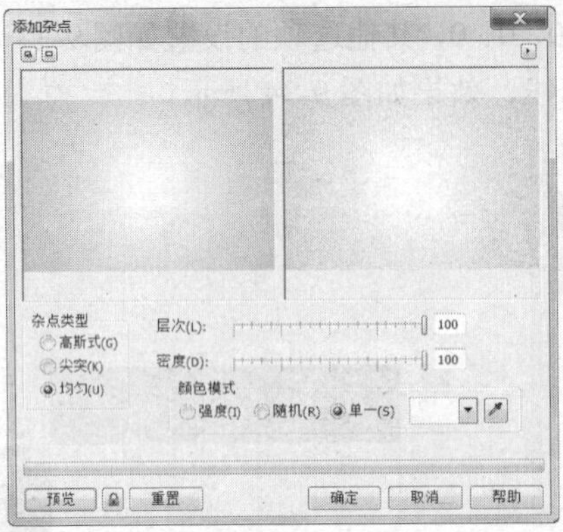

图 9-37

图 9-38

步骤 3 选择“椭圆形”工具，绘制一个椭圆形，如图 9-39 所示。选择“渐变填充”工具，弹出“渐变填充”对话框。选中“双色”单选项，将“从”选项颜色的 CMYK 值设置为 40、0、100、0，“到”选项颜色的 CMYK 值设置为 0、0、60、0，其他选项的设置如图 9-40 所示。单击“确定”按钮，填充图形，并去除图形的轮廓线，效果如图 9-41 所示。

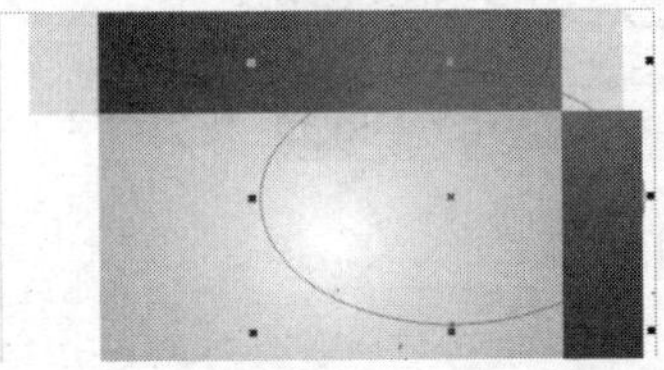

图 9-39

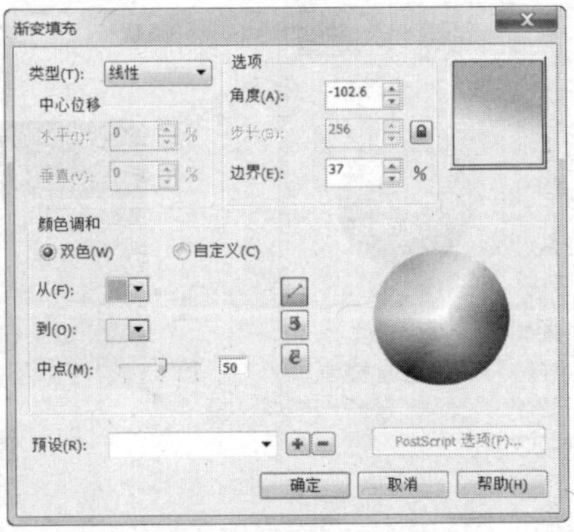

图 9-40

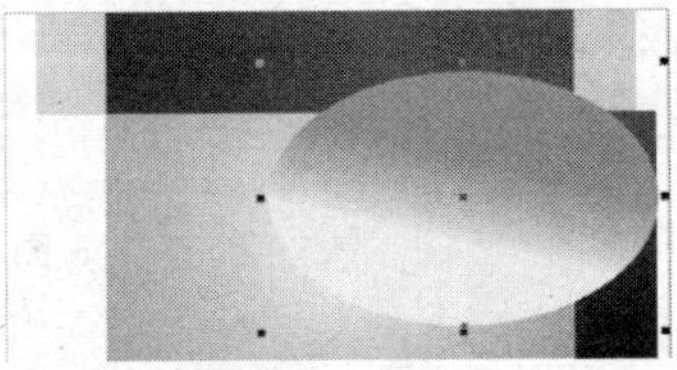

图 9-41

步骤 4 选择“文件 > 导入”命令，弹出“导入”对话框。选择光盘中的“Ch09 > 素材 > 制作茶叶包装 > 01”文件，单击“导入”按钮，在页面中单击导入图片，将图片缩小，效果如图 9-42 所示。选择“椭圆形”工具，在页面中拖曳鼠标绘制一个椭圆形，效果如图 9-43 所示。

图 9-42

图 9-43

步骤 5 选择“选择”工具，单击选取导入的图片。选择“效果 > 图框精确剪裁 > 置于图文框内部”命令，鼠标光标变为黑色箭头形状，在椭圆形上单击，如图 9-44 所示。将图片置入椭圆形中，如图 9-45 所示。在“CMYK 调色板”中的“无填充”按钮上单击鼠标右键，去除图形的轮廓线，效果如图 9-46 所示。

图 9-44

图 9-45

图 9-46

步骤 6 选择“选择”工具，按数字键盘上的+键，复制一个图形。在图形上单击鼠标右键，在弹出的菜单中选择“提取内容”命令，如图 9-47 所示，按 Delete 键，删除图形。再次单击鼠标选取椭圆形，在“CMYK 调色板”中的“黑”色块上单击，填充图形，效果如图 9-48 所示。

图 9-47

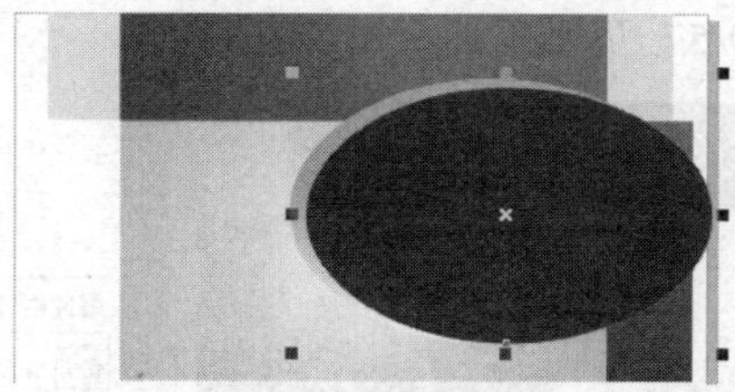

图 9-48

步骤 7 选择“透明度”工具，鼠标的光标变为图标。在图形上从中心至右方拖曳光标，为图形添加透明效果，在属性栏中进行设置，如图 9-49 所示，按 Enter 键，效果如图 9-50 所示。

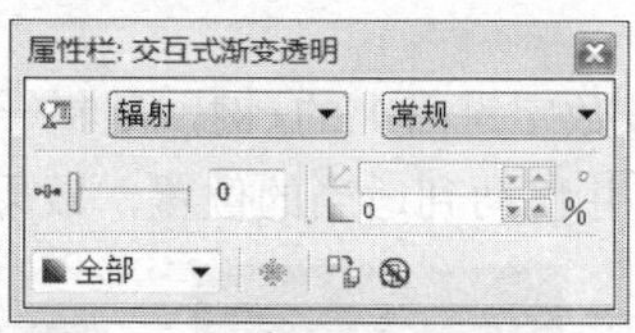

图 9-49

图 9-50

步骤 8 选择“矩形”工具，在页面中绘制一个矩形，如图 9-51 所示。选择“选择”工具，用圈选的方法将椭圆图形同时选取，按 Ctrl+G 组合键，将其群组，如图 9-52 所示。

图 9-51

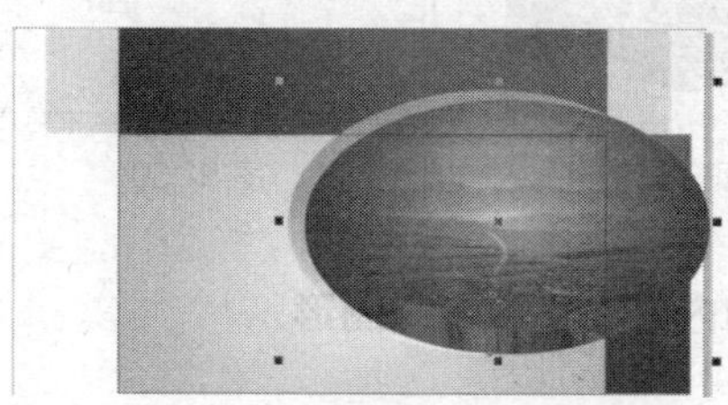

图 9-52

步骤 9 选择“效果 > 图框精确剪裁 > 置于图文框内部”命令，鼠标光标变为黑色箭头形状，在矩形上单击，如图 9-53 所示。将图形置入矩形中，并去除矩形的轮廓线，效果如图 9-54 所示。

图 9-53

图 9-54

步骤 10 选择“文件 > 导入”命令，弹出“导入”对话框。选择光盘中的“Ch09 > 素材 > 制作茶叶包装 > 02”文件，单击“导入”按钮，在页面中单击导入图片，效果如图 9-55 所示。

步骤 11 选择“艺术笔”工具，单击属性栏中的“预设”按钮，在“预设笔触”的下拉列表中选择需要的笔触，其他选项的设置如图 9-56 所示。拖曳鼠标绘制图形，效果如图 9-57 所示。

图 9-55

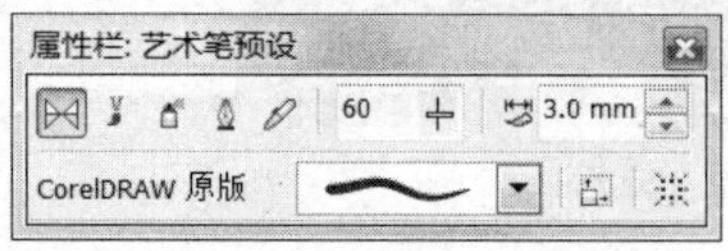

图 9-56

图 9-57

步骤 12 在“CMYK 调色板”中的“白”色块上单击，填充图形颜色，并去除图形轮廓线的颜色，效果如图 9-58 所示。选择“透明度”工具，鼠标的光标变为图标。在图形上从上至下拖曳光标，为图形添加透明效果，在属性栏中进行设置，如图 9-59 所示，图形透明效果如图 9-60 所示。

步骤 13 选择“选择”工具，选取透明图形，按数字键盘上的+键，复制一个图形。用鼠标向内拖曳图形右上方的控制手柄，将图形缩小，并移动到适当的位置，效果如图 9-61 所示。

图 9-58

图 9-59

图 9-60

图 9-61

3. 添加内容文字和装饰图形

步骤 1 选择“文本”工具，单击属性栏中的“将文本更改为垂直方向”按钮，输入需要的文字。选择“选择”工具，在属性栏中选择合适的字体并设置文字大小，效果如图 9-62 所示。设置文字填充颜色的 CMYK 值为 94、46、97、15，填充文字，效果如图 9-63 所示。

步骤 2 选择“椭圆形”工具，按住 Ctrl 键的同时，在页面中绘制一个圆形，如图 9-64 所示。设置图形填充颜色的 CMYK 值为 38、100、98、3，填充图形，并去除图形的轮廓线，效果如图 9-65 所示。

图 9-62

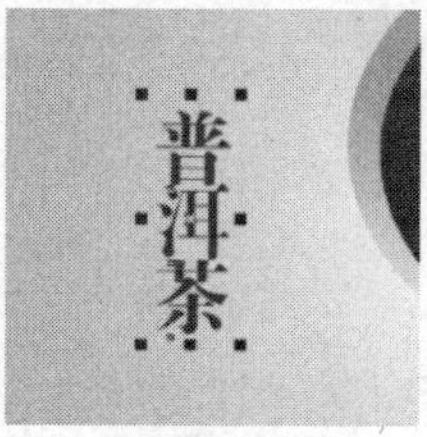

图 9-63

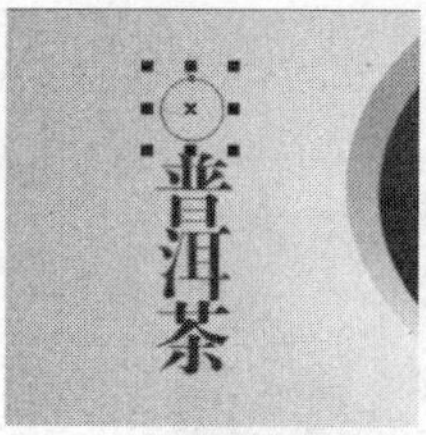

图 9-64

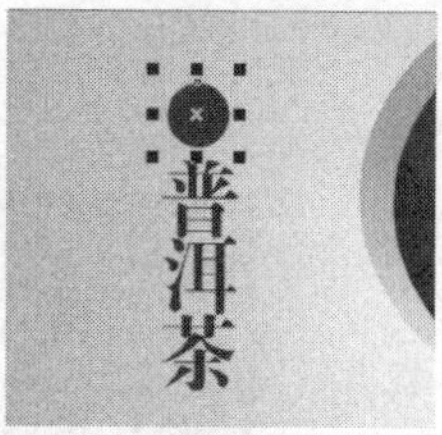

图 9-65

步骤 3 选择“选择”工具，按数字键盘上的+键，复制一个红色图形。将图形垂直向上拖曳到适当的位置，并向内拖曳图形右上方的控制手柄，将图形缩小，效果如图 9-66 所示。

步骤 4 选择“文本”工具字，输入需要的文字。选择“选择”工具，在属性栏中选择合适的字体并设置文字大小，效果如图 9-67 所示。选取部分文字，在属性栏中设置文字大小。在“CMYK 调色板”中的“白”色块上单击，填充文字颜色，效果如图 9-68 所示。用相同的方法制作其他文字，效果如图 9-69 所示。

图 9-66

图 9-67

图 9-68

图 9-69

步骤 5 选择“文件 > 导入”命令，弹出“导入”对话框。选择光盘中的“Ch09 > 素材 > 制作茶叶包装 > 03”文件，单击“导入”按钮，在页面中单击导入图形，拖曳图片到适当的位置，效果如图 9-70 所示。

步骤 6 选择“文本”工具字，单击属性栏中的“将文本更改为水平方向”按钮，输入需要的文字。选择“选择”工具，在属性栏中选择合适的字体并设置文字大小，效果如图 9-71 所示。

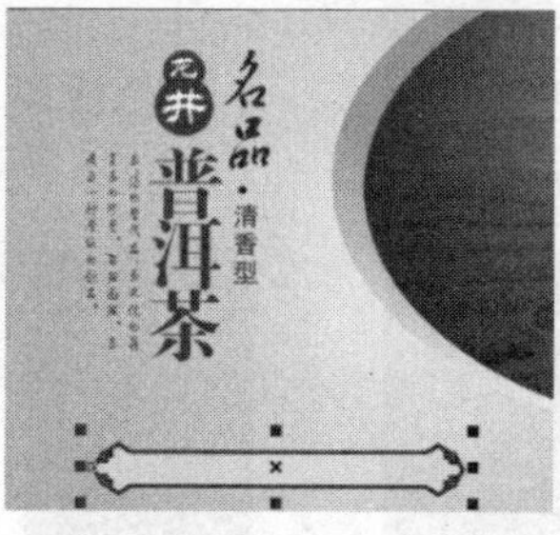

图 9-70

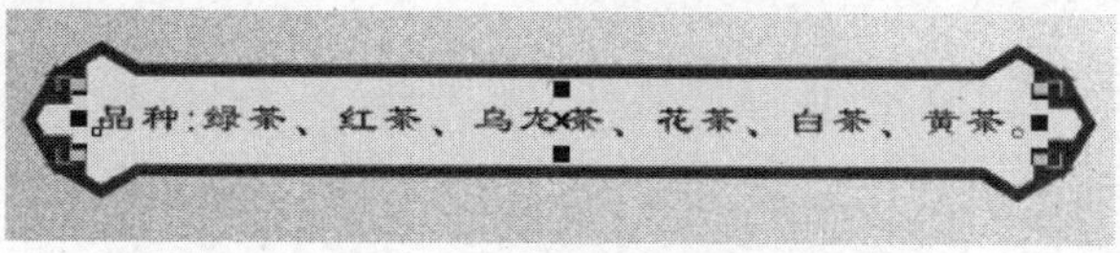

图 9-71

4. 添加其他文字

步骤 1 选择“文本”工具字，输入需要的文字。选择“选择”工具，在属性栏中选择合适的字体并设置文字大小，如图 9-72 所示。选择“文本 > 文本属性”命令，弹出“文本属性”面板，在面板中设置行间距，如图 9-73 所示，按 Enter 键，文字效果如图 9-74 所示。

图 9-72

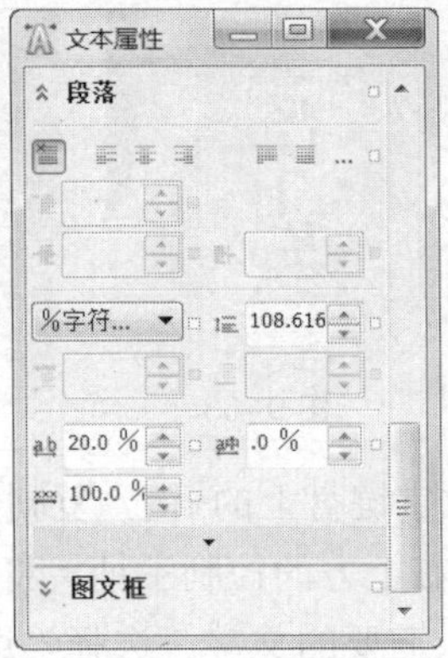

图 9-73

图 9-74

步骤 2 在“CMYK 调色板”中的“绿”色块上单击，填充文字，效果如图 9-75 所示。选择“透明度”工具，在属性栏中进行设置，如图 9-76 所示，按 Enter 键，文字透明效果如图 9-77 所示。

图 9-75

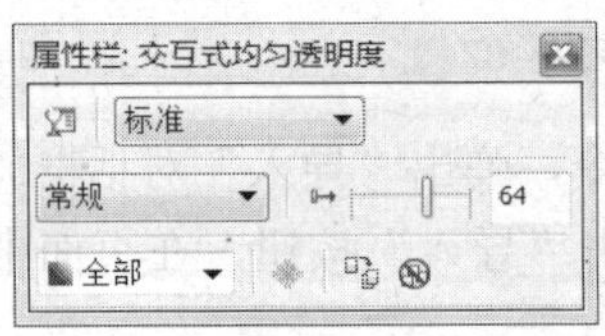

图 9-76

图 9-77

步骤 3 选择“选择”工具，用圈选的方法将多个文字同时选取，如图 9-78 所示。按数字键盘上的+键，复制文字。将文字水平向右拖曳到适当的位置，并向内拖曳控制手柄，将文字缩小，效果如图 9-79 所示。

步骤 4 选择“文本”工具，分别选取“普洱茶”和“清香型”文字，在“CMYK 调色板”中的“白”色块上单击，填充文字颜色，效果如图 9-80 所示。

图 9-78

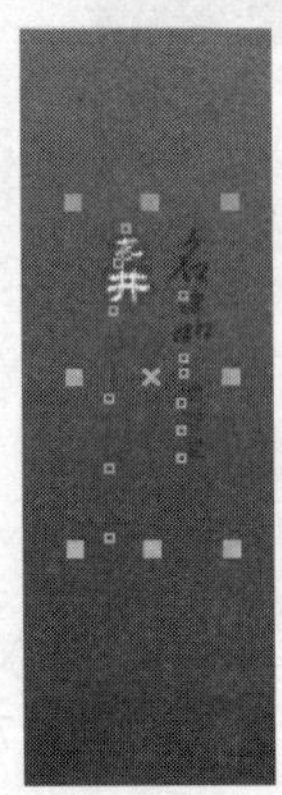

图 9-79

图 9-80

步骤 5 选择“文本”工具，输入需要的文字。选择“选择”工具，在属性栏中选择合适的字体并设置文字大小，如图 9-81 所示。在“CMYK 调色板”中的“白”色块上单击，填充文字颜色。

步骤 6 选择“文本 > 文本属性”命令，弹出“文本属性”面板，在面板中设置行间距，如图 9-82 所示，按 Enter 键，文字效果如图 9-83 所示。

图 9-81

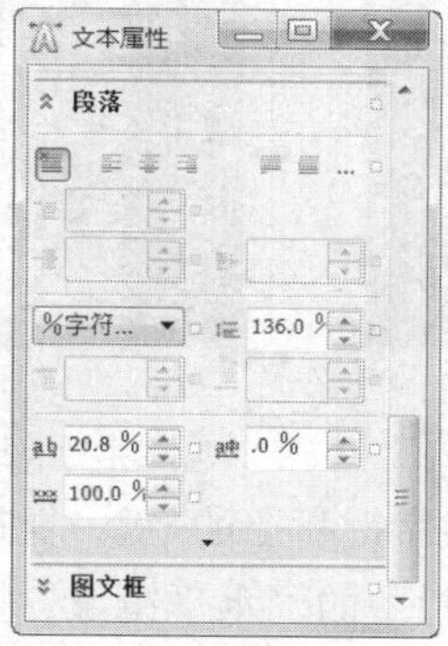

图 9-82

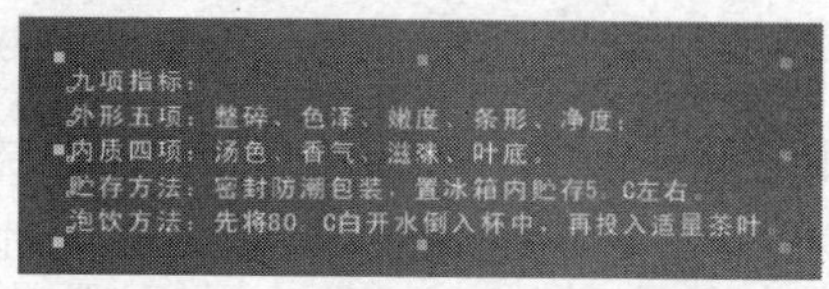

图 9-83

5. 复制并编辑图形

步骤 1 选择“选择”工具，单击选取页面最上方的灰色块图形。按住鼠标左键垂直向下拖曳图形，并在适当的位置单击鼠标右键，复制一个新的图形，效果如图 9-84 所示。

步骤 2 选择“选择”工具，用圈选的方法同时选取包装盒正面、侧面图形，按 Ctrl+G 组合键，将其群组。按数字键盘上的+键，复制图形。按住鼠标左键垂直向下拖曳复制出的群组图形，效果如图 9-85 所示。用相同的方法，再次复制包装盒顶面图形，并将图形移动到适当的位置，效果如图 9-86 所示。

图 9-84

图 9-85

图 9-86

步骤 3 选择“矩形”工具，在属性栏中将矩形上下左右四个角的“圆角半径”的数值均设为 0，拖曳鼠标，绘制矩形，如图 9-87 所示。选择“形状”工具，选取左上方的节点，将节点垂直向下移动到适当的位置。再次选取左下方的节点，将节点垂直向上移动到适当的位置，如图 9-88 所示。

步骤 4 在“CMYK 调色板”中的“10%黑”色块上单击，填充图形颜色，并去除图形轮廓线的颜色，效果如图 9-89 所示。

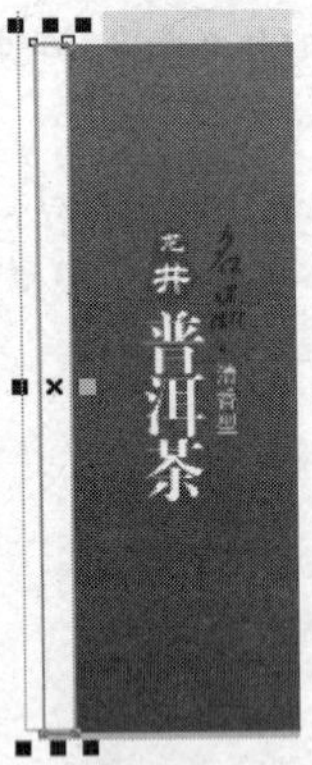

图 9-87

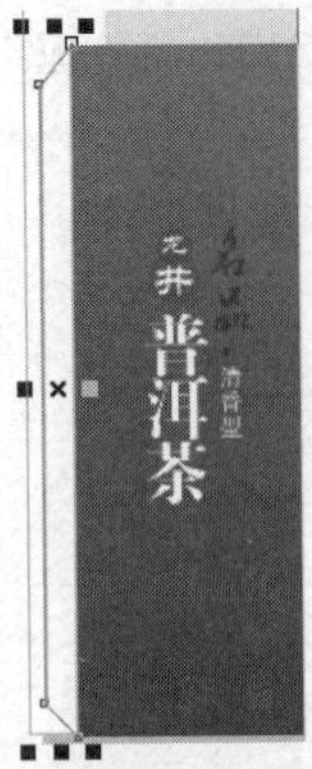

图 9-88

图 9-89

步骤 5 选择“选择”工具，按数字键盘上的+键，复制图形，将图形向上移动到适当的位置，效果如图 9-90 所示。单击属性栏中的“水平镜像”按钮，水平翻转图形，效果如图 9-91 所示。

图 9-90

图 9-91

步骤 6 茶叶包装平面图制作完成，效果如图 9-92 所示。选择“文件 > 导出”命令，弹出“导出”对话框，将“文件名”设置为“茶叶包装平面图”，文件格式设置为 PSD 格式，单击“确定”按钮。弹出“转换为位图”对话框，在对话框中进行设置，如图 9-93 所示，单击“确定”按钮，导出文件。

图 9-92

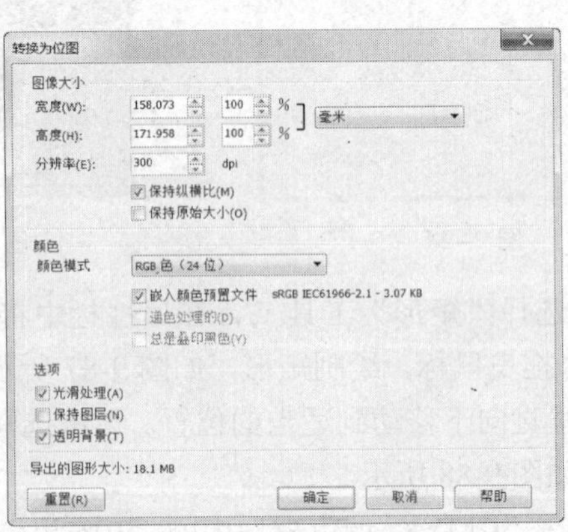

图 9-93

步骤 7 使用 Photoshop 软件，打开刚导出的文件，如图 9-94 所示，制作茶叶包装盒的立体效果，如图 9-95 所示。

图 9-94

图 9-95

9.2.4 【相关工具】

1. 使用封套效果

打开一个要制作封套效果的图形，如图 9-96 所示。选择“封套”工具，单击图形，图形外围显示封套的控制线和控制点，如图 9-97 所示。用鼠标拖曳需要的控制点到适当的位置，松开鼠标，图形的外形发生改变，如图 9-98 所示。选择“选择”工具并按 Esc 键，取消选取，图形的封套效果如图 9-99 所示。

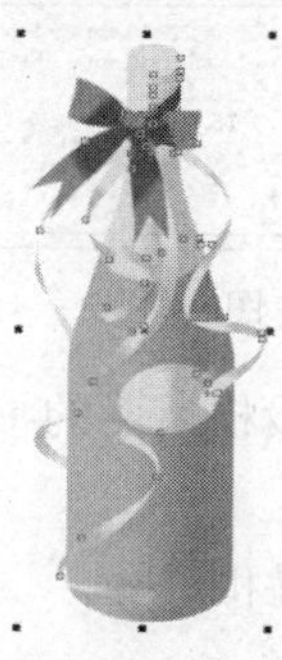

图 9-96

图 9-97

图 9-98

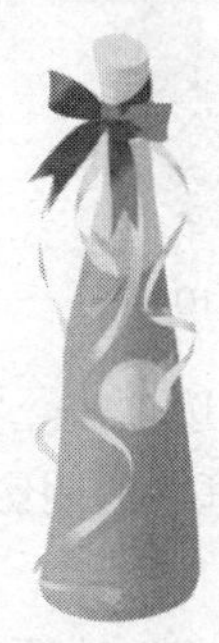

图 9-99

“封套”工具的属性栏如图 9-100 所示。其中各选项的含义如下。

图 9-100

“预设列表”选项：可以选择需要的预设封套效果。

“封套的直线模式”按钮、“封套的单弧模式”按钮、“封套的双弧模式”按钮和“封套的非强制模式”按钮：可以选择不同的封套编辑模式。

“映射模式”列表框：包含 4 种映射模式，分别是“水平”模式、“原始的”模式、“自由变形”模式和“垂直”模式。使用不同的映射模式可以使封套中的对象符合封套的形状，制作出需要的变形效果。

2. 制作阴影效果

阴影效果是经常使用的一种特效，使用“阴影”工具可以快速给图形制作阴影效果，还可以设置阴影的透明度、角度、位置、颜色和羽化程度。下面介绍如何制作阴影效果。

打开一个图形，使用“选择”工具选取图形，如图 9-101 所示。再选择“阴影”工具，将鼠标指针放在图形上，按住鼠标左键并向阴影投射的方向拖曳鼠标，如图 9-102 所示。到需要的位置后松开鼠标左键，阴影效果如图 9-103 所示。

拖曳阴影控制线上的图标，可以调节阴影的透光程度。拖曳时越靠近□图标，透光度越小，阴影越淡，如图 9-104 所示。拖曳时越靠近■图标，透光度越大，阴影越浓，如图 9-105 所示。

“阴影”工具的属性栏如图 9-106 所示。其中各选项的含义如下。

图 9-101

图 9-102

图 9-103

图 9-104

图 9-105

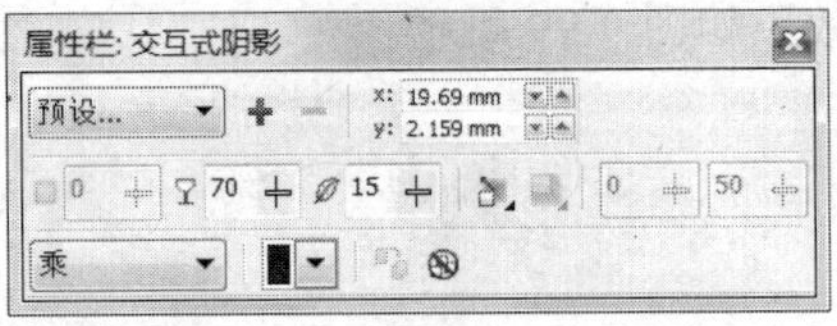

图 9-106

“预设列表”选项：选择需要的预设阴影效果。单击预设框后面的+或-按钮，可以添加或删除预设框中的阴影效果。

“阴影偏移”、阴影角度：可以设置阴影的偏移位置和角度。

“阴影的不透明”选项：可以设置阴影的透明度。

“阴影羽化”选项：可以设置阴影的羽化程度。

“羽化方向”按钮：可以设置阴影的羽化方向。单击此按钮可弹出“羽化方向”设置区，如图 9-107 所示。

“羽化边缘”按钮：可以设置阴影的羽化边缘模式。单击此按钮可弹出“羽化边缘”设置区，如图 9-108 所示。

“阴影淡出”、“阴影延展”选项：可以设置阴影的淡化和延展。

“阴影颜色”选项：可以改变阴影的颜色。

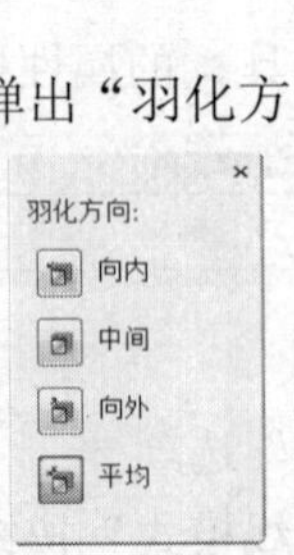

图 9-107

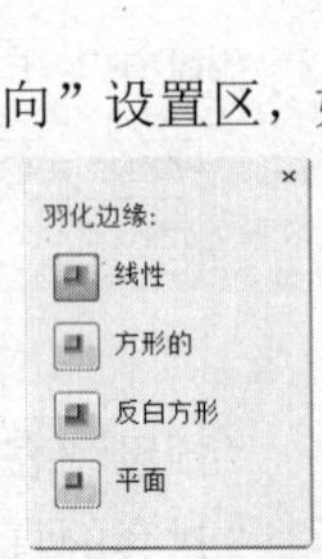

图 9-108

3. 编辑轮廓效果

轮廓效果是由图形向内部或者外部放射的层次效果，它由多个同心线圈组成。下面介绍如何制作轮廓效果。

绘制一个图形，如图 9-109 所示。在图形轮廓上方的节点上单击鼠标右键，并向内拖曳光标至需要的位置，松开鼠标，效果如图 9-110 所示。

"轮廓"工具的属性栏如图 9-111 所示。各选项的含义如下。

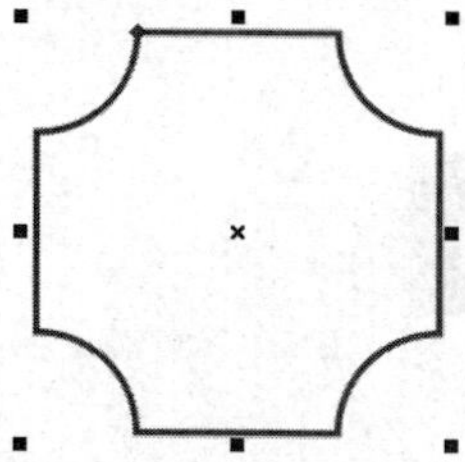

图 9-109

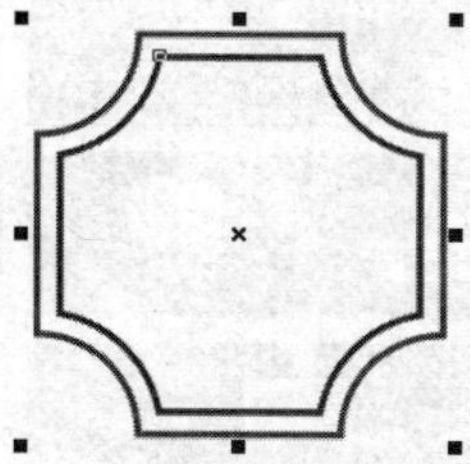

图 9-110

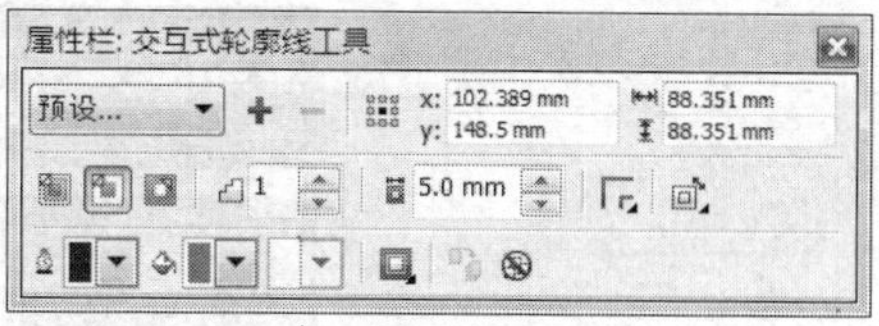

图 9-111

"预设列表"选项：选择系统预设的样式。

"内部轮廓"按钮、"外部轮廓"按钮：使对象产生向内和向外的轮廓图。

"到中心"按钮：根据设置的偏移值一直向内创建轮廓图，效果如图 9-112 所示。

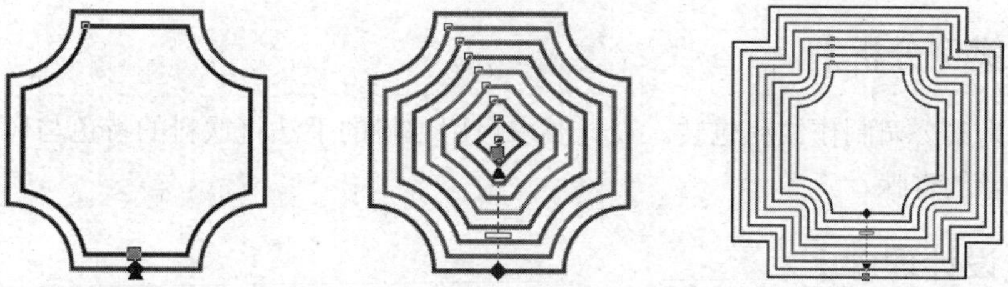

内部轮廓　到中心　外部轮廓

图 9-112

"轮廓图步长"选项和"轮廓图偏移"选项：设置轮廓图的步数和偏移值，如图 9-113 和图 9-114 所示。

"轮廓色"选项：设定最内一圈轮廓线的颜色。

"填充色"选项：设定轮廓图的颜色。

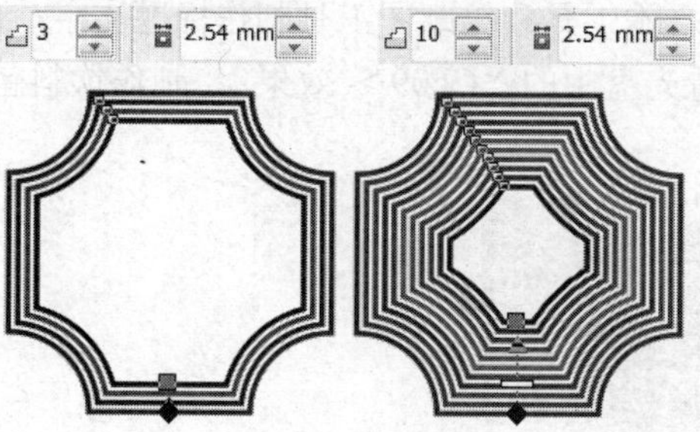

图 9-113

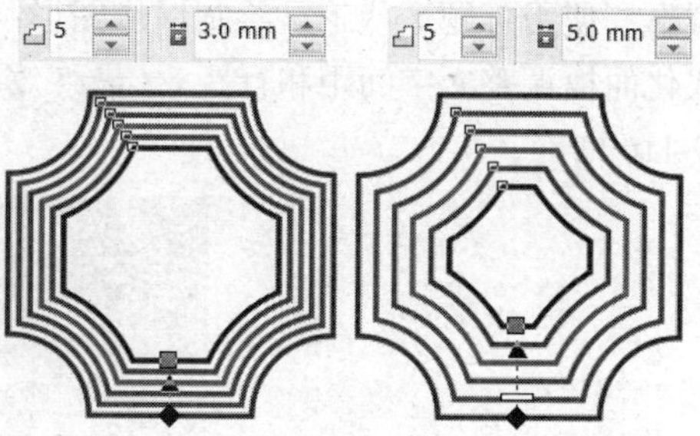

图 9-114

9.2.5 【实战演练】制作牙膏包装

使用矩形工具制作包装平面展开结构图；使用文本工具、矩形工具和移除前面对象命令制作文字效果；使用矩形工具和透明度工具制作装饰图形；使用图框精确剪裁命令制作图片效果；使用形状工具调整文字的行距。（最终效果参看光盘中的"Ch09 > 效果 > 制作牙膏包装"，见图

9-115。）

图 9-115

9.3 综合演练——制作饮料包装

9.3.1 【案例分析】

本案例是为某公司制作饮料包装。设计要求运用独特的手法将饮料的特色与风味表现出来，能够吸引消费者的青睐。

9.3.2 【设计理念】

在设计制作过程中，包装的背景使用粉色的渐变，象征着水蜜桃，清爽怡人，同时体现出自然、健康、可口的产品特点；产品形象可爱卡通，字体设计在包装上具有特色；右侧的产品信息栏信息明确，整个包装既可爱又不失时尚感。

9.3.3 【知识要点】

使用矩形工具和渐变填充工具制作包装盒；使用椭圆形工具、轮廓笔命令和透明度工具制作装饰圆形；使用标题形状工具绘制爆炸图形；使用文本工具和轮廓图工具制作标题文字；使用段落格式化面板调整文字间距和行距。（最终效果参看光盘中的“Ch09 > 效果 > 制作饮料包装”，见图 9-116。）

图 9-116

9.4 综合演练——制作红豆包装

9.4.1 【案例分析】

红豆，多生长在我国南方的广东、广西、云南西双版纳等地，是海红豆、孔雀豆植物种子的统称。红豆的功效非常多，对如解酒解毒、润肠通便、降压降脂、调节血糖、预防结石、健美减肥等都能起到很好的作用。本案例是为红豆贸易公司设计制作红豆包装盒。在包装设计上要简洁直观，醒目突出。

9.4.2 【设计理念】

在设计制作过程中，通过白到浅灰的渐变背景给人干净纯粹的印象；红色的产品和宣传文字在背景的衬托下醒目突出，达到宣传的效果；下面的介绍性文字用色温和自然，给人强烈的归属感，传达出自然健康的经营理念；整体设计简洁大方，宣传性强。

9.4.3 【知识要点】

使用渐变填充工具、2 点线工具和调和工具制作背景效果；使用文本工具添加装饰文字；使用轮廓笔命令制作产品名称；使用贝塞尔工具和透明度工具制作包装展示效果。（最终效果参看光盘中的“Ch09 > 效果 > 制作红豆包装”，见图 9-117。）

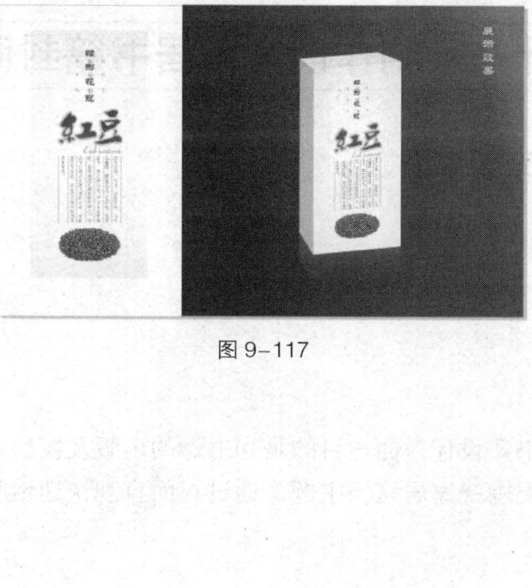

图 9-117

第10章 综合设计实训

本章的综合设计实训案例，是根据真实情境来训练学生如何利用所学知识完成商业设计项目。通过多个商业设计项目案例的演练，使学生进一步牢固掌握 CorelDRAW X6 的强大操作功能和使用技巧，并应用好所学技能制作出专业的商业设计作品。

案例类别

- 书籍设计
- 杂志设计
- 宣传单设计
- 广告设计
- 包装设计

10.1 书籍设计——制作创意家居书籍封面

10.1.1 【项目背景及要求】

1. 客户名称

爱信出版社。

2. 客户需求

要求为《温馨小居》书籍设计封面，目的是为书籍的出版及发售使用。本书的内容是介绍创意家居的案例，所以设计要围绕家居这一主题，通过封面直观快速地吸引读者，将书籍内容全面地表现出来。

3. 设计要求

（1）书籍封面的设计以传达创意家居内容为主要宗旨，紧贴主题。
（2）封面色彩以粉红色调为主，画面要求干净清爽。
（3）设计要求以家居图片作为封面主要内容，明确主题。
（4）整体设计要体现创意、现代和舒适感。
（5）设计规格为 355mm（宽）×240mm（高），分辨率为 300 dpi。

10.1.2 【项目创意及制作】

1. 设计素材

图片素材所在位置：光盘中的“Ch10 > 素材 > 制作创意家居书籍封面 > 01~06”。

2. 设计作品

设计作品效果所在位置：光盘中的“Ch10 > 效果 > 制作创意家居书籍封面”，如图 10-1 所示。

图 10-1

3. 步骤提示

步骤 1 按 Ctrl+N 组合键，新建一个页面。在属性栏的“页面度量”选项中，将“宽度”选项设为 355mm，“高度”选项设为 240mm。选择“矩形”工具，分别绘制矩形，设置图形颜色的 CMYK 值为 0、100、60、0，填充图形并去除图形的轮廓线。导入图片并制作图框精确剪裁，效果如图 10-2 所示。

步骤 2 选择“矩形”工具和“椭圆形”工具制作黑色灯具架，选择“贝塞尔”工具绘制白色高光。使用图框精确剪裁命令制作灯罩，效果如图 10-3 所示。

图 10-2

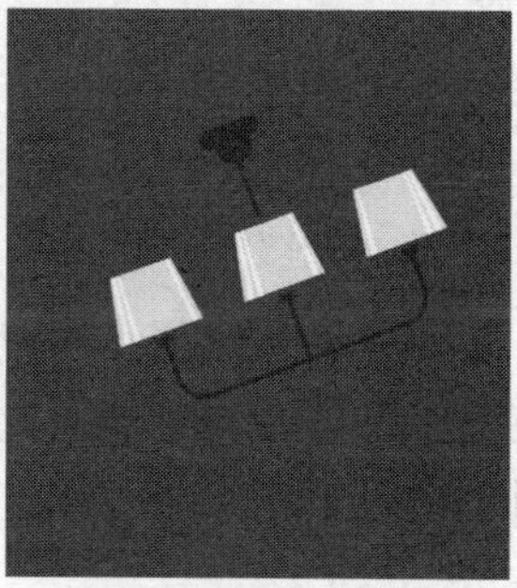

图 10-3

步骤 3 选择“文本”工具，在页面适当的位置分别输入需要的文字。选择“选择”工具，在属性栏中分别选取适当的字体并设置文字大小，填充适当的颜色。插入需要的字符。选择“流程图形状”工具和“椭圆形”工具绘制标志，效果如图 10-4 所示。导入素材并调整其位置和大小，效果如图 10-5 所示。

图 10-4

图 10-5

步骤 4 复制并选取需要的图片，选择“透明度”工具，制作透明效果。插入条形码并选择“文本”工具，输入需要的文字，效果如图 10-6 所示。复制标志和需要的文字，调整其大小并垂直排列文字。创意家居书籍封面制作完成，效果如图 10-7 所示。

图 10–6

图 10–7

10.2 杂志设计——制作摄影杂志封面

10.2.1 【项目背景及要求】

1. 客户名称

新影像摄影协会。

2. 客户需求

《摄影视觉》是一本关于摄影器材以及摄影技巧介绍的专业杂志。要求为其进行杂志封面设计，用以杂志的出版发售。由于摄影杂志的受众群体都是爱好摄影的人士，所以杂志封面要针对摄影爱好者的喜好来进行设计，在封面上充分表现杂志的特色，并赢得消费者的关注。

3. 设计要求

（1）封面设计要求运用设计的艺术语言去传达杂志内容信息。

（2）以专业的摄影照片作为封面的背景底图，文字与图片搭配合理，具有美感。

（3）色彩要求围绕照片进行设计搭配，达到舒适自然的效果。

（4）整体的感觉要求时尚，并且体现杂志的专业性。

（5）设计规格为 435mm（宽）×285mm（高），分辨率为 300 dpi。

10.2.2 【项目创意及制作】

1. 设计素材

图片素材所在位置：光盘中的“Ch10 > 素材 > 制作摄影杂志封面 > 01~03”。

图 10–8

2. 设计作品

设计作品效果所在位置：光盘中的“Ch10 > 效果 > 制作摄影杂志封面”，如图 10-8 所示。

3. 步骤提示

步骤 1 按 Ctrl+N 组合键，新建一个页面。在属性栏的“页面度量”选项中分别设置宽度为 435mm、高度为 285mm，按 Enter 键，页面尺寸显示为设置的大小。导入图片并拖曳到适当的位置，如图 10-9 所示。选择“文本”工具，输入书名和出版信息。选取书名，选择“轮廓图”工具，制作轮廓图效果，如图 10-10 所示。

图 10-9

图 10-10

步骤 2 选择“文本”工具、“矩形”工具和“贝塞尔”工具，输入并制作栏目名称。选择“阴影”工具，为需要的栏目添加投影。插入条形码，效果如图 10-11 所示。导入 02 图片并拖曳到适当的位置，效果如图 10-12 所示。

图 10-11

图 10-12

步骤 3 选择“文本”工具，输入需要的文字，并垂直排列文字、旋转文字，效果如图 10-13 所示。摄影杂志封面制作完成，效果如图 10-14 所示。

图 10-13

图 10-14

10.3 宣传单设计——制作食品宣传单

10.3.1 【项目背景及要求】

1. 客户名称

京津味食美食品有限责任公司。

2. 客户需求

端午节是我国的传统节日，每年的这天，人们都要吃粽子。本例是为京津味食美食品有限责任公司设计制作食品宣传单，要作为大量派发之用，适合用于展会、巡展、街头派发。宣传单需要用简短的内容将最大的卖点有效地表达出来，以第一时间吸引客户的注意。

3. 设计要求

（1）设计风格清新淡雅，主题突出，给人亲切感，明确市场定位。

（2）突出对粽子的宣传，并传达出公司的品质与理念。

（3）设计要求简单大气，图文编排合理并且具有特色。

（4）以真实简洁的方式向客户传达信息内容。

（5）设计规格为 95mm（宽）×210mm（高），分辨率为 300 dpi。

10.3.2 【项目创意及制作】

1. 设计素材

图片素材所在位置：光盘中的“Ch10＞ 素材 ＞ 制作食品宣传单 ＞01~05”。

2. 设计作品

设计作品效果所在位置：光盘中的“Ch10＞ 效果 ＞ 制作食品宣传单”，如图 10-15 所示。

图 10–15

3. 步骤提示

步骤 1 按 Ctrl+N 组合键，新建一个页面。在属性栏的“页面度量”选项中分别设置宽度为 95mm、高度为 210mm，按 Enter 键，页面尺寸显示为设置的大小。导入图片并拖曳到适当的位置，如图 10-16 所示。

步骤 2 选择“文本”工具和“椭圆形”工具，输入宣传语和时间。选择“轮廓图”工具，制作轮廓图效果。选择“贝塞尔”工具，绘制祥云图案，如图 10-17 所示。

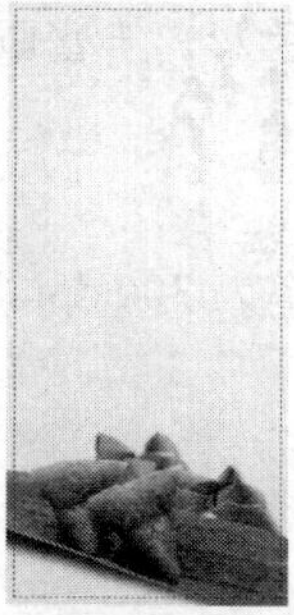

图 10-16

图 10-17

步骤 3 选择“文本”工具[字]，输入标志文字和介绍文字。选择“矩形”工具[□]，绘制标志底图。选择“贝塞尔”工具[↖]，绘制区隔线，效果如图 10-18 所示。选择“布局 > 插入页面”命令插入页面。选择“矩形”工具[□]，分别绘制矩形，设置图形颜色的 CMYK 值为 13、0、20、0，填充图形并去除图形的轮廓线，效果如图 10-19 所示。

步骤 4 选择“矩形”工具[□]和“文本”工具[字]，添加内容和宣传信息。使用制表符制作包装内含信息，如图 10-20 所示。用相同的方法添加其他信息，如图 10-21 所示。

图 10-18

图 10-19

图 10-20

图 10-21

10.4 广告设计——制作剃须刀广告

10.4.1 【项目背景及要求】

1. 客户名称

易朗科有限公司。

2. 客户需求

易朗科有限公司推出一款新的剃须刀，要求设计促销宣传广告，能够适用于街头派发、橱窗及公告栏展示，广告的语言要求简明扼要，形式要做到新颖美观，突出宣传促销卖点，使消费者能够快速接收到促销信息。

3. 设计要求

（1）广告要求将活动的性质、内容及形式进行明确的介绍。

（2）画面要求突出活动标题和图形，使用对比强烈的色彩，丰富画面。

（3）设计要求表现出活动的氛围。

（4）以简练的视觉流程将活动内容设计为视觉焦点。

（5）设计规格为 210mm（宽）×285mm（高），分辨率为 300 dpi。

10.4.2 【项目创意及制作】

1. 设计素材

图片素材所在位置：光盘中的“Ch10 > 素材 > 制作剃须刀广告 > 01~03”。

2. 设计作品

设计作品效果所在位置：光盘中的“Ch10 > 效果 > 制作剃须刀广告”，如图 10-22 所示。

图 10-22

3. 步骤提示

步骤 1 按 Ctrl+N 组合键，新建一个页面。在属性栏的“页面度量”选项中分别设置宽度为 210mm、高度为 285mm，按 Enter 键，页面尺寸显示为设置的大小。导入图片并拖曳到适当的位置，如图 10-23 所示。

步骤 2 选择“文本”工具，输入广告语。选择“阴影”工具，为广告语添加投影。选择“贝塞尔”工具，绘制图形。选择“立体化”工具，制作立体化效果，如图 10-24 所示。

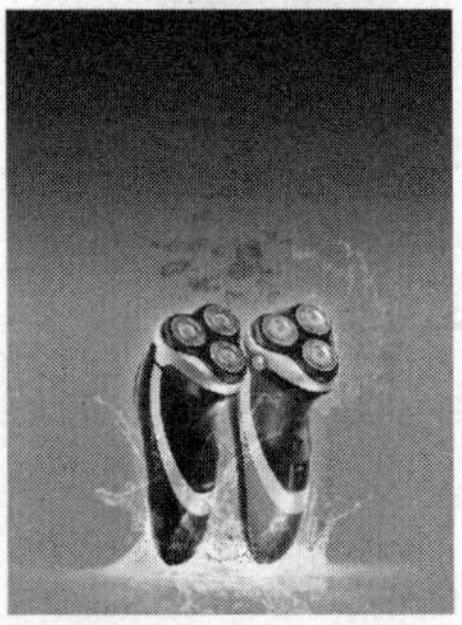

图 10-23

图 10-24

步骤 3 导入并复制素材图片，调整其大小和位置，效果如图 10-25 所示。选择“矩形”工具和“贝塞尔”工具，绘制装饰底图。选择“文本”工具，输入公司名称和宣传语。选择“阴影”工具和“轮廓图”工具编辑文字，如图 10-26 所示。

图 10-25

图 10-26

步骤 4 选择“星形”工具绘制星形。选择“文本”工具，输入需要的文字。导入素材图片，如图 10-27 所示。剃须刀广告制作完成，效果如图 10-28 所示。

图 10-27

图 10-28

10.5 包装设计——制作干果包装

10.5.1 【项目背景及要求】

1. 客户名称

丽京曼克顿食品有限公司。

2. 客户需求

丽京曼克顿食品有限公司是一家以干果为主要经营范围的食品公司，要求为本公司最新出产的菲林核桃制作产品包装，包装重点表现新产品的特色，要与品牌的形象相贴合，能吸引消费者注意。

3. 设计要求

（1）包装风格要求清新自然，突出品牌和卖点。

（2）自然的景色运用能够引发顾客的联想，明快舒适。

（3）设计要求以浅土色为主，与产品相呼应。

（4）整体效果简洁直观，让人一目了然。

（5）设计规格为 285mm（宽）×210mm（高），分辨率为 300 dpi。

10.5.2 【项目创意及制作】

1. 设计素材

图片素材所在位置：光盘中的“Ch10 > 素材 > 制作干果包装 >01~05”。

图 10-29

2. 设计作品

设计作品效果所在位置：光盘中的“Ch10 > 效果 > 制作干果包装”，如图 10-29 所示。

3. 步骤提示

步骤 1 按 Ctrl+N 组合键，新建一个页面。在属性栏的“页面度量”选项中分别设置宽度为 285mm、高度为 210mm，按 Enter 键，页面尺寸显示为设置的大小。选择“贝塞尔”工具，绘制图形。设置图形颜色的 CMYK 值为 0、10、20、0，填充图形，并去除图形的轮廓线，效果如图 10-30 所示。选择“文本”工具字，分别输入需要的文字。导入素材并添加路径文字，制作标签，效果如图 10-31 所示。

步骤 2 导入素材并制作图框精确剪裁，如图 10-32 所示。选择“贝塞尔”工具，绘制不规则图形并转换为位图，制作模糊效果和图框精确剪裁后，效果如图 10-33 所示。

图 10-30

图 10-31

图 10-32

图 10-33

步骤 3 选择“矩形”工具，绘制矩形并进行网格填充。选择“贝塞尔”工具，绘制直线并填充适当的颜色，效果如图 10-34 所示。选择“贝塞尔”工具，绘制不规则图形并转换为位图，制作模糊效果，如图 10-35 所示。

步骤 4 复制整个包装，调整图形和文字，并删除不需要的图像。添加需要的内容，插入条形码，导入图片并制作图框精确剪裁效果，如图 10-36 所示。干果包装制作完成，效果如图 10-37 所示。

图 10-34

图 10-35

图 10-36

图 10-37

"十二五"职业教育国家规划教材
经全国职业教育教材审定委员会审定

（一）计算机应用专业

1、常用工具软件项目教程（第 3 版）
2、文字录入与编辑立体化教程
3、可视化编程应用——Visual Basic 6.0(第 4 版)
4、Access 2010 中文版项目教程
5、计算机图形图像处理 Photoshop CS6 中文版项目教程
6、电子商务基础（第 4 版）
7、计算机网络基础（第 3 版）
8、网页设计与制作项目教程（第 3 版）
9、计算机组装与维护（第 3 版）
10、Office 2010 办公软件应用立体化教程

（二）数字媒体技术应用专业

1、实用美术基础
2、边做边学——摄影摄像技术
3、Photoshop CS6 图像处理教程
4、CorelDRAW X6 图形设计教程
5、边做边学——平面设计案例教程
(Photoshop CS6 +CorelDRAW X6)
6、Flash CS6 动画设计教程
7、边做边学——3ds Max 2014 动画制作案例教程
8、网页设计与制作
(Photoshop+Dreamweaver+Flash) 立体化教程
9、数字影音编辑与合成案例教程
10、多媒体技术应用立体化教程

（三）计算机平面设计专业

1、素描基础
2、边做边学——广告创意与制作
3、边做边学——CorelDRAW X6 图形设计案例教程
4、边做边学——Photoshop CS6 图像制作案例教程
5、摄影摄像基础教程
6、边做边学——Photoshop+CorelDRAW 综合实训教程
7、边做边学——Dreamweaver CS6 网页设计案例教程
8、计算机辅助设计——AutoCAD 2010 中文版基础教程
9、边做边学——Flash CS6 动漫制作案例教程
10、边做边学——Photoshop CS6 数码艺术照片后期处理教程

（四）计算机网络技术专业

1、常用工具软件立体化教程
2、计算机网络技术基础
3、计算机组装与维护立体化教程
4、网络设备安装与调试
5、综合布线设计与施工
6、Windows Server 2008 网络操作系统项目教程
7、网页设计与制作实例教程
8、网络安全技术
9、Linux 网络操作系统及应用教程（项目式）
10、电子商务网站建设与实践

免/费/提/供
PPT等教学相关资料

人民邮电出版社
教学服务与资源网
www.ptpedu.com.cn

教材服务热线：010-81055256
反馈/投稿/推荐信箱：315@ptpress.com.cn
人民邮电出版社教学服务与资源网：www.ptpedu.com.cn

ISBN 978-7-115-39231-2

ISBN 978-7-115-39231-2
定价：42.00 元（附光盘）

封面设计：董志桢